测绘地理信息成果信息化质检平台构建技术研究

■ 李冲 著

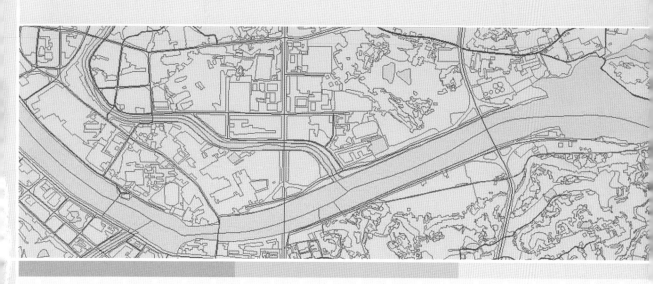

WUHAN UNIVERSITY PRESS

武汉大学出版社

图书在版编目(CIP)数据

测绘地理信息成果信息化质检平台构建技术研究/李冲著.—武汉:武汉大学出版社,2019.3

ISBN 978-7-307-20680-9

Ⅰ.测…　Ⅱ.李…　Ⅲ.测绘—地理信息系统—质量检查—研究

Ⅳ.P208

中国版本图书馆 CIP 数据核字(2019)第 022960 号

责任编辑:胡　艳　　　责任校对:汪欣怡　　　整体设计:韩闻锦

出版发行:**武汉大学出版社**　　(430072　武昌　珞珈山)

(电子邮箱:cbs22@ whu.edu.cn 网址:www.wdp.com.cn)

印刷:湖北恒泰印务有限公司

开本:787×1092　1/16　　印张:30.25　　字数:663 千字　　插页:3

版次:2019 年 3 月第 1 版　　　2019 年 3 月第 1 次印刷

ISBN 978-7-307-20680-9　　　　定价:120.00 元

序　一

　　信息化是当今时代发展的大趋势。政府为提高政府机关的办事效率、降低运作成本，进而为民众与企事业组织提供高效快捷服务，正在推进政务信息化，并以信息化带动政务活动的法制化；企业为达到降低库存、提高生产效能和质量、快速应变的目的，正在推进企业管理信息化，按需向社会提供信息化服务。随着计算机、网络、移动通信、人工智能等为代表的信息技术在经济社会发展方方面面的广泛深入的应用，信息已经成为继物质、能源之后的又一种重要战略性资源。

　　联合国教科文组织相关文献表明，人类活动所涉及的信息80%以上与地理位置有关。由此可见，推进信息化进程需要丰富的空间地理信息为基础，而空间地理信息的质量则是保障信息化建设的前提。以数据获取实时化、数据处理自动化、数据管理智能化、信息服务网络化、信息应用社会化为主要特征的信息化测绘技术体系已初步建成，测绘地理信息数据的类型更加丰富，数据体量呈几何倍数增长，其数据组织结构更加复杂，如何高效、准确地对测绘地理信息质量进行检验检测，是我们当前迫切需要解决的问题。

　　该书作者针对空间地理信息数据质量检验检测做了大量的研究和实践工作，并将地理信息质量理论、信息技术、网络技术、数据库技术进行了有效结合，通过不断地总结、探索，从测绘地理信息质检信息化的角度，提出了集管理、检查、评价、报告生成为一体的综合性质检平台的构建理念。在此基础上，结合当前主流的数据类型，讨论了空间地理信息数据质检系统的构建方法。这些成果对于推进测绘地理信息质量检验检测工作向信息化迈进有重要参考价值。

　　综观全世界，测绘科技经历了从传统模拟阶段到数字化阶段，再到信息化阶段的进步，目前正在朝着智能化方向发展。我衷心希望有更多相关领域的学者、工程师投身于测绘地理信息质量理论和检验检测技术这一研究领域，为测绘地理信息数据更好地服务于信息化建设贡献力量。

中国工程院院士

2018 年 10 月，武汉

序　二

　　测绘地理信息成果在国家安全、经济社会发展、信息化建设、自然资源管理、突发事件应急处置中发挥着越来越重要的作用，其成果质量关系到国计民生和社会发展的科学决策。当前，测绘地理信息成果类型多、结构复杂、技术要求精细、数据量大、现势性要求高、服务范围广，依靠人工或简单的人机交互的检查方式和手段已无法高效准确地检测评估其质量状况。

　　研究信息化测绘体系下测绘地理信息成果的质量检验新模式，构建具有管理功能的信息化质检平台，实现多种成果质量检验的分类管理、快速检查与评价，提高检验效率和科学性，对于保障测绘地理信息成果应用的可靠性具有重要意义。

　　我国测绘质检理论研究起步较晚，测绘界从事这一领域的人才较少，测绘质检信息化距离应用需求还有很大差距，四川省测绘地理信息领域的同行，一直紧跟测绘质检发展的前沿，在测绘质检的标准研制和软件研发方面做了大量工作，该书作者一直致力于研究探索新的检验技术，书中提出的基于最小粒度算子库的多层次质检方法，在我国测绘质检领域是一个重大创新；提出的采用1+N模式，综合利用计算机技术、信息技术和数据库技术，搭建信息化质检平台，对于推进测绘质检技术进步，提升测绘质检信息化水平有重要的应用价值。

　　全书以信息化质检平台和目前主流测绘地理信息数据质检系统的构建为主线，中间还穿插了很多检验理论、内容、方法以及典型质量问题案例，内容丰富，可为测绘质检领域的工作者学习借鉴。

国家测绘产品质量检验测试中心主任

2018 年 10 月，北京

1

前　言

　　信息化测绘质检作为信息化测绘的一项重要工作，不仅为我国测绘地理信息产品和成果的应用及推广提供保障，也是改造质检工艺流程、革新质检服务模式、提高质量评价效率、推进测绘地理信息转型升级不可缺少的组成部分。本书是关于测绘地理信息成果质检信息化研究与实践的初步提炼和总结，包括信息化管理模式下质检业务的网络化管理、质检共用数据库的构建，以及目前主流测绘地理信息成果质检系统的构建方法。对于不同类型的数据成果，从理论、标准与检验实践相结合的角度，总结了其质量检验的要点、常见问题，给出了部分自动化检查算法的设计以及相应系统的设计理念与功能解析，可为今后随着社会需要而涌现的其他新型测绘地理信息数据的质检自动化、信息化提供借鉴。

　　本书在撰写过程中得到了很多专家学者的帮助，国家测绘产品质量检验测试中心的张莉、张鹤、赵海涛、韩文立，四川测绘地理信息局的周社、曾衍伟、黄瑞金、曾文军在平台的构建理念方面多次给予指导，谭理、李东辉、余银普、华劼、汤权参与了本书的策划和章节编排工作，谭明建对全书的内容进行了审定。为本书提供材料、参与本书撰写的还有四川省测绘产品质量监督检验站的很多专家，他们是：黄献智、王珊、陈华、张胜书、王辉、邓智文、李昊霖、阳建逸、佘毅、佘东静、李倩、陈琰如、杨川、何鑫星、曹兵、陈珂、张晓、刘云青。

　　本书的研究成果是在测绘公益性科研专项（201512018）、国家重点研发计划（2016YFF0201300）、四川省测绘地理信息科技支撑项目（J2013ZC08、J2014ZC13、J2015ZC06、J2017ZC07）的资助下完成的，书中还借鉴了大量相关书籍和文章，在此一并表示感谢。

　　由于作者水平有限，书中的观点和论述难免存在偏颇乃至疏漏之处，欢迎读者交流指正。

李　冲

2018 年 5 月，成都

目　　录

第1章 概 述

1.1 测绘地理信息质检发展历程

测绘地理信息的发展历史悠久，自远古时代人们就知道在简易地图上标识猛兽的位置，以避开危险。我国半坡遗址的新石器时代先民已知道运用地形和水文简单知识，把村落选址在近水、避洪的浐河二级阶地上。本章主要介绍近代以来我国测绘地理信息的发展以及质检技术的发展。

近代以来，测绘地理信息经历了从模拟时代向数字时代、又由数字时代向信息时代的全面变革，测绘地理信息成果也从传统的单一纸质地图发展到了多样化的地理信息产品。下面将对模拟测绘、数字化测绘、信息化测绘时期的测绘地理信息质检历史进行简要的回顾。

1.1.1 模拟测绘时期

从 20 世纪 50 年代到 90 年代，测绘生产以模拟测绘技术为支撑，主要依靠平板仪、光学经纬仪、光学水准仪等简单的生产工具辅以粗重的手工制作等模拟方式，完成测绘基准建设和纸质地形图测制。模拟测绘具有生产工具笨重、作业方法陈旧、劳动强度大、工期时间长、成果形式单一等特点。测绘地理信息产品的检验分"两级检查，一级验收"，中队级检查一遍，部门级检查一遍，一旦出现质量问题，将面临全部返工重做，工作量相当巨大。

这个时期地理信息产品的作业特点是大部分手工作业。其作业流程为：先通过计算器等工具手工算出测绘成果，然后通过手工进行地图数字化，产品质量受作业员水平和人为因素影响较大。检验的手段非常落后，需要打印出纸图与已有测绘资料逐项对照检查或在计算机上与模拟资料逐项检查，检查效率低下。检查内容主要是地形图的图形信息及有限的地图注记信息。检查依据没有规范化，可供参考的国家标准尤其是作业规程较少，不能满足实际工作需要。质量检验工作的实际标准以设计人员的项目设计书和作业细则为主，使得检验结果受检验人员的主观因素影响较大，容易造成漏检或误检。

1.1.2　数字化测绘时期

从 20 世纪 90 年代到"十一五"时期，随着计算机技术的突飞猛进以及卫星导航定位技术和航空航天遥感技术的快速发展，测绘生产实现向以数字化技术为支撑的转变，表现为大地测量到 GPS 技术的融合与发展、摄影测量到 RS 的融合与发展、传统地图制图到 GIS 的发展等诸多方面。数字化测绘技术的形成，开始推动基础测绘工作由劳务密集型向技术密集型转变。以 4D——数字高程模型（DEM）、数字正射影像（DOM）、数字栅格地图（DRG）和数字线划地图（DLG）为代表的新一代基础测绘产品取代传统模拟地图产品而成为主流，标志着我国测绘地理信息从模拟时代进入了数字化时代。这一时期，地理信息产品质量检验最显著的特征是质量检验标准趋于丰富、规范。国家陆续发布了一系列地理信息产品质量检查验收的行业标准或国家标准如《测绘产品检查验收规定》（CH 1002—95）、《测绘产品质量评定标准》（CH 1003—95）、《1∶500、1∶1000、1∶2000 地形图数字化规范》（GB/T 17160—1997）、《数字地形图产品模式》（GB/T 17278—1998）等。部分标准还进行了改版，如《数字测绘成果质量要求 第 1 部分：数字线划地形图、数字高程模型质量要求》（GB/T 17941—2000）更新为《数字测绘成果质量要求》（GB/T 17941—2008），《数字测绘产品检查验收规定和质量评定》（GB/T 18316—2001）更新为《数字测绘成果质量检查和验收》（GB/T 18316—2008）等。这一时期的质量检验标准基本趋于丰富、规范、可操作性强，大大减少了检验结果受检验人员主观因素影响和发生漏检或误检的可能性。

这一时期质量检验的流程没有改变，仍沿用"两级检查，一级验收"的质量检验制度。但质量检验的标准、内容以及方法发生了很大改变。如 GB/T17941.1—2001、GB/T18316-2001 与《数字测绘成果质量要求》（GB/T 17941—2008）、《数字测绘成果质量检查和验收》（GB/T 18316—2008）两对国标相比，新国标摒弃了不合理的内容，如基于缺陷扣分法的质量评定方法，改为根据质量检查结果计算质量元素分值（当质量元素检查结果不满足规定的合格条件时，不计算分值，该质量元素不合格）；根据质量元素分值，评定单位成果质量分值。质量要求和检查内容更为全面，如旧国标有 29 项检查内容，新国标有 53 个检查项。典型的新增检查项包括："高程精度"检查等高距是否符合要求，"完整性"检查要素多余的个数（包括非本层要素，即要素放错层），"概念一致性"检查数据集（层）定义是否符合要求，"几何表达"检查要素几何类型点、线、面表达错误的个数和要素几何图形异常的个数（如极小的不合理面或极短的不合理线、折刺、回头线、粘连、自相交、抖动等），"地理表达"检查要素取舍错误的个数和图形概括的错误个数（如地物地貌局部特征细节丢失、变形），"附属文档"检查单位成果附属资料的权威性等。由于新国标在旧国标二级质量元素（相当于新国标的质量子元素）基础上增加了检查项这一质量检查和评定的最小实施对象，所以标准提供的检查方法更有针对性和易操作性，为最大限度实施计算机质量检查创造了条件。

这一时期，计算机技术发展很快，随着全数字化测图技术的发展，陆续出现了一些数据质量检查软件，为测绘成果的计算机交互质量检查和全自动化质量检查制造了条件，提高了质量检验的自动化程度。但质量评价功能相对较弱，还不能全自动生成测绘成果的质量检验报告。

1.1.3　信息化测绘时期

信息化测绘是指充分利用信息技术、空间技术和网络技术，实现测绘地理信息服务于社会经济发展的测绘生产方式和功能形态，是继模拟测绘、数字化测绘后新的发展阶段。信息化测绘体系是利用信息化测绘技术建立的现代化测绘业务的综合体现和重要标志，主要强调地理信息获取、处理、管理、服务、应用等过程和手段的信息化；是以高精度、实时获取地理信息数据为支撑，以规模化、自动化、智能化数据处理与信息融合为主要技术手段，以多层次、网格化为信息存储和管理形式，能够形成丰富的地理信息产品，并通过网络设施为社会各部门、各领域提供多元化地理信息服务的体系。

21世纪头20年是实现以地图生产为主向以地理信息服务为主的转变阶段，也是全面推进测绘信息化的阶段。信息化测绘强调数据采集内容的多样化和专业化，强调对测绘成果的再加工、信息整理、综合分析和深层次应用，其特征是外业调绘和属性调查并重、内业成图与属性录入并重、全要素建库与专题信息建库并重、分版更新与增量更新并重、传统应用与社会化应用并重。

从模拟测绘到数字化测绘，再到信息化测绘，三个时期地理信息产品的质量检验的目的是统一的，即生产出合格的地理信息产品。检验的流程也是一致的，即两级检查，一级验收。检验的内容逐渐丰富，模拟测绘时期主要检验图形信息和注记信息等；数字化测绘时期检验地理信息产品的位置精度、属性精度、逻辑一致性、图形质量、完备性等，属性内容较少；信息化测绘时期则要检验更多的属性内容和多样化的产品。检验的手段差别较大，模拟测绘时期主要是手工辅以计算机检查，质量评价完全靠手工；数字化测绘时期检验是计算机辅助手工检查，计算机可以提供一些质量评价信息，但不能对地理信息产品做出总体评价；信息化测绘时期则逐步走向全自动化检查验收。检查的产品类型越来越丰富，模拟时期主要是地形图，数字化测绘时期是4D产品，信息化测绘时期将有更加多样化的地理信息产品问世。检验的依据，模拟测绘时期仅依赖项目设计书和作业细则等为标准；数字化测绘时期有相对丰富的行业标准和国家标准；信息化测绘时期则会推出日益完善的行业标准和国家标准。

1.2 新时代测绘地理信息质检

1.2.1 新时代测绘地理信息特点

近些年，我国经济发展进入新常态，经济结构调整加快，经济社会发展对测绘地理信息的需求发生了重大变化，社会各界对测绘成果的需求不断延伸，测绘地理信息成果服务范围更加广阔，服务类型更加多样化。测绘地理信息行业的新常态主要体现在以下三个方面：

1. 测绘地理信息数据需求激增

测绘地理信息成果应用从以国土、规划、建设、交通为主，扩展到自然资源管理、环境保护、农业、林业、地质矿产、物流、航空航天、水利水电、国防、海洋、气象等国民经济各领域。2013—2015 年，国家基础地理信息中心向社会单位提供系列比例尺地形图 31275 张，提供数字成果合计 17.38TB，平均年增长率为 34.38%。

2. 测绘地理信息数据源日益丰富

仪器设备及技术的发展，使对地观测获取的数据源越来越丰富。从传统胶片到数字影像，从航空数据到航天数据，从光学影像到雷达数据，对地观测的技术手段和方式以及分辨率都发生了重大变化，数据源越来越丰富、信息量越来越大。

目前，国际上高分辨率光学卫星的空间分辨率已优于 0.5m，代表性的商用卫星包括：美国 WorldView 系列、法国的 SPOT 卫星系列、欧洲航天局哨兵系列卫星等。合成孔径雷达的典型代表主要包括：德国的 TanDEM-X、TerraSAR-X，加拿大的 Radarsat-2，日本的 ALOS/PALSAR 等。机载推扫式摄影测量系统、移动激光测量车精度都达到厘米级。德国、美国、挪威采用多波束测深技术，可实现海洋从数十米到数千米测量范围。除测绘专用感知设备外，城市摄影头、导航终端、手机终端、可穿戴终端等各种民用感知设备被充分挖掘利用。

我国自主研制发射了 50 多颗对地观测卫星，形成了资源、天绘、高分、高景等系列，初步形成了不同分辨率、多谱段、稳定运行的卫星对地观测体系。航空方面，从单波段、单传感器向多波段、多传感器方向转变，推出了框幅式航空摄影系统（SWDC 系列、TOPDC 系列等）及相应的倾斜摄影方案；构建了 0.3 米 X 波段、P 波段极化干涉合成孔径雷达系统和 0.2 米 Ku 波段微小型全极化合成孔径雷达系统，研制了平流层无人机、无人飞艇、低空固定翼无人机、无人直升机、低空无人氦气飞艇、车载测图系统（SSW）和移动测量系统（MMS）等。2014 年发射的高分二号卫星的空间分辨率可以达到 0.8 米，具有空间分辨率高、图像集合精度和目标定位精度较高的特点。

3. 测绘地理信息新产品不断涌现

随着智慧城市、国情监测、应用测绘的快速发展，以及云计算、大数据、物联网等新兴技术逐步应用到测绘地理信息领域，以互联网地图+、三维虚拟现实、可量测实景影像、移动位置服务为代表的新型地理信息数据应用正迅速兴起，新的测绘地理信息成果（产品）形式不断涌现，使得测绘地理信息产品的内容与形式都发生了改变，而一些旧有的成果类型伴随着应用需求的变化其成果内容与形式也发生了相应的改变。但是，质量检验标准和技术还没有完全覆盖这些新型成果（产品），存在相对滞后的问题。

当前科技进步以及新型测绘技术不断发展，不同于4D产品形式的新型地理信息产品已经广泛应用。然而，这些产品在生产质量控制与检验方面尚处于不完善阶段，目前明显已落后于生产过程中的信息化程度。因此，应该重视测绘产品质量检验信息化建设工作，积极创新质检方法，加大科技投入，完善质量控制策略，以提高测绘产品质量检验的工作效率，更加科学地把控测绘地理信息产品的质量。

1.2.2 新时代测绘地理信息质量内涵

坚持走中国特色新型工业化、信息化、城镇化、农业现代化道路，将"信息化水平大幅提升"是我国全面建成小康社会目标之一。测绘地理信息是国家信息化建设的基础和重要支撑。率先实现测绘地理信息部门的信息化，对国家持续推进电子政务、电子商务建设，实现四化同步发展，深化工业化和信息化融合，建设信息中国，具有重要的现实意义。

为落实国家重大战略与规划需求，提升测绘地理信息服务保障能力，支撑测绘地理信息事业转型升级，质检作为保障测绘地理信息服务不可或缺的一部分，其信息化建设势在必行。随着测绘地理信息生产中所涉及的空间数据的范围越来越广，空间数据的获取手段、方法和来源日趋丰富，精度和生产效率也越来越高，新时代测绘地理信息质量也被赋予了新的内涵和特征。

1. 法制体系

质量管理法制体系主要指按某些质量管理要求建立的、适用于一定范围的质量管理活动的法律法规和部门规章。在立法层面，《中华人民共和国测绘法》《基础测绘条例》《地图管理条例》均对质量管理提出明确要求；同时，《测绘地理信息质量管理办法》《测绘生产质量管理规定》和《测绘成果质量监督抽查管理办法》等一系列部门规章有效细化和明确了管理内容和相关措施，构成了完整的质量管理制度体系，基本满足了基础测绘质量管理工作的需要。

2. 管理体系

质量是国家综合国力的具体体现，是可持续发展的重要基础。从概念定义上讲，质量是一组特定指标满足要求的程度，质量管理是在质量方面指挥和控制组织的协调的活动。质量管理围绕产品质量形成的全过程，通过制定质量方针和实现质量目标，提供符合要求的产品。实现质量管理的方针目标，有效地开展各项质量管理活动，必须建立相应的管理体系，这个体系就叫质量管理体系。质量管理的主要活动通常包括：制定质量方针和质量目标，进行质量策划，实施质量控制，提供质量保证和质量改进。

3. 标准体系

标准是为了在一定的范围内获得最佳秩序，经协商一致，制定并由公认机构批准的、共同使用或重复使用的一种规范性文件。标准体系是由一定范围内的具有内在联系的标准组成的科学有机整体。质量标准体系应是指一定范围内由质量相关要求按照一定的秩序和内部联系组合而成的整体。

为了指导测绘地理信息国家和行业标准的制修订工作，国家测绘局于 2008 年和 2009 年相继发布了《测绘标准体系框架》和《地理信息标准体系》，两个体系目前已进行了修订。体系中把检验与测试的相关内容作为重要分类，有效规范了质量相关标准的制修订工作。同时，《测绘成果质量检查与验收》《数字测绘成果质量检查与验收》《测绘成果质量监督抽查与数据认定规定》《1 : 500、1 : 1000、1 : 2000 地形图质量检验技术规程》等 30 余项质量标准和技术规程相继颁布执行，构成了质量标准体系的初步框架。

4. 技术体系

质检技术主要指开展质检工作所采用的方法、工具和手段。随着测绘地理信息从模拟时代向数字化时代进而向信息化时代的转变，测绘质检技术创新蓬勃兴起，针对新型基础测绘从生产的大数据、信息化特点，质检抽样技术、自动检查与评价技术、流程化管理技术、多源数据融合的质检技术的研究引起广泛关注，研究成果日益丰富并得到有效应用，质检已逐步从完全依靠人工检查发展为计算机辅助检查和全自动化检查，针对数字测绘产品和国家重大测绘地理信息工程成果开发的多种质检软件和实用工具软件，在国家基础测绘和重大测绘工程质检工作中得到了广泛的应用，极大提高了质检工作效率和技术水平，形成了信息化质检技术体系的雏形。

5. 抽检体系

我国测绘地理信息质量监督管理的组织形式主要采用自上而下的逐级管理模式，而对质量的监督则主要采取年度抽检的方式。在行政管理层面，国家测绘地理信息行政主管部门负责制定相关抽检制度，组织开展全国甲级测绘资质单位的质量监督抽查，各省、自治区、直辖市负责本行政区域内的质量监督抽检工作，并向国家测绘地理信息行政主管部门报告。在技术层面，成立了国家级产品质量检验测试中心，在业务上受国家测绘地理信息行政主管部门和国家质量监督行政主管部门双重领导，各省均成立了同类性质的省级测绘地理信息质检机构，以具体承担每年度的质量监督抽检工作。

1.2.3　新时代测绘地理信息质检面临挑战

随着信息化时代的到来，空间定位技术、数字航空航天遥感技术、地理信息系统技术、高速图形图像宽带网络技术、可视化和虚拟现实技术、云计算、物联网等新技术快速发展，使得测绘正逐渐以地图生产为主转变为地理信息综合服务为主，从信息传输转变为地理信息深加工，从二维静态转变为三维动态，从固定式环境应用转变为分布式环境应用。测绘地理信息成果提供也将发生新的改变，一是从提供各种静态的大地测量控制点成果，转变为可实时提供高精度位置服务、甚至动态轨迹服务等；二是由提供全要素地形图和数字化产品转变到提供按需定制的地形图、专题图、三维图以及内容丰富且针对性强的地理信息产品；三是由原来提供版本式基础地理信息数据转变为提供多时态的增量数据；四是由原来提供国家基本比例尺的4D产品转变为可无极缩放、要素丰富、类型多样的新型测绘地理信息产品和成果。

信息化测绘时期的数据处理以GIS平台为主，制图标准引进了基础地理信息建库标准（数据格式标准、信息交换标准、元数据标准），产品以4D产品为主、生产流程为：外业属性调查——GIS数据建库——专题信息提取与分析——网络发布与利用。因此，信息测绘的特点可归纳为：

（1）专题性，用户需要带有更多属性信息的个性化专题数据；

（2）综合性，用户需要进行综合分析和深层次应用的综合性数据等；

（3）多样性，数据采集内容多样化、传统应用与社会化应用并重；

（4）时效性，信息获取和保障从静态过渡到动态（甚至实时更新），从静态测量的数据资料过渡到随时空变化的地理信息；

（5）共享化，地理信息从专有到共享，改变测绘成果由单位所有，部门专用的状态，向信息资源依法共享转变，实现信息共享法制化；

（6）三维化，地理信息产品的表示从现有的2维或2.5维向真3维过渡。

为应对信息化测绘的挑战，测绘地理信息产品质量检验内容将更为广泛，复杂程度将更高，检验时间要求将更短。当前的测绘地理信息质检机构设置、标准建立、技术体系、软件系统等均不能适应信息化测绘的发展需要。因此，加快推进测绘地理信息质检信息化建设，充分利用现代信息技术，尤其是以云计算、物联网、新一代移动通信等为代表的新技术，加强质检电子政务建设，推进生产工艺流程优化改造，形成新的质检服务模式和能力，实现测绘地理信息质检管理、检查、服务全过程的信息化，对于推动测绘地理信息转型升级、科学发展具有重要意义。

1.2.4 新时代测绘地理信息质检应具有的特征

信息化测绘地理信息质检是信息化测绘的共生体，它是伴随着测绘地理信息产业迅速发展、数据获取及数据加工、数据服务体系建立而建立和发展的，其本质的内涵和特征就是为保障实现实时有效的地理信息综合服务，而建立"信息化测绘地理信息质检体系"，它具有几个标志性跨越特征：参考数据获取实时化、信息处理自动化、信息交互网络化、业务管理信息化。

1. 参考数据获取实时化

通过陆、海、空、天一体化的导航定位和遥测遥感等空间数据获取手段，动态、快速甚至实时地获取所需要的各类质检参考数据，保障地理信息服务的实时和。

2. 信息处理自动化

通过高性能计算与高效处理技术、可视化流程定制技术、一体化遥感数据处理功能链技术，实现多源遥感数据的快速处理，提升多源、异构、海量数据处理的自动化水平。

3. 信息交互网络化

质检所需地理信息的传输、交换和服务主要在网络上进行，可以对分布在各地的地理信息进行"一站式"查询、检索、浏览和下载，促进质量监管部门和行业管理部门资源共享，实现质检信息的互联互通、高速传输、分布式存储。

4. 业务管理信息化

运用面向生产与管理的全过程管理与质量控制手段，根据分级管理、逐级控制的质量管理模式，在网络环境下实现各系统间各类管理信息的上传下达、生产过程的质量控制，提升质检业务管理的质量与信息化水平。

1.2.5 新时代测绘地理信息质检的任务

测绘地理信息质检作为信息化测绘的重要组成部分，肩负着保障质量、提振发展的职责。此外，党的十九大报告指出，我国经济已由高速增长阶段转向高质量发展阶段，必须坚持质量第一、效益优先。"十三五"时期，国家也提出了加大"国家质量技术基础（NQI）"建设的战略部署，测绘质检必须以提升能力、引领发展为目标，从法规、标准建设、技术创新和体制机制等方面进行大胆尝试和有益探索，迎接新机遇、应对新挑战。新时期，信息化测绘地理信息质检任务主要集中于 5 个方面：

1. 完善测绘地理信息质检法规

政策法规是质检工作的前提条件。我国已经建立了比较完善的测绘地理信息法律法规体系，发布了《中华人民共和国测绘法》《基础测绘条例》《中华人民共和国测绘成果管理条例》《中华人民共和国地图编制出版管理条例》《中华人民共和国测量标志保护条例》等法律条例；全国 31 个省、自治区、直辖市测绘地理信息主管部门也相继出台了地方测绘条例，陕西和湖北两省出台了测绘地理信息系统工程测绘管理规定；在此基础上，国家测绘地理信息局于 2010 年修订并出台了《测绘成果监督抽查管理办法》。上述法律法规规定了各级测绘地理信息主管部门、从业单位对测绘地理信息成果的责任和测绘地理信息成果的验收要求，为保证质量发挥了重要的作用。

随着测绘地理信息事业和地理信息产业的快速发展，测绘地理信息从业单位结构、用户及需求结构、测绘地理信息技术结构以及成果结构等方面都发生了重大变化。现有的管理法规政策在管理主体和职责、管理方式等方面存在不适应性，迫切需要进一步完善现有的法律法规体系。应尽快修订出台《测绘地理信息市场（质量）管理办法》和《测绘生产质量管理办法》，以及开展"测绘地理信息质量管理体系认证"等方面的研究工作，在《中华人民共和国测绘法》修订的基础上，构建测绘地理信息质量法规体系，确保测绘地理信息工程质量、产品质量和服务质量，为建设测绘强国提供质量保证。

2. 完善测绘地理信息质检标准

标准是信息化测绘地理信息质检工作的基础。据不完全统计，至 2017 年，测绘地理信息国家和行业标准总量已达 200 余项；而专门的成果（产品）质量要求类标准仅有 5 项，质量评定类标准仅 4 项，质量检验技术类标准仅 17 项，涉及质检管理的标准 0 项。相较于测绘地理信息数据获取速度、处理效率的大幅提升以及数据生产工艺快速更新、成果形式多样化带来的巨大技术革新而言，我国质检标准的制定一直处于相对滞后和落后的水平，属于跟跑阶段。目前发布的质检标准大多已经超过应该修订的年限，只能基本满足传统测绘地理信息工程、产品生产和质检的需要。而对于三维地图、可量测实景地图、LiDAR 等新型产品尚缺少相应的质检标准。为适应信息化测绘地理信息新型传感器、新产品、新工艺的变化，需要从理顺现行标准、制定新标准两个方面开展工作，以适应新形势的需要。另外，在质检项目管理类标准方面，要创新质检项目及成果的管理办法，形成质检项目的管理标准。主要研究制订测绘地理信息质检项目管理、质检成果管理、质检成果归档管理以及认证管理的相关标准，以规范质检管理的技术要求和措施，保证测绘地理信息质检工作的顺利实施。

3. 创新测绘地理信息质检技术

质检技术是信息化测绘地理信息质检工作的必要工具，测绘地理信息质检技术体系应从发展创新的角度出发，研究测绘地理信息工程质量控制技术、产品和服务的检验测试技术，全方位保障测绘地理信息质量和实时服务。

（1）工程质量控制。首先，研究生产过程质量控制系统，通过人员、原始数据、流程的设计和控制、关键过程控制等多方面的信息化管理，以保障最终成果质量。不同工程类型项目其组织实施方式不同，应有针对性地研究科学的生产质量控制技术方法和技术手段，通过质量控制保证质量。其次，研究原始资料及中间产品质检技术（如摄影测量与遥感工程项目的原始资料及中间产品，包括航空影像、像片控制、空三加密成果等），使得项目启动前及每个工序开始前，保证使用的原始资料的正确性。

（2）产品质检技术。我国测绘地理信息产品的质检技术研究目前还处在初级阶段，尚未形成完整的技术体系。尤其是在专业的、大型质检系统构建方面，还缺乏整体的解决方案。目前仍以简单的质检软件工具为主，这些软件往往根据某些项目质检要求定制，通用程度不高。新的时代下，测绘地理信息数据的体量、复杂程度已非简单的质检工具软件所能胜任，研究空间地理信息数据抽象技术，通过数据抽象与规则重建实现大型质检软件系统的构建，以适用于海量、异构、差异化要求地理信息产品的快速质检，提高质检自动化水平迫在眉睫。

在测绘地理信息产品质检中，抽样技术及质检评价对于产品质检同样重要，因此，研究基于测绘地理信息产品特点的分层抽样技术，使得样本质量更接近产品的总体质量。还应研究产品的质量评价技术，建立基于质检模型的评价模型及评价方案，实现产品质量的自动评价，减少人为因素的影响。

（3）信息化测绘地理信息服务质检技术。该技术是主要研究空间数据的表现能力、地理信息服务能力以及网络服务等质量元素的检验技术。在服务质检技术研究方面涉及数据质检技术、软件测试技术、数据库测试技术、网络测试技术等多方面的知识，质检及评价技术研究包括以下几个方面：

第一，研究人类感受地理信息和阅读地图的机理，揭示地理信息的表现方法帮助用户理解地图的能力，制定地理表现力的质检和评价方法。

第二，地理信息的度量。研究如何用定量的指标表示和计算地理数据所表现的信息以及地图媒介所能承载的信息量极限，作为一个最重要的指标用于评价地理信息服务的质量。

第三，地理数据量和信息量之间的定量关系研究。研究不同地貌特征、不同地类的地理数据和地理信息之间的定量关系，有助于评价地理信息的质量并指导数据量的估计。

第四，地理信息服务质量的评价研究。除了丢包率、延时、抖动等，还应包括客户端获得的信息密度、可视化能力、操作自由度和灵活性、误差的传播等，以便系统地指导地理信息服务的提供。

第2章 平台设计理念

对于大型专业化软件系统的打造，其中涉及的知识领域和技术较多，参与人员及涉及部门也比较复杂，其设计尤其重要。测绘地理信息成果信息化质检平台需要解决的关键问题有以下几点：（1）检查时不需将被检数据拷贝入本机，避免数据的流转影响质检工作效率，降低数据安全隐患；（2）对各项检查任务可进行有序的管理，实现质检任务的统一分配、调度和进度监控；（3）对质检方案的使用可进行有效的约束，降低由于检验人员技术水平、质量问题认识、工作态度或责任心等的差异导致的质检结果差异；（4）适用于按照各类标准生产的各种数字化产品的检查与评价，方便扩展。

综上，平台的构建除测绘地理信息质检技术外，还涉及网络技术、数据库技术、通用质量模型构建技术等，网络化解决信息共享、数据远程访问、进度监控等问题，数据库解决分层次、分类别、分序列、分权限、分时间的管理问题，通用质量模型构建解决不同类型产品的质量评价的统一问题。

2.1 设 计 基 础

2.1.1 设计的目的

平台架构设计的目的主要在于：

（1）为后续大规模开发提供基础和规范，并提供可重用的资料。在架构设计的过程中，可以将一些公共部分抽象提取出来，形成公共类和工具类，以达到重用的目的。

（2）一定程度上缩短项目的周期。利用软件架构提供的框架或重用组件，缩短项目开发的周期。

（3）降低开发和维护的成本。大量重用和抽象，可以提取出一些开发人员不用关心的公共部分，这样便可以使开发人员仅仅关注于业务逻辑的实现，从而减少工作量，提高开发效率。

（4）提高系统的质量。好的软件架构设计是系统质量的保证，对于测绘地理信息的质检而言，要兼顾各种类型和格式的成果，常常需要一些特殊的辅助功能或拓展一些自动化检查项，如果总体架构设计没有做好，后续的持续完善和功能添置是非常麻烦的。

2.1.2　设计的原则

平台的架构设计遵循以下原则：（1）兼顾功能性需求和非功能需求，这是平台设计的最基本的原则。（2）实用性原则，平台用于检查各类测绘地理信息数据的质量，其用户不仅是专业的质检机构，还有生产方，对于非计算机或软件工程专业的研发团队而言，华而不实或过度设计不如实实在在地解决用户的需求。（3）满足复用的要求，最大程度提高开发人员的工作效率，在单位时间内更有品质地实现更多的功能。

2.1.3　设计的视角

用户、构架人员、开发人员、维护人员、管理人员，跟平台有关的不同的人站在不同的角度，会关心不同的问题，用户是上帝、构架是灵魂、开发是保障、维护是信誉、管理是艺术……这些都没有错。要关注不同的人在不同的角度提出的设想，达到最大程度的认识统一，要做出成功的系统，就得从不同的视角来看待设计这项工作。

1. 逻辑架构视角

从平台用户的角度考虑问题，设计出来的软件架构能够更为简单和直观地处理复杂的业务逻辑需求，降低用户的使用难度。

2. 开发架构视角

从系统开发人员的角度来考虑问题，设计的架构要易于理解，易于开发，易于单元测试，最好做到让开发人员可以用最少的代码行数完成功能的开发。

3. 运行架构视角

从系统运行时的质量需求考虑问题，特别关注于系统的非功能需求，比如系统的启动加载时间、显示功能画面的响应时间应尽可能短。

4. 物理架构视角

综合考虑系统安装和部署在什么样的环境上，对于测绘地理信息数据的质检而言，考虑到数据涉密、数据量大的现状，平台部署在局域网中，使用专业的数据库和专门的服务器管理信息，会有利于提升系统效率，但在很多情况下，数据的检查并不在专业机构内部完成，尤其是数据量小的项目，可能在其他工作环境下完成，这种环境可能没有运算型服务器，也没有专业级别的数据库，甚至没有局域网，这就需要平台的架构能适应于不同的工作环境。

5. 数据架构视角

平台除了管理常规的项目、人员信息外，其加挂的各类质检系统，都需要与各类专业的数据打交道，也就是说，要涉及对各种数据的操作，如何把检查的结果从一堆不太好懂的程序数据转换为用户容易看懂的专业数据是十分重要的一件事情。

虽然我们总是期望架构设计师能全面掌握需求，但实际情况是，介于时间、精力、专业知识的限制，架构设计师无法对所有需求进行深入分析，对于测绘地理信息成果信息化质检平台的构架而言，需要对质检的管理、质检的流程、质检的规范、质检的规则，以及数字线化图数据、数字高程模型数据、数字正射影像数据、数字航空影像数据、地下管网数据、地理国情普查与监测数据等有深入的了解和准确的把握，还需要综合考虑开发的语言、开发的环境、开发的顺序等因素。软件的架构设计必须考虑到各方面，根据前期工作确立的需求与目标，从系统用户、开发人员、系统管理员、部署管理员、数据管理员等人员的角度去总体分析和设计。只有将这些方方面面的问题都考虑到了，这样的架构设计才是完整的。

2.1.4　设计的细节

对于平台所涉及的每一个视图，应该设计到什么细节，需要在总体架构设计的时候确定，这与整个项目的过程定义有关。对于整个质检平台的设计，有专门安排数据库概要设计的活动，所以在架构设计中可以只关注更高层次的数据库特性及数据库之间的关系，具体到每一张表的数据字典，可以在后续的相关活动中进行设计，而不需细化到每一张表的每一个栏位，以及表之间的关系。除了数据库的设计细节外，平台的结构设计、UI 设计都会涉及具体的细节。对于结构设计而言，程序结构需要明确各功能模块之间的通信流，数据结构需要规定数据的组织、访问方法、关联程度和信息的选择处理。平台的 UI 设计包括图形设计和交互设计两个重要部分，其目的是让软件的操作变得舒适简单、自由，充分体现软件的定位和特点，其中，交互设计要细化到平台的操作流程、树状结构，确立交互模型和交互规范，并体现简易性和用户记忆负担最小化原则。

2.1.5　设计中难题的解决

在平台的架构设计过程中，我们往往会需要攻克一些技术面的重点问题和难题，比如平台中绝大部分质检系统需要调用的 QCpublic 动态库、整个系统的性能设计、质检过程中所有信息的有序管理等，对于非计算机专业的开发人员而言，很多问题是他们不熟悉，为了避免阶段性地推倒重来，当遇到技术难题时，一般采取以下几种方式进行解决：（1）百度一下或 Google 一下；（2）请教资深技术人员或专家；（3）召开小范围的技术专题讨论会议，采用脑力激荡的方法试着找找答案；（4）召开架构设计评审会议进行同行评审。其中，架构设计评审是极其重要的一环，在评审会议之前，需要完成很多准备工作，包括准备一份简明扼要的电子简报，把最重要的问题列出来，在会议前将这些资料发给与会人员，认真分析同行们提出的问题或意见，并做好记录。（5）针对关键 Use case 在设计的架构上实现功能来验证架构。

2.2　架 构 设 计

2.2.1　总体架构设计

综合考虑上述因素，平台采用 1+N 式的总体架构，即一个业务化运行的管理系统，加 N 个不同的数据质量检查系统集合，它们之间通过严密的接口规范进行通信和调度。运行管理系统借助现代计算机网络技术、通信技术和数据库技术，基于底层开发，其功能主要包括质检项目管理、质检任务分配、质量模型设计、质检方案定制与管理、质检作业的启动与进度监控、检查意见管理、报告输出、质量问题统计分析等功能，将为 DLG、DOM、DEM、地理国情普查与监测、数字航空影像、地下管线等各类数字化的地理信息数据的质检管理提供统一的基础平台；各个系列的质检系统根据被检数据类型为自动化检查、人机交互检查提供检查环境和快捷工具。平台的总体架构如图 2.1 所示。

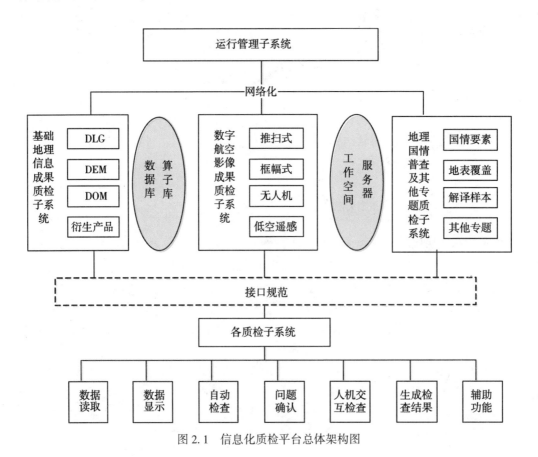

图 2.1　信息化质检平台总体架构图

质检平台总体上分为五层：基础设施层、数据层、算子层、管理层和应用层，如图 2.2 所示。

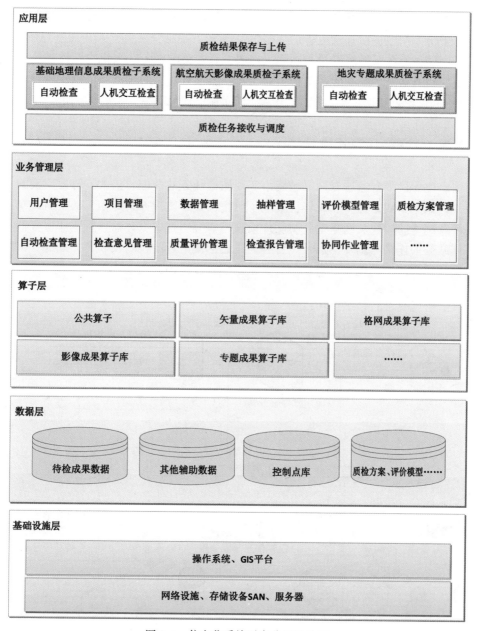

图 2.2　信息化质检平台分层设计图

数据层对各类待检查数据以及其他辅助数据、过程数据进行统一存储管理，涉及的数据包括基础地理信息成果待检数据、航空航天影像成果待检数据、地灾专题成果待检数据、检查辅助数据（如调绘片、控制点库等）及质检任务信息、质量评价模型、质量检查方案、质量检查报告等。

算子层作为模块的算法核心，实现各种成果各检查项的检查算法。

管理层实现质检项目管理、数据管理、质量评价模型管理、检查方案管理、自动检查算子统筹调度、检查意见管理、报告管理等。

应用层作为各子系统的检查功能入口层，负责接收任务、人机交互检查核实、自动检查、检查结果生成上传等工作，对于每一层都有相应的规范和协议保障目标的实现。

2.2.2　网络化模式设计

信息化质检平台通过专用局域网络实现质检任务的登记、接收、分发、实施、信息收集，以减少数据拷贝、流转，实现了质检任务、质检方案等信息的实时共享。其运转涉及网络的构建及网络中各类硬件设施，如应用程序服务器、数据库服务器、图形工作站等的连接与调度，以及平台各种角色的使用者的权限及职责，因此，网络化工作模式的设计也是整个平台中的重要组成部分，具体见图 2.3。

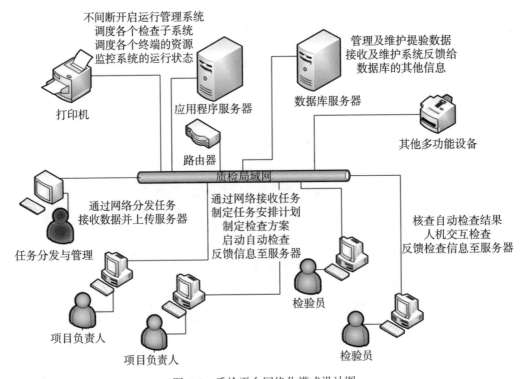

图 2.3　质检平台网络化模式设计图

2.3 逻 辑 设 计

2.3.1 功能布局

运行管理子系统基于底层开发,其主要功能包括用户的角色与权限控制、系统的设置与更新升级、质检项目任务的管理、质量评价模型与质检方案管理、抽样管理、报告的管理与输出、统计分析等,运行管理子系统引进智能调度理念,包括数据、检查方案、算子的智能调度,并可根据待检成果类型自动选择相应的质检子系统。

质检子系统的功能设计根据系统类型不同略有差别,主要包括:基本功能:浏览、查询、放大、缩小、平移、图层控制、量算工具、意见筛选、排序、确认、合并、导出、作业管理、作业设置、子系统运行日志等;专项功能设计:利用动态菜单管理方式根据产品的质检需要进行设计,包括基于"检查规则+参数"理念开发的算子的用户参数设定等;辅助功能设计:包括数学精度检测、图幅裁切、错误记录定位器等。

2.3.2 逻辑关系

信息化质检平台中最重要的逻辑关系即为运行管理子系统与质检子系统之间及其内部的逻辑关系,其总体设计思路如图 2.4、图 2.5 所示。

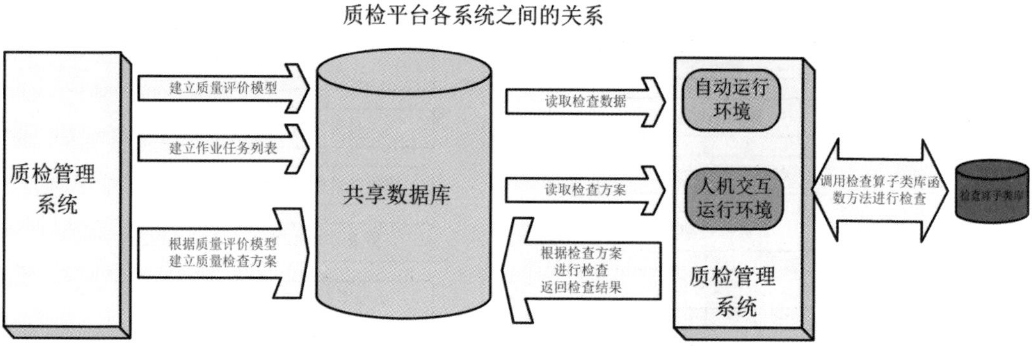

图 2.4 质检平台中各系统的逻辑关系

运行管理子系统与质检子系统的内部逻辑关系如图 2.6 所示。
运行管理子系统与质检子系统间的接口关系如图 2.7 所示。
各质检子系统的内部接口关系设计如图 2.8 所示。
信息化质检平台的业务流程关系设计如图 2.9 所示。

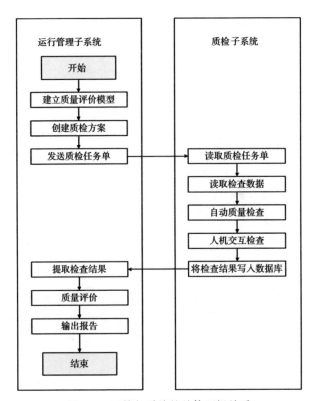

图 2.5　运管与质检的总体逻辑关系

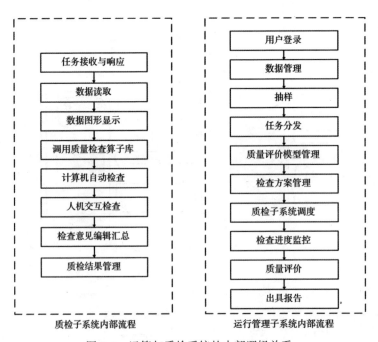

图 2.6　运管与质检系统的内部逻辑关系

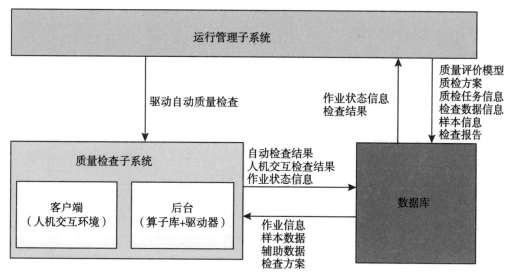

图 2.7　运管与质检系统的接口关系

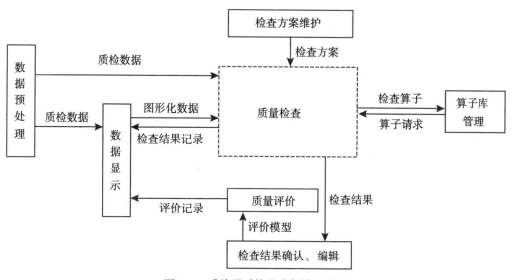

图 2.8　质检子系统的内部接口关系

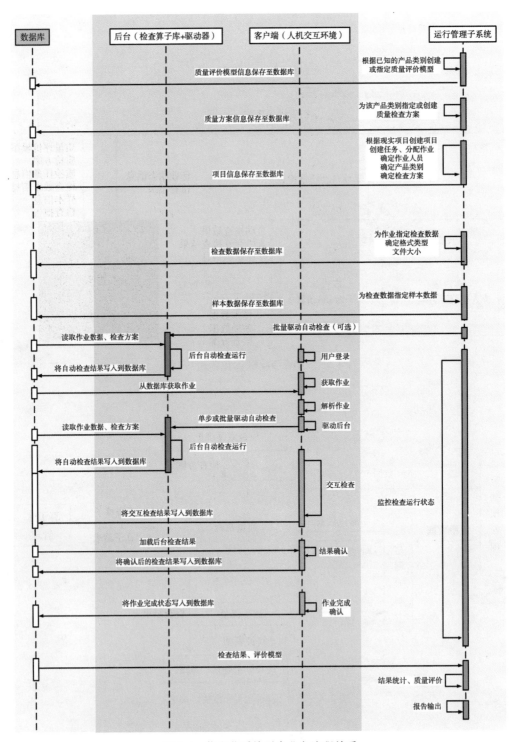

图 2.9 信息化质检平台业务流程关系

2.4 功能设计

2.4.1 管理子系统功能设计

管理子系统负责管理的内容主要包括用户管理、项目管理、数据管理、检查算子管理、系统更新与升级等。

用户管理包括用户角色的分配,不同角色拥有不同的权限,一般角色包括管理层、部门领导、项目负责人、主检人员、检验员等,权限的划分包括但不限于创建及修改项目、项目查看、作业进度查看、方案配置、创建用户等。在进入信息化质检平台之前,首先要注册一个平台用户账号,并经过系统管理员审核后启用该用户,以及给用户分配角色与权限,然后才能够登录平台开展权限内的工作。

项目管理一般可包括三级,首先要创建项目,项目下面根据年度、测区或不同生产单位划定分为不同任务,任务下面根据报验批次又分为作业,当然这种一般适用于区域范围大、生产周期长、参与单位多的大型项目的管理,一般小型项目的管理可以根据需要进行简化。项目的管理不仅仅是分配任务和作业,还包括项目的时间要求、参与人员、数据路径等,并能够有效地监控作业运行状态。

数据管理包括创建用户数据存储空间、数据目录组织、数据远程访问与下载等,对于质检方案,由于其中含有大量的标准数据模板和指标化的参数,因此也属于数据管理的范畴,因此数据管理还包括质检方案制定及管理维护功能。当然,根据使用的方便,方案的管理也可以放在相应的质检子系统中。

检查算子管理除包括算子的添加、注册、删除等,而且还能够对算子的名称、类型、编号、功能等进行分类管理。

系统更新与升级主要是满足在同一局域网内随时检测最新发布的版本,保证用户使用的版本是最新的。该功能需改变传统的拷贝复制、重新安装升级等升级方式,采用自动检测更新,发现是否有需要更新的组件或动态类库,然后提示用户有需要更新的程序。用户只需要点击下载更新,就可以对平台进行更新升级。

2.4.2 质检子系统功能设计

由于平台中的质检子系统检查的产品类型不同,因此其在功能设计上有一定的差异,具体在后面的章节中会逐一详细介绍。对于新拓展的子系统,除根据检查需要进行专门的功能设计外,一般通用的功能包括以下几个部分:

1. 任务接收与响应

接收运行管理子系统分配的质量检查任务并响应该任务,显示任务列表(作业信息、数据信息)。

2. 数据下载

能从指定位置下载待检查数据和辅助数据。

3. 数据读取

能读取系统检查数据可能具有的多种格式，支持数据库中多种成果数据格式的输入；支持元数据、辅助数据的读取。

4. 多源数据图形显示

实现对数据的可视化表达、地图常规操作处理、图层控制等功能。

5. 自动质量检查

根据不同数据类型及对应的检查方案，进行程序检查，并将检查结果保存至数据库。

6. 人机交互检查

对部分检查项提供人机交互界面，进行人机交互检查与确认，并将检查结果保存至数据库。

7. 检查结果管理

能对检查结果进行增、删、改；提供检查结果过滤功能；能实现检查结果与对应数据之间的联动显示，支持错误记录的自动定位，错误处截图并保存，以及错误确认；能够将质量检查结果上传至数据库，供运行管理子系统调用。

2.4.3　辅助插件功能设计

测绘地理信息成果信息化质检平台是一个独立的检查与评价平台，一般适用于专业的质检机构，但由于测绘地理信息一直是按照"两级检查、一级验收"的模式进行管理，相关的法律法规也明确生产单位对其生产的产品负主体责任，因此平台还会在大量的生产单位中应用，为了方便检查的问题及时有效地得到修改，需要质检平台与生产系统建立互通关系。下面以 ArcGIS 为例介绍该辅助插件的功能设计。

1. 设计思路

在信息化质检平台与 ArcGIS 之间实现数据记录关联的基础是 Oracle 数据库，质检平台将程序自动检查的结果记录存入到 Oracle 数据库中，而互通软件则通过数据库设置，获得数据库名称等信息，从而连接到信息化质检平台数据库；再通过作业信息设置，获得作业编号、数据名称等信息遍历数据库中作业表和检查结果记录表，关联查找到对应作业数据的检查结果记录，实现与信息化质检平台中检查结果数据的关联，并最终在界面上以表格形式显示。图形化显示需要遍历数据库中检查结果记录表，读取记录的实体字段值，再将得到的二进制形式的数据转换为 ArcGIS 数据格式，最后通过 ArcGIS 图形容器接口在 ArcMap 中绘制实体图形，从而达到质检平台检查的结果记录在 ArcMap 中定位显示的效果。其设计原理如图 2.10 所示。

2. 内外部流程设计

辅助插件以 ArcGIS 插件的形式在 ArcMap 宿主程序中加载初始化并进行显示。人

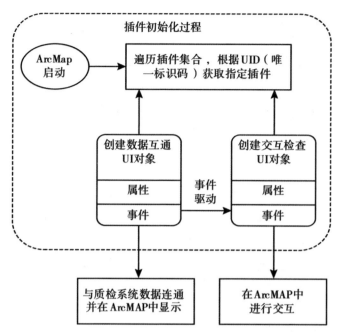

图 2.10 辅助插件设计原理图

机交互检查界面通过主界面按钮点击事件驱动，同时遍历规则记录表，获取交互检查规则相关信息记录。实现人机交互检查需要调用 ArcGIS 坐标转换接口，将鼠标点击的人机交互检查结果实体图形的屏幕坐标转换为地图中的真实坐标，然后将图形实体转换为二进制数据，与选择的规则名称、错误描述等交互检查规则信息合并生成一条检查结果记录，并添加到检查结果记录表。最终完成将人机交互检查记录录入与其关联的信息化质检平台 Oracle 数据库。其内部流程设计如图 2.11 所示，其外部流程设计如图 2.12 所示。

启动 ArcMap 应用程序，插件会进行初始化，并加载显示界面，如果是首次使用，则需要设置相关数据库连接信息和作业数据信息。设置完成并成功后，程序会自动保存相关设置，下次启动插件后，便会自动加载上一次的设置信息。如果需要与不同的作业数据关联，则要重新配置作业信息。

关联数据的检查结果记录以表格的形式显示到质检平台与 ArcGIS 互通软件主界面上。双击结果记录，程序自动在 ArcMap 中绘制实体并根据坐标中心缩放到实体位置实现定位。当需要进行人机交互检查时，点击按钮，弹出交互检查规则界面，同时按钮状态改变，提示互通软件处于添加检查结果记录状态。选择交互检查规则，点击 ArcMap 视图中人机交互检查位置绘制结果实体图形后，程序将自动添加人机交互检查结果记录到信息化质检平台 Oracle 数据库，并刷新主界面的结果记录显示表格。

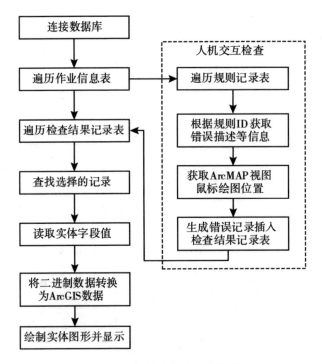

图 2.11　插件内部流程设计图

2.4.4　检查算子库功能设计

检查算子库是测绘地理信息成果信息化质检平台实现自动化检查的核心，其是各个种类、满足各个检查功能，并按照一定的规则进行编排的检查算子的集群。测绘地理信息成果常见的数据组织形式主要有矢量、栅格、影像等，其中矢量数据以其数据量小、位置及形状表达精细而成为一种主要的测绘地理信息数据格式，但是其复杂的数据结构与严格的拓扑关系使得矢量数据质量检查算子更加复杂和多样，在整个信息化质检平台检查算子库中数量最多、算法最复杂。因此，下面以矢量数据为例，介绍检查算子库的设计。

1. 数据 IO

数据 IO 是算法基础，只有高效、准确地读取数据并科学地用程序语言表达，才能支撑高质量算法的设计。矢量数据质量检查算子面向图库一体的矢量数据模型设计，即算子处理的数据为以点、线、面及属性记录组织的图库一体数据及相关文本、表格数据为主，与数据生产方式及数据文件格式无关。

数据 IO 设计是矢量数据质量检查算子设计与实现的基础，为了实现矢量数据质量检查算子与数据文件格式的无关性，需要独立设计矢量数据的 IO 模块，通过数据

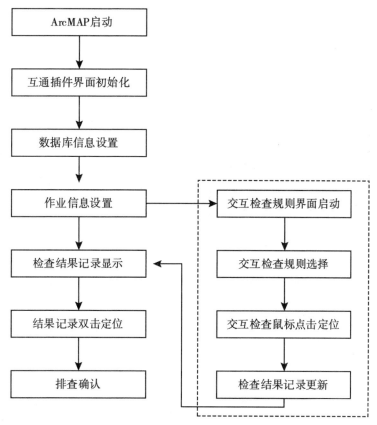

图 2.12　插件外部流程设计图

IO 将多元异构的转换为统一的符合质量检查算法的数据模型，该数据模型被检查算法直接访问。因此，矢量数据质量检查算子的数据 IO 具有不依赖于具体数据的生产方式与文件格式且与第三方组件实现耦合的特征。

为实现数据 IO 对于不同数据格式数据的支持，对公开数据格式标准和未公开数据格式标准的数据，需要采用不同方式进行访问：对于公开数据格式标准的数据，自定义解析方式；对于未公开数据文件格式标准的数据，需要借助第三方组件实现数据的读写。例如 ESRI 公司的 File Geodatabase 数据（GDB 数据），需要借助 ESRI 提供 ArcEngine 组件实现数据的访问，Microsoft 相关数据则需要 Microsoft 公司提供的组件实现数据的访问。

2. 检查算法设计

检查算法处理的对象为由点、线、面及属性值所构成的数据模型，不依赖于具体数据文件格式。检查算法的基本理念是一种高内聚、低耦合、可复用、易扩充的独立算法，具有较好的可移植性，算法的设计不依赖于具体的软件平台，基于此构建质检系统易于维护和扩充。

其基本思路为：利用数据 IO 中间件解除算法对具体数据文件格式的依赖，利用接口定义算法执行入口，并将算法扩充开放，达到与测绘地理信息成果信息化质检平台的无缝衔接，并保持自身高度的独立性，且符合软件设计的"开放–封闭"原则，即对修改封闭，对扩充开放，具有极高的可移植性且易于维护，如图 2.13 所示。

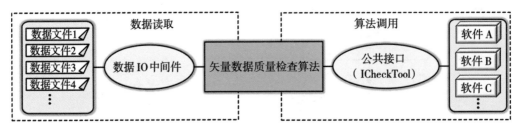

图 2.13　检查算法设计思路

数据 IO 的设计按照上文中介绍的方式完成，公共接口（ICheckTool）设计为由 3 个成员构成的接口：方法 SetConnection 用于指定数据库连接对象，属性 CheckOperatorInfList 用于返回算子信息，CheckRun 为算法的执行入口并返回文本格式的执行信息，软件平台通过调用 ICheckTool 接口实现对质量检查算法的调用，因此要求每一算子组件都要实现 ICheckTool 接口。

检查算子由"数据+质检规则"驱动，算子通过获取用户自定义的质检规则及检查数据信息，解析执行所需的参数信息并执行检查。算子执行的基本机制为：首先遍历规则库中当前检查作业的所有规则，根据规则附带的算子 ID 信息，将规则分配给相应的算子。算子读取当前待检查的数据，依次解析规则参数，执行检查功能，直到每一条规则都被解析。基于这样的算子执行机制，保证了规则的可复用特征，使得算子、数据、规则三者相互独立，并由检查系统的规划调度实现数据质量的自动化检查。

3. 检查算子库设计

矢量数据质量检查算子库是矢量数据质量检查算子的集合，以检查组件模块的方式进行设计实现。矢量数据检查算子库包含但不仅限于空间参考检查模块、数据定义正确性检查模块、属性定义正确性检查模块、格式正确性检查模块、拓扑关系检查模块、要素关系检查模块、属性一致性检查模块、位置一致性检查模块、几何异常检查模块、数据接边检查模块、元数据检查模块等。

不同类型数据有不同的检查算子库，每个算子库包含有多个检查模块，每一个模块中又包含了多个算子，比如，矢量数据质量检查算子库中的属性一致性检查模块包括一个数据层中不同属性字段值之间的一致性检查、同一数据库中不同数据层属性值一致性检查、不同数据库中不同数据层之间属性值一致性检查等。涉及的算子主要包括：

（1）属性值约束检查算子：用于检查一个数据层中不同属性字段值之间的一致性。此算子为纯粹的属性值检查算子不涉及到位置判断，主要检查不同字段值之间的逻辑约束关系。

（2）同库属性值对比检查算子：用于检查同一数据库中不同数据层属性值一致性，即同一个数据不同层中相同空间位置的要素的属性值是否一致。

（3）异库属性值对比检查算子：用于检查不同数据库中不同数据层之间属性值一致性，即在不同数据库中的不同数据层中相同空间位置的要素的属性值是否一致。

（4）属性接边检查：即检查相邻区域在边界邻接处，空间位置吻合的要素属性是否一致。

第3章　平台数据库构建

信息化质检平台的本质不是一个质量检查系统，而更像是一个信息管理系统。与传统意义上的"信息管理系统"相比，平台不仅要满足信息管理的需要，还要满足质量检查的需要。只有把质量检查与质检信息管理进行有机结合，才能有效达到质检信息化的目的。

信息化质检平台通过把现有测绘地理信息成果类型与质量检验规范进行抽象，形成通用的数据库模式，以适应各种成果类型的检查与管理需要。从上一章介绍的平台架构设计与逻辑关系设计可以看出，数据库是实现质检管理平台、各种类型质检系统、质检算子库集群、被检数据与参考数据等进行互联互通和功能转换的核心，其构建的理念是整个信息化质检平台构建成功与否的关键。

本章首先介绍关系数据库的基础理论、常见的重要概念、数据库设计的主要阶段及内容，然后重点介绍信息化质检平台数据库详细设计，包括数据库产品的选择、概念结构设计、逻辑结构设计以及数据库物理结构设计等，最后介绍了平台数据库的设计实例。

3.1　关系数据库

美国 IBM 公司的"关系数据库之父"E. F. Coddd，从 1970 年起发表了多篇论文，系统而严格地提出了关系模型。其理论为关系数据库的研究和发展奠定了坚实基础。

3.1.1　关系数据结构

关系模型以关系代数为理论基础，可用数学方法来表示关系模型系统，目前常见的数据库管理系统（DBMS），如 Oracle、SQL server、Sybbase、Access、Mysql 等，都支持关系模型。下面介绍关系模型结构的几个重要概念。

（1）关系：也叫表，是一种按行与列排列的具有相关信息的逻辑组，它类似于 Excle 工作表，一个数据库可以包含任意多个数据表。

（2）记录：也叫元组，即表中的每一行。一张表中可以有多个记录，一般来讲，一张表中任意两条记录都不相同。

（3）属性：也叫字段，即表中的每一列。有型和值之分，通常列的第一行（习惯称为表头）为型，其他行为值，值的变化范围为域。表可包含多个属性定义，每个包括数据类型、名称等。属性可以包含各种字符、数字及任意二进制流（如几何实体）。一个产品关系如图 3.1 所示。

图 3.1 关系、属性、记录及其关联

（4）键：也叫关键字，与表、记录、属性不同，它是关系模型中的逻辑结构，不是物理结构。通常需要定义三种键：

主键（primary key）：在表中选定一个属性集能够被唯一标识表中的一行，一个表中只能有一个主键。对应的完整性约束条件为实体完整性，即主键不能取空值，且具有唯一性。

外键（foreign key）：外键表示了两个表之间的联系。如果某属性集不是表 1 的主键，却是表 2 的主键，则该属性集是表 1 的外键。对应的完整性约束条件为参照完整性，即当表 2 的主键为表 1 的外键时，表 1 的外键只能取空值或者取表 2 主键中的某一个值。

唯一键（unique key）：在表中选定一个属性集，该属性集的内容不允许重复，该属性集为唯一键。对应的完整性约束条件为用户定义的完整性，用户自定义的完整性约束条件除唯一性以外，还有其他几种常用的约束条件，如是否允许为空值、取值范围、默认值、属性间函数依赖关系等，这些约束条件大多数（但不是所有的）关系数据库系统都支持。

3.1.2 关系的性质

关系的数据结构决定了关系具备了下列性质：

（1）关系的每个属性是不可再分解的，即属性的原子性；

（2）关系的每个属性名是不可以重复的，即属性名的唯一性；

（3）关系中不允许存在两个相同的记录，至少主键值是不相同的，即记录相异性；

（4）但在实际的关系数据库产品中，只要没有定义约束条件，关系表中是允许存在多个完全相同记录的；

（5）关系中的行或列的次序无关紧要，次序可以互换，即次序无关性；

（6）关系必须是规范的，最基本的条件就是各个属性分量是一个不可再分解的属性项，即关系中是不允许出现表达式或一个分量有多个值，不允许有表的嵌套。

3.1.3　关系数据操作

关系模型中常用的关系数据操作有以下 4 种：

（1）查询：包括属性的指定和记录的检索，包括单一关系查询和多关系连接查询。

（2）插入：在关系内插入一条或多条记录（元组）。

（3）删除：在关系中删除一些记录。

（4）修改：修改关系中记录属性值内容。强调的是属性值，而不是属性名的修改。

以上 4 种数据操作的对象都是关系，其操作结果仍为关系，通常在一个数据库应用系统中，主要就是通过上述 4 种操作对数据进行展示与管理的。

3.1.4　数据库语言 SQL

SQL（structured query language），即结构化查询语言，是一种数据库查询和程序设计语言，也是最重要的关系数据库操作语言，用于存取数据以及查询、更新和管理关系数据库系统。SQL 是基于关系代数和关系演算的综合语言，其主要特点如下：

（1）高度非过程化语言。存取路径的选择由 DBMS 的优化机制来完成，且用户不必用循环结构，就可以完成数据的操作，提出“做什么”，而不是“怎么做”。

（2）综合统一。集数据定义、数据操纵、数据管理一体，可以独立完成数据库的全部操作。

（3）语言简洁。能够嵌入到高级编程语言使用。

SQL 语言主要由四大组成部分构成，分别是数据查询语言 DQL（data query language）、数据操纵语言 DML（data manipulation language）、数据定义语言 DDL（data definition language）和数据控制语言 DCL（data control language），如表 3.1 所示。

表 3.1　　　　　　　　　　　　　　　　SQL 功能组成及核心动词

SQL 功能	核 心 动 词
数据查询	SELECT
数据操纵	INSERT、DELETE、UPDATE
数据定义	CREAT、DROP、ALTER
数据控制	GRANT、REVOKE

为了便于理解，有时候会把 DQL 归类到 DML，从名字上可以理解 SELECT、IN-SERT、DELETE、DELETE 这 4 条语句是用来对数据库中的数据进行操作，对应了关系模型中关系数据的 4 种操作。SQL 可以嵌入到高级编程语言中使用，通常在一个数据库应用系统开发过程中，使用最频繁的也是这 4 条语句。

DDL 主要是用在定义或改变关系（TABLE）的结构、数据类型、各种键、关系之间的连接和约束条件等初始化工作上，一般在建立表时使用。DCL 是数据库控制功能，主要用来设置或更改数据库用户或角色权限，并控制数据库操纵事务发生的时间及效果，一般情况下，只有数据库管理员（DBA）才有权限执行。

3.2 数据库设计理论

3.2.1 函数依赖与联系

1. 函数依赖

关系是由一组属性构成的，属性不是孤立存在的，它们之间都会存在相关联系，如最基本的是一些属性决定着另一些属性。在关系数据库中，通常把这种决定性联系称为函数依赖。函数依赖类似于变量之间的单值函数关系，如特定的一组属性 X 都有特定的一组属性 Y，则称 X 函数决定 Y，通常称为 Y 函数依赖 X。函数依赖一般分为以下 3 类：

（1）完全函数依赖：若非主属性 Y 函数依赖于全部关键字 X，称 Y 完全函数依赖 X，即 X 中的任意主属性都不能函数决定 Y。

（2）部分函数依赖：与完全函数依赖相反，若 Y 函数依赖 X，但 X 中的某一个主属性能够函数决定 Y，即 Y 不完全函数依赖 X，则称 Y 部分函数依赖 X。

（3）传递函数依赖：若存在关键字 X 函数决定非主属性 Y，且 Y 不能函数决定 X，而 Y 决定非主属性 Z，则称 Z 传递函数依赖 X。

2. 联系

客观存在的并可以相互区分的事物称为实体。在关系数据库中，一个实体集对应了一个表（关系），表中的一条记录就是一个具体实体。现实社会中，实体与实体之间是存在联系的，理解实体之间的联系，在数据库表设计过程中具有十分重要的意义。两个实体之间的联系可以分为以下 3 类：

（1）一对一（1:1）：若对于实体集 A 中的每个实体，在实体集 B 中至多有一个实体与之相关，反之亦然，则实体集 A 与实体集 B 是一对一的联系。

（2）一对多（1:n）：若对于实体集 A 中的每个实体，在实体集 B 中有多个实体与之相关，而对于实体集 B 中的每个实体，实体集 A 中至多有一个实体与之相关，则实体集 A 与实体集 B 是一对多的联系。

（3）多对多（$n:m$）：若对于实体集 A 中的每个实体，在实体集 B 中有多个实体与之相关；同样，对于实体集 B 中的每个实体，实体集 A 中也有多个实体与之相关，实体集 A 与实体集 B 是多对多的联系。

3.2.2　范式规则

在关系数据库中，构造数据库时所遵循的一定规则属于规范化的，则这种规则称为范式（normal form）。目前关系数据库有 6 种范式，从低级到高级分别为：第一范式（1NF）、第二范式（2NF）、第三范式（3NF）、第四范式（4NF）、第五范式（5NF）、第六范式（6NF），这六类范式一个比一个严格，事实上他们是一种包含关系，即

$$6NF \in 5NF \in 4NF \in 3NF \in 2NF \in 1NF$$

但一般来讲，数据库只需满足第三范式（3NF）。下面主要介绍第一范式（1NF）、第二范式（2NF）、第三范式（3NF）。

（1）第一范式（1NF）：1NF 指一个关系的每个属性都是不可分割的基本数据单位。该定义与关系的性质是完全一致的，也说明任何一个关系数据库都是符合第一范式的；反之，不满足第一范式的数据库就不是关系数据库。经过 1NF 规范后，数据库表中每个字段都是单一的，其属性是由基本数据类型构成的，如整型、实型、字符型、逻辑性、日期型等。

（2）第二范式（2NF）：2NF 是在 1NF 的基础上建立起来的，要求非主属性必须完全函数依赖候选键（或主键）。如果存在非主属性部分函数依赖某个主属性，那么这个非主属性和主属性就应该分离为一个新的实体，新实体与原实体是一对多的关系。总之，2NF 规则下，非主属性不可以部分依赖主属性。一般情况下，2NF 规范后，会消除大部分的数据冗余、更新异常、插入异常和删除异常等情况。另外，只有一个属性为候选键（即主键）的关系表是符合第二范式的。

（3）第三范式（3NF）：3NF 在满足 2NF 前提下，要求不存在非主属性对任意候选关键字有传递函数依赖关系。

3.3　数据库产品的选择

目前，成熟的数据库管理系统以关系型数据库为主导产品，面向对象的数据库管理系统虽然技术先进，数据库易于开发、维护，但尚未有成熟的产品。国际国内常用的数据库产品包括美国甲骨文公司开发的 Oracle、美国微软公司开发的 MS-SQL Sever、美国微软公司开发的 Access、美国国际商业机器公司开发的 DB2、美国 Sybase 公司开发的 Sybase、瑞典 MySQL AB 公司开发的 MySQL、加州大学伯克利分校开发的 PostgreSQL 等。

3.3.1 Oracle

Oracle 是目前最流行的 C/S 或 B/S 体系结构的数据库之一，在数据库领域一直处于领先地位。其系统可移植性好、使用方便、功能强，适用于各类大、中、小、微机环境，是目前世界上流行的关系数据库管理系统。它是一种高效率、可靠性好的、适应高吞吐量的数据库管理系统，能在所有主流平台上运行（包括 Windows），采用完全开放策略，支持多层次网络计算，支持多种工业标准，其并行服务器通过使一组结点共享同一簇中的工作来扩展 Window NT 的能力，提供高可用性和高伸缩性的簇的解决方案。如果 Windows NT 不能满足需要，用户可以把数据库移到 UNIX 中，具有很好的伸缩性。

3.3.2 SQL Sever

它是 Windows 平台上最为流行的中型关系型数据库管理系统，采用 C/S 体系结构，图形化用户界面，支持 Web 技术，支持多种数据库文件的导入，以其内置的复制功能、强大的管理工具、与 internet 的紧密集成和开放的系统结构，提供了一个出众的数据库平台，是一个可扩展的、高性能的数据库管理系统。它采用图形界，面操作简单，管理也很方便，而且编程接口特别友好，在易维护性和价格上明显占有优势。

其缺点是只能在 Windows 上运行，C/S 结构，开放性欠佳，操作系统的稳定对数据库十分重要，而 Windows 平台的可靠性、安全性和伸缩性是有限的，它不像 Unix 那样久经考验，尤其是在处理大数据方面。

3.3.3 Access

它是基于 Windows 平台的桌面式小型关系型数据库管理系统，单文件型数据，它结合了 Microsoft Jet Database Engine 和 图形用户界面两项特点，是 Microsoft Office 的系统程序之一。Access 有强大的数据处理、统计分析能力，利用 Access 的查询功能，可以方便地进行各类汇总、平均等统计，使用简单、上手快。但它的数据文件大小有限制，目前不能突破 2G，它的结构化查询语言能力有限，不适合大型数据库处理应用。当数据库过大时，性能就会开始下降，容易出现各种因数据库刷写频率过快而引起的数据库问题。

3.3.4 DB2

DB2 是为 Unix、OS/2、Windows NT 提供的关系数据库解决方案，能够在各种系统中运用，适用于数据仓库和在线事物处理。DB2 具有很好的并行性。DB2 把数据库管理扩充到了并行的、多节点的环境。数据库分区是数据库的一部分，包含自己的数据、索引、配置文件、和事务日志。数据库分区有时被称为节点或数据库节点，伸缩性有限。该数据库价格高，运行管理费用偏高，在我国的应用较少，主要适用于大型企业的数据仓库应用。

3.3.5　Sybase

它是一个以 C/S 体系结构为开发目标的面向联机事物处理的大型关系型数据库管理系统，支持 Sun、IBM、HP、Compaq 和 Veritas 的集群设备的特性，可用性高，性能接近于 SQL Server，其新版本具有较好的并行性，速度快，对巨量数据无明显影响，尤其是在 Unix 平台下的并发性要优于 SQL Server，适应于安全性要求极高的系统。

其缺点是技术实现复杂，需要程序支持，对数据库管理人员要求较高，伸缩性有限。

3.3.6　MySQL

MySQL 是很流行的开放源码的数据库管理系统，以性能卓越而著称。它可以在多种操作系统上运行，包括大多数的 Linux 版本。为了提高性能，其功能较大多数数据库管理系统精简，因此其体积小、速度快、总体拥有成本低，其具有开放源码这一特点，故一般中小型网站的开发都选择其作为网站数据库。

3.3.7　PostgreSQL

PostgreSQL 是功能最多的开放源码的数据库平台。以最佳的 ANSI 标准支持、扎实的事物处理功能及丰富的数据类型及数据库对象支持取胜。但它是个只有单一存储引擎的完全集成的数据库，不支持嵌入式应用，从普及度来说，它还缺乏足够后台支撑。

数据库的选择需要考虑长远，因为这是一个长期的决策，后面如果再改变决定将是非常困难且代价高昂的。澳大利亚 IT 咨询公司 solid IT 在其运营的 db-engines.com（数据库引擎）网站上创建了一个跟踪系统，以确定访问其网站的数据库系统，并以此对主流数据库的使用情况进行排名，2017 年 11 月的排名情况如图 3.2 所示。

DB-Engines 关于数据库的排名在业界引用得非常多，权威性也很高，总体来说比较客观，它通过数据库相关网站数量、公众关注度、技术讨论活跃度、招聘职位、专业档案、社交网络信息 6 个方面的统计数据来综合评估各个数据库产品得分并给出综合排名。图 3.3 则给出了 2013 年以来全球主流数据库的排名变化整体趋势。

Rank			DBMS	Database Model	Score		
Nov 2017	Oct 2017	Nov 2016			Nov 2017	Oct 2017	Nov 2016
1.	1.	1.	Oracle ➕	Relational DBMS	1360.05	+11.25	-52.96
2.	2.	2.	MySQL ➕	Relational DBMS	1322.03	+23.20	-51.53
3.	3.	3.	Microsoft SQL Server ➕	Relational DBMS	1215.08	+4.76	+1.27
4.	4.	4.	PostgreSQL ➕	Relational DBMS	379.92	+6.64	+54.10
5.	5.	5.	MongoDB ➕	Document store	330.47	+1.07	+5.00
6.	6.	6.	DB2 ➕	Relational DBMS	194.06	-0.53	+12.61
7.	7.	⬆8.	Microsoft Access	Relational DBMS	133.31	+3.86	+7.34
8.	8.	⬇7.	Cassandra ➕	Wide column store	124.21	-0.58	-9.76
9.	9.	9.	Redis ➕	Key-value store	121.18	-0.87	+5.64
10.	10.	⬆11.	Elasticsearch ➕	Search engine	119.41	-0.82	+16.84

图 3.2　2017 年 11 月全球数据库 TOP10 使用排名

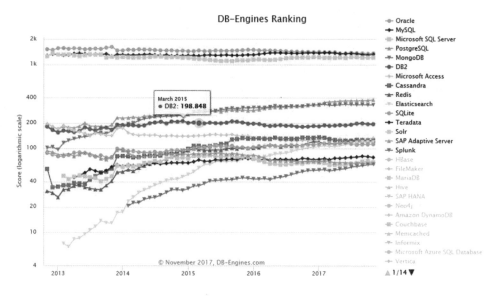

图 3.3　2013—2017 年全球数据库排名变化趋势图

　　信息化质检平台的检查对象主要是空间地理信息数据，这些数据因项目的规模而可能有多种数据体量，体量大的数据一般均是涉密数据，因此平台的使用环境要兼顾各类大、中、小、微机环境，还需综合考虑质检过程中各类信息管理的需要和局域网通信的需要，另外，为保障检查结果的可溯源性，原始检查记录应随被检项目的信息一起留存，因此平台的数据库会随着质检项目的增加而快速增长，对于数据库的读写、查询、修改、存储有较高要求，还有就是数据库必须保证局域网内数据能实时共享，能支持数十个用户同时访问，数据库登录必须使用口令保护，综合上述原因，经测试与比较，采用 Oralce 数据库比较适合质检平台的研发需求。

3.4　平台数据库表分类

数据库产品确定之后，下一步关键环节便是确定数据库表的分类，对于信息化质检平台而言，这是一个具有特定管理功能的专业质检系统集合。根据需要，数据库可分为五大类：用户管理类（USE）、项目管理类（PRO）、质量检查类（INS）、质量评价类（EVA）、数据类（DAT），五大类的总体关系如图 3.4 所示。

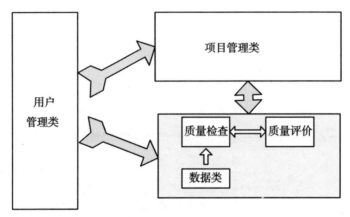

图 3.4　数据库表的分类与关系

3.4.1　用户管理类

存储管理用户，包括用户的基本信息，如年龄、性别、工作时间、所学专业、所在部门等，每个用户都对应有不同的角色，如检验员、检验负责人、部门负责人、单位技术负责人、单位质量负责人等，不同的角色拥有不同的权限，如新建项目、项目下达、检验方案制作修改、检验报告编制等。

3.4.2　项目管理类

通过分类管理的模式管理测绘质检项目及检查数据，便于后续按不同条件进行统计查询分析，如按时间管理、按生产单位管理、按质量水平管理、按项目类型管理、按成果类型管理等。对于跨年度、跨区域的大型项目，则可采用分级模型进行管理，便于大数据量积累后进行统计查询分析。

项目管理类还包括测绘产品类型的管理，以产品类别和产品级别两级层次模型来管理，每个质检作业可归结为某一类别产品的某一级别。

3.4.3 质量检查类

这一类主要是实施程序自动化检查，为后续的自动化评价需要，也可加入人工检查。信息化质检平台的检查采用算子集群的方式实现，算子可以被定义为自动检查算子和人机交互检查算子两种类型，这样从设计层面上可以实现所有测绘地理产品的质量检查，且每种产品的质量检查从流程和方式上都具有一致性。自动检查算子又分为通用算子和专题算子，通用算子一般用于坐标系统、数据组织存储、数据定义等一般地理信息产品均需检查的项，专题算子一般则用于特定产品的专题检查需要。通过为检查算子指定参数的形式形成检查规则，由一系列检查规则的集合构成某一类产品的特定检查方案。

一个检查方案由若干个规则构成，规则既可以是全局的，又可以根据用户临时需要进行自定义。此外，规则是产品检查的最小实现单元，每条规则包括了检查的必要信息，如检查内容、检查方法方式以及相应的参数等，规则的细化程度是可以调整的，即使采用相同的检查方法，也可以用不同的参数，从而保证规则的全面性和针对性。

数据库中只存储了检查的必要信息，如检查数据的路径地址及检查时需要的检查参数，检查的执行仍需要应用程序，为使应用程序能够自动调度执行，质量检查类中引入算子对象，算子描述了一个应用程序内部的检查功能，且具备唯一标识。只要应用程序符合特定的接口规范由算子驱动器调度执行，这类应用程序的算子就可以注册到数据库中。规则被执行过程中，应记录规则的执行状态，规则的状态包括正在装载（Loading）、正在执行（Running）、成功运行（Succeed）、异常终止（Stopped）四种状态。

为了便于统一的错误结果管理，质量检查需要统一的错误记录方式，如在测绘地理信息产品的检查结果中通常需要空间位置来定位错误的位置，质量评价需要错误的严重程度类型以及错误数量等量化信息，人工错误描述需要截图信息，错误记录不仅要满足质量评价要求，还应该满足统计分析的需求。

图 3.5 描述了质量检查类的实现模式，其中算子驱动器和算法程序属于应用程序类，本章不进行详细论述。

3.4.4 质量评价类

现有国家、行业测绘产品质量评价标准，主要有《测绘成果质量检查与验收》（GB/T 24356）、《数字测绘成果质量检查与验收》（GB/T 18316）、《1：50000 基础测绘成果质量评定》（CH/T 1017）以及《数字线划图（DLG）质量检验技术规程》（CH/T 1025）、《1：500、1：1000、1：2000 地形图质量检验技术规程》（CH/T 1020）等一系列检验技术规程，另外还有针对重大项目的规定，如《地理国情普查

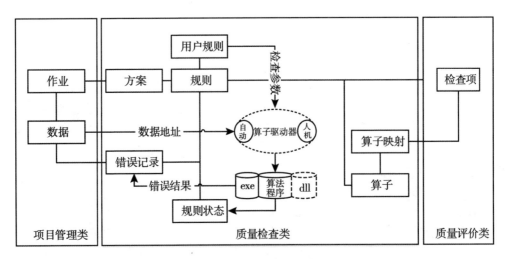

图 3.5 质量检查实现模式图

检查验收与质量评定规定》等，综合分析这些标准，测绘产品的质量评价可抽象为三级质量模型，即质量元素、质量子元素、检查项。

质量评价模型为抽象的类型，由质量元素、质量子元素及检查项构成，在数据库中并非一个实体。评价模型与检查算子、检查方案之间的关系如图 3.6 所示。

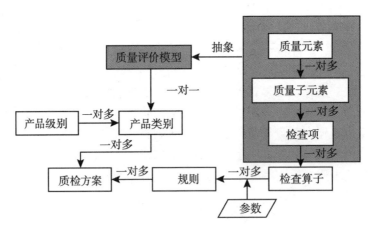

图 3.6 抽象质量评价模型关系图

任何产品都可以由多个质量元素构成，质量元素由多个质量子元素构成，质量子元素由多个检查项构成。产品最终评价结果通过自下而上的方式逐层统计计算，每层都有不同的统计评分模式，按照目前我国测绘地理信息产品的质量评价标准，有以下四种评分方式：

（1）加权平均分：这种评分模式比较常见，《测绘成果质量检查与验收》（GB/T

24356—2009）采用的就是这种方式。

（2）最低分：《数字测绘成果质量检查与验收》（GB/T 18316—2008）及由此派生的相关标准大部分质量元素采用这种方式。

（3）分组合并后取最低分：《数字测绘成果质量检查与验收》（GB/T 18316—2008）部分质量元素采用这种方式。

（4）不计分：当满足条件时，不纳入最终评价计算。

检查项的评价结果直接来源于错误记录结果统计，其评分方式通常有以下三种：

（1）按错漏类别及数量扣分：这种评分模式最常见，《测绘成果质量检查与验收》（GB/T 24356—2009）便采用的这种方式（用"A？B？C？D？"标识）。

（2）按百分比率（检查值）与标准比率（标准值）内插得分：《数字测绘成果质量检查与验收》（GB/T 18316—2008）大部分均采用这种方式（用"R/R0"或"M/M0"标识）。

（3）符合与不符合直接得分（用"Y/N"标识）。

图 3.7 描述了从错误记录结果到最终产品得分"阶梯式"的评价过程。

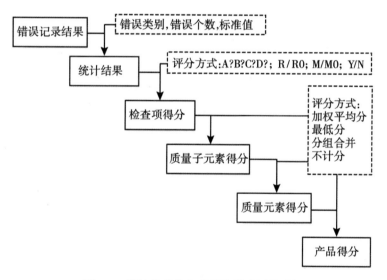

图 3.7　测绘地理信息成果阶梯式评价过程

因此，产品的评价模式就是由具体的三层评价体系及每层的具体评分方式构成，由于三层评价体系在结构上是一致的，在应用程序实现过程中，可采用"递归"算法模型进行实现。

3.4.5　数据类

数据类包括可以标准化的检验模板数据和辅助质检的参考数据。模板数据根据数据规定或数据字典制作，如空间参考模板、属性定义模板、枚举定义模板、数据组织模板等。参考数据，如数据生产参考的其他专题数据：行政区划数据、道路水系数据、地名地址数据、正射影像数据等。数据类经扩展后还可存储管理与质检业务相关的信息类数据，如检验相关的技术标准、测绘地理信息项目目录等。

3.5　平台数据库概念结构

数据库的概念设计主要是对需求分析中收集的信息和数据进行分析和抽象，确定实体、属性及它们之间的联系，将各个用户的局部视图合并成一个总的全局视图，形成独立于计算机的反映用户需求的概念模型，目的是描述数据库的信息内容。因E-R模型（Entity Relationship Model）不受任何 DBMS（Database Management System）约束，直接表达实体间的相互关系，且简单直观，故而是数据库概念结构设计中最常用的建模工具。信息化质检平台采用最常用 E-R 模型来描述数据库的概念结构，具体见图 3.8。

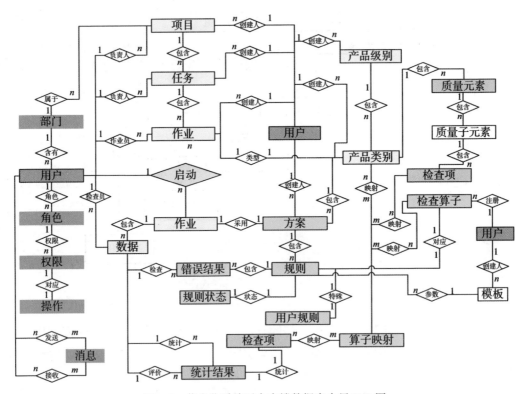

图 3.8　信息化质检平台支撑数据库全局 E-R 图

平台支撑数据库包括的信息内容按实体类型分为如下几个部分：

3.5.1 项目

项目的创建与质量检查没有直接关系，主要用来管理项目信息，具体内容如图 3.9 所示。

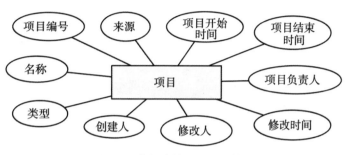

图 3.9 数据库管理的项目信息

3.5.2 任务

任务是对项目的细分，主要用来管理复杂项目中不同种类或区域的任务信息，采用层次模型，有利于信息的分类管理，具体内容如图 3.10 所示。

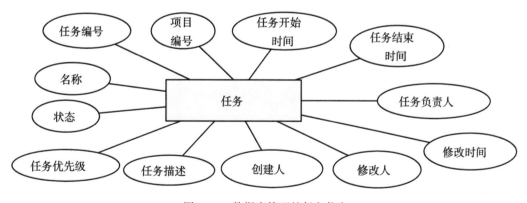

图 3.10 数据库管理的任务信息

3.5.3 作业

作业是对任务的细分，对于需要多个人员或多个小组共同完成的复杂任务，作

41

业是面向质量检查的最小单位，其两个关键属性方案 ID 和启动类型与质量检查直接相关，前者决定质量评价模型及检查的内容，后者决定人机交互启动界面环境。其他属性信息则主要是为了满足信息化管理的需要，方便查询和统计分析。具体内容如图 3.11 所示。图中虚椭圆的属性是派生属性，即项目编号可以由任务编号推导出来，同样产品类别编码、产品级别编码、质量模型类型可以由方案 ID 推导出来。

3.5.4　数据

数据是质量检查的对象，一般为单位产品或成果，表现形式为数据文件，通常一个样本单位对应一个数据文件。某个产品中含有多个文件时，用 1 个主文件或者文件夹的路径表示数据。具体内容如图 3.12 所示，图中虚椭圆的属性是派生属性，即任务编号可以由作业编号推导出来，同样，最终检查个数可以由自动检查个数和人机交互检查个数推导出来。

3.5.5　产品级别

产品级别描述了某一产品所属的族类，如定义 DLG 为一个族类，那么 DLG 就表示一个产品级别，同样可以定义 DOM、DEM 为一个族类。设立产品级别的主要目的是对测绘产品进行分类管理。产品级别编码属性是产品级别的主要属性，由于质量检查的落脚点是面向产品的检查，因此产品级别编码是整个平台区分不同产品的起始编码。具体内容如图 3.13 所示。

3.5.6　产品类别

产品类别为产品级别的子集，通常为具体某一产品，同一产品级别下的产品类别具有相似或相同的质量评价模型。如在 DLG 族类下可以按比例尺定义 1：10000DLG，1：50000DLG，也可以按项目类型定义为"西部测图项目 DLG"或"五万更新 DLG"。具体内容如图 3.14 所示。

3.5.7　检查算子

检查算子用来描述某一检查算法的基本信息，主要由算子编码、算子名称、检查方式等属性构成。算子的基本信息在算法设计人员程序编写时就已经确定。属于不可更改的属性信息。具体内容如图 3.15 所示。

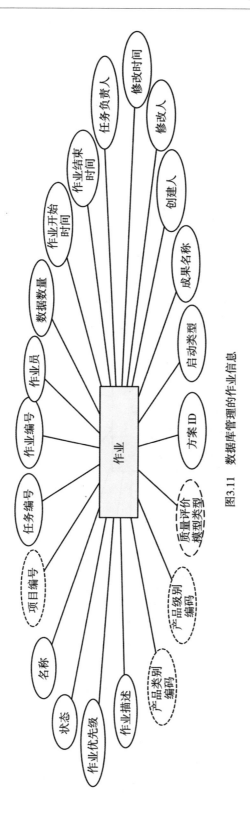

图3.11 数据库管理的作业信息

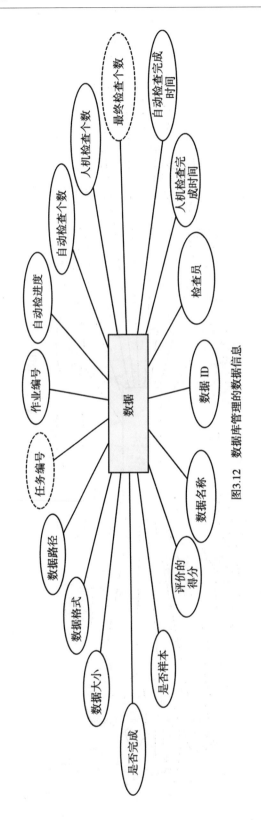

图3.12 数据库管理的数据信息

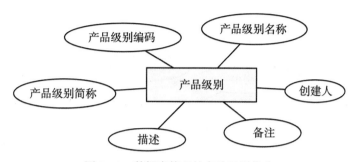

图 3.13 数据库管理的产品级别信息

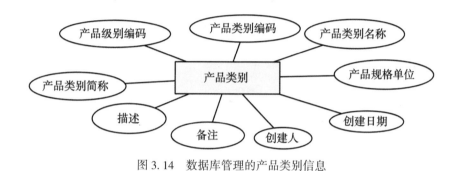

图 3.14 数据库管理的产品类别信息

图 3.15 数据库管理的检查算子信息

3.5.8 检查规则

检查规则是执行自动化检查的最小序列单位，也是检查方案的最小组成部分。检查规则是由"算子+参数"的方式生成，因此，算子编码和规则参数是规则的两个主要属性。此外，规则的集合构成了一个方案，因此规则的另一主要属性就是方案的 ID。具体内容如图 3.16 所示。

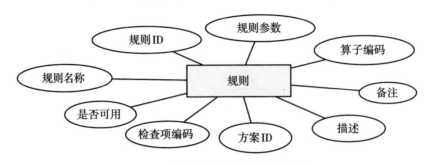

图 3.16　数据库管理的检查规则信息

3.5.9　检查方案

检查方案是质量检查的核心，方案与产品类别及级别密切相关，一个产品类别可以有多个方案，由于方案的核心地位，其修改权限是很重要的，没有创建人的直接授权，其他人是不允许修改的。因此"产品类别编码"和"修改权限"是方案的两个核心属性。具体内容如图 3.17 所示。。

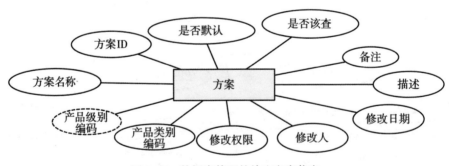

图 3.17　数据库管理的检查方案信息

3.5.10　错误记录

错误记录是检查的结果，一条错误记录主要包括两大类属性，一是"所属"关系类，这类的属性有：作业编码、数据 ID、规则 ID；另一类是"包含"关系类，这类的主要属性有：检查对象、错误描述、定位实体、错漏类别、错漏数量等。错误记录的属性是经过高度的抽象以满足不同产品的需要。具体内容如图 3.18 所示。

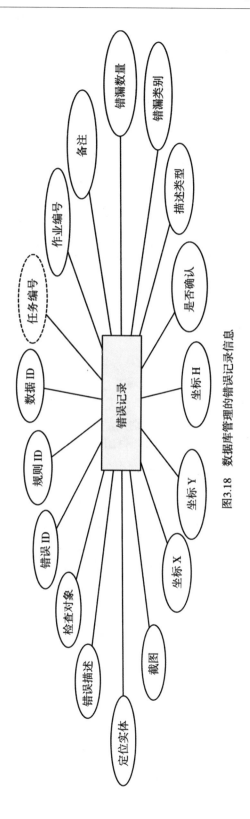

图3.18 数据库管理的错误记录信息

3.5.11　规则状态

规则状态指在检查进行时每条规则的执行状态，如正在检查、成功完成、错误停止等状态。

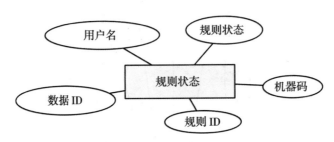

图 3.19　数据库管理的规则状态信息

3.5.12　用户规则

用户规则描述了与方案中规则的特殊化差异。通常一个方案就能完全描述某一产品类别的规则。但是在这一类产品的个别产品仍然会有特殊化差异，对于不可避免的特殊规则，可以采用用户规则解决。一旦用户定义了自己的规则，检查时就会优先使用用户规则中的参数，并且只对该用户有效。因此，用户名、规则 ID、规则参数是用户规则的主要属性。具体内容如图 3.20 所示。

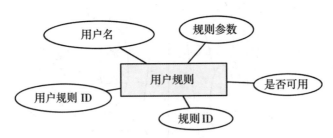

图 3.20　数据库管理的用户规则信息

3.5.13　算子映射

算子映射描述了产品、检查项、算子之间的对应关系。具体内容如图 3.21 所示。

图 3.21 数据库管理的算子映射信息

3.5.14 质量元素

质量元素、质量子元素、检查项的定义来源于现行测绘行业质量检查验收标准。通过对国家行业标准的高度抽象概括，整理出计分方式、分组、权值、结果值类型、限差值等属性。计分方式主要有最低分、加权平均分、合并计分三种方式。分组适用于合并计分方式，相同分组的会合并；权值适用于加权平均分方式。结果值类型分为 Y/N（符合/不符合）、M/M0（中误差）、R/R0（错误率）、A？B？C？D？（错漏分类）四种类型。具体内容如图 3.22 所示。

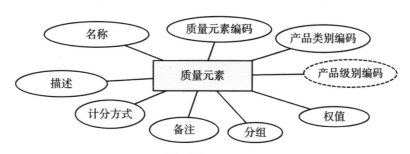

图 3.22 数据库管理的质量元素信息

3.5.15 质量子元素

质量子元素与质量元素的概念设计一样，只是将产品类别和级别的编码变为质量元素编码而已，具体内容如图 3.23 所示。

3.5.16 检查项

检查项与质量元素、质量子元素的概念设计也类似。其中，限差值根据设计或生产依据的标准规范而来，结果值类型由检验依据的标准确定，备注属性为参数类型，

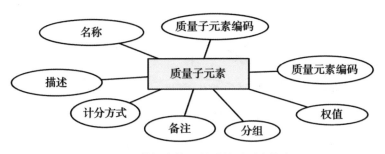

图 3.23　数据库管理的质量子元素信息

一般包括要素总数、面积总数、无参数或其他。具体内容如图 3.24 所示。

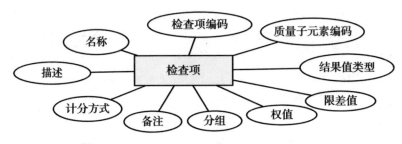

图 3.24　数据库管理的检查项信息

3.5.17　质量统计

质量统计是将错误结果按照质量评价模型中错漏类别进行分类统计，并确认每个数据质量评价的"参数"，参数指要素总数、面积总数等这类信息。具体内容如图 3.25 所示。

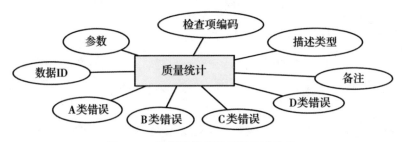

图 3.25　数据库管理的质量统计信息

3.5.18 用户信息

用户信息主要由用户的基本信息构成，如姓名、用户名、密码（加密）等。具体内容如图 3.26 所示。

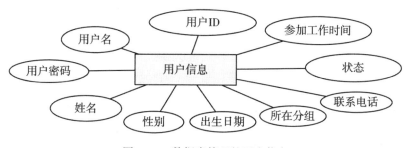

图 3.26 数据库管理的用户信息

3.5.19 角色关系

角色由角色的名称和角色的编码构成，角色关系描述了用户所具备的角色，以及多对多的关系。具体内容如图 3.27 所示。

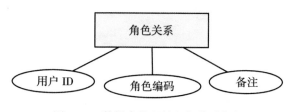

图 3.27 数据库管理的角色关系信息

3.5.20 权限关系

权限主要由权限名称和权限编码构成。各种权限的具体内容一般在开发阶段确定，如质量评价模型修改权限、查看权限等。权限关系描述了角色所具备的权限，以及多对多的关系。具体内容如图 3.28 所示。

51

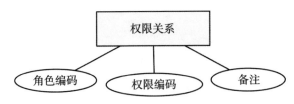

图 3.28　数据库管理的权限关系信息

3.5.21　消息

消息描述了一条消息的完整结构，如发送人、接收人、发送内容以及对象的数据表信息等。具体内容如图 3.29 所示。

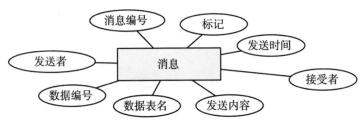

图 3.29　数据库管理的消息信息

3.5.22　检查模板

检查模板其本质是规则中的一个参数，但这个参数与一般的量化指标性的参数不一样，而是以文件的形式存在。平台中将这类以文件内容为载体的参数统称为检查模板。由于模板文件具有"通用性""标准性"的特点，因此将模板文件以数据表实体的形式存储。检查模板的主要属性有：模板名称、模板文件名、模板类型、模板内容，其中模板内容以二进制流的形式存储。具体内容如图 3.30 所示。

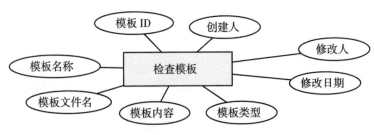

图 3.30　数据库管理的检查模板信息

3.6 平台数据库逻辑结构

数据库的逻辑结构设计就是把概念结构设计阶段设计好的基本 E-R 图转换为与选用的 DBMS 产品所支持的数据模型相符合的逻辑结构。逻辑结构设计是独立于任何一种数据模型的，在实际应用中，一般所用的数据库环境已经给定（如 SQL Server、Oracle、MySql 等）。由于信息化质检平台选用的 Oracle 数据库是关系数据库，因此首先需要将 E-R 图转换为关系模型，然后根据具体 DBMS 的特点和限制转换为特定的 DBMS 支持下的数据模型，最后进行优化。信息化质检平台支撑数据库的实体关系如图 3.31 所示。

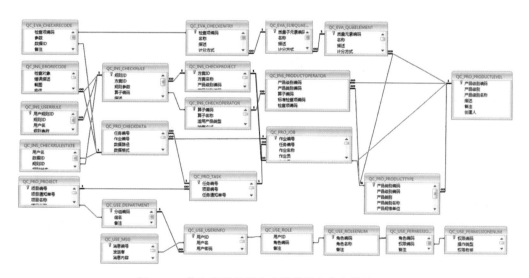

图 3.31 信息化质检平台支撑数据库的实体关系图

信息化质检平台支撑数据库的数据模型较多，本节就仅以数据库中的项目表、产品类别表、检查方案表、错误记录表、产品算子映射表等为例进行介绍。表 3.2~表 3.24 中，N 表示否，Y 表示是，PK 表示主键，FK 表示外键，UK 表示唯一键。

表 3.2　　　　　　　　项目表，表名：**QC_PRO_PROJECT**

列名	数据类型	长度	允许为空	数据说明
项目编号	文本	20	否	PK
通知单号	文本	20	是	格式化管理的项目编号
项目名称	文本	200	否	项目名称

续表

列名	数据类型	长度	允许为空	数 据 说 明
承担部门	文本	10	是	FK：QC_USE_DEPARTMENT（分组编码），级联删除：否
负责人	文本	10	是	FK：QC_USE_USERINFO（用户 ID），级联删除：否
开始时间	日期	—	是	
结束时间	日期	—	是	
创建人	文本	10	是	FK：QC_USE_USERINFO（用户 ID），级联删除：否
修改人	文本	10	是	FK：QC_USE_USERINFO（用户 ID），级联删除：否
修改日期	日期	—	是	
创建日期	日期	—	否	

表 3.3　　　　　　　　　　　　**任务表，表名：QC_PRO_TASK**

列名	数据类型	长度	允许为空	数 据 说 明
任务编号	文本	20	否	PK
项目编号	文本	20	否	FK：QC_PRO_PROJECT（项目编号），级联删除：是
通知单号	文本	20	是	格式化管理的任务编号
任务名称	文本	200	否	
负责人	文本	10	是	FK：QC_USE_USERINFO（用户 ID），级联删除：否
计划开始时间	日期	—	是	
计划结束时间	日期	—	是	
实际开始时间	日期	—	是	
实际结束时间	日期	—	是	
任务状态	文本	10	是	
任务优先级	文本	2	否	1、2、3、4、5
任务描述	文本	200	是	
待检查数据空间目录	文本	200	是	

续表

列名	数据类型	长度	允许为空	数据说明
质检数据空间目录	文本	200	是	
创建人	文本	10	是	FK：QC_USE_USERINFO（用户 ID），级联删除：否
修改人	文本	10	是	FK：QC_USE_USERINFO（用户 ID），级联删除：否
修改日期	日期	—	是	
创建日期	日期	—	否	

表 3.4　　　　　　　　作业表，表名：**QC_PRO_JOB**

列名	数据类型	长度	允许为空	数据说明
作业编号	文本	20	否	PK
任务编号	文本	20	否	FK：QC_PRO_TASK（任务编号），级联删除：是
作业名称	文本	200	否	
作业员	文本	10	是	FK：QC_USE_USERINFO（用户 ID），级联删除：否
计划开始时间	日期	—	是	
计划结束时间	日期	—	是	
实际开始时间	日期	—	是	
实际结束时间	日期	—	是	
作业状态	文本	10	是	
作业优先级	文本	2	否	1、2、3、4、5
作业描述	文本	200	是	
产品级别	文本	20	是	FK：QC_PRO_PRODUCTLEVEL（产品级别编码），级联删除：否
产品类别	文本	20	是	FK：QC_PRO_PRODUCTTYPE（产品类别编码），级联删除：否
方案编号	文本	20	是	FK：QC_INS_CHECKPROJECT（方案 ID），级联删除：否
启动类型	文本	10	否	DLG、DEM……
评价类型	文本	10		标准、非标准

续表

列名	数据类型	长度	允许为空	数 据 说 明
数据数量	数字	—	是	
创建人	文本	10	是	FK：QC_USE_USERINFO（用户ID），级联删除：否
修改人	文本	10	是	FK：QC_USE_USERINFO（用户ID），级联删除：否
修改日期	日期	—	是	
创建日期	日期	—	否	

表3.5　　　　　　　　　　　**检查数据表，表名：QC_PRO_CHECKDATA**

列名	数据类型	长度	允许为空	数 据 说 明
数据ID	文本	100	否	PK：使用GUID
作业编号	文本	20	否	FK：QC_PRO_JOB（作业编号），级联删除：是
任务编号	文本	20	否	FK：QC_PRO_ TASK（任务编号），级联删除：是
数据名称	文本	60	否	
数据路径	文本	200	是	
数据格式	文本	10	是	
数据大小	文本	20	是	MB
是否样本	是/否	—	否	
是否完成	是/否	—	否	
评价得分	数字	—	是	
检查员	文本	10	是	FK：QC_USE_USERINFO（用户ID），级联删除：否
自动检查进度	文本	60	是	
自动检查个数	数字	—	是	
人机检查个数	数字	—	是	
最终检查个数	数字	—	是	
自动检查时间	日期	—	是	
人机检查时间	日期	—	是	

唯一性约束条件：UK（作业编号，数据路径）

表 3.6　　　　　　　　**产品级别表，表名：QC_PRO_PRODUCTLEVEL**

列名	数据类型	长度	允许为空	数 据 说 明
产品级别编码	文本	10	否	PK：三位编码
产品级别	文本	20	否	简称，如 DLG
产品级别名称	文本	20	是	详细名称，如数字线划图
描述	文本	60	是	
备注	文本	200	是	
创建人	文本	10	是	FK：QC_USE_USERINFO（用户 ID），级联删除：否
创建日期	日期	—	否	

表 3.7　　　　　　　　**产品类别表，表名：QC_PRO_PRODUCTTYPE**

列名	数据类型	长度	允许为空	数 据 说 明
产品类别编码	文本	10	否	PK：五位编码
产品级别编码	文本	10	否	FK：QC_PRO_PRODUCTTYPE（产品级别编码），级联删除：是
产品类别	文本	20	否	简称
产品类别名称	文本	20	是	详细名称
产品规格单位	文本	10	是	
描述	文本	60	是	
备注	文本	200	是	
创建人	文本	10	是	FK：QC_USE_USERINFO（用户 ID），级联删除：否
创建日期	日期	—	否	

表 3.8　　　　　　　　**算子信息表，表名：QC_INS_CHECKOPERATOR**

列名	数据类型	长度	允许为空	数 据 说 明
算子编码	文本	10	否	PK：九位编码
算子名称	文本	60	否	
适用产品类型	文本	20	是	
检查方式	文本	10	是	自动、人工
程序集名	文本	100	否	
版本	文本	10	是	

续表

列名	数据类型	长度	允许为空	数据说明
版权	文本	60	是	
更新日期	日期	—	是	
描述	文本	400	是	
短名称	文本	20	是	
优先级	文本	2	是	1、2、3、4、5、6……
备注	文本	200	是	

表 3.9　　　　　　　　　　规则表，表名：**QC_INS_CHECKRULE**

列名	数据类型	长度	允许为空	数据说明
规则 ID	文本	20	否	PK：九位编码
方案 ID	文本	10	否	FK：QC_INS_CHECKPROJECT（方案 ID），级联删除：是
算子编码	文本	10	是	FK：QC_INS_CHECKOPERATOR（算子编码），级联删除：否
检查项编码	文本	20	否	FK：QC_EVA_CHECKENTRY（检查项编码），级联删除：是
规则参数	文本	4000	是	
规则名称	文本	200	是	
是否可用	是/否	—	否	
描述	文本	400	是	
备注	文本	200	是	

唯一性约束条件：UK（方案 ID，算子编码，规则参数，检查项编码）

表 3.10　　　　　　　　　　方案表，表名：**QC_INS_CHECKPROJECT**

列名	数据类型	长度	允许为空	数据说明
方案 ID	文本	10	否	PK：
产品级别	文本	10	是	FK：QC_PRO_PRODUCTLEVEL（产品级别编码），级联删除：否
产品类别	文本	20	否	FK：QC_PRO_PRODUCTTYPE（产品类别编码），级联删除：否

续表

列名	数据类型	长度	允许为空	数据说明
方案名称	文本	60	否	
是否默认	是/否	—	否	
是否概查	是/否	—	否	
描述	文本	400	是	
备注	文本	200	是	
修改权限	文本	12	否	个人私有、规则公开、完全公开
创建人	文本	10	是	FK：QC_USE_USERINFO（用户 ID），级联删除：否
修改人	文本	10	是	FK：QC_USE_USERINFO（用户 ID），级联删除：否
修改日期	日期	—	是	
创建日期	日期	—	否	

表 3.11　　　　　　　　　错误记录表，表名：**QC_INS_ERORECODE**

列名	数据类型	长度	允许为空	数据说明
错误 ID	文本	20	否	PK：自动增量
数据 ID	文本	10	否	FK：QC_PRO_CHECKDATA（数据 ID），级联删除：是
规则 ID	文本	10	否	FK：QC_INS_CHECKRULE（规则 ID），级联删除：是
作业编号	文本	20	否	FK：QC_PRO_JOB（作业编号），级联删除：是
检查对象	文本	200	是	
错误描述	文本	4000	是	
实体	二进制流	—	是	
坐标 X	数字	—	是	
坐标 Y	数字	—	是	
描述类型	数字	—	否	0—提示、1—错误、2—警告
错漏类别	文本	10	是	A、B、C、D、Undefined
错漏数量	文本	60	是	文本化的数字，支持科学法数字文本
是否确认	是/否	—	否	
检查次数	数字	—	是	

列名	数据类型	长度	允许为空	数 据 说 明
截图	图像	—	是	
备注	文本	200	是	

表 3.12　　　　　　规则状态表，表名：**QC_INS_CHECKRULESTATE**

列名	数据类型	长度	允许为空	数 据 说 明
用户名	文本	20	否	FK：QC_USE_USERINFO（用户 ID），级联删除：是
数据 ID	文本	10	否	FK：QC_PRO_CHECKDATA（数据 ID），级联删除：是
规则 ID	文本	10	否	FK：QC_INS_CHECKRULE（规则 ID），级联删除：是
规则状态	文本	20	否	Loading、Running、Succeed、Failed

唯一性约束条件：UK（用户名，规则 ID，数据 ID）

表 3.13　　　　　　用户规则表，表名：**QC_INS_USERRULE**

列名	数据类型	长度	允许为空	数 据 说 明
用户规则 ID	文本	20	否	PK：
规则 ID	文本	10	否	FK：QC_INS_CHECKRULE（规则 ID），级联删除：是
规则参数	文本	4000	是	
是否可用	是/否	—	否	
作业编号	文本	20	否	FK：QC_PRO_JOB（作业编号），级联删除：是

表 3.14　　　　　　算子映射表，表名：**QC_INS_PRODUCTOPERATOR**

列名	数据类型	长度	允许为空	数 据 说 明
产品级别	文本	10	否	FK：QC_PRO_PRODUCTLEVEL（产品级别编码），级联删除：是
产品级别	文本	20	否	FK：QC_PRO_PRODUCTTYPE（产品类别编码），级联删除：是
算子编码	文本	10	否	FK：QC_INS_CHECKOPERATOR（算子编码），级联删除：是
检查项编号	文本	20	否	FK：QC_PRO_JOB（作业编号），级联删除：是

唯一性约束条件：UK（检查项编号，算子编码）

表 3.15　　　　　　　　　质量元素表，表名：QC_EVA_QUAELEMENT

列名	数据类型	长度	允许为空	数 据 说 明
质量元素编码	文本	10	否	PK：
名称	文本	20	否	
描述	文本	200	是	
计分方式	文本	10	否	加权平均分、最低分、分组合并、不计分
分组	文本	2	是	0—不分组，1、2、3、4……
权值	数字	—	是	小于 1
产品类别	文本	10	否	FK：QC_PRO_PRODUCTLEVEL（产品级别编码），级联删除：是
产品级别	文本	20	否	FK：QC_PRO_PRODUCTTYPE（产品类别编码），级联删除：是
备注	文本	200	是	

唯一性约束条件：UK（产品类别，名称）

表 3.16　　　　　　　　　质量子元素表，表名：QC_EVA_SUBQUAELEMENT

列名	数据类型	长度	允许为空	数 据 说 明
质量子元素编码	文本	10	否	FK：QC_PRO_PRODUCTLEVEL（产品级别编码），级联删除：是
名称	文本	20	否	
描述	文本	200	是	
计分方式	文本	10	否	加权平均分、最低分、分组合并、不计分
分组	文本	2	是	0—不分组，1、2、3、4……
权值	数字	—	是	小于 1
质量元素	文本	10	否	FK：QC_EVA_QUAELEMENT（质量元素编码），级联删除：是
备注	文本	200	是	

唯一性约束条件：UK（质量元素，名称）

表 3.17　　　　　　　　　检查项表，表名：QC_EVA_CHECKENTRY

列名	数据类型	长度	允许为空	数 据 说 明
检查项编码	文本	10	否	PK：
名称	文本	20	否	
描述	文本	200	是	
计分方式	文本	10	否	加权平均分/最低分/分组合并/不计分
分组	文本	2	是	0—不分组，1、2、3、4……
权值	数字	—	是	小于 1
质量子元素	文本	10	否	FK：QC_EVA_SUBQUAELEMENT（质量子元素编码），级联删除：是
结果值类型	文本	20	否	Y/N、R/R0、M/M0、A? B? C? D?
限差值	文本	20	是	
参数类型	文本	200	否	无参数、要素总数、面积总数……
备注	文本	20	否	

唯一性约束条件：UK（质量子元素，名称）

表 3.18　　　　　　　　质量统计表，表名：QC_EVA_CHECKRECODE

列名	数据类型	长度	允许为空	数 据 说 明
检查项	文本	10	否	FK：QC_PRO_CHECKENTRY（检查项编码），级联删除：否
参数	文本	20	是	
数据 ID	文本	10	否	FK：QC_INS_CHECKOPERATOR（算子编码），级联删除：是
A 类错误	文本	20	是	文本型数字，支持科学法表示
B 类错误	文本	20	是	文本型数字，支持科学法表示
C 类错误	文本	20	是	文本型数字，支持科学法表示
D 类错误	文本	20	是	文本型数字，支持科学法表示

列名	数据类型	长度	允许为空	数据说明
描述类型	文本	2	是	0—提示、1—错误、2—警告
备注	文本	200	是	

唯一性约束条件：UK（数据 ID，检查项）、UK（检查项，描述类型）

表 3.19　　　　　　　**用户信息表，表名：QC_USE_USERINFO**

列名	数据类型	长度	允许为空	数据说明
用户 ID	文本	10	否	PK：
所在分组	文本	10	否	FK：QC_USE_DEPARTMENT（分组编码），级联删除：否
用户名	文本	20	否	
用户密码	文本	10	否	密文形式
姓名	文本	20	否	
性别	文本	20	否	男，女
出生日期	日期	20	是	
状态	文本	20	否	注册，启用，注销
联系电话	文本	2	是	
备注	文本	200	是	

表 3.20　　　　　　　**部门信息表，表名：QC_USE_DEPARTMENT**

列名	数据类型	长度	允许为空	数据说明
分组编码	文本	10	否	PK：
组名	文本	60	是	
备注	文本	200	是	

表 3.21　　　　　　　**角色信息表，表名：QC_USE_ROLEENUM**

列名	数据类型	长度	允许为空	数据说明
角色编码	文本	10	否	PK：
角色名称	文本	60	是	
备注	文本	200	是	

表 3.22 角色关系表，表名：QC_USE_ROLE

列名	数据类型	长度	允许为空	数 据 说 明
用户 ID	文本	10	否	FK：QC_USE_USERINFO（用户 ID），级联删除：是
角色编码	文本	10	否	FK：QC_USE_ROLEENUM（角色编码），级联删除：是
备注	文本	20	是	

表 3.23 权限信息表，表名：QC_USE_PERMISSIONENUM

列名	数据类型	长度	允许为空	数 据 说 明
权限编码	文本	10	否	PK：
操作类型	文本	60	是	
权限枚举	文本	60	否	
备注	文本	200	是	

表 3.24 权限关系表，表名：QC_USE_PERMISSION

列名	数据类型	长度	允许为空	数 据 说 明
角色编码	文本	10	否	FK：QC_USE_ROLEENUM（角色编码），级联删除：是
权限编码	文本	10	否	FK：QC_USE_PERMISSIONENUM（权限编码），级联删除：是
备注	文本	20	是	

3.7 数据库的物理结构

数据库物理结构构建，是将一个给定逻辑结构实施到具体的环境中，逻辑数据模型要选取一个具体的工作环境，这个工作环境提供了数据存储结构与存取方法，物理结构依赖于给定的 DBMS 和硬件系统，本节以 Oracle 10g for Windows 介绍在 Windows 系统中创建平台数据库实例。

3.7.1 基础环境创建

Oracle 提供了通用安装工具（Oracle Universal Installer，OUI），是基于 JAVA 技术的图形界面安装工具。运行 setup. exe，如图 3.32 所示。

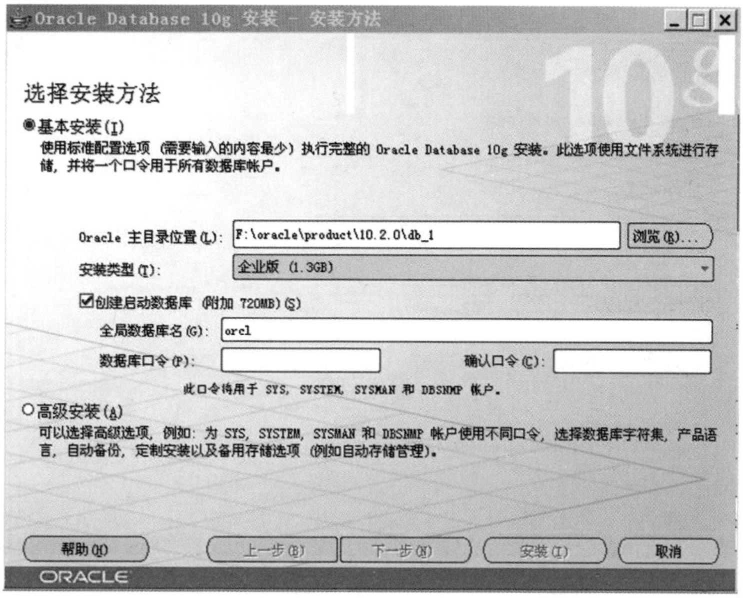

(a)

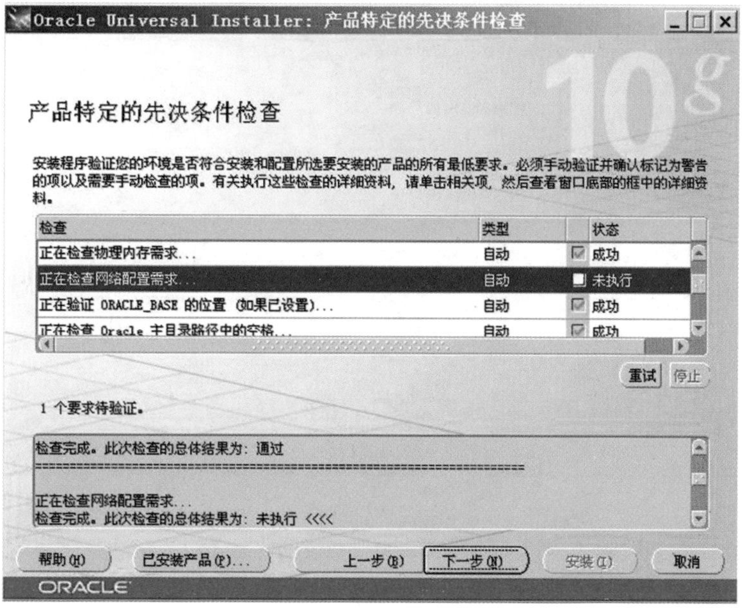

(b)

图 3.32　数据库基础环境创建图（1）

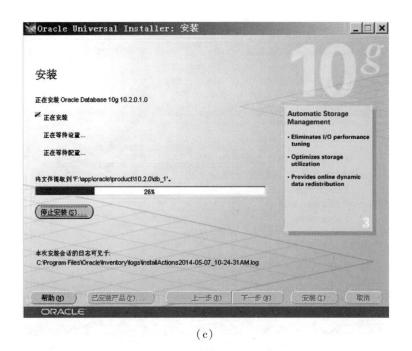

(c)

(d)

图 3.32　数据库基础环境创建图（2）

在全局数据库名中输入数据库名称，如：IGCESDB，输入数据库密码口令：建议输入的密码复杂一点，点击"下一步"，进入产品特定的先决条件检查。也可以不创建启动数据库，只安装必要的 Oracle 核心服务功能，安装完成后利用数据库管理功能单独创建数据库。

如图中所示，检查中网络配置需求，未执行。注意：平台需要局域网环境下运行，因此服务器应该要连接局域网。Oralce 服务器的 IP 地址最好是固定的，否则 IP 发生变化时，重新配置数据库比较麻烦。人工勾选，然后点击"下一步"。如果遇到防火墙拦截，请解除阻止。直接点击"安装"进入安装进度界面。

安装成功的界面如图 3.32（d）所示。Database Control URL 为 http://▮▮▮:1158/em 为创建成功了 EM 管理的地址，用户可以通过网页的形式管理数据库，但是有些情况创建 EM 会不成功，但是这并不影响数据库运行。管理数据库可采用第三方工具，如 PL/SQL Developer 进行管理。然后点击"口令管理"，对系统的口令进行管理，可以重新设置数据库口令，内置的 SYS 用户一般不要禁用，采用默认设置，点击"确定"，在安装界面点击"退出"，完成安装。如果 EM 配置成功，安装程序会自动引导到网页管理界面。以上操作就是利用安装程序创建一个数据库实例。

3.7.2 数据库实例创建

Oracle 基础环境创建成功后，提供了数据库配置助手工具，用于创建、配置、删除等操作数据库实例。如图 3.33 所示，运行 Oracle 数据库配置程序（开始→程序→oracle_oraclehome1_→配置和移植工具→DATABASE CONFIGURATION ASSISTANT），直接默认到第 3 步数据名称，如 IGCESDB2。

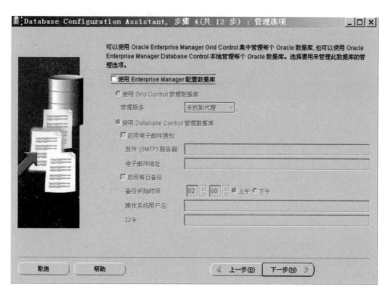

（a）

图 3.33　数据库实例创建图（1）

（b）

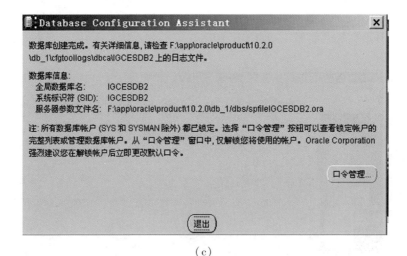

（c）

图 3.33　数据库实例创建图（2）

　　这里不选择创建 enterprise manager（用网页管理数据库），而采用第三方数据库管理工具对数据库进行管理维护，下一步输入口令；采用默认设置到第 10 步，选择字符集页面标签。

　　这一步主要配置数据库字符集是否支持中文，如果配置错误，将不能正常显示中文字符。如果默认的字符集不是 ZHS16GBK，请在字符集列表中选择为 ZHS16GBK 国家字符集为 AL16UTF-UNICODE UTF-16，然后点击"下一步"直到数据库实例创建完成界面。

在口令管理中可以更改系统账户口令，并可解锁其他内置管理用户，但一般不解锁。直接点"退出"，完成数据库创建。

3.7.3 设置数据库监听

数据库实例安装成功后，需要设置数据库监听，这样通过其他客户端就可以连接该数据库，否则在局域网环境尝试连接时会报无监听等错误。运行 Oracle 网络配置程序（开始→程序→oracle_oraclehome1→配置和移植工具→Net Configuration Assistant），选择"监听程序配置"选项，然后选择"添加"选项，后面的每一步都采用默认设置进入下一步，直到监听程序配置完成。

3.7.4 数据库表空间创建

平台数据库实例创建完成后，还需创建数据库表，在创建数据库表前，需要先创建表空间，即数据表存放的位置。Oracle 安装成功后，采用命令行数据库管理工具 SQLPlus，创建数据库表空间。Win+R 键在运行对话框中输入"cmd"进入 Windows 控制台界面，输入 sqlplus 回车后进入 sqlplus 控制台。在用户名中输入"sys/＊＊＊＊@127.0.0.1/IGCESDB AS SYSDBA"，其中"＊＊＊＊＊＊"为 sys 管理员用户密码，127.0.0.1 为 IP 地址，IGCESDB 为数据库全局标识名称。

1. 创建默认表空间（CREATE SMALLFILE TABLESPACE）

输入命令：CREATE SMALLFILE TABLESPACE " IGCESDEFAULT" DATAFILE ´F：\ APP \ ORACLE \ PRODUCT \ 10.2.0 \ ORADATA \ IGCESDB \ IGCESDBFILE01 ´SIZE 100M AUTOEXTEND ON NEXT 1024K MAXSIZE UNLIMITED LOGGING EXTENT MANAGEMENT LOCAL SEGMENT SPACE MANAGEMENT AUTO；

其中，"IGCESDEFAULT"为默认表空间名称；"F：\ app \ Lenovo \ oradata \ IGCESDB"表示表空间的路径地址，一般为数据库实例的路径地址加自定义的名称，"IGCESDBFILE01"为文件名称。

2. 创建临时表空间

输入命令：CREATE SMALLFILE TEMPORARY TABLESPACE " IGCESTEMP" TEMPFILE ´H：\ app \ Lenovo \ oradata \ IGCESDB \ IGCESDBFILE99´ SIZE 100M AUTOEXTEND ON NEXT 1024K MAXSIZE UNLIMITED EXTENT MANAGEMENT LOCAL UNIFORM SIZE 1M；

其中，"IGCESTEMP"表示临时表空间的名称；"H：\ app \ Lenovo \ oradata \ IGCESDB"表示表空间的路径地址，一般为数据库实例的路径地址加自定义的名称，" IGCESDBFILE01"为文件名称。

3.7.5　数据库表创建与管理

首先安装 PL/SQL DEVELOPER，注意安装路径中不要带括号。然后按照下述步骤进行数据库表的创建与管理：

1. 创建用户

Oracle 默认的用户为系统管理员用户，为了区分数据库表的所有者，需要创建一个一般管理员账户用于创建数据库表和其他对象。创建用户如图 3.34 所示。

图 3.34　使用 PL/SQL DEVELOPER 创建用户

默认表空间和临时表空间采用之前用 SQLPLus 命令创建的名称。对象权限应包括选择所有表查询和操作权限，角色权限应包括 dba 功能和导入导出功能，便于数据库表的移植，系统权限应包括创建序列和触发器等权限，平台数据中涉及自动 ID 的功能，需要这两个权限的支持。默认表空间不进行空间限制。

2. 创建表

根据设计的实体逻辑结构，创建每个实体数据表，下面以规则表为例，创建表如图 3.35（a）所示。

在"一般"选项卡中输入所有者为创建的用户名，名称为实体的名称，表空间为默认表空间。列选项卡中根据实体属性设置每一列，如图 3.35（b）所示。

在"键"选项卡中，根据设计的逻辑结构的键信息添加键值，如图 3.35（c）所示。

根据设置的唯一键和外键会自动添加索引（主键自身就有索引不需单独创建）。

3. 创建函数

平台数据中用到错误记录自动编号 ID，利用函数可以创建特定的格式。运行下列

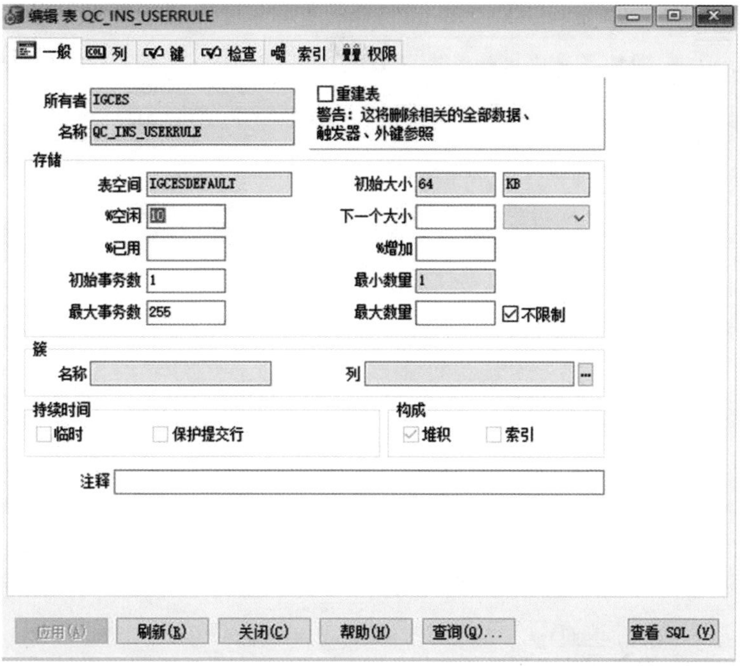

(a)

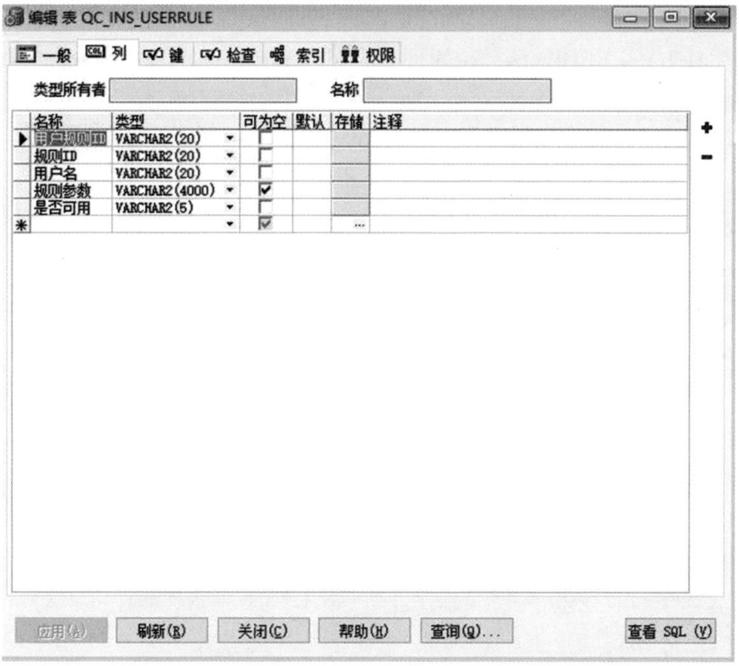

(b)

图 3.35　检查规则数据库表创建图（1）

（c）

图 3.35　检查规则数据库表创建图（2）

SQL 语句创建 AUTO_ ERROID 函数，返回日 "YYYY-MM-DD" 日期格式的时间戳。

```
CREATE OR REPLACE FUNCTION "AUTO_ERROID"    return varchar2
is
yyyy varchar2 (36);
mm    varchar2 (36);
dd    varchar2 (36);
tp    varchar2 (36);
begin
  tp: =";
select to_char (to_date (sysdate),'YYYY') into yyyy from dual;
select to_char (to_date (sysdate),'MM') into mm from dual;
 select to_char (to_date (sysdate),'DD') into dd from dual;
tp: =substr (yyyy, 1, 4) | | '-'| | substr (mm, 1, 2) | | '-'| |
substr (dd, 1, 2);
  return tp;
  end;
```

4. 创建序列

创建序列可以实现自动增加的编号格式，在平台中，错误记录 ID 的格式为"YYYY-MM-DD-XXXXXXXX"，其中"XXXXXXXX"为序列编号。运行下来 SQL 语句创建一个序列，当最大值达到 9999999999 将进行循环创建，即在一天内数据库可以支持 9999999999 条不重复的记录。

```
create sequence QC_INS_ERORECODE_ID_SEQ
minvalue 1
maxvalue 9999999999
start with 454361
increment by 1
cache 20
cycle
order;
```

5. 创建触发器

触发器实现在特定的操作后，触发特定的处理。如记录插入后自动为 ID 字段赋值。运行下列 SQL 语句将创建一个错误记录 ID 自动赋值为格式为"YYYY-MM-DD-XXXXXXXX"的触发器。

```
CREATE OR REPLACE TRIGGER QC_INS_ERORECODE_AUTOID BEFORE
INSERT ON " QC_INS_ERORECODE" REFERENCING OLD AS OLD NEW AS NEW
FOR EACH ROW
    BEGIN
    SELECT AUTO_ERROID | | ':' | |
    LPAD (TO_CHAR (QC_INS_ERORECODE_ID_SEQ.NEXTVAL), 10,'0') INTO:
NEW. 错误 ID FROM DUAL;
    END;
```

3.7.6 关于批处理式创建

本节内容介绍平台逻辑结构到 ORACLE 数据库实例的实现过程，主要采用分步骤式的说明，一方面便于读者了解平台中使用 ORALCE 安装部署和创建数据库的过程，另一方面加深对平台支撑数据库物理结构设计的理解。实际上，对于平台的用户而言，不需要这么复杂的安装部署，可采用批处理程序实现一键式安装，即从数据库实例的创建、监听程序的设置、表空间创建、一般用户创建、数据表创建到函数、序列、触发器创建等系列配置均实现批处理自动配置。

第4章 数字线划图质检系统

4.1 前 言

空间数据是 GIS 的基础数据，用以描述空间实体的位置、形状、大小及各实体间的关系等。数字线划图（DLG）是空间数据的一种，是以点、线、面形式或地图特定图形符号形式表达地形要素的地理信息矢量数据集，它包含地形要素的空间信息和属性信息。作为一种可以编辑、查询、量测、叠加的数字地图，DLG 已成为国家、省、市级地理空间基础框架建设的重要组成部分，主要供国民经济建设各部门进行勘察、规划、设计、科研使用，也可以作为编制更小比例尺地形图或专题图的基础资料。

数字线划图的基本特征有：

（1）数字线划图突出了地图要素在信息意义上的主要特征，并且是矢量方式，便于提取、检索和空间分析。

（2）数字线划图的分层结构及属性信息便于与其他数字产品（如数字正射影像）复合，生成信息更丰富、专题更突出的新图种。

为了在现代竞争中处于优势地位，丰富、准确、有效的数据资源对生产管理和辅助决策有着不容忽视的重要作用。当前，对 DLG 数据的获取和生产正在大规模开展，数据质量对其在各个领域的应用有着较大的影响。但是，沿用传统工艺流程生产加工空间数据、忽略数据之间的空间关系以及空间数据的质量控制，导致数据成果不能完全适应用户需求。如何加强 DLG 数据质量检查、取得高质量的空间数据，已成为生产、质检和数据管理部门面临的关键问题。

本章重点介绍了数字线划图（DLG）的质量控制内容及手段、自动化检查算法、质量检验系统设计与开发等。

4.2 DLG 数据检查与质量控制

4.2.1 数据内容

数字线划图使用地形图、航空影像、卫星影像、专题地图、野外测量数据、基础地理信息数据库数据及其他资料等作为数据源，其成果由数字线划图矢量数据（含属性）及元数据构成，具体包含内容如下：

（1）矢量数据包含国家相关标准规定的定位基础（平面与高程）、水系、居民地、交通、管线、境界与政区、地貌、植被与土质等地形要素及其附属设施的空间信息、属性信息和几何信息，如图 4.1 所示。

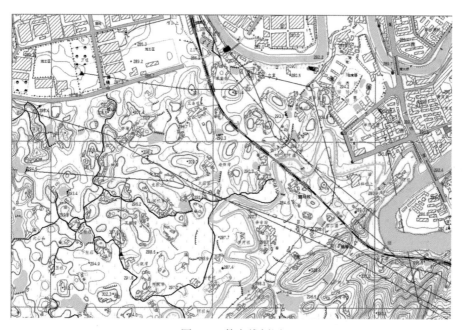

图 4.1　数字线划图

（2）元数据是针对数据成果的说明数据。数字线划图数据一般采用分幅、分区块或按要素分层来组织。分幅、分区块组织时，应进行接边处理确保数据库逻辑无缝；按要素分层组织时，同一类数据放置在同一层，每层通过拼接处理确保物理无缝，用于符号化的辅助点、线、面数据应单独放在同一层。不同尺度的同类要素应建立垂直关联，同一尺度的要素数据间应建立正确的拓扑关系。

4.2.2　生产方式

目前，DLG 数据生产和更新方式主要有五种：摄影测量法、正射影像采集法、已有矢量数据改造、地形图扫描矢量化法、野外实测法。

1. 摄影测量法

由于摄影取得的影像信息能够真实和详尽地记录摄影瞬间的地物形态，具有良好的量测精度和判读性能，所以摄影测量法是目前获得 DLG 的主要途径。

摄影测量法一般采用以下两种作业模式：

（1）综合判调：基于航空或航天立体影像，经外业像片控制测量、内业空三加密后，在数字摄影测量系统中恢复立体模型，进行地物地貌要素预采集，参考地名、境界、交通、水利、电力等专业资料为要素赋属性制作调绘底图，经过外业补测补调、内业数据编辑得到 DLG。

（2）全野外调绘：基于航空或航天立体影像，经外业像片控制测量、全野外调绘后，进行内业空三加密，在数字摄影测量系统中恢复立体模型，参考全野外调绘成果进行全要素采集及数据编辑得到 DLG。

摄影测量法与常规的测图方法相比，将大量的外业工作转向了内业测图，大大减少了野外测量工作，节省了成本，缩短了成图周期，制作出来的地形图现势性强、直观、精度较高。工艺流程见图 4.2。

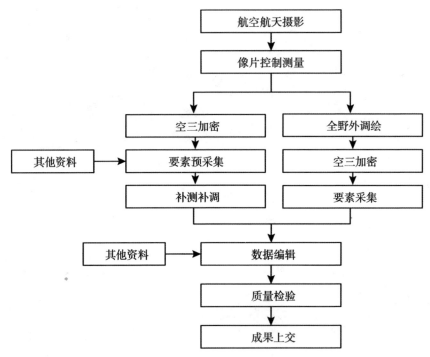

图 4.2　摄影测量法工艺流程

2. 正射影像采集法

基于已有正射影像预采集地物要素，等高线、高程注记点等地貌要素和地物高程信息需采用摄影测量、已有资料缩编等方式获取，参考地名、境界、交通、水利、电力等专业资料为要素赋属性，经过外业补测补调、内业数据编辑得到 DLG。

利用正射影像生产 DLG 有以下优点：地物要素获取速度快、效率高；易形成规模化生产。工艺流程见图 4.3。

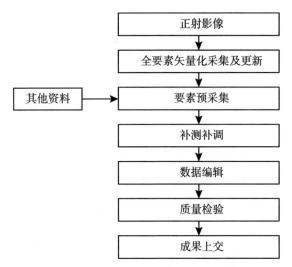

图 4.3　正射影像采集法工艺流程

3. 已有矢量数据改造

已有矢量数据是指从其他已有的成果数据、系统或数据库中获取相应的数字图形数据和属性数据，经过数据融合改造，编辑得到 DLG。工艺流程见图 4.4。

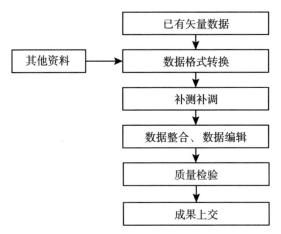

图 4.4　数字化改造法工艺流程

4. 地形图扫描矢量化法

在数字化测绘时代，地形图扫描矢量化是采集空间数据的主要方法之一，它比传统的数字化仪手工数字化精度高、速度快、操作方便、受环境影响小。

地形图扫描矢量化主要分三个阶段进行：首先，扫描纸质地形图，生成栅格文件；接着，将栅格数据转换为矢量数据，这个过程即为矢量化；最后，对矢量图形进行外业补测补调、内业编辑处理，完成地形图数字化工作。DLG 中各要素按规定分层存放，编辑时应处理好要素与要素之间、层与层之间的空间关系，图幅接边处应保证相邻图幅同名要素的几何位置与属性代码完全一致，要素属性表、元数据内容应正确完整。其作业流程见图 4.5。

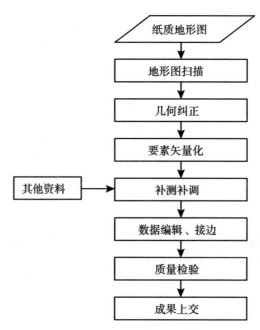

图 4.5　基于地形图扫描矢量化作业流程

5. 野外实测法

随着 GPS 技术的成熟以及 RTK 定位技术的广泛应用，采用 GPS 动态 RTK 定位技术进行野外地形图测绘也得到了广泛使用。采用该方法绘制的地形图精度高、信息全，对人力、物力要求较高。其作业流程见图 4.6。

4.2.3　质量检查内容与方法

按照现行国家标准 GB/T18316 的规定，DLG 成果实行两级检查一级验收。本小节主要针对成果数据的检查，结合相关检查验收标准，以 ArcGIS Geodatabase 数据为例，探讨质量检查内容与方法。DLG 成果检查一般包括以下内容：

1. 空间参考系

核查分析数据的坐标系统、高程基准、投影参数、图幅分幅的正确性。

坐标系统和高程基准可通过以下方式检查：以明显地物点和地貌特征点作为平面检测点和高程检测点，利用采集的检测点与 DLG 成果中同名点的位置/高程值进行比较，如果检查出较差大量超限，则坐标系统和高程基准可能存在问题；此时可检查生

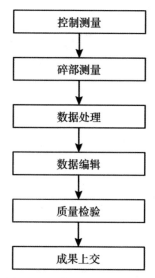

图 4.6　野外实测法作业流程

产过程所用资料，包括外业控制点、空三加密等成果采用的平面和高程坐标系是否正确，以确定 DLG 成果坐标系统、高程基准的正确性。

可利用程序自动检查或人机交互方式检查各项地图投影参数（如投影名称 Projection、椭球参数 Spheroid、比例因子 Scale_Factor、中央经线 Central_Meridian、坐标偏移 False_Easting/Northing）、图廓角点坐标是否正确。

2. 位置精度

利用比对分析、实地检测等方式检查 DLG 成果平面位置中误差、几何位移、矢量接边、高程中误差、等高距等的正确性。

平面位置中误差：利用野外实测法、空三加密法、摄影测量法、已有成果（精度不低于被检成果）比对法等方式获取具备明显地物特征的平面检测点，与 DLG 成果中同名点位置相比较，统计计算出地物点平面位置中误差。

几何位移：对照调绘片、DOM 等资料核查分析 DLG 成果中点、线、面要素平面位置是否偏移。

矢量接边：利用程序自动检查或调用相邻图幅比对分析线状和面状要素位置接边的正确性。

高程中误差：利用野外实测法、空三加密法、摄影测量法、已有成果（精度不低于被检成果）比对法等方式获取高程检测点，与 DLG 成果中同名高程注记点、等高线内插点的高程值相比较，统计计算出高程注记点和等高线的高程中误差。

等高距：根据 DLG 等高线计算出地面坡度和图幅高差，核查分析成果等高距与相关技术要求的符合性。

3. 属性精度

对照调绘片、专题资料等核查测量控制点、居民地及设施、水系、交通、管线、境界与政区、地貌、植被与土质、地名等要素的分类代码值和属性值正确性，利用程序自动检查相邻图幅的线、面要素属性接边的正确性。对于数据规定中明确规定了填写要求的属性值，可设计算法采用程序自动检查。

4. 完整性

对照调绘片、DOM 等参考资料，比对分析测量控制点、居民地及设施、水系、交通、管线、境界与政区、地貌、植被与土质、地名等要素是否有遗漏、多余或放错层。

5. 逻辑一致性

概念一致性：利用程序自动检查 DLG 成果数据集定义的符合性，属性项名称、顺序、定义、个数、长度等的正确性。

格式一致性：利用程序自动检查或人机交互方式检查数据文件的存储、组织、归档的符合性，数据文件格式、文件命名的正确性，数据文件有无缺失、多余，数据是否可读。

拓扑一致性：利用程序自动检查线要素节点匹配的正确性，是否存在不合理伪节点和悬挂点；面要素是否闭合，是否存在不合理面重叠或面裂隙；相同属性面是否分割为多个相邻面，该重合的要素质检是否严格重合，有无重复采集的要素等。

6. 时间精度

核查分析生产中使用的各种资料是否符合项目的现势性要求。

7. 表征质量

几何表达：对照调绘片、DOM 等参考资料，比对、核查分析点、线、面要素几何表达的正确性；利用程序自动检查几何图形异常，如极小的不合理面或极短的不合理线，以及要素的打折、自相交、毛刺等。

地理表达：对照调绘片、DOM 等参考资料，比对、核查分析要素取舍与技术设计及图式规范的符合性，综合取舍指标掌握的准确性，要素图形概括的正确性，能否准确表达实地的地理特征，地物局部细节、地貌特征有无丢失、变形，要素关系以及方向特征的正确性、合理性、协调性等。对于部分同层或不同层要素的确定性关系，如道路穿越水系需有桥梁、隧道与道路需重合、等高线不能与静水面相交等，可设计算法采用程序自动检查。

符号：对照设计要求，检查符号规格（包括图形、颜色、尺寸、定位等）的正确性，以及符号配置的合理性。

注记：对照设计要求，检查注记规格（字体、字大、字色等）的正确性以及注记配置的合理性；对照调绘片、DOM 等参考资料，比对注记内容的正确性。

整饰：对照设计要求及图式规范，检查图廓外整饰内容的完整性及正确性，以及内图廓线、经纬网线、公里网线的正确性。

8. 附件质量

检查元数据、图历簿、其他附属资料是否齐全，内容是否正确。

元数据：利用程序自动检查或人机交互方式检查元数据文件命名、格式的正确性，以及元数据项数、项名称及各项内容填写的正确性和完整性。

图历簿：核查图历簿各项内容填写是否齐全、正确。

附属文档：核查分析各种基本资料、参考资料的完整性、正确性和权威性，各种资料运用的正确性，技术设计、技术总结、检查报告及其他文档资料的齐全性、规整性；技术总结中对技术问题处理方式的合理性、正确性。

4.2.4　当前主要质检手段

从前文介绍的 DLG 质量检查内容和常用检查方法可以看出，DLG 的质量检查工作以内业为主、外业为辅，若已有实地采集精度检测数据，则无需进行外业检查工作。目前，对 DLG 成果的质量检查已基本朝着程序自动化的方向发展，但由于其生产过程的特点，部分检查结果必须进行人机交互核查。以下是 DLG 数据质量检查的常用方式。

1. 精度检测点采集

DLG 平面检测点和高程检测点的采集应参考《数字线划图（DLG）质量检验技术规程》（CH/T 1025—2011）的规定。根据成果的生产方式、已有资料情况及软硬件设备条件，从野外实测法、空三加密法、摄影测量法、已有成果比对法中选取最适合的方式。检测点位置应分布均匀，平面检测点尽量选取独立地物点、线状地物交叉点、地物明显的角点与拐点等，高程检测点应尽量选取明显地物点和地貌特征点，避免选择高程急剧变化处。

2. 程序自动检查

可通过研究空间数据中图形与图形、图形与属性、属性与属性之间存在的关系，设计算法来实现程序自动检查，由计算机将 DLG 数据中不符合规律、逻辑关系矛盾的要素自动检查出来，如空间参考系、属性接边、方向接边、属性项（名称、顺序、定义、数目、长度等）、格式一致性（数据格式、文件命名、数据文件缺失/多余）、拓扑一致性（面重叠、面裂隙、自相交、打折、重复等）等。程序自动检查的准确性高、速度快，可以不受或少受人为因素的影响，快速、准确地将不符合条件的地理要素完全查找出来，这种方法有助于及时发现成果存在的普遍性和重大质量问题。

3. 人机交互检查

由于数据本身存在的不确定性，以及参考资料的多样性、复杂性，部分检查项无法完全或不能用程序自动实现，需要进行人机交互检查核对。主要有以下几类：

（1）接边检查。包括需要根据设计要求，设定接边位置限差，然后对检查结果进行核实。

（2）要素关系检查。需要将检查结果与调绘片等资料进行比对，并按照设计技术要求核实要素关系的正确性。

（3）拓扑一致性。需要人机交互核对检查结果，区分出不合理的悬挂点/伪节点、不连通的道路/水系等。

（4）要素多余或遗漏、要素取舍、图形概括检查。此类检查需要将 DLG 数据与调绘片、DOM 影像等资料进行套合、比对，人工判断要素采集的正确性、合理性。

4.2.5　典型质量问题及分析

本节以等高距为 5 米的某区域 1∶10000 比例尺 ArcGIS Geodatabase 数据为例，列举出 DLG 常见质量问题，分析问题产生的原因。

1. 要素选取、图形概括、综合取舍指标的掌握缺乏比例尺概念

（1）如图 4.7 所示，居民地的图形概括未能正确反映居民地的结构特征。

图 4.7　居民地表达不合理

（2）如图 4.8 所示，居民地表示过于细碎，凹凸程度小于图式规定的图上 1mm。

（3）如图 4.9 所示，辫状河流只采集了主要河道，其取舍未反映辫状特征。

2. 点、线、面要素的表达缺乏建库数据概念，形如数字地形图

（1）如图 4.10 所示，水系从涵洞穿越道路，与道路是立交关系，水系不应断开。

（2）DLG 数据中的等高线应为连续线要素，不因地物（如水系、坎、房屋等）而断开，这一点与数字地形图有本质区别。在质量检查中常见错误如图 4.11 所示，等高线均断开表示。

（3）如图 4.12 所示，河流要素为有向要素，采集时应与河流流向保持一致。

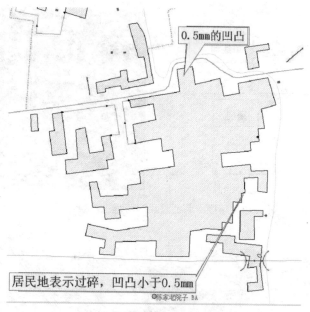

图 4.8　街区表达不合理

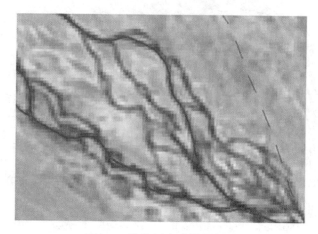

图 4.9　辫状河流采集不合理

3. 要素的拓扑关系表达不能正确反映地物、地貌的空间关系

（1）如图 4.13、图 4.14 所示，电力线未根据实际相交情况合理表达其拓扑关系，数据中实际相交的电力线未产生节点，数据中实际立交的电力线多采集了顶点。

（2）如图 4.15 所示，桥梁与道路未重合，与其实际关系不符。

4. 要素间相关关系表达欠合理

（1）如图 4.16 所示，陡崖（比高值 130 米）处等高线的稀疏配置未反映陡崖的

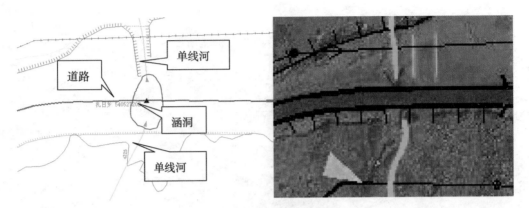

图 4.10　单线水系通过涵洞跨越道路表达不合理

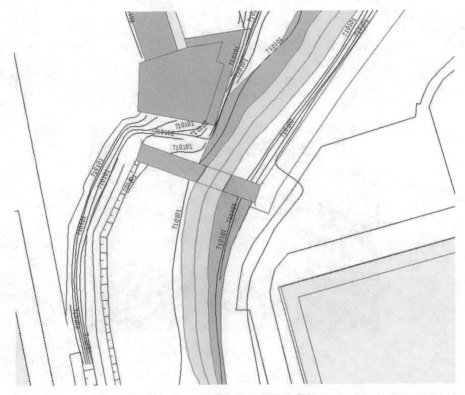

图 4.11　等高线在地物处均断开

地势陡峭和凹形坡的地貌特征。

（2）如图 4.17 所示，境界线与水系相关关系不正确，境界若以水系为界，则境界线应为双线河中心线或与单线水系重合。

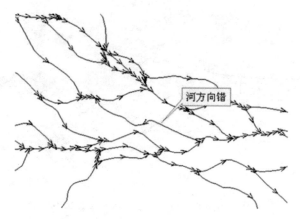

图 4.12　河流方向采集错误（有向线）

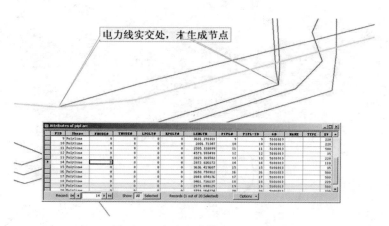

图 4.13　实交电力线表达不正确

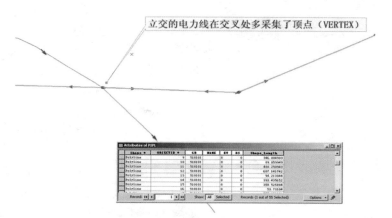

图 4.14　立交电力线表达不正确

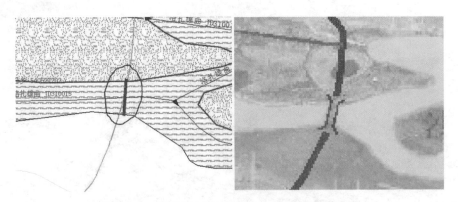

图 4.15　道路通过桥梁穿越面状水系表达不正确

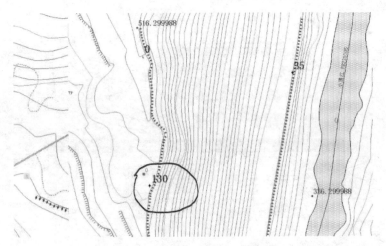

图 4.16　陡崖处等高线表达不合理

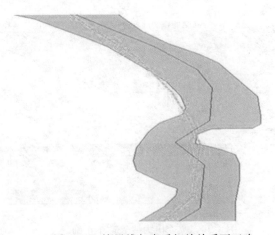

图 4.17　境界线与水系相关关系不正确

4.3 系 统 设 计

4.3.1 系统开发平台

1. 开发环境（表4.1）

表4.1 系统开发环境

平台技术	版本号	用途说明
. NET	4.0	构建 C#/VB 语言编译运行环境
Visual Studio	2010	构建集成化 C#/VB 开发环境
ArcObjects SDK	10.1	提供地理信息数据处理基础函数
DevComponents. DotNetBar	10.9.0.4	提供系统界面控件
Access	2013	提供数据存储

2. 运行环境（表4.2）

表4.2 系统运行环境

要求项	最低配置	建议配置
Windows 系统	XP	W7 或以上
ROM 大小	2G	4G 或以上
内置存储空间	4G	8G 或以上

4.3.2 系统总体架构

DLG 成果质量检查系统总体框架分为五层：基础设施层、数据层、算子层、管理层和应用层。其中，数据层对各类成果数据以及其他数据统一存储管理，涉及的数据包括地形成果被检验数据、检验源数据、其他辅助数据及质检报告等；算子层作为模块的算法核心，实现地形成果数据各检查项的质检算法；管理层实现质检算子统筹调度、质检规则管理、质检方案管理；应用层作为模块的功能入口层，负责接收任务、控制执行任务、质量评价等工作，对于每一层都有相应的规范和协议保障目标的实现。

DLG 成果质量检查系统主要包括：任务接收与调度子模块、数据读取子模块、数据显示子模块、质检方案维护子模块、样本知识库子模块、自动质检子模块、质检结果管理子模块等，如图4.18所示。

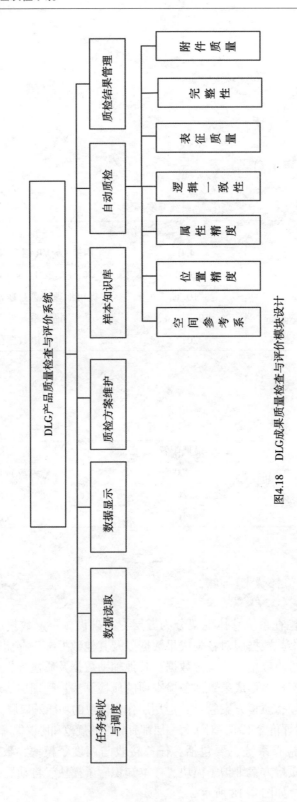

图4.18 DLG成果质量检查与评价模块设计

4.3.3 系统模块功能

1. 任务接收与调度模块

任务接收与调度模块是 DLG 成果质量检查与评价系统与外部系统衔接的重要模块，该模块实现如下功能：外部控制指令响应、数据读取、质检方案加载、算子库统筹调配、质量评价信息外部推送、质检状态、日志等外部推送。如图 4.19 所示。

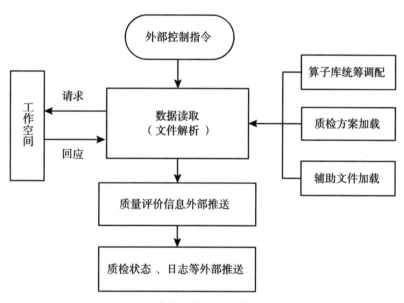

图 4.19 任务接收与调度模块设计图

2. 数据读取模块

数据读取模块的功能是读取工作空间 DLG 标准格式数据（如 Coverge、Geodatabase、Shp、E00 格式类型），并具有 DLG 成果数据格式转换功能，如将 Geodatabase 数据格式转换为 Coverge 数据格式，将各种格式类型的数据文件进行解析，为专题自动质检功能提供数据接口。

3. 数据显示模块

数据显示模块为用户提供人机交互的智能化检查界面，实现不同数据格式类型 DLG 成果在图形控件下进行二维背景地图显示，支持 DLG 数据的放大、缩小、漫游等地图基本浏览导航操作，支持按照比例尺逐级显示，支持空间信息查询，支持图层数据的加载。如图 4.20 所示。

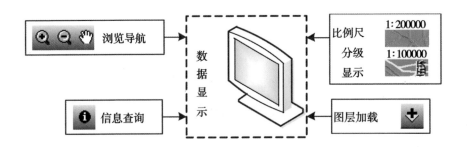

图 4.20 数据显示设计图

4. 质检方案维护模块

质检方案维护模块通过"检查对象+检查算子+规则参数=检查规则"→"规则 1+规则 2+…+规则 n=检查规则库"的模式制定特定成果的检查方案,为自动质检模块提供质检方案接口,用户根据检查对象的需要制定不同的方案。如图 4.21 所示。

5. 样本知识库模块

针对相关专题地物采集整理几何、属性、符号及纹理等数据,形成数据质量检查样本知识库,以支撑实体正确性检查算子、属性匹配算子、要素枚举值正确性检查算子进行数据质量检查。如图 4.22 所示。

6. 自动质检模块

专题质量检查功能模块包含了质检任务管理、自动检查、辅助人工检查三个重要组成部分,主要功能是利用专题算子,自动执行质检方案的每一条质检规则,并记录将检查结果。其中,专题算子库是整个质量检查模块的核心,根据国家相关规范的要求,专题算子库包含 DLG 的所有质检项。

7. 质量结果管理模块

质量结果管理模块接收 DLG 成果质量检查结果并进行保存,支持质量检查结果的图形显示,提供对错误信息错误截图处理、错误确认及错误编辑等功能,支持保存错误的回溯显示,并最终根据需要生成质量检查报告文件提交生产管理系统。

错误显示将质检结果中错误记录以列表形式显示,并同时以地图形式直观表达。具备错误记录的自动定位、错误样式设置,以及质检结果的加载等功能。将地图上表达的错误信息进行截图,支持错误自动截图以及辅助人工截图。

错误记录维护是对质量检查错误记录进行维护管理,支持错误加载、错误管理、错误确认、错误保存等功能,实现质量检查错误的智能化管理。

支持将质量检查结果以文本(word)、表格(excel)等形式输出,形成质量检查报告。并将质量检查报告文件提交给业务运行管理系统。如图 4.23 所示。

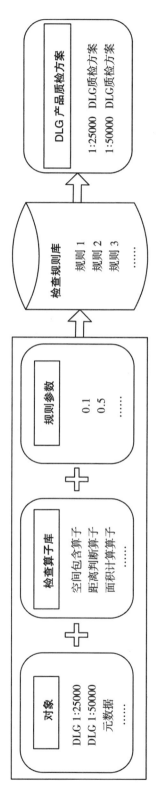

图4.21 质检方案设计图

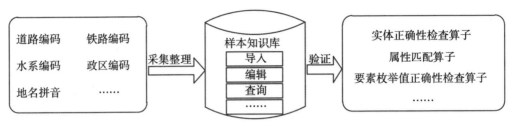

图 4.22　样本知识库管理设计图

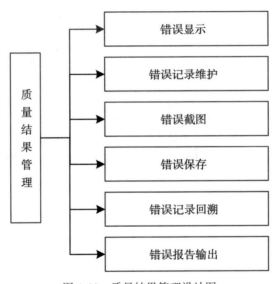

图 4.23　质量结果管理设计图

4.4　典型检查算子

4.4.1　算子化指标体系

本书依据现行的矢量数据质检标准与规范，提取出矢量成果质量的检查内容，并考虑到矢量数据规范化、自动化检查原则，将检查内容进行有效的拆分，形成粒度最小的算子，形成算子化指标体系（表 4.3），且以检查组件模块的方式进行设计实现。然后，根据不同项目的需求，通过对不同算子的组合，即可构建出适用于该项目的矢量数据质量检查模型。

表 4.3　　　　　　　　　　　**数字线划图成果算子化指标体系**

算子	参数	算子说明
坐标系统	检查层，例外层，坐标系统模板文件，是否忽略名称	1. 坐标系：检查数据中某一层的地理坐标系统定义是否正确，这些信息包括：扁率、长半轴、名称、基准名称、椭球名称
投影参数		2. 投影参数：检查数据中某一层的投影坐标系统定义是否正确，这些信息包括：中央经线、假东值、投影名称等
属性项	检查层，例外层，标准模板文件，是否忽略别名	检查每一层的属性表结构定义是否正确，如数据类型是否正确，是否多余缺失等
数据集	标准模板文件，允许缺失类型	1. 数据集：检查数据集是否与标准模板中的一样
要素集		2. 要素集：检查要素集是否与标准模板中的一样，要素集也就是通常意义的数据层
非法代码	检查层，例外层，标准模板文件	1. 非法代码：检查是否超出模板文件定义的代码字段属性域
层要素类型		2. 层要素类型：检查数据层的要素类型是否与模板文件中层的要素类型一致
层几何类型		3. 层几何类型：检查数据层的几何类型是否与模板文件中层的几何类型一致
空要素集		4. 空要素集：检查数据层中是否有空要素集
选填字段	检查层，例外层，标准模板文件	1. 选填字段：检查除了选填字段和必填字段外其他字段是否为空
必填字段		2. 必填字段：检查必填字段是否为空
枚举字段		3. 枚举字段：检查枚举字段是否在枚举定义中
缺省值		4. 缺省值：检查某个字段是否符合特定的规则
属性值约束	约束表达式	用表达式来约束检查数据中某一层要素的属性值是否正确
异常值	检查层，例外层	1. 异常值：检查每层要素的属性值前后是否有空白字符
复合要素		2. 非法记录：检查每层要素的几何实体是否为空
		3. 复合要素：检查是否含有复合要素
点重叠	图层名，容差，附加条件	检查数据中某一层内要素是否存在重叠
线重叠		
面重叠		

续表

算子	参数	算子说明
相邻面属性	图层名，比较属性字段，分类代码字段	检查数据层内要素中任意两个相接的面若属性值相同则输出错误结果，错误定位结果为相邻线
线悬挂	图层名，最小半径，非悬挂类型，容差，过滤边界信息	该悬挂点检查支持多层跨层悬挂检查如地理国情中道路在不同层只要在检查对象时选择多个图层即可
伪节点	图层名，缓冲区大小，是否判断方向	支持多层对象的伪节点算法
连通性	图层名，边界条件，容差，连通字段，等级字段	检查要素的某个字段相同时该要素是否连通
图幅分幅	坐标系统，距离限差，检查内图框对象，是否含有带号，东伪偏移常数	检查数据的内图廓线的角点坐标是否正确
极小面	边界条件，宽度条件，图层名，容差	检查面要素面积的大小是否符合数据规定
极短线	边界条件，图层名，容差	检查线要素长度是否符合数据规定
面裂隙	边界条件，图层名，容差，宽度条件，裂隙限差	检查是否存在面裂隙
面面关系		
线线关系		
线面关系	图层名，附加条件，关系条件	检查数据中两种要素之间的相关关系
点线关系		
点点关系		
点面关系		
高程值异常	等高线分类字段，图层名，高程字段，等高距	检查等高线高程值是否按照等高距递增
位置接边	接边方向，内图廓对象，搜索半径，容差，例外层	检查分幅数据的位置接边
属性接边		检查分幅数据的属性接边
点线矛盾	图层名，搜索半径，字段名	数据中等高线与高程点之间的矛盾检查
异常折线	图层名，角度阈值，长度阈值，边界条件	检查线要素是否存在异常折线

续表

算子	参数	算子说明
精度容差	标准模板数据	检查数据与模板层名一致的数据精度及容差是否与模板一致
异常相交	图层名，容差	检查线层要素是否存在自相交
属性对比	图层名，专业资料模板，对应字段，位置阈值	检查具有与模板资料相同空间位置要素的指定属性值是否与指定资料相同
位置对比	图层名，专业资料模板，搜索距离，容差	检查数据的位置是否与资料完全一致
表格对比	图层名，专题数据模板，过滤条件，对应字段	检查数据是否与资料完全一致
属性值对比	图层名，对应字段，判断阈值，匹配方式	检查数据层与参考数据层具有相同空间位置要素的属性值是否一致
图廓外废数据	图廓层，例外层	检查图廓线外是否存在废数据

数字线划图成果数据质量检查算子可划分为模板比对、拓扑一致性、属性一致性、要素关系、位置接边、几何异常六大类，后文将对每一类检查算子进行详细讨论，并针对典型检查算子的设计与实现进行详细介绍。

4.4.2　模板对比类检查算子

模板比对类检查算子主要以构建的标准参考模板为依据，检查矢量数据与标准要求的一致性，该类检查算子主要包括坐标系统、投影参数、必填字段、选填字段、几何类型、要素类型、非法代码、空要素集、缺省值、数据集、要素集、属性项等检查算子。

模板比对类检查算子的设计思路是首先以成果数据和标准数据之间的关联关系为切入点，以标准数据为参考，分层、分要素、分类别比对检查成果数据的结构、属性字段、几何类别、坐标系等信息的正确性，并采用标准化语言描述错误信息。模板对比类检查算子的实现主要包括标准数据模板定义及错误识别两个关键步骤，下面以属性项定义检查为例，详细讨论模板对比类检查算子的实现方式。

1. 属性项模板定义

依据数据生产技术规定，针对每一个要素集定义字段信息，包括字段的类型、取值长度、缺省值、取值范围（值域）等，定义完成之后保存为模板文件。在本章节实现的数字线化图数据质量检验系统中提供了由标准数据生成模板数据的转化工具。

2. 属性项错误识别

依据定义的属性项模板文件对比检查数据的每一个要素集的每一个字段定义是否与模板文件定义一致，如果不一致，则输出不一致要素集的不一致字段信息。

4.4.3　拓扑一致性检查算子

拓扑一致性是对几何要素及几何要素之间的拓扑关系的检查，主要涵盖悬挂点、伪节点、自相交、重叠、裂隙等问题的检查算子。下面以基于过滤条件的不合理悬挂点为例，阐述拓扑一致性检查算子的具体实现。

1. 不合理悬挂点含义

悬挂点是指位于线要素的端点，每个点都只有一条线段与之相连的点。在地理信息空间矢量数据中有多种悬挂点，有的悬挂点是合理的表达，如位于河流等地物的尽头、数据的边界（如内图廓处）等，是线状要素合理终结的端点。有的悬挂点是不合理的表达，如位于两条本该相接但未相接的线要素端点，如图 4.24 中两条本该相接的线要素交叉表示、两条本该相接的线要素未相接，在线要素的端点均形成了不合理悬挂点。不合理的悬挂点会影响地理信息数据的空间分析和数据统计，是数字线划图质量检查中的一项重要内容。

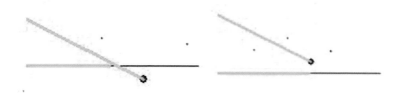

图 4.24　不合理悬挂点

2. 常见的合理悬挂点

（1）数据边界处的悬挂点。悬挂点位于数据边界，如标准分幅的数据大量悬挂点位于内图廓处、以行政境界为边界的数据大量悬挂点位于不规则的境界边，这些悬挂点都是合理的表达，如图 4.25 中的点 1~8 均为合理悬挂点。程序可通过添加边界来源过滤条件直接将指定边界处的合理悬挂点排除。

（2）拓扑容差限值内的悬挂点。一般情况下，线端点处的悬挂点本身是不合理表达，但由于计算机或 GIS 软件的局限性，在地理信息空间矢量数据中，会对线线之间的间距规定一定的拓扑容差限值，在这个限值内的悬挂点，被认为是合理的。如图 4.26 所示，本应相交但实际未相交的线段 b 与线段 a，点 1 为悬挂点，由于点 1 与线段 a 的距离在规定拓扑容差限值内，故点 1 为拓扑容差限值内的合理悬挂点。

（3）线状地物终端的悬挂点。在地理信息空间矢量数据中，存在大量水系、道

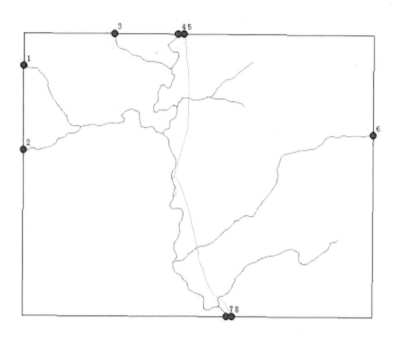

图 4.25　位于内图廓处的合理悬挂点

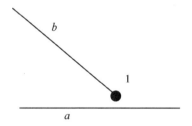

图 4.26　拓扑容差内的合理悬挂点

路等线状要素，这些要素终端处的悬挂点是地理信息的合理表达，因此也是合理的悬挂点。

3. 算子原理

不合理悬挂点检查算子首先对所有悬挂点进行遍历，然后根据一定的特征和约束条件，筛选排除合理的悬挂点，剩余的即是不合理的悬挂点。不合理悬挂点检查算子设计流程图如图 4.27 所示。

4. 过滤条件设置

根据不同类型的合理悬挂点的特点，有针对性地设置一定的过滤条件，即可实现对合理悬挂点的选取和识别。

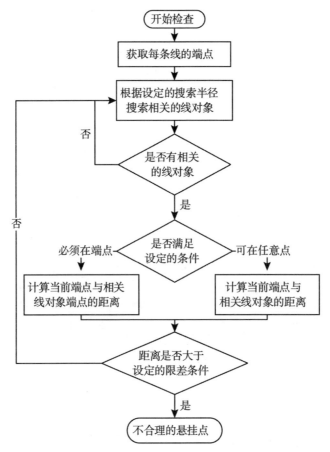

图 4.27　不合理悬挂点检查算法流程图

1）基于数据边界过滤

通过添加边界来源过滤条件可直接将指定边界处的合理悬挂点排除，地理信息空间数据的边界来源主要有以下四种：

（1）来自图廓线：一般用于按照一定规则进行分幅的数据，可直接用内图廓线作为数据的边界；

（2）来自图号：一般用于按照国家标准进行分幅的数据，可通过图号自动计算图廓范围作为数据的边界；

（3）来自边界面：适用于按不规则边界进行生产和保存的数据，如以境界作为边界时，选取境界面作为边界；

（4）来自对象边界：适用于专题地理信息数据，通过选择特定的检查对象自动提取对象的边界范围作为过滤条件中的边界。

在上述的 4 种边界来源中，（1）、（3）两种边界来源还不明确，需要进一步指定到具体对象上，供程序算法直接调用。如（1）边界来自图廓线时，需指定条件，让程序识别空间矢量数据中的图廓线,以国家 1:50000 基础地理信息数据库 DLG 为例,指定 CPTL 层 GB=120100 的要素为图廓线;(3)边界来自边界面如行政境界时,需设置条件,让程序算法、识别空间矢量数据中的境界线,以全国第一次国情普查项目为例,指定 BOUA5 层要素作为边界面。

2)线要素端点过滤

线要素与线要素在相接处有比较小的间距时就会产生悬挂点,但是如果间距在数据规定的拓扑容差之内,则是合理的悬挂点。当检查要素的端点与另一个线要素的端点重合时,视为合理;当不重合时,以拓扑容差为搜索半径,搜索到检查线要素端点以外的端点,视为合理。

当搜索半径为拓扑容差且未搜索到线要素端点以外的其他端点时,则需扩大一定的搜索范围,如果能搜索到其他端点,则视为不合理悬挂,如果未能搜索到其他端点,则视为合理悬挂。基于以上原理,参数设置中需设定以下 3 个参数:①规定合理悬挂点的类型,即必须位于线段的端点;②规定搜索半径值,这个半径是经验值,可以结合测区情况、数据比例尺等进行测试,最终选定最优值;③拓扑容差,这个容差值根据项目数据规定的要求设置。

3)检查对象过滤

(1)基于单图层的检查对象过滤。悬挂点的检查一般以图层为单位进行检查,地理信息空间矢量数据中线层比较多,如果逐一检查,会增加运行时间以及运行完成后人工的排查工作量。

不合理悬挂点一般集中出现在等高线层、水系层、道路层、图廓线层等,而诸如道路附属设施层的线状桥梁、隧道等要素,线段两端的悬挂点均为合理。在检查时,可根据经验,将不必要的图层过滤掉,直接把检查对象分别指定为需要检查的图层进行检查,这样可以提升算法的运行效率。

(2)基于多图层的检查对象过滤。特殊情况下,需要综合考虑多个图层的要素进行悬挂点合理性判断。如图层划分较细的数据,道路可能划分为机动车道路层和非机动车道路层。如果按单图层检查悬挂点,势必会产生大量的误报,因为在现实世界里,存在很多机动车道路与非机动车道路相交的情况,在数据表达时两者会在相交处打断形成实节点。若以各自的图层分别进行检查,在相交处容易误判悬挂点的合理性,增加了排查工作量。考虑到这一情况,在检查算法中另外增加一项过滤条件,即相关层合并,可以根据数据的分层情况灵活设置。

4.4.4 属性一致性检查算子

属性一致性类检查算子是对矢量数据的属性值一致性进行检查,确保成果各属性值的正确性,包括单数据层中不同属性字段值之间的一致性检查、同一数据库中不同数据层属性值一致性检查、不同数据库中不同数据层之间属性值一致性检查、高程值异常检查等。下面以属性值约束检查算子与高程值异常检查算子为例,详细讨论属性值一致性检查算子的具体设计与实现方法。

1. 属性值约束检查算子

1）属性值约束含义

属性值约束即一个属性的值被其他属性的值所约束，地理空间要素的各个属性的值之间普遍存在着这种约束关系，若属性赋值为不满足属性值的约束关系，会直接导致基于此数据的计算分析结果不可靠，因此属性值约束关系检查是一项必不可少的工作。

2）属性值约束检查算子设计与实现

该算子以地理空间数据库属性值约束关系检查为目的，提供一种利用逻辑蕴含表达式进行地理空间数据库属性值约束关系的标准化定义、解析、计算及判断方法，实现地理空间数据库属性值约束关系的标准化表达、解析与判断。属性值约束检查算子流程如图 4.28 所示。

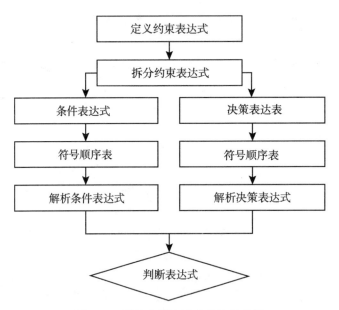

图 4.28　属性值约束检查算法流程图

为实现上述检查目的，连通性检查算子设计的技术方案具体步骤如下：

第一步，定义属性值约束关系表达式。属性值约束关系表达式的定义方式为：

IF <exp1> Then <exp2>

其中，符号 IF <exp1>表示括号内的表达式 exp1 为条件表达式；符号 Then <exp2>表示括号内的表达式 exp2 为决策表达式。

条件表达式和决策表达式的计算结果只能为真或者假，且均采用如下定义方式：

$$exp = (V, A, M, R, L, F)$$

其中，exp 表示定义的表达式。(V, A, M, R, L, F) 表示表达式 exp 所包含的全部元素集合；V 为自定义值，为数值或者字符串；A 为属性名；M 为算术运算符，算术运算符包括加法运算符+、减法运算符−、乘法运算符×、除法运算符/；R 为关系运算符，关系运算符包括大于运算符>、大于等于运算符≥、小于运算符<、小于等于运算符≤、等于运算符=、不等于运算符<>；L 为逻辑运算符，逻辑运算符包括并运算符 And、或运算符 Or、非运算符 Not；F 为函数运算符；其中，V、A 均称为操作数元素，M、R、L、F 均称为操作符元素。

第二步，分解与转换属性值约束关系表达式。分别将属性值约束关系表达式中的条件表达式与决策表达式分解为两个独立的元素集合，并且转换为顺序表的形式存储，具体方式为：利用"IF"和"Then"分割表达式为两个部分，在第一部分即为条件表达式，第二部分即为决策表达式。利用空格字符分别分割条件表达式和逻辑表达式，并按照从左至右的方式分别依次存入一个符号顺序表中。

第三步，解析表达式。分别解析计算利用符号顺序表的形式表达的条件表达式和决策表达式的值，初始化操作符栈 OperatorStack 和操作数栈 OperandStack，并置为空；遍历符号顺序表，判断当前符号类型；若当前符号为操作数，则将该操作数压入操作数栈 OperandStack，并进入读取下一个符号；若当前符号为操作符，则压入操作符栈 OperatorStack，并与操作符栈 OperatorStack 的栈顶元素进行优先级比较（若当前操作符的优先级高于栈顶元素，则将当前操作符压入操作符栈 OperatorStack，并读取下一个符号；若当前操作符优先级低于栈顶元素，则操作符栈 OperatorStack 的栈顶元素出栈，并依据栈顶元素，取出相应的操作数进行计算，并将计算结果压入操作数栈 OperandStack；若当前操作符优先级等于栈顶元素，则操作符栈 OperatorStack 的栈顶元素出栈，判断出栈的操作符元素是否为函数运算符的函数名，若是，则根据函数运算符的参数个数由操作数栈 OperandStack 进行出栈操作得到参数，进行函数计算，并将计算结果压入操作数栈 OperandStack）；重复此步骤，直到当前操作符的优先级高于栈顶元素，并且符号顺序表为空为止；操作符栈 OperatorStack 栈顶元素出栈，判断出栈的操作符元素是否为函数运算符的函数名，若出栈的操作符元素是函数运算符的函数名，则根据函数运算符的参数个数由操作数栈 OperandStack 进行出栈操作得到参数，进行函数计算，并将计算结果压入操作数栈 OperandStack；否则，取出相应的操作数进行计算，并将计算结果压入操作数栈 OperandStack；重复此步骤，直到操作符栈为空；若操作符栈 OperatorStack 为空，且操作数栈 OperandStack 只有一个元素，则将操作数栈 OperandStack 的栈顶元素作为计算结果，即属性值约束关系表达式的值；否则，则判定属性值约束关系表达式不合法。

第四步，判断属性值约束。依据条件表达式的值和决策表达式的值判断属性值是否满足属性值约束关系表达式。先判断条件表达式的计算结果，若为假，则判定属性值满足属性值约束关系；若为真，则进行决策表达式的判断。若决策表达式的计算结果为真，则判定属性值满足属性值约束关系；否则，判定属性值不满足属性值约束关系。

2. 高程值异常检查算子

1）高程值异常

地理信息测绘成果数据大部分为基本比例尺地形图数据，而数据中的等高线作为反映区域地貌形态的基础地理数据，以其数据量大、形态复杂的特点而成为检查中的关键问题。因此，等高线的高程值是基本比例尺地形图数据的地理精度的重要测评内容之一。但是，目前尚缺乏一种能够较准确且快速地检测数据中等高线高程值是否存在错漏的方法。

2）算子设计

如图 4.29 所示，检查算子的整体设计思路为：先获取基本比例尺地形图数据的等高距；然后将基本比例尺地形图数据中任意一条等高线作为目标等高线，获取目标等高线的高程值；再根据目标等高线的高程值以及等高距得到目标等高线的类型；最后获取目标等高线的标识代码，若目标等高线的标识代码与所得到的目标等高线的类型对应的标识代码不一致，则判定目标等高线的高程值与该等高线的标识代码不匹配，高程值存在异常情况。

3）算子实现

步骤 1：获取高程值集合。检查数据中都包括多条等高线，每条等高线均具有类型标识代码以及高程值。等高线的类型包括首曲线、计曲线、间曲线以及助曲线。其中，首曲线，又叫基本等高线，是按规定的等高距测绘的细实线，用以显示地貌的基本形态。获取所检查数据中类型为首曲线的等高线高程值，将获取到的高程值按照大小依次排列构建高程值序列，去除重复的高程值，保证高程值集合中每一个高程值的唯一性。

步骤 2：计算等高距。按照等高线绘制要求，任意相邻首曲线之间的高程差是相等的，即首曲线的高程值应该以一个固定的等高距依次递变。将所述高程值集合中相邻两个高程值求差，得到多个高程差，由于可能出现等高线高程值设置错误的情况，导致计算得到的多个高程差不尽相等；但通常情况下，不符合高程值递变要求的为少部分等高线的高程值，大部分等高线的高程值符合高程值递变要求，因此所得到的多个高程差中大部分高程差相等，这部分高程差的值即作为等高距。同时，若所述多个高程差中存在与所述等高距不一致的高程差，则判定与该高程差对应的高程值存在非递变错误。

步骤 3：根据所述目标等高线的高程值以及所述等高距得到所述目标等高线的类型。等高线的实际类型是由等高线高程值与等高距之间的关系决定的，因此，可以根据目标等高线的高程值以及等高距之间的关系得到目标等高线的类型。若目标等高线的高程值能够整除 4 倍或 5 倍等高距（等高距的值决定是 4 倍还是 5 倍等高距），则目标等高线为计曲线；若目标等高线的高程值能够整除等高距，则目标等高线为首曲线；若目标等高线的高程值能够整除 1/2 倍等高距，则目标等高线为间曲线；若目标等高线的高程值能够整除 1/4 倍等高距，则目标等高线为助曲线。

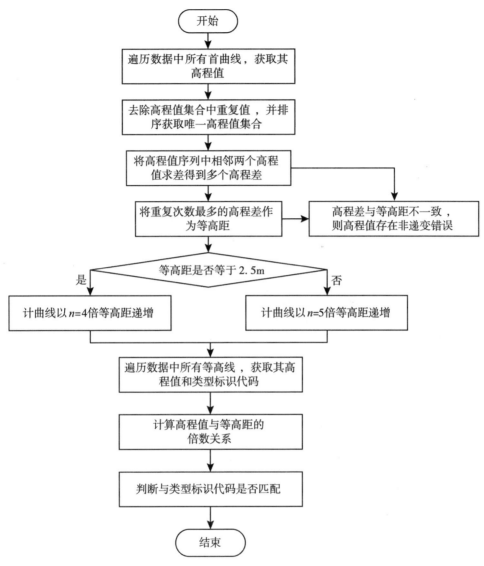

图 4.29　高程值异常检查算法流程图

步骤 4：获取所述目标等高线的标识代码，并判断与上一步得到的所述目标等高线的类型对应的标识代码是否一致。若所述目标等高线的标识代码与所得到的所述目标等高线的类型对应的标识代码一致，则判定所述目标等高线的高程值没有错误；若所述目标等高线的标识代码与所得到的所述目标等高线的类型对应的标识代码不一致，则判定所述目标等高线的高程值与该等高线的标识代码不匹配，存在高程值异常情况。

4.4.5　要素关系检查算子

要素关系检查，主要是检查相关图层的空间位置关系是否一致，涉及的算子有检查统一数据库内不同数据层要素位置关系的点点关系、点线关系、点面关系、线线关系、线面关系、面面关系、点线矛盾及连通性等检查算子。下面以等高线与高程点矛盾检查（点线矛盾）及连通性检查算子为例，介绍要素关系检查算子的设计与实现方法。

1. 点线矛盾检查算子

等高线和高程点同为 DLG 的重要组成部分，两者应协调一致，如两者之间存在矛盾，则会严重影响数字线划图的使用。

算子原理：通过对高程点和等高线空间关系进行分析，高程点与等高线应符合以下条件：

（1）高程点高程不能与最邻近等高线等高；

（2）高程点高程与最邻近等高线的高程较差小于一个等高距；

（3）当高程点位于两根相邻且为递变关系的等高线中间时，高程点的高程值也应位于这两根等高线高程的中间；

（4）高程点在某方向依次邻近的两根等高线的高程应都大于或都小于高程点高程值。

若高程点和等高线的空间关系不满足上述任意一条，则可判定该处高程点存在点线矛盾。此外，需要说明的是，当高程点和等高线满足上述空间关系时，仍有几种极端情况无法直接判定高程的正确性：

①除高程点外，数据中有且只有一根等高线；

②高程点朝任意方向均只有一根等高线，且周边所有等高线等高；

③高程点朝任意方向最邻近的两根等高线均等高。

本书依据以上分析结果，基于高程点与等高线之间位置关系，形成了点线矛盾检查算法。具体实现步骤如下：

第一步，定义四类辅助检查线：

（1）最近线：与待查高程点距离最近的等高线；

（2）最大线：最近线相邻的两条等高线中，高程值大于最近线的等高线；

（3）最小线：最近线相邻的两条等高线中，高程值小于最近线的等高线；

（4）同高线：与最近线高程值相等的等高线。

同时，定义最近线距离高程点最近的点为最近点，最大线距离最近点最近的点为最大点，最小线距离最近点最近的点为最小点，同高线距离最近点最近的点为同高点。不过，四类点线可能不会同时存在，程序检查时需根据实际情况进行点线矛盾分析。

第二步，根据高程点、最大点、最小点、同高点相对于最近线的方位，判断高程点与最近点、最大点、最小点之间的数值关系是否存在矛盾。

图 4.30 所示为高程点存在最大、小点线，且最大、小点在最近线两侧时的算子设计流程图，其他情况同理，不再一一详述。

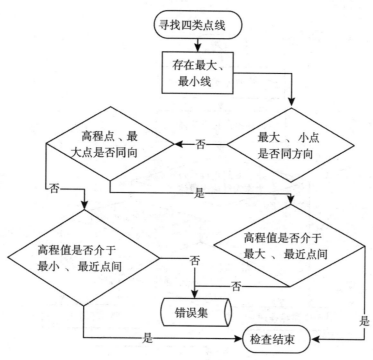

图 4.30　点线矛盾算子原理

2. 连通性检查算子

1）要素连通性含义

连通性反映了道路网络、河流网络中各节点的连通状况，反映了网络的结构特征，是区域道路、河流网布局结构的重要评价指标之一。目前，关于线性联通体连通性检测主要以人工检查为主，通过人机交互，判断、查询与道路和河流相交的其他路段信息。这种方法简单直观，但当路径较长、较多且又横跨不同的图幅时，查询时工作强度大，且容易出错。

2）连通性算子设计与实现

道路、河流等线状连通体的连通性检测，即利用空间分析，检查一定范围内同一类道路或者同一类河流是否存在未连通的问题。

检查算子的整体设计思路为：首先，将所述目标连通体拆分成多个路径，获取每个所述路径的标识类型；然后，获取目标连通体的全部路径中，标识类型为未连通标识的路径的个数，作为未连通路径个数，再判断目标连通体的未连通路径个数是否为零，如果目标连通体的未连通路径个数为零，判定所述目标连通体的连通状态为正常；如果所述目标连通体的未连通路径个数不为零，则判定所述目标连通体的连通状态为异常。

连通性检查算子设计流程图如图 4.31 所示。

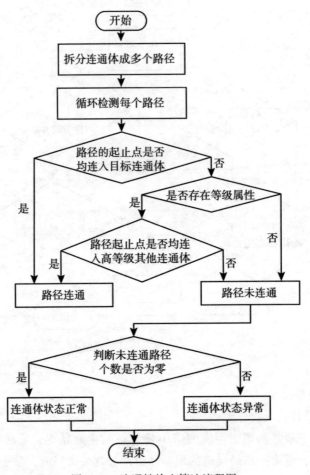

图 4.31　连通性检查算法流程图

为实现上述检查目的，连通性检查算子设计的技术方案具体步骤如下：

步骤 1：将目标连通体拆分成多个路径。遍历所述要素集合中的全部要素，获取全部线要素中的每个线要素的连通属性值。筛选出连通属性值与所要检测的目标连通体匹配的线要素，作为目标要素，将所获取的全部目标要素合并成目标连通体。目标连通体内一般是由一个或者多个相连或者不相连的路径（path 对象）的有序集合，每个路径均具有初始节点坐标、关闭路径和编号等属性值。连通体拆分成多个路径时，必须满足如下准则：全部路径必须是有效的，不能重合、相交或者自相交。多个路径可以连接与某一点，也可以分离，路径的长度不能为 0。依据上述路径拆分规则，将所述目标连通体拆分成多个路径。

步骤 2：获取每个所述路径的标识类型。依据上述步骤，将目标连通体拆分成多个路径之后，获取每个路径的标识类型，即为分别判断每个路径的连通状态。依次获取全部路径中的每个路径，作为待测路径，判断每个待测路径的连通状态。判断待测路径的连通状态的依据可以为：判断待测路径的起止点是否均连接到其他连通体。如果待测路径的起止点均连接到其他连通体，则该待测路径的连通状态正常，判定该待测路径的标识类型为连通标识；反之，如果待测路径的起止点并未都连接到其他连通体，则该待测路径的连通状态异常，判定该待测路径的标识类型为未连通标识。

步骤 3：获取所述目标连通体的全部路径中，标识类型为未连通标识的路径的个数，作为未连通路径个数。每个所述路径的连通状态均对应其标识类型，连通路径的标识类型为连通标识，未连通路径的标识类型为未连通。要统计目标连通体中未连通路径的个数，则要获取所述目标连通体的全部路径中，标识类型为未连通标识的路径的个数，作为未连通路径个数。

步骤 4：判断所述目标连通体的未连通路径个数是否为零。依据上述步骤获取目标连通体的未连通路径个数后，根据预设的判断规则判断该目标连通体的连通状态。在一种实施方式中，判断连通状态的方式为判断所述未连通路径个数是否为零。如果所述目标连通体的未连通路径个数为零，即表示该目标连通体内的全部路径的起止点均连通到其他连通体，判定该目标连通体的连通状态为正常；如果所述目标连通体的未连通路径个数不为零，则表示部分路径的起止点未全部连通到其他连通体，判定该目标连通体的连通状态为异常。

3. 面面关系检查算子

1）不合理面面关系的含义

空间矢量数据中要素间的关系是现实世界中地物间真实关系的映射，当映射不为真时，则关系不合理。具体到面要素间的关系，即不能真实反映现实世界中面状地物间的关系即为不合理的面面关系。在空间矢量数据中存在大量的面层要素，数据的比例尺越大，面层的种类越多。常见的面层有水系面、水系附属设施面、道路面、道路附属设施面、铁路面、居民地面、居民地附属设施面、境界面、土质面、植被面等，这些面要素两两之间、多个之间都存在着错综复杂的关系。面面关系的检查归根结底就是它们之间空间冲突、属性冲突的检查。

2）基于属性约束机制的不合理面面关系检查算子设计与实现

空间矢量数据的特征就是同时具有空间特征和属性特征，而要素间的相互关系正好是其空间关系及属性关系的综合表现。影响面面关系的因素主要有两个，一是空间关系，二是属性关系。面与面之间的空间关系包括重合、包含、被包含、相邻、相交等。面与面之间的空间关系必须与实地情况吻合，如河流面与道路面相交处有附属设施，在空间矢量数据中就必须照实表达，即分别在水系面层采集河流，在道路面层采集道路，且相交不打断，同时在相交处采集道路附属设施面。这种地理实体间的关系在空间矢量数据中就表达为空间约束关系。

用 M 表示空间矢量数据中的面要素，m 表示其对应的现实世界中的地物，则二者的映射关系为

$$M = f(m)$$

式中，f 表示数据采集编辑的一系列算子。

空间矢量数据中要素间的面面关系是现实世界中地物间真实关系的映射。设定空间矢量数据中面要素 M，K 之间的面面关系为 U，即 $U(M,K)$；对应现实世界中的地物为 m，k，二者现实的空间关系为 $U(m,k)$，则现实世界中的空间关系映射到空间矢量数据中的面面关系公式为：

$$U(M,K) = F(U(m,k))$$

式中，F 表示映射函数，将上述两个公式合并，得到

$$U(f(m), f(k)) = F(U(m,k))$$

现实世界中地物间的空间关系是真实存在的，$U(m,k)$ 是真关系，而对应空间矢量数据中面要素间的关系 $U(f(m), f(k))$ 则取决于其映射关系 F。当映射关系不合理时，$U(f(m), f(k))$ 就是伪关系。

面与面的关系在满足空间关系的同时，还得兼顾它们之间的属性关系，即空间矢量数据的表达要求。如同一区域同时生长着稀疏灌木与草地，稀疏灌木与草地同属植被面层，空间矢量数据的表达规则里不允许同层要素重合采集，于是这种情况就只能在植被面层中采集主要植被即草地面，同时，在 $TYPE$（类型）属性项中填写"稀灌"，以表达其空间关系。

受空间因素和属性因素的影响，面与面之间的关系千差万别，无法一概而论，因此在质量检查中无法制定一个固定的规则进行准确的自动检查。基于要素代码或要素性质的属性值进行约束，根据不同要素间的关系原则自由制定适合的规则，再进行规则的组合，就可以大幅提高面面关系自动化检查的可靠性。

下面以水系面与植被面之间的关系为例，具体阐述基于要素代码的属性值约束方法。首先提取两个要素面之间的空间关系和属性关系。在现实世界里，根据植被的疏密程度、生长环境，将植被分为三大类：陆地生密集植被，如稻田、旱地、菜地、园地、成林、幼林、密集灌木林、竹林、苗圃、草地、人工绿地、花圃等；陆地生稀疏植被，如稀疏灌木林、荒草地、高草地等；水生作物，如种植藕、茭白等。同时，根据水系的积水性质，将其分为四类，即常年积水水域，如河流、池塘、湖泊、水库、沟渠、水井、贮水池、堰塞湖等；常年无水区域，如干涸湖、干涸水库、干涸池塘等；不定时积水区域，如溢洪道、沙洲、时令河等；常年湿润区域，如沼泽、湿地等。各自分类后两两讨论其关系，如表 4.4 所示。

表4.4　　　　　　　　　　　　　　　　水系面与植被面的关系

相关对象	检查对象	陆地生的密集植被	陆地生的稀疏植被	水生作物面
常年积水	河流	不相交	不相交	包含
	池塘	不相交	不相交	重合
	湖泊	不相交	不相交	包含
	水库	不相交	不相交	不相交
	沟渠	不相交	不相交	不相交
	水井	不相交	不相交	不相交
	贮水池	不相交	不相交	不相交
	堰塞湖	不相交	不相交	不相交
常年无水	干涸湖	不相交	重合	不相交
	干涸水库	不相交	重合	不相交
	干涸池塘	不相交	重合	不相交
	河、湖岛	包含或重合	包含或重合	不相交
不定时积水	溢洪道	不相交	包含或重合	不相交
	沙洲	不相交	包含或重合	不相交
	时令河	不相交	包含或重合	不相交
常年湿润	沼泽	不相交	包含或重合	不相交

　　分析提取出要素间的所有相关关系后，就可以进行属性值约束了。水系面与植被面的关系中属性值约束主要是约束检查对象与被检查对象的范围，即基于要素代码的约束。制定约束规则见表4.5。

表4.5　　　　　　　　　　　　　基于要素代码的约束规则

	检查对象	相关对象	空间关系
关系1	陆地生密集植被	岛以外的所有水系面	不相交
关系2	陆地生密集植被	岛	被包含或重合
关系3	陆地生稀疏植被	岛、溢洪道、沙洲、沼泽	被包含或重合
关系4	陆地生稀疏植被	干涸湖、干涸池塘、干涸水库	重合
关系5	陆地生稀疏植被	常年积水水域	不相交
关系6	水生植被面	河流、湖泊	被包含
关系7	水生植被面	池塘面	重合

有了以上规则，就能实现植被面与水系面之间关系的自动检查。在空间矢量数据的质量检查中发现，除了存在一些较为普遍的面面关系不合理外，还会有一些比较特殊的质量问题，这类问题由于不具有普遍性通常被忽略，但是如果不能实现自动检查，人工检查又会费时费力，且容易遗漏。在上述章节中，基于要素代码的属性值约束体现的是两种类型的地理要素之间关系的普遍规律，不一定适用于判断某两个个体间特殊的空间关系。针对这类特殊的空间关系，就可以用基于要素性质的属性值约束来解决。

基于要素性质的属性值约束同样是约束参与计算的要素范围，不过这个范围通过一些具有相同性质的要素组成。其原理、步骤都与基于要素代码的属性值约束相同。下面仍然以水系面与植被面要素间的关系为例，具体阐述基于要素性质的属性值约束方法。

在基于要素代码的属性值约束中，已经讨论了水系面与植被面的各种关系，看似很全面，几乎两两之间的关系都考虑到了，但是还有一种特殊情况被忽略了，即沼泽分为能通行的沼泽和不能通行的沼泽，在能通行的沼泽中一般不会覆盖大面积的高草地，如芦苇等，一般不能通行的沼泽中才会生长大片的高草地。沼泽与高草地的空间关系、属性关系如表 4.6 所示。

表 4.6　　　　　　　　　　　　　　　沼泽与高草地的关系

相关对象 检查对象	能通行的沼泽	不能通行的沼泽
高草地	不相交	重合或被包含

一般在空间矢量数据中，能通行的沼泽与不能通行的沼泽通过类型属性项进行区分，即能通行的沼泽在 TYPE 属性项中填写"能通行"，不能通行的沼泽在 TYPE 属性值中填写"不能通行"。于是，根据沼泽的这一性质属性进行约束，如表 4.7 所示。

表 4.7　　　　　　　　　　　　　　　基于沼泽性质的约束规则

	检查对象	相关对象	空间关系
关系 1	高草地	能通行的沼泽	重合或被包含
关系 2	高草地	不能通行的沼泽	不相交

有了以上规则，就能实现沼泽与高草地之间关系的自动检查。植被面层与水系层的其他特殊关系也可以通过这样的方式进行约束。

基于要素代码的属性值约束和基于要素性质的属性值约束互为补充，就能实现面面关系的全面自动化检查。

4.4.6 位置接边检查算子

针对采用"分幅"方式生产的数字线划图，跨图幅同名线状与面状要素几何体在接边线两侧应衔接、属性值应一致；否则，成果存在位置或属性不接边的重大质量问题。

算子原理：标准图幅矢量接边检查主要针对线要素与面要素，线要素接边检查较为简单，直接利用接边线两侧的要素端点是否匹配来判定；面接边检查则是先依据接边线构建接边特征线，然后将接边特征线与面要素进行相交运算，求取相交线段，最后利用接边线两侧的线段是否匹配来判断面要素是否接边。

标准图幅矢量数据的位置属性接边检查算子设计流程图如图 4.32 所示。

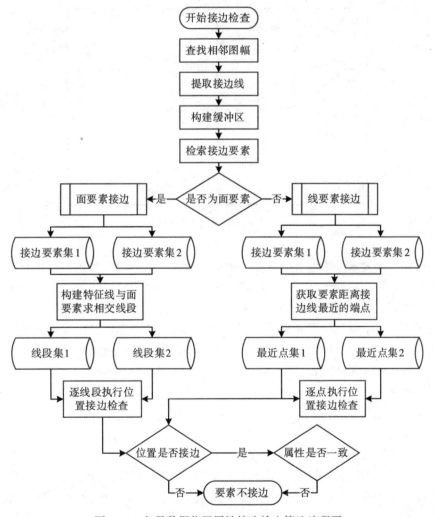

图 4.32 矢量数据位置属性接边检查算法流程图

标准图幅数字线划图接边检查算法具体步骤如下：

第一步，首先参考标准规范及相关规定查找相邻接边图幅，提取出每两个相邻图幅的接边线，然后依据设定的参数构建接边线缓冲区，并用该缓冲区过滤出两幅图与之相交的要素，作为待检要素集，最后根据要素类型，分别进行要素几何位置、属性值接边检查。

第二步，线要素接边检查。首先，分别循环获取两个相邻图幅非闭合线要素距离接边线最近的端点，并记录端点位置及其对应线要素的属性值，形成两个最近点集；然后，循环取出最近点集 1 中的每个点，在最近点集 2 中寻找与其距离小于接边误差的点，若未找到，则表示该线要素不接边，如存在同名线要素，则进一步比较其所有属性值是否一致。线要素接边检查如图 4.33 所示。

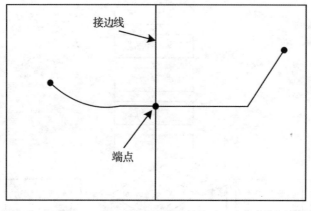

图 4.33　线要素接边

第三步，面要素接边检查。首先，依据接边线和设定的缓冲区参数，分别在两幅相邻图上构建接边特征线，并遍历所有面要素，获取接边特征线与面要素相交形成的线段，分别存入每幅图对应的待匹配线段集；然后，循环取出线段集 1 中的每个线段，在线段集 2 中寻找位置和长度符合限差的线段，若不存在对应线段，则该面要素位置不接边，如存在对应要素，则进一步检查该同名要素的所有属性是否一致。面要素接边检查如图 4.34 所示。

4.4.7　几何异常检查算子

几何异常检查类算子主要是检查单个几何要素是否存在异常，属于检查内容明确，检查原理较为简单的算子，不涉及复杂几何计算与拓扑分析。几何异常检查涉及的检查算子主要有极小面、极短线、异常折线、异常相交、空几何等。极小面、极短线是根据面积、长度限差参数，直接输出不符合限差值的面要素 ID，空几何是直接输出要素的几何实体为空的要素 ID 值，异常相交是基于构建的拓扑规则输出的不合

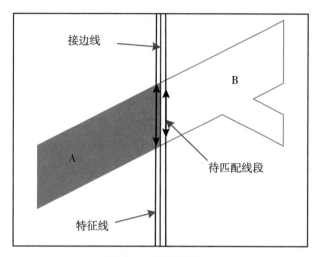

图 4.34　面要素接边

理相交点，异常折线是依次计算线要素或者面要素的边界线的每一个节点处的夹角是否符合限差值。

4.5　系统展示及应用

4.5.1　系统展示

1. 系统主界面

从主界面中可以看到，系统主要分为六大部分：是菜单栏、数据视图、图像窗口、图层视图、规则视图、检查结果，如图 4.35 所示。

（1）菜单栏：系统的菜单栏包括工程（P）、工具（T）、检查（C）、状态（S）以及帮助（H）共六个子菜单。

（2）数据视图：系统的数据视图用于显示"新建工程"对话框里面加载的数据信息。

（3）图像窗口：在数据视图右键菜单可以打开对应的数据，打开的数据显示在图像窗口。

（4）图层视图：数据视图打开的数据，其对应的图层信息将显示在图层视图里面。

（5）规则视图：系统的规则视图用于显示用户选择的检查方案。

（6）检查结果：自动检查得到的检查记录将显示在检查结果列表中。

图 4.35　系统主界面

2. 工程管理

工程管理菜单栏用于软件系统的工程文件管理，包括新建工程、打开工程、最近的工程、工程参数、退出系统五个按钮选项。

（1）新建工程：根据检验项目的要求，填写工程名称；检验信息、选择对应的检验模型、检验方案；数据信息（右键分配数据），配置完成的工程参数如图 4.36所示。点击"确定"完成后，将保存为一个 dlg 工程文件。

图 4.36　工程管理与数据分配界面

（2）打开工程：可选择路径下一个已有的 .dlg 工程文件，也可在"最近的工程"中选择最近打开的 3 个工程文件。

（3）工程参数：在工程管理界面可对工程信息和检查信息进行重新设置。

3. 数据显示

在数据视图右键菜单选择"打开数据"按钮，相应的数据将显示在图像窗口，数据的图层信息将显示在图层视图。用户在图层视图可对图层进行操作，包括移除、缩放至图层等，如图 4.37 所示。

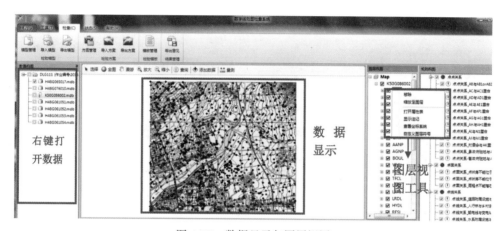

图 4.37 数据显示与图层视图

4. 检验模型

检验模型用于设计数字高程模型检查的内容，检验模型菜单栏主要包括模型管理、导入模型、导出模型等按钮，如图 4.38 所示。

图 4.38 模型工具

（1）模型管理：在"模型管理"界面中显示了当前系统包括的检验模型，选中一个模型，将在右侧的"模型属性"中显示该检验模型的信息，并可对模型进行编辑、删除等操作，如图 4.39 所示。

进入"模型编辑"界面，可在"模型树"中添加或者删除质量元素、质量子元素、检查项等节点。"节点信息"框可以显示选中节点的信息，并可对信息进行修改。"错误提示"显示"节点信息"中错误输入的提示信息，需要可对照提示信息进行改正，如图 4.40 所示。

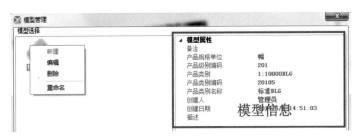

图 4.39　模型管理界面

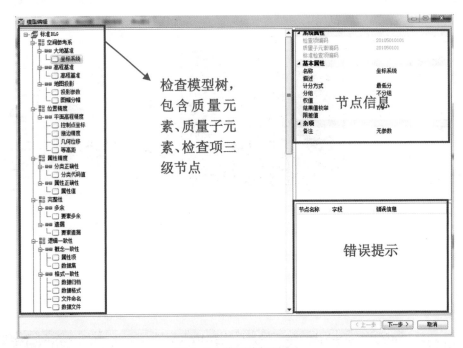

图 4.40　模型编辑界面

点击"下一步"即可进入算子挂接界面（图 4.41），选择检查项节点，在算子窗口将显示与该检查项相关的算子，用户也可在算子窗口自定义查询算子。用户鼠标双击某一个算子，可将该算子与检查项进行关联。

（2）导出导入模型：导出模型可将系统中已有的质检模型导出到模型文件，用于分发共享；导入模型可将模型文件导入到质检系统，系统即可采用此模型进行检查，如图 4.42 所示。

5. 检验方案

检验方案主要是对检查算子赋予检验参数，检验方案菜单栏主要包括方案管理、导入方案、导出方案等按钮，如图 4.43 所示。

1）方案管理

图 4.41 算子挂接界面

图 4.42 模型导入导出界面

图 4.43 方案工具

在"方案管理"界面中显示了当前系统包括的检验方案,选中一个方案,将在右侧的"方案属性"中显示该检验方案的信息,并可对方案进行编辑、删除等操作,如图 4.44 所示。

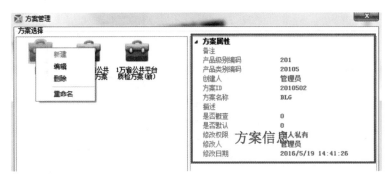

图 4.44　方案管理界面

进入"方案编辑"界面,可查看检查模型某个检查项下挂接的算子信息,通过在参数设置框中可对算子的检验参数进行配置,即可将检查规则添加到检查方案中,如图 4.45 所示。

图 4.45　方案编辑界面

2）导出导入方案

导出方案可将系统中已有的质检方案导出到方案文件，用于分发共享；导入方案可将方案文件导入到质检系统，系统即可采用此方案进行检查，如图 4.46 所示。

图 4.46　方案导入导出界面

6. 检验模板

检验模板主要是对检查过程中需要的模板文件（坐标系统模板）进行管理，检验模板包括的按钮只有"模板管理"，如图 4.47 所示。

图 4.47　模板管理

在"模板管理"界面中显示了当前系统包括的检验模板，选中一个模板，将在右侧的"模板属性"中显示该模板的信息，并可对模板进行编辑、删除等操作，同时也可添加新的模板，如图 4.48 所示。

7. 质量检查

用户在"新建工程"中选择的检验方案将显示在规则视图里面，检查系统自动检查的界面。规则视图里面包含检验方案的名称、检查规则分组的名称以及检查规则的名称。打开"规则参数编辑"对话框、"格网范围参数编辑"界面，如图 4.49 所示。规则视图各个按钮图标的用途如表 4.8 所示。

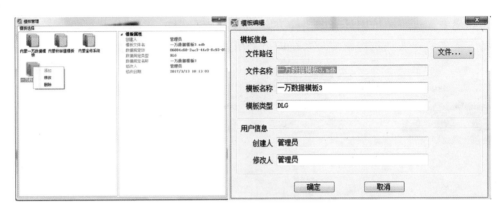

图 4.48　模板编辑

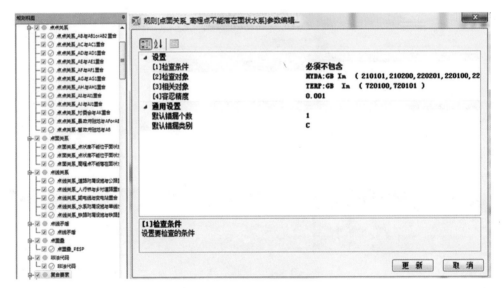

图 4.49　检查规则及参数界面

表 4.8　　　　　　　　　　　　　　　　　规则图标说明

图标	说　　明
执行检查	"执行检查"可单独执行一个检查规则，也可以执行一个分组或者整个检验方案的检查规则
编辑参数	"编辑参数"可修改当前检查规则的参数信息
① ②	"规则运行状态"中感叹号表示检查规则未运行或者运行失败，对号表示检查规则运行成功

图标	说　明
○ ○ ●	"规则分组运行状态"中绿色表示该分组所有的检查规则都运行，黄色表示该分组有部分检查规则已运行，红色表示该分组的检查规则都未运行
☑	"复选框"中用户可根据需要决定运行哪些规则，因为在检查过程中并不是每次都需要全都运行的，例如数据的复查

8. 检查结果管理

在检查规则执行完成后，系统会自动将检查记录保存到后台数据库中，并且以记录的形式在前台显示。用户可对检查记录进行删除、修改、查询等操作。对于有错误实体的检查记录，用户可双击检查记录在图像窗口显示定位实体，进行错误核实。对于已经核实的错误结果，可以导出为 WORD 文档、PGDB 文件、TXT 文本，如图4.50 所示。

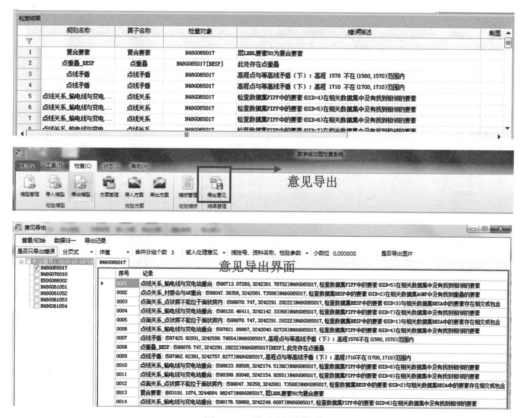

图 4.50　检查结果管理

9. 辅助工具

1）地图导航

地图导航工具主要用于查看矢量数据和栅格数据的一些基本操作。地图导航工具主要包括添加数据、放大、缩小、平移、全图、查询等，界面如图 4.51 所示。

图 4.51　地图工具

2）精度统计

精度统计主要统计数字高程模型外业检测点坐标值与成果数据中坐标值之间的标准差，如图 4.52 所示。

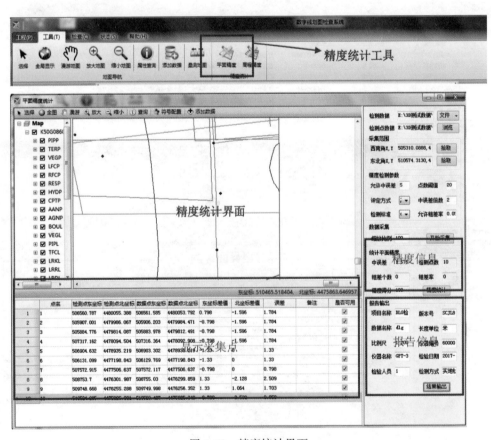

图 4.52　精度统计界面

3）错误定位插件

ErrPos 错误定位插件以 ArcGIS 插件的形式存在，实现了质检系统中检查的错误记录在 ArcGIS 中显示并快速定位，方便质检人员在 ArcGIS 中进行交互检查。

插件安装完成后，会在 arcgis 工具条中出现该插件图标，点击该图标后，在 arcgis 窗口空白处单击，会出现该插件界面，选择网络数据库或本地数据库并设置作业相关信息，即可链接系统数据库，在 arcgis 显示检查的错误记录并可定位显示，如图 4.53 所示。

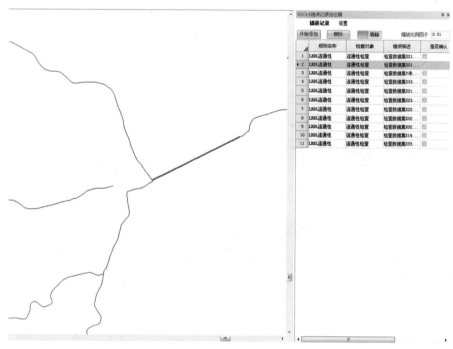

图 4.53　错误记录显示即定位

11. 状态菜单栏

状态栏菜单用于系统的设置，包括视图的显示/隐藏、错误定位设置，算子注册管理、软件授权管理、运行日志管理等，如图 4.54 所示。视图的显示/隐藏功能可对图层视图、检查结果进行显示和隐藏设置。

图 4.54　状态菜单栏

4.5.2　应用实例

本应用示范以四川省德阳市威远县一批四川省 1：10000 数字线化图数据为实例，介绍使用本质检系统进行 DLG 数据质检的整个流程。

第一步，创建工程，配置检查信息。输入工程名，选择 DLG 检查模型和检查方案，并分配本次实例的 DLG 数据，完成配置后，点击"确定"，保存工程文件，同时进入检查系统进行检查。

第二步，程序自动化检查。检查项包括格网范围、投影参数、影像接边、坐标系统等。检查结果需要在主界面进行人工核实，核实之后可导出意见表，如图 4.55 所示。

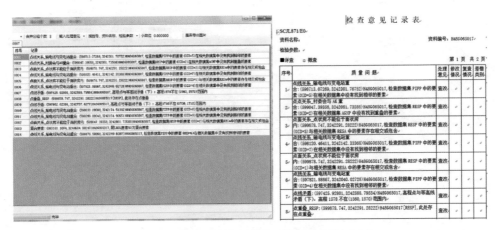

图 4.55　排查后的检查结果及导出的意见记录表

第三步，精度统计。将外业采集的检查点导入到系统中，进行平面精度和高程精度的统计。在统计界面加载 DLG 数据并导入外业采集点，程序自动将采集的外业点显示在界面上。

在"数据显示"界面分别拾取预采集图幅西南角和东北角的坐标，确定采集范围。然后"开始采集"，系统自动缩放到当前采集检测点，在视图区域内单击一点，即可采集该点坐标，并自动计算检测点与采集点之间的坐标差值。完成一个检测点的采集后，自动跳转到下一检测点，单击"停止采集"，暂时停止采集。当采集完成后，即可进行精度统计。设置好"报告输出"中的各项参数，点击"结果输出"按钮，生成精度统计结果，如图 4.56 所示。

本应用实例选取了位于四川省德阳市威远县的 10 幅 1：10000 数字线划图数据进行系统应用测试。自动化检查总耗时 2 个小时 12 分钟，平均检查每幅图 13 分多钟，相比人工检查，大大提高了效率和正确率；如表 4.9 所示，DLG 检查算子检查准确

平面精度检测记录表

SCJL801/00   第 1 页 共 1 页

项目名称：DLG检查

比例尺：1:2000				图幅号：dlg			
检测方式：实地检测				单位：米			
仪器名称、型号：GPT-3005N				仪器编号：60000025			

序号	坐标检测值		原成果坐标值		差值			备注
	X1	Y1	X2	Y2	dx	dy	ds	
1	506561.585	4480053.79	506560.787	4480055.39	0.798	-1.596	1.784	
2	505906.203	4479984.47	505907.001	4479986.07	-0.798	-1.596	1.784	
3	505883.978	4479812.49	505884.776	4479814.09	-0.798	-1.596	1.784	
4	507316.364	4478092.91	507317.162	4478094.5	-0.798	-1.596	1.784	
5	506903.302	4478935.22	506904.632	4478935.22	-1.33	0	1.33	
6	506129.769	4477198.84	506131.099	4477198.84	-1.33	0	1.33	
7	507572.117	4477506.64	507572.915	4477506.64	-0.798	0	0.798	
8	508755.03	4476299.86	508753.7	4476301.99	1.33	-2.128	2.509	
9	509749.998	4476256.35	509748.668	4476255.29	1.33	1.064	1.703	
10	510523.497	4475925.35	510524.295	4475925.88	-0.798	-0.532	0.959	

备注：高精度检测 粗差率为 0.0% 得分 100 分 0≤ds≤ M0：10个 M0<ds≤ 2M0：0个 ds>2M0：0个

检测点数量：10 个	粗差数量：0 个
标 准 差(M0)：±5m	中 误 差：±1.576m
检 查 者：1	日 期：2017-03-31

图 4.56 平面精度检测记录表

率方面都很高，且适用于大部分 DLG 数据，同时，精度统计等人机交互检查功能也大量减少了质检员的工作量，所以，此数字线划图质检系统是真正满足质检员的工作需求，同时大幅提高了工作效率的一款质检软件。

表 4.9   **DLG 检查算子准确率情况**

检查算子	设置错误能否报出	误报率	漏报率
坐标系统	正确报错	0	0
必填字段	正确报错	0	0
层要素类型	正确报错	0	0
层几何类型	正确报错	0	0
非法代码	正确报错	0	0
复合要素	正确报错	0	0
高程值	正确报错	0	0
极短线	正确报错	0	0
极小面	正确报错	0	0

续表

检查算子	设置错误能否报出	误报率	漏报率
点线矛盾	1. 设置的初始搜索半径过小会提出警告找不到有效等高线，会有排查量 2. 如果搜索半径内找到等高线了会正确报出错误	20%	0
点点关系	1. 必须重叠时，当相关要素不存在或者检查对象与相关对象未重合时都会报错 2. 必须不重叠时，检查对象和相关对象不能是同层要素，同层要素不会报错	0	20%
点线关系	1. 必须在（不在）端点，如果点未在（在）线端点能正确报错 2. 必须在（不在）线节点，如果点未在（在）线节点能正确报错 3. 必须节点对应，现目前检查条件必须是线，会报出所有未与点重合的线的节点	0	0
点面关系	正确报错	0	0
线线关系	正确报错	0	0
线面关系	1. 必须不相交、必须相交、必须包含、必须不包含、必须边界相交、必须部分包含、必须穿越正确报错 2. 端点必须在边界部分报错	20%	20%
面面关系	1. 必须不相交、必须相交、必须包含、必须不包含、必须被包含、必须不被包含正确报错 2. 必须相邻、必须部分被包含部分报错	20%	0
空要素集	正确报错	0	0
连通性	正确报错	0	0
面重叠	正确报错	0	0
面裂隙	正确报错	0	0
缺省值	正确报错	0	0
位置接边	正确报错	0	0
属性接边	对于未到边上的也会报错	20%	0
属性项	正确报错	0	0
数据集	正确报错	0	0
投影参数	正确报错	0	0
图幅分幅	正确报错	0	0
伪节点	正确报错	0	0

续表

检查算子	设置错误能否报出	误报率	漏报率
线悬挂	对于两条路相交这种情况不能正确报错	0	20%
要素集	正确报错	0	0
异常折线	正确报错	0	0
异常相交	正确报错	0	0
相邻面属性	正确报错	0	0
选填字段	正确报错	0	0

第 5 章　数字高程模型质检系统

5.1　前　　言

地表形态早期由象形符号、写景图等方式表达，18 世纪逐步发展至由等高线量化表示；20 世纪 50 年代美国麻省理工学院 Miller 教授首次提出数字地面模型，最初目的是利用计算机和摄影测量技术辅助公路设计，自此经历 20 多年的理论研究和探索，地形表达从模拟时代走向数字时代，数字高程模型即是地表形态的一种数字表达方式。

数字高程模型是全球地理信息资源中重要的地理信息数据之一。美、欧、日等国家长期以来将全球地理信息资源作为掌控全球资源布局、制定可持续发展战略的重要举措，早在 20 世纪就完成获取了全球 1∶100 万数字地形图与 90 米数字高程模型数据，之后一直持续提高数据的精度、丰富数据内容，目前生产了空间分辨率 30 米、高程精度 16 米的全球地形数据，1 秒间隔数字高程模型已经覆盖全球 99% 陆地（李志刚，2016）。我国测绘行业于 20 世纪 90 年代开始规模化生产数字高程模型，"十五"期间，国家测绘局完成了国家级基础地理信息数据库的初始建库，目前已实现全国 25 米间隔数字高程模型的全覆盖及动态更新；各省也陆续建立起了本区域地理信息数据库，河北、辽宁、山东、浙江、江苏、湖北、湖南等省已实现了本省 5 米间隔数字高程模型的全覆盖。

5.1.1　DEM 概念及形式

国标《测绘基本术语》（GB/T 14911—2008）中数字高程模型 DEM（Digital Elevation Model）定义为：以规则格网点的高程值表达地表起伏的数据集。图 5.1 是以灰度表示高程值的 DEM 全图及其小区域放大图。

实际应用中，DEM 可以规则矩形格网（图 5.2）、不规则三角网（图 5.3）、规则和不规则混合网（图 5.4）等形式表示。我国基础地理信息数据库中 DEM 主要采用矩形格网点表示。

我国基础地理信息 DEM 数据常用格式主要有以下几种：

（1）Esri Grid（栅格数据）。主要包含的数据文件如图 5.5 所示。

（2）BIL（栅格数据）。主要包含的数据文件如图 5.6 所示。

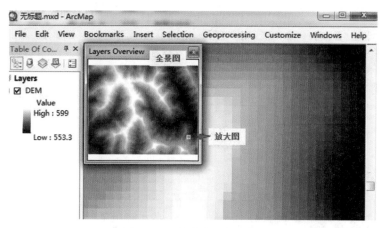

图 5.1　以灰度表示的 DEM

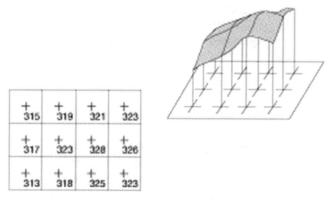

图 5.2　以规则格网表示的 DEM

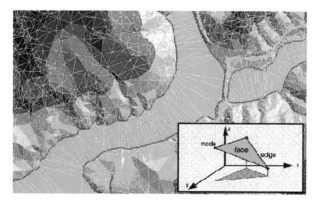

图 5.3　以不规则三角网表示的 DEM

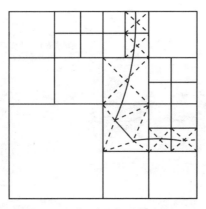

图 5.4 以不规则混合网表示的 DEM

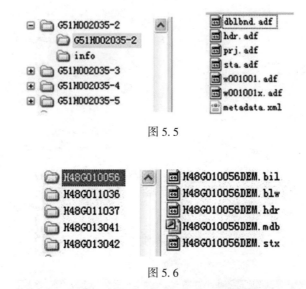

图 5.5

图 5.6

（3）ASCII（文本数据）。主要数据内容如图 5.7 所示。

5.1.2 DEM 的应用

DEM 的应用极其广泛，主要应用于以下方面：

（1）管理决策：城乡规划、自然资源管理、防灾减灾、农业、林业、水土保持、环境保护等领域；

（2）工程建设：辅助决策和设计，工程中面积、体积、坡度的计算，坡度坡向图和剖面图绘制等，主要用于电力、公路、铁路、通信、水利、采矿及地质勘探等工程建设部门；

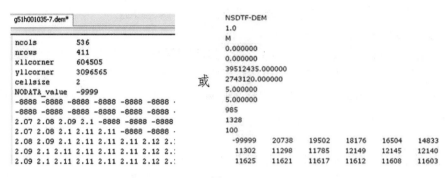

图 5.7

（3）科学研究：利用空间分析、三维可视化、虚拟现实等，研究气候变化，水资源、野生动植物分布，地质、水文模型，地形地貌分析，地表分类、利用、变化监测；

（4）军事应用：辅助指挥系统、战场三维可视化场景、导弹制导、制作作战地图等。

作为国家基础地理信息数据的重要组成部分，数字高程模型在国民经济建设、国防建设中发挥着举足轻重的作用，其质量的优劣对各项建设影响重大，意义非凡。本章重点介绍 DEM 的生产工艺流程、质量控制内容及手段、自动化检查算法、质量检验系统设计与开发等。

5.2 DEM 生产工艺

5.2.1 地形图获取方式

利用已有地形图上带高程信息的要素，辅以地形特征点线等，经过数学内插生成 DEM。这是较常用的 DEM 生产方式之一，具体方法如下：

1. 高程要素提取

从数字地形图上提取带高程信息的矢量要素，包括等高线和地表高程点、静止面状水域、地貌特征点线等。对非数字地形图，采用以下方式获取带高程信息的矢量要素：

（1）DRG 矢量化：将数字栅格地图 DRG 定位至 DEM 采用的坐标系中，以其作参考底图，在数字化软件中，将带高程信息的所需要素采集为点、线、面，经过编辑和属性赋值获得所需矢量数据。

（2）地形图扫描矢量化：将纸质地形图扫描为栅格数据，利用地形图的图廓坐标和公里格网点进行纠正，按方法（1）获得所需矢量数据。

（3）地形图手扶数字化：传统的数字化方式。本方法与（1）（2）仅是数字化方法不同，利用手扶数字化仪在地形图上采集要素进行矢量化。

2. 数据编辑拼接

对矢量要素进行编辑，消除拓扑错误、属性错误、高程错误，并处理等高线、高程点、特征点线及静止水面等要素间相互矛盾。

根据计算机的处理能力，将相邻 8 幅或多于 8 幅的批量图幅矢量要素进行位置和属性接边，符合要求后进行数据拼接。

3. 生成 DEM

利用编辑后的数据生成 TIN，检查三角网与等高线间关系，对不合理的平三角形，需加特征点后重新生成 TIN。为保证图幅边缘 DEM 精度，生成 TIN 的范围应大于图幅范围。

在 TIN 的基础上，采用线性内插的方法，按规定格网间距生成 DEM。

4. DEM 裁切接边

按设计的图幅范围对 DEM 进行裁切。

与相邻图幅的数字高程模型接边。接边后，不应出现裂隙现象，重叠部分的格网点高程值应一致。

5.2.2 摄影测量方式

以航空或航天立体影像为基础，经外业像控点测量、内业空三加密后，构建立体模型，利用影像相关技术，经过数学内插生成 DEM。这是较常用的 DEM 生产方式之一，构建立体模型后在数字摄影测量系统中按以下方法作业：

1. 设置参数

在立体测图系统中设置 DEM 生产相关参数

2. 特征点线面采集

在立体模型上精确切准地面，采集地形特征点线三维坐标；对静止、流动水域等特殊区域内格网点高程合理赋值；对影像相关较差的区域，量测区域边界点及内部桩点高程，内插获取格网点高程；量测森林覆盖区域的范围和平均树高，生成像方 DEM 时自动减去树高使格网点为地面高程。

3. 生成像方 DEM

利用影像相关技术，系统自动生成像方 DEM，在立体模式下进行检查编辑、加测特征点线，使格网点高程与模型表面切准。

4. 生成物方 DEM

根据像方 DEM 和地形特征点线构 TIN，经线性内插生成规定格网间距的物方 DEM。

5. 物方 DEM 编辑

将物方 DEM 映射到立体模型上，检查二者高程符合情况，根据需要进行单点

（少量没切准地面的点）或面（对森林、居民地、水域等区域）编辑，保证格网点高程切准地面。

6. 模型接边

检查相邻单模型间同名格网点高程较差，对超过 2 倍高程中误差的格网点，应返回立体重测，直至符合要求。

7. DEM 图幅镶嵌、裁切和接边

将图幅范围内的单模型 DEM 进行镶嵌，镶嵌时，对 2 个及以上模型的同名格网点高程均取平均值。

按设计的图幅范围对 DEM 进行裁切。

与相邻图幅的数字高程模型接边。接边后，不应出现裂隙现象，重叠部分的格网点高程值应一致。

5.2.3 激光点云获取方式

机载激光雷达扫描获取的激光点云（Light Detection and Ranging，LiDAR）是包含地物及地表的离散、不规则分布三维坐标点数据集。将激光点云数据进行过滤分类，提取出地面及地形特征点，经过数学内插生成 DEM。这是目前较先进快速的 DEM 生产方式，具体方法如下：

1. 数据预处理和点云分类

按软件要求整理、定义点云数据；软件自动滤除点云中的噪声和异常点，初分出地面点和非地面点（如建筑物、植被、噪声等）；以人机交互方式对初分类点云数据检查、修改，进行精细编辑分类。

2. 坐标转换

利用坐标转换参数或施测控制点，将点云数据转换至成果所需的平面坐标系；利用符合精度要求的区域似大地水准面成果或施测 GPS 水准点进行高程拟合转换，将点云高程转换至所需的高程系统。

3. 地面点数据处理

对河流、湖泊等面积较大的无数据水体区域，采集水涯线参与构 TIN。当点云数据中无法获取水涯线高程时，可实地补测或利用已有资料采集。

对点云数据缺失的山体、陡坎或地物遮挡等隐蔽区域，插值后影响 DEM 精度时，应实地补测高程或内业立体采集特征点线。

注意从地面点云数据中区分出桥梁、高架路、立交桥等架空地面或水面上的人工地物点，不能参与数字高程模型构建。

4. 生成 DEM

利用点云中全部地面点和特征点线构 TIN，采用线性内插的方法，按规定格网间距生成 DEM。

5. DEM 拼接、裁切接边

将不同块 DEM 进行拼接，按设计的图幅范围进行裁切。

与相邻图幅的数字高程模型接边。接边后，不应出现裂隙现象，重叠部分的格网点高程值应一致。

5.2.4　地面实测

利用 GPS、全站仪等野外测量设备采集获取地面高程点三维坐标，这种方式主要用于小范围数据获取，可获得较高精度的高程数据，但工作量大、周期长、更新困难、费用高。这里不再细述。

5.3　DEM 质量控制

5.3.1　质量检查内容与方法

按照现行国家标准 GB/T 18316—2008 的规定，DEM 成果实行"两级检查、一级验收"，检查验收的内容包括任务书或合同协议、专业（测区）技术设计书、技术总结、检查报告等文档材料和 DEM 成果及其附属数据。本小节主要针对成果数据的特点，结合相关检验标准，以 ArcGIS 中检查 Esri Grid 格式 DEM 成果为例，探讨质量检查内容与方法。

1. 空间参考系

检查数据采用的平面坐标系统、高程基准、地图投影参数是否符合要求。

坐标系统和高程基准无法直接检查，可通过以下方式检查：利用高程检测点检查 DEM 高程精度，如果检查出高程较差大量超限，则坐标系统和高程基准可能存在问题；此时可检查生产过程所用资料，包括外业控制点、空三加密等成果采用的平面和高程坐标系是否正确，以分析 DEM 成果坐标系统的正确性。

可利用程序自动检查或人机交互方式检查各项地图投影参数（包括投影名称、椭球参数、比例因子、中央经线、坐标偏移等）设置是否正确，见图 5.8。

2. 位置精度

检查 DEM 高程中误差、套合差、接边误差。

高程中误差检查：利用野外实测、空三加密、立体模型采集、已有成果采集等方式获取高程精度检测点，与 DEM 上格网点高程比较，统计计算出 DEM 内插点高程中误差。

套合差检查：利用 DEM 反衍等高线与地形图、等高线数据等参考资料叠加比较，检查 DEM 高程粗差和异常。

DEM 高程异常或合理性检查：与地形图、DOM 等参考资料套合，核查静止水面

图 5.8　DEM 的投影参数文件

范围内 DEM 高程值是否合理、一致；流动水域内上下游间、不同地表要素间 DEM 高程变化是否合理、过渡自然。

接边误差：利用程序自动检查或人机交互检查相邻图幅同名格网点高程较差，核实是否符合设计要求。

3. 逻辑一致性

利用程序自动检查或人机交互方式检查成果数据组织、数据格式、文件命名、数据缺失、多余、数据是否可读取、DEM 高程值小数取位、空白区域格网取值等是否符合规范或者技术设计的要求。

4. 时间精度

核查用于生产 DEM 的基础资料获取时间是否符合项目的现势性要求，如地形图数字化生产方式中采用的地形图的现势性、摄影测量生产方式所用航空航天影像的采集时间、激光点云数据的采集时间等。

5. 栅格质量

利用程序自动检查或人机交互方式检查 DEM 的格网间距、起止点坐标（或图幅范围），如图 5.9 所示。

图 5.9　DEM 的栅格质量检查内容

6. 附件质量

检查元数据、图历簿、其他附属资料是否齐全，内容是否正确。

利用程序自动检查或人机交互方式检查元数据项数、项名称及各项内容填写是否

135

正确。

核查图历簿各项内容填写是否齐全、正确。

5.3.2　检查步骤和要点

上文中介绍了 DEM 的检查内容与常用的检查方法，可以看出，DEM 的质量检查从工作程序上可分为内业和外业两部分。外业主要是实地采集精度检测数据，如果已有高精度的检测数据，则外业可以省去。内业检查主要包括数据与标准、设计的符合性和精度统计。由于外业检查一般采用抽查的方式，内业可利用程序对全部成果的重要技术指标进行检查，所以内业检查是发现问题的重要手段。本节针对 DEM 特点提出检查要点。

1. 学习技术文件

通过技术设计书等文件学习，掌握各项技术指标和要求，了解成果生产方式及生产所用数据和资料。

注意技术总结描述的技术设计执行及更改情况、技术问题处理等，分析设计更改和问题处理是否正确、合理，以发现成果可能存在的质量问题。

2. 精度检测点采集

DEM 高程精度检测点应参考测绘行业标准 CH/T 1026—2012《数字高程模型质量检验技术规程》采集。可根据成果的生产方式、资料情况、软硬件条件，以满足测图精度为前提从四种检测点采集方法（野外实测法、空三加密法、摄影测量法、已有成果比对法）中选取最适宜的方式。

检测点应避免选择高程急剧变化处、乱掘地、桥梁、高架路等架空人工地物表面，标注说明冰雪覆盖或植被、建筑物密集地等地表隐蔽区域采集的检测点。

3. 程序自动检查

充分发挥程序自动检查的作用，对表 5.1 所列全部成果的可自动检查项进行概查，及时发现成果存在的普遍性和重大质量问题。

表 5.1　　　　　　　　　　　　DEM 的自动化检查项

质量元素	空间参考系	位置精度	逻辑一致性	栅格质量	附件质量
检查项	• 地图投影参数	• 接边精度 • 高程中误差计算	• 数据组织 • 数据格式 • 文件命名 • 数据读取 • 高程值小数取位 • Nodata 区域格网取值	• 格网尺寸 • 格网范围	• 元数据项正确性 • 元数据内容正确性

4. 人机交互检查

人机交互包括以下检查内容：

（1）确认程序检查的问题。对程序自动检查提出的疑似问题逐一排查，确认存在的问题。

（2）套合差检查。将 DEM 按参考地形图的等高距反衍等高线，并与地形图或影像等参考数据叠加，核查反衍等高线与地物、地貌关系是否合理。

（3）高程值检查。将 DEM 与地形图、影像图套合，核查静止水域、流动水域或森林、建筑物等范围内高程值是否正确合理。

5.3.3 典型质量问题及分析

本节针对 DEM 典型质量问题，分析出现问题的原因、可能造成的影响。

1. 数据组织及文件命名错

DEM 数据组织（含多余或少文件）、文件命名错误对于成果数据的建库影响较大，数据入不了库或导致库内数据难以拼接、编辑等。

2. DEM 投影或投影参数错

该问题的出现，可能导致成果位置坐标错误或相邻图幅不能拼接。

3. DEM 裁切范围错

该问题大多是因为未分清起止点坐标是格网中心点还是角点（图 5.10），导致 DEM 数据多或少 1 行和 1 列。

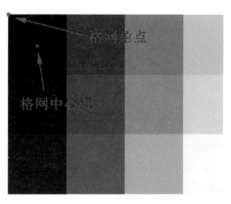

图 5.10 DEM 裁切示意图

4. 相邻 DEM 同名格网点高程不一致

导致该问题出现的主要原因为：

（1）未采用相邻图幅的等高线、特征点线等带高程信息的要素一起构 TIN；

（2）图幅间 DEM 未接边，同名格网点未取相邻图幅高程平均值。

5. DEM 反衍等高线与地物、地貌矛盾

（1）DEM 未处理人工建筑物、植被、水域等区域高程导致 DEM 高程与地貌严重不符（图 5.11 中等高线为 DEM 反衍）。

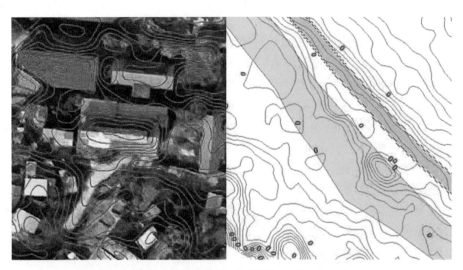

图 5.11　DEM 反衍等高线与地貌比较

（2）因特征点线高程值错，导致 DEM 粗差，反衍等高线与 DLG 比较差 1 个以上等高距（图 5.12 中绿色为 DEM 反衍等高线）。

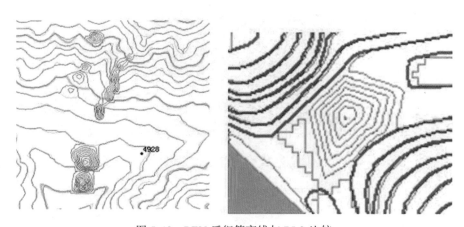

图 5.12　DEM 反衍等高线与 DLG 比较

（3）因特征点线采集不够，导致反衍等高线与 DLG 比较位置差 2 个及以上等高距（图 5.13 中蓝色为 DEM 反衍等高线）。

（4）因特征点线采集不够，导致反衍等高线与 DLG 比较大量位置差 1/2~1 个等高距（图 5.14 中绿色为 DEM 反衍等高线）。

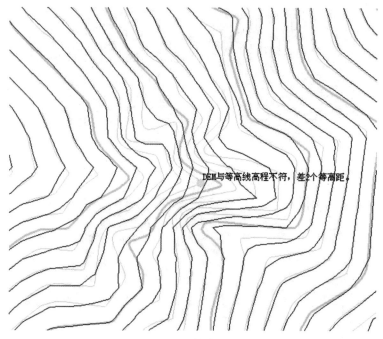

图 5.13　DEM 反衍等高线与 DLG 比较

图 5.14　DEM 反衍等高线与 DLG 比较

（5）因特征点线采集不够，山头（凹地）中最高（最低）一条等高线范围内，DEM 格网点高程均与等高线同高，形成图 5.15 中的平顶山头（或平底凹地）（图中绿色为 DEM 反衍等高线）。

6. DEM 高程异常或不合理

（1）河流中 DEM 高程不合理，下游高于上游（图 5.16 中颜色越深，高程越低）。

（2）图 5.17 DEM 灰度图表明，格网高程取值桥梁和立交桥表面，未处理至河流表面或地面。

（3）图 5.18 中因强制接边，导致图幅边缘 DEM 高程突变

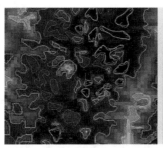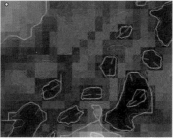

图 5.15 DEM 反衍等高线与地形比较

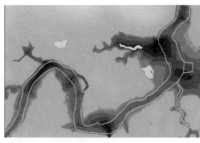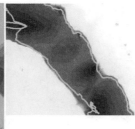

图 5.16 DEM 水域部分的高程值检查

图 5.17 DEM 高程值取值位置检查

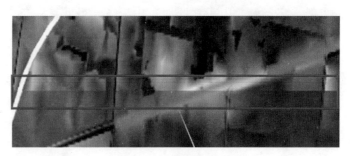

图 5.18 DEM 接边检查

5.4 系统设计及功能实现

5.4.1 系统开发平台

1. 开发环境（表 5.2）

表 5.2

平台技术	版本号	用 途 说 明
.NET	4.0	构建 C#/VB 语言编译运行环境
Visual Studio	2010	构建集成化 C#/VB 开发环境
ArcObjects SDK	10.1	提供地理信息数据处理基础函数
DevComponents. DotNetBar	10.9.0.4	提供系统界面控件
Access	2013	提供数据存储

2. 运行环境（表 5.3）

表 5.3

要求项	最低配置	建 议 配 置
Windows 系统	XP	W7 或以上
ROM 大小	2G	4G 或以上
内置存储空间	4G	8G 或以上

5.4.2 系统设计

DEM 成果质量检查与评价系统主要包括：任务接收与调度功能模块、数据读取功能模块、数据显示功能模块、方案管理功能模块、专题功能质量检查功能模块、质量结果管理功能模块等。如图 5.19 所示。

DEM 成果质量检查与评价系统核心任务是按照规范要求，对数字高程模型成果数据进行专题检查，包括坐标系统、高程基准、地图投影、高程中误差、套合差、数据接边检查（同名格网高程值）、格网参数、格网范围、数据组织存储、数据格式、数据文件（命名、完整性）、元数据等的自动化检查，以及多种方式的 DEM 显示、多种 DEM 数据格式转换等功能。DEM 成果的质量检查以自动化检查为主，辅以人工

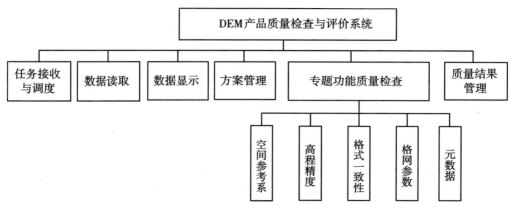

图 5.19　DEM 系统功能模块

的套合比对检查。

5.4.3　功能实现

1. 任务接收与调度

任务接收与调度功能是 DEM 成果质量检查与评价系统与外部系统衔接的重要功能模块，该模块实现如下功能：外部控制指令响应，数据读取，质检方案加载，算子库统筹调配，质量评价信息外部推送，质检状态、日志等外部推送。其流程设计如图 5.20 所示。

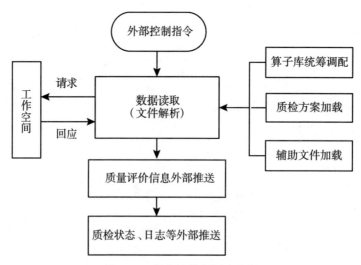

图 5.20　任务接收与调度流程

2. 数据读取

数据读取功能模块的功能是根据网络路径读取工作空间 DEM 标准格式数据（如 BIL、GRID、IMG 格式类型）以及其他辅助文件格式数据，将各种格式类型的数据文件进行解析，为专题自动质检功能提供数据接口，如图 5.21 所示。

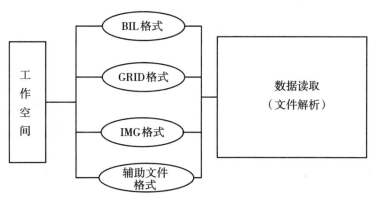

图 5.21　数据读取功能设计图

3. 数据显示

数据显示功能模块为用户提供人机交互检查的可视界面，实现不同数据格式类型 DEM 成果在图形控件下显示，支持 DEM 格网影像的放大、缩小、平移等地图基本浏览导航操作，支持根据格网高程值按不同颜色、灰度分级显示，支持单个格网信息查询，支持矢量数据的加载显示（如等高线），如图 5.22 所示。

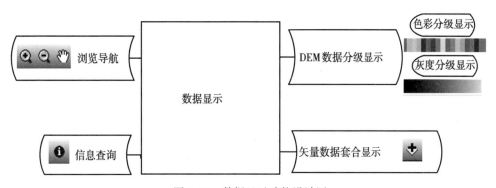

图 5.22　数据显示功能设计图

4. 方案管理

质检方案功能模块通过"检查对象+专题算子+检查参数＝检查规则"的模式制定特定成果的检查方案，为自动质检模块提供质检方案接口，用户根据检查对象的需要制定不同的方案。其质检方案结构，如图 5.23 所示。

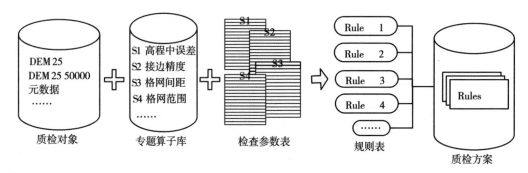

图 5.23 质检方案结构图

5. 专题功能质量检查

自动质检功能模块包含了专题算子库、质检方案响应、质检结果三个重要组成部分，主要功能是利用专题算子，自动执行质检方案的每一条质检规则，并将记录检查结果。

6. 质量检查结果管理

质检检查结果的管理实现检查结果的查看、定位、确认、编辑、导出、导入等基本管理功能，以检查结果数据库的方式存储检查结果信息，结果管理的实现方式如图5.24 所示。

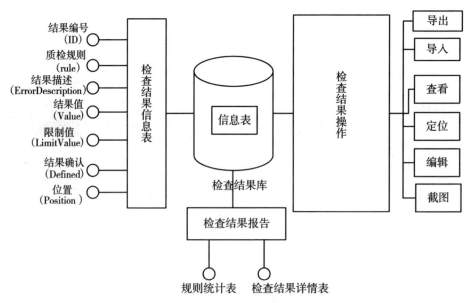

图 5.24 结果管理功能设计图

5.5 典型检查算子

5.5.1 检查指标

质量检查模块是整个系统的核心功能模块，而 DEM 专题算子库是支撑整个质量检查模块的基础，因此本节重点介绍 DEM 专题算子库设计及检查算子的实现。

根据现行国家相关规范的要求，结合上文所总结的 DEM 生产流程及成果质量控制需要，DEM 专题算子库的组成见表 5.4。

表 5.4 **DEM 质量检查功能**

检查项	专题算子名称	算子说明
空间参考系	坐标系统	检查坐标系统是否正确
	投影参数	检查投影参数是否正确
格式一致性	文件命名	检查命名和格式是否符合规定
	数据格式	
高程精度	高程中误差	计算高程中误差，对比高程中误差是否超限
	等高线套合差	检查反生产的等高线与已有矢量等高线套合情况
	接边精度	计算本幅格网影像与邻幅格网影像的接边精度
格网参数	格网高程值	检查每个格网的高程值是否完整有效
	格网间距	检查格网间距和格网范围是否正确
	格网范围	
元数据	元数据项的完整性与正确性	检查相关元数据的完整性与正确性
	元数据项内容的完整性与正确性	

5.5.2 检查算子

1. 高程中误差符合性检查

输入层：检测点三维坐标文件，DEM 格网影像，高程中误差限差。

输出层：点位中误差，是否超限。

实现方式：导入检测点三维坐标文件，根据平面坐标值确定 DEM 格网所在位置的高程值，计算同一位置检查点与 DEM 格网点的高程较差值，计算高程中误差，对比高程中误差是否超限。如图 5.25 所示。

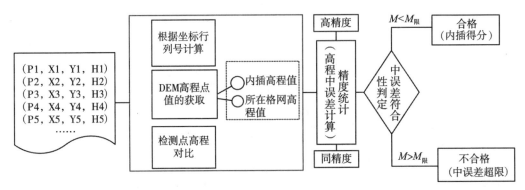

图 5.25　高程中误差符合性检查流程设计

2. 等高线套合差符合性检查

输入层：DEM 数据；矢量等高线，套合差限差，等高距。

输出层：套合差超限的位置，套合差超限的个数。

实现方式：利用规则格网 DEM 数据进行反生成等高线，通过人机交互目视检查的方式检查反生产的等高线与已有矢量等高线的套合情况。

3. DEM 接边精度检查

输入层：本幅 DEM 数据，邻幅 DEM 数据，接边精度限差。

输出层：同名格网高程不符值的大小及坐标，同名格网高程不符值的个数。

实现方式：根据本幅 DEM 及邻幅 DEM 数据的范围，确定同名格网的范围，获取同名格网的两个高程值，计算较差，判断较差是否满足接边精度限差的要求。

DEM 格网的范围用最上端坐标（TOP）、最下端坐标（BOTTOM）、最左端坐标（LEFT）、最右端坐标（TIGHT）四个参数描述。任意两幅 DEM 格网影像的重叠范围计算公式，如图 5.26 所示。

4. 格网高程完整性检查

输入层：DEM 数据。

输出层：DEM 格网总数，有效性规则、是否完整。

实现方式：根据 DEM 格网范围及格网大小计算格网理论行列数，分析 DEM 格网影像的行列数，对比格网高程的完整性，每个格网的高程值是否完整有效，完整有效性规则将在检查规则中明确。

5. 格网间距正确性检查

输入层：DEM 数据、格网间距标准值。

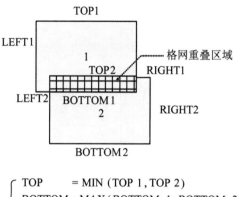

$$
\left\{
\begin{aligned}
\text{TOP} &= \text{MIN (TOP 1, TOP 2)} \\
\text{BOTTOM} &= \text{MAX (BOTTOM 1, BOTTOM 2)} \\
\text{LEFT} &= \text{MAX (LEFT 1, LEFT 2)} \\
\text{RIGHT} &= \text{MAX (RIGHT 1, RIGHT 2)}
\end{aligned}
\right.
$$

图 5.26　影像重叠范围计算

输出层：DEM 数据格网间距正确性。

实现方式：格网间距大小一般存在 DEM 文件头部的基本信息中，通过解析 DEM 数据文件，读取 DEM 格网间距信息，也可以通过计算获取格网间距的大小，然后与格网间距标准值对比分析判断。

格网间距的计算公式为

$$
\left\{
\begin{aligned}
D_x &= \frac{\text{TOP} - \text{BOTTOM}}{n_r} \\
D_y &= \frac{\text{RIGHT} - \text{LEFT}}{n_c}
\end{aligned}
\right.
$$

式中，D_x 代表列方向的格网间距，D_y 表示行方向的格网间距，N_r 表示行总数，N_c 表示列总数。

6. 格网范围正确性检查

输入层：国家标准分幅 DEM 数据（含标准图幅号）、外扩范围（可选）、国家标准坐标系统投影参数（可选）。

输出层：DEM 格网范围参数（TOP、BOTTOM、LEFT、RIGHT），是否正确。

实现方式：利用标准分幅图幅号计算图幅角点坐标经纬度，利用角点经纬度坐标计算投影坐标（可选），根据外扩范围计算理论 DEM 格网影像的范围（TOP、BOTTOM、LEFT、RIGHT）。解析 DEM 数据文件，读取 DEM 格网范围信息，没有标准分幅的读取 DEM 成果的 Range 文件的有效范围各角点像素坐标信息，与理论格网范围参数进行对比分析判断，如图 5.27 所示。

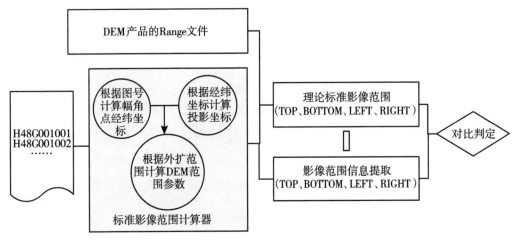

图 5.27 格网范围计算流程图

5.6 系统展示及应用

5.6.1 系统展示

1. 系统主界面

系统主界面如图 5.28 所示，从主界面中可以看到，系统主要分为六大部分，分别是菜单栏、数据视图、图像窗口、图层视图、规则视图、检查结果。

（1）菜单栏：系统的菜单栏包括工程（P）、工具（T）、检查（C）、状态（S）以及帮助（H）共六个子菜单。

（2）数据视图：系统的数据视图用于显示新建工程对话框里面加载的数据信息。

（3）图像窗口：在数据视图右键菜单，可以打开对应的数据，打开的数据显示在图像窗口。

（4）图层视图：数据视图打开的数据，其对应的图层信息将显示在图层视图里面。

（5）规则视图：系统的规则视图用于显示用户选择的检查方案。

（6）检查结果：自动检查得到的检查记录将显示在检查结果列表中。

2. 工程管理

工程管理菜单栏用于软件系统的工程文件管理，包括新建工程、打开工程、最近的工程、工程参数、退出系统五个按钮选项。

（1）新建工程：根据检验项目的要求，填写工程名称；检验信息、选择对应的检验模型、检验方案；数据信息（右键分配数据），配置完成的工程参数。

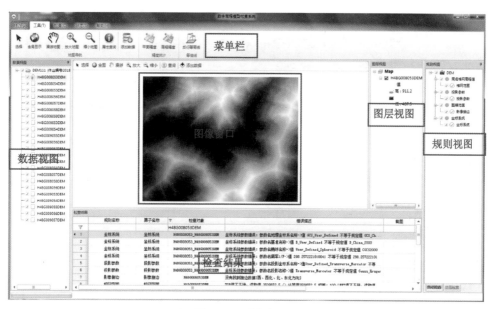

图 5.28 系统主界面

（2）打开工程：可选择路径下一个已有的 ".dem" 工程文件，也可在 "最近的工程" 中选择最近打开的 3 个工程文件。

（3）工程参数：在 "工程管理" 界面可对工程信息和检查信息进行重新设置。

3. 数据显示

在数据视图右键菜单选择 "打开数据"，相应的数据将显示在图像窗口，数据的图层信息将显示在图层视图。用户在图层视图可对图层进行操作，包括移除、缩放至图层等。

4. 检验模型

检验模型用于设计数字高程模型检查的内容，检验模型菜单栏主要包括 "模型管理""导入模型""导出模型" 等按钮，如图 5.29 所示。

图 5.29 模型工具

1）模型管理

在 "模型管理" 界面中显示了当前系统包括的检验模型，选中一个模型，将在右侧的 "模型属性" 中显示该检验模型的信息，并可对模型进行编辑、删除等操作。

进入"模型编辑"界面，可在"模型树"中添加或者删除质量元素、质量子元素、检查项等节点。"节点信息"框可以显示选中节点的信息，并可对信息进行修改。"错误提示"显示"节点信息"中错误输入的提示信息，需要可对照提示信息进行改正，如图 5.30 所示。

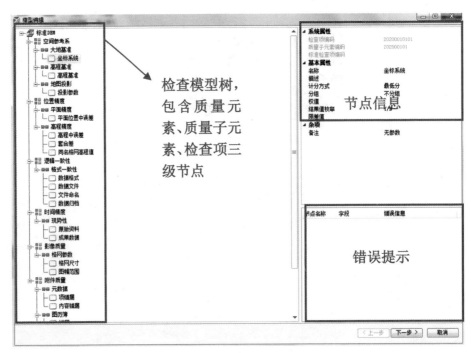

图 5.30　模型编辑界面

2）导出导入模型

导出模型可将系统中已有的质检模型导出到模型文件，用于分发共享；导入模型可将模型文件导入到质检系统，系统即可采用此模型进行检查。

5. 检验方案

检验方案主要是对检查算子赋予检验参数，检验方案菜单栏主要包括"方案管理""导入方案""导出方案"等按钮，如图 5.31 所示。

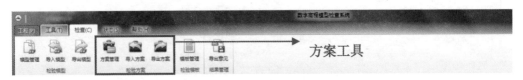

图 5.31　方案工具

1）方案管理

在"方案管理"界面中显示了当前系统包括的检验方案，选中一个方案，将在右侧的"方案属性"中显示该检验方案的信息，并可对方案进行编辑、删除等操作。

进入"方案编辑"界面，可查看检查模型某个检查项下挂接的算子信息，通过在参数设置框中可对算子的检验参数进行配置，即可将检查规则添加到检查方案中，如图 5.32 所示。

图 5.32 方案编辑界面

2）导出导入方案

导出方案可将系统中已有的质检方案导出到方案文件，用于分发共享；导入方案可将方案文件导入到质检系统，系统即可采用此方案进行检查。

6. 检验模板

检验模板主要是对检查过程中需要的模板文件（坐标系统模板）进行管理，检验模板包括的按钮只有"模板管理"，如图 5.33 所示。

图 5.33 模板管理

在"模板管理"界面显示当前系统包括的检验模板，选中一个模板，将在右侧的"模板属性"中显示该模板的信息，并可对模板进行编辑、删除等操作，同时也可添加新的模版。

7. 质量检查

用户在"新建工程"时选择的检验方案将显示在规则视图里面，数字正射影像检查系统自动检查的界面。规则视图里面包含检验方案的名称、检查规则分组的名称以及检查规则的名称。可打开编辑参数框，对参数进行编辑。

8. 检查结果管理

在检查规则执行完成后，系统会自动将检查记录保存到后台数据库中，并且以记录的形式在前台显示。用户可对检查记录进行删除、修改、查询等操作。对于有错误实体的检查记录，用户可双击检查记录在图像窗口显示定位实体，进行错误核实。对于已经核实的错误结果，可以导出为 WORD 文档、PGDB 文件、TXT 文本。

9. 辅助工具

1）精度统计

精度统计主要统计数字高程模型外业检测点高程值与成果数据中高程值之间的标准差，如图 5.34 所示。

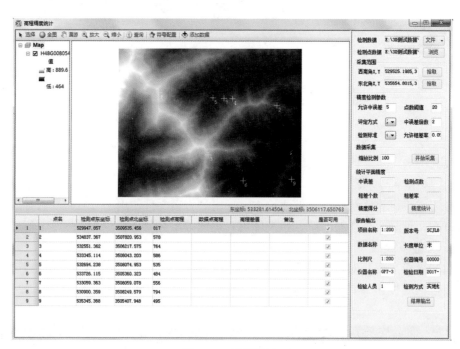

图 5.34　精度统计

2）等值线

等值线是制图对象某一数量指标值相等的各点连成的平滑曲线，由地图上标出的表示制图对象数量的各点，采用内插法找出各整数点绘制而成，选择"反衍等高线"设置相关参数即可生成等高线，如图 5.35 所示。

图 5.35　反衍等高线

10. 状态菜单栏

状态栏菜单用于系统的设置，包括视图的显示/隐藏、错误定位设置、算子注册管理、软件授权管理、运行日志管理等。视图的显示/隐藏功能可对图层视图、检查结果进行显示和隐藏设置。

5.6.2　应用实例

本应用示范以四川省绵阳市梓潼县一批（30 幅）四川省 1∶10000 基础地理信息数据产品数字高程模型数据为实例，介绍使用本质检系统进行 DEM 数据质检的整个流程。

第一步，创建工程，配置检查信息。输入工程名，选择 DEM 检查模型和检查方案，并分配本次实例的 DEM 数据，完成配置后，点击"确定"保存工程文件，同时进入检查系统进行检查。

第二步，程序自动化检查。检查项包括格网范围、格网间距、投影参数、数据接边、坐标系统、数据完整性等。检查结果需要在主界面进行人工核实，核实之后导出意见表。

第三步，精度统计。将外业采集的检查点导入到系统中，进行高程精度的统计。在统计界面加载 DEM 数据并导入外业采点，程序自动将采集的外业点显示在界面上。在"数据显示"界面分别拾取预采集图幅西南角和东北角的坐标，确定采集范围。然后"开始采集"，系统自动采集检测点并自动计算检测点与采集点之间的坐标差值。当采集完成后，即可进行精度统计。设置好"报告输出"中的各项参数，点击"结果输出"按钮，可生成标准格式的精度统计表。

本次检查共耗时 35 分钟，其中自动化检查的坐标系统、投影参数、格网范围、格网间距、数据接边、数据完整性等平均用时小于 1 分/幅，经人工核实，所有自动化检查项均无误报，相比传统的人机交互式检查，效率和可靠性均大幅提高。

第6章　数字正射影像质检系统

6.1　前　　言

航空航天影像可以直观、全面地反映现实世界，是获取地球表面各种地理信息数据的重要手段。数字正射影像图（DOM）是经过正射投影改正的影像数据集，不仅具有影像特征，还具有几何特性。它是我国基础测绘工作的底图，是地理信息的重要组成部分，是各领域宏观决策和规划管理不可缺少的支撑条件之一，在规划、国土、农业、林业、交通、生态、海岸、应急救灾等方面广泛应用。

为了满足国民经济建设和社会发展对地理信息资源的需求，影像的获取手段日益增多，处理方法多种多样，且朝着工程化、规模化、精密化方向发展，因此，确保DOM的质量，是一项重要内容。DOM的完整性、正确性和规范性是其能否提供可靠应用的前提，它所具有的地图几何精度和影像特征决定其是否有利用价值，是否能够满足特定需要的特性和特征的总和或提供应用服务的能力。随着DOM不断融入社会各方面应用中，对DOM的精确程度和服务能力提出了更高的要求，为了避免错误数据和不精确数据产生的可能性，对DOM数据的质量进行检验评价至关重要。

国内外学者在DOM的质量检查技术上进行了研究，并已取得一些理论成果。我国对DOM质量控制的研究始于20世纪80年代，近年来，各省市测绘部门对DOM的质量检查也进行了一些探索和研究，并开发了相关质检模块。为适应信息化测绘实时化、自动化要求，保证全面、高效、准确地检查DOM，本章重点从质量控制内容及手段、自动化检查算法、质量检验系统设计与开发等方面介绍DOM的质量控制，以作为新形势下DOM的质量检查的参考。

6.2　DOM生产工艺

DOM作为基础测绘产品，随着技术发展，其生产方式多样，但目前自动化程度、生产效率、精度较高，且技术成熟，使用较普遍的生产方式是全数字摄影测量，其基本工艺流程如图6.1所示。

（1）科技的发展使得获取影像的平台类型多样，常见的影像数据来源有数字航空影像、卫星遥感影像及合成孔径雷达影像等。

（2）为了从所获得的影像确定地物的位置、形状和大小及其相互关系等信息

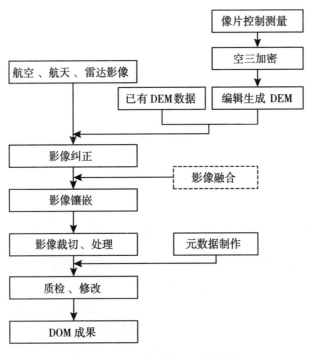

图 6.1 DOM 生产基本工艺流程

（张剑清，2010），需要通过像片控制测量、空三加密等手段建模，通过核线重采样和特征线、特征点采集获取 DEM 数据或使用已有 DEM 数据对原始影像纠正获取正射影像，使其有正确的平面位置。

（3）为了影像能更真实、更清晰，信息更丰富，再对其进行影像镶嵌、裁切、处理、接边等操作，保证影像分辨率正确、亮度和对比度适中，无重影、模糊或纹理断裂等，以满足使用需求。

（4）制作元数据文件，并对数字正射影像成果检查、修改，直至符合要求。

6.3　DOM 质量控制

6.3.1　质量检查内容与方法

早在《测绘产品检查验收规定》（CH1002—1995）中，就明确提出测绘地理信息产品质检实行"二级检查、一级验收"制度，这一制度沿用至今，对保证测绘地理信息产品质量起到了非常重要的作用。因此，在 DOM 质检中通过实行这一制度保障数据质量。

按照现行标准 GB/T18316—2008《数字测绘成果质量检查与验收》和 CH/T1027—2012《数字正射影像图质量检验技术规程》的规定，DOM 检查验收的对象除 DOM 成果及其附属数据外，还包括技术总结、检查报告及相应检查记录、各类型接合图表、生产所用仪器设备检定和检校资料等文档材料。本小节主要以检查 DOM 成果数据为例，结合相关检查验收标准，探讨其质量检查内容与方法。DOM 成果的检查一般包括以下内容：

1. 空间参考系

检查 DOM 的大地基准、高程基准和地图投影是否符合要求。

一般大地基准和高程基准可以通过 DOM 平面精度进行判定，如果检查出平面位置较差大量超限，则可能存在问题，此时调用生产过程所用资料进行核查分析。对于分幅 DOM，还可以通过图廓角点坐标与按照图幅号计算的图幅理论坐标值相比对进行判断。地图投影的检查方法一般是查看投影参数（包括投影名称、椭球参数、比例因子、中央经线、坐标偏移等）设置是否正确。

上述检查内容均可以设计相应的检查算法，采用程序自动化检查，具体在后文介绍。

2. 位置精度

检查 DOM 的平面位置中误差和接边误差是否在要求之内。

平面位置中误差一般是利用野外实测法、基于已有成果数据比对法和摄影测量等方法获取平面检测点坐标，将其与同名点坐标比较，经过分析剔除粗差后，统计出平面位置中误差。该项检查内容可设计相应的检查算法，采用人机交互的方式检查。接边误差则是利用重叠区域的同名点平面位置较差是否符合限差进行检查，可设计算法采用程序自动化检查。除以上数值比较外，还可利用高精度或同精度的矢量或栅格数据与 DOM 套合比较，检查平面位置的符合性。

3. 逻辑一致性

检查数据文件存储、组织的符合性，数据文件格式、文件命名的正确性，数据文件有无缺失、多余，数据是否可读。该项检查内容可设计算法采用程序自动化检查。

4. 时间精度

检查生产中使用的各种资料是否符合现势性要求，查看其是否在使用期限内，检查成果数据是否符合现势性要求，通过比对参考信息进行判断。一般采用人机交互的方式进行检查。

5. 影像质量

影像质量是衡量影像呈现效果的质量元素，是最终用户——人对 DOM 的最直观视觉感受，是评价 DOM 能否正常使用的重要评判标准之一。影像质量的主要检查内容包括分辨率、影像特性等。

1）分辨率

一般通过获取影像左上角坐标及行列数检查地面分辨率和扫描分辨率是否符合设计要求，也可通过查看相关参数的方式检查（图 6.2）。该项可以设计算法采用程序自动化检查。

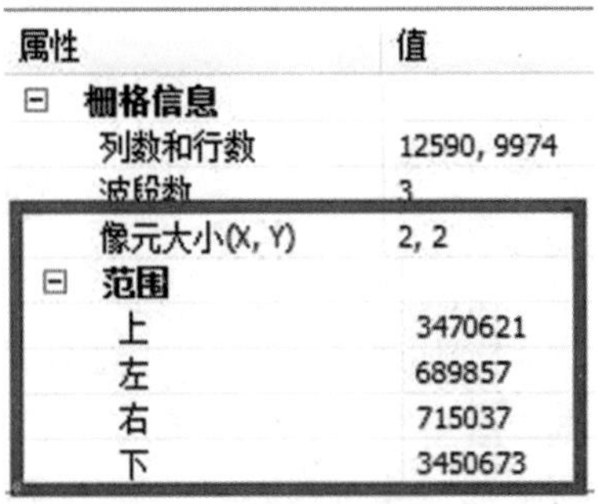

图 6.2　DOM 分辨率和图幅参数

2）图幅参数

检查图幅范围是否正确，通过 DOM 起点坐标及行数、列数与理论值对比进行检查，也可通过查看相关参数的方式检查（图 6.2）。该项可以设计算法采用程序自动化检查。

3）影像特性

在进行影像特性检查时，主要检查影像的色彩模式、色彩特征、影像噪声、信息丢失等。

色彩模式可设计算法利用程序自动检查或调用数据查看分析影像色彩模式、像素位是否符合要求（图 6.3）；色彩特征可通过对比模板影像，检查色调、色彩、亮度、反差等是否符合要求，人机交互检查影像是否色彩自然、层次丰富等；影像噪声可设计算法利用程序预判断云及云影、污点等，再人机交互核查；对于信息丢失，可设计算法利用程序自动检查影像的清晰度，再人机交互检查是否存在因亮度及反差过大导致的信息丢失，是否存在大面积噪声和条带，是否存在地物扭曲、变形、漏洞等现象，影像拼接处是否存在重影、模糊、错开或者纹理断裂现象，建筑物等实体的影像是否完整，等等。

6. 附件质量

检查元数据文件的名称、格式是否正确，元数据项数目、顺序及各项内容填写的正确性、完整性，可以设计相应的检查算法，采用程序自动化检查。同时，还需人工核查基本资料、参考资料、技术总结，检查报告的完整性、正确性和符合性。

6.3.2　检查步骤和要点

上文中介绍了 DOM 的检查内容与常用的检查方法，可以看出，DOM 的质量检查从工作程序上可分为内业和外业两部分。外业检查主要是采用抽查的方式，实地采集

图 6.3 DOM 的色彩模式

精度检测数据；内业检查主要包括成果数据与标准和设计的符合性以及精度统计。由于外业检查未能覆盖全部成果，而内业可利用程序对全部成果的重要技术指标进行检查，所以内业检查是发现问题的重要手段。本节针对 DOM 特点提出检查要点。

1. 掌握相关标准、技术文件

根据项目设计书或实施方案等文件，收集相关标准，掌握各项技术指标和要求，了解成果生产方式及生产所用数据和资料。

在提交的技术总结或工作总结中，重点关注技术设计执行及更改情况、技术问题处理等内容，分析设计更改和问题处理是否正确、合理，以发现成果可能存在的质量问题。

2. 外业抽样及采集要点

外业检查主要涉及平面位置精度检测点的采集。一般 DOM 精度检测点的采集应科学地统筹考虑地形地貌、技术手段、交通、接边、跨带等多个因素，尽可能考虑实地交通状况，尽量避开大型的江河湖泊及深山密林等无法进行外业检查的区域（钟生伟，2017）。同时，要保证仪器设备符合计量检定要求，保证精度指标不低于规范及设计对仪器设备精度指标的要求。

原则上，DOM 平面精度检测点应参考测绘行业标准《数字正射影像图质量检验技术规程》（CH/T 1027—2012）选取最适宜的方式采集。

3. 内业检查要点

DOM 成果正朝着程序自动化检查的方向发展，目前除人机交互检查外，也开发有配套的软件进行程序自动检查。

1）程序自动检查

对于有规则、确定性的项，利用程序自动检查，可以及时发现成果存在的普遍性和重大质量问题，提高检查工作效率。以表 6.1 中各项可对全部成果进行自动化检查。

表 6.1　　　　　　　　　　　　　　　　DOM 自动检查项

质量元素	空间参考系	位置精度	逻辑一致性	影像质量	附件质量
检查项	地图投影参数	接边精度 平面中误差计算	数据组织 数据格式 文件命名 数据读取	分辨率 图幅范围 像素取值 云雪烟覆盖	元数据项正确性 元数据内容正确性

2）人机交互检查

对于程序检查出的问题和数据自身不确定的项，利用人机交互检查。程序检查出的问题有些由于算法的局限性，需要进行确认排查，主要是云、雪、烟的覆盖及影像噪声等。由数据自身不确定性出现的问题，则需要人机交互查看对比。在跨带处，注意要处理为同一投影带后，再检查接边。

6.3.3　常见问题及分析

DOM 质量检查中，空间参考系、逻辑一致性和时间精度都是符合/不符合的判定，一项不符合，DOM 成果就不合格，因此，DOM 的常见问题主要出现在位置精度和影像质量上。影响位置精度的主要因素有采集控制点时存在误差，DEM 使用不合理和处理不恰当等。影响影像质量的主要因素有原始影像和作业质量。本节针对 DOM 常见影像质量问题，分析出现问题的原因及可能造成的影响。

1. DOM 上有斑点、划痕，无信息条带，空白等

该问题可能由于相机镜头受污染、有灰尘引起，轻微、细小的污染不影响地物的判读，但大面积且系统性的，则会导致影像信息丢失。空白信息处可能由于影像处理有问题导致信息丢失，如图 6.4 所示。

2. DOM 上有云、雾、污染等

拍摄时，天气情况是该问题的影响因素，导致遮盖地物和模糊，此类问题无法进行处理，若未压盖大面积重要地物区域则可使用，若严重影像地物判读，则需要符合要求的影像替换，如图 6.5 所示。

3. DOM 的颜色偏色

该问题的产生可能有两种原因：一种是拍摄机器的原因，如数码相机的感光器件退化导致的颜色偏色，这种可通过对比同一时期由其拍摄的原始影像进行判定；另一种是生产时图像处理不合理导致的颜色偏色。DOM 的颜色偏色会导致地物失真，影响视觉感官，如图 6.6 所示。

4. DOM 上影像反差偏大、阴影偏暗

影像反差偏大可能是由于光线反射导致水体、路面反光导致纹理损失，如图 6.7 所示。阴影偏暗与拍摄视角、图像处理有关，尤其在山体背面会导致纹理损失，如图 6.8 所示。

图 6.4　DOM 影像上存在空白

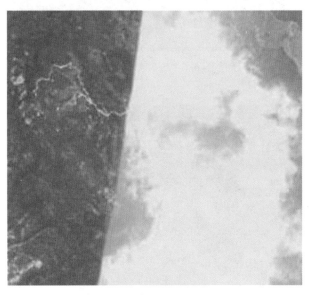

图 6.5　影像上存在大面积云

5. DOM 上地物拉花或扭曲变形

该问题可能由以下原因引起：因 DEM 的现势性差（主要为地貌变化较大的区域）或错误使用未剔除地物高的 DEM 造成重要地物有拉花或扭曲等现象；高出地面的地物要素，如高架公路、立交桥、电力线等，图像校正后出现扭曲现象；因原始影像侧视角大或山体陡峭造成的影像拉伸变形；因生产时图像处理不合理，也会引起该

图 6.6　DOM 影像偏色

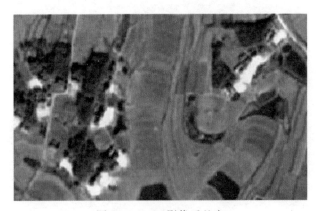

图 6.7　DOM 影像反差大

现象。地物的拉花或扭曲变形导致地物失真，植被处的拉花会导致纹理颗粒过粗，如图 6.9 所示。

6. DOM 上地物相互压盖、地物倾斜方向不一致

该问题多出现在由航空像片获取的 DOM 上，由于投影差过大而导致地物压盖、信息丢失；地物倾斜方向不一致，可能是采用拍摄方向不同的两个像片拼接导致，如

图 6.8　DOM 阴影处纹理损失

图 6.9　DOM 植被处拉花

图 6.10 所示。

7. DOM 接边处存在偏差

该问题的出现可能由以下原因引起：投影或投影参数有误导致相邻图幅无法拼接；左右核线影像采样方式不一致也可能导致同名点坐标不同；连续像对的绝对定向不一致会导致接边影像重影和错位等；使用不正确的 DEM 模型，生产的 DOM 接边

图 6.10　DOM 投影差大、地物倾斜方向不一致

也会出现偏差。如图 6.11 所示。

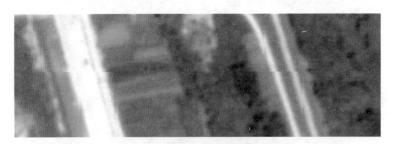

图 6.11　地物接边误差超出要求

6.4　质检系统设计

DOM 成果质检系统功能模块包括数据显示模块、任务接收与调度模块、质检方案管理模块、质量检查模块、检查结果管理模块等，如图 6.12 所示。

DOM 检查系统整体架构和功能模块设计与 DLG 质检系统、DEM 质检系统类似，本章主要介绍以下重要功能模块，其他模块可参见第 4 章、第 5 章。

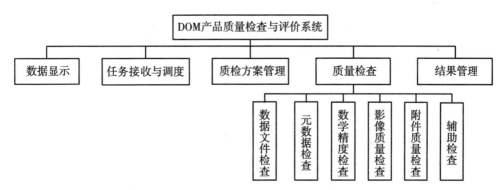

图 6.12　DOM 系统功能模块

6.4.1　质检方案管理

DOM 质检方案管理以质检评价方案为驱动，实现准确、高效的自动化检查，一个质检方案由若干个规则、附属配置信息组成，如图 6.13 所示。质量方案管理模块需提供：方案创建、删除，添加、移除规则，外部参数配置，默认方案设置，规则执行优先级管理。

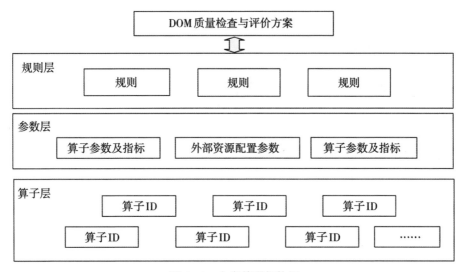

图 6.13　方案管理架构图

6.4.2　质量检查

质量检查模块包括自动化检查和交互检查两部分功能，自动化检查以专题检查算子为驱动，主要功能是利用专题算子，自动执行质检方案的每一条质检规则，并将记录检查结果。交互检查以人工检查为主，系统提供辅助检查功能（如卷帘）为辅，通过人工定位错误位置及描述错误问题，系统自动记录到数据库。

6.4.3　结果管理

质量结果管理实现质检结果的评价，并提供对错误信息错误截图处理、错误确认及错误编辑等功能。功能描述如下：

（1）错误显示功能：将质量检查结果中错误记录以列表形式显示，以地图显示的方式更为直观地表达。支持错误记录的自动定位、错误样式设置，以及质量检查结果的加载。主要功能有支持质检结果中错误记录的列表显示功能；具有错误记录的地图定位功能，自动加载错误信息相关图层并定位到错误相应区域，直观显示错误信息；具有错误记录显示样式的设置功能；支持错误记录的加载对比功能。

（2）错误记录维护功能：对质量检查错误记录进行维护管理。支持包括错误加载、错误管理、错误确认、错误保存等功能。实现质量检查错误的智能化管理。主要功能包括：具有错误记录管理功能，支持包括错误记录的增加、修改、删除操作；具有错误记录确认功能，经人工核查后，对质检结果中错误记录进行错误确认。

（3）错误截图功能：将地图上表达的错误信息进行截图，添加对错误信息更直观的描述。支持包括错误自动截图以及辅助人工截图功能。具有错误自动截图功能，系统自动根据错误相关信息进行错误特征图片的截取；具有辅助人工截图功能，按照需要进行错误信息人工截图。

6.5　典型检查算子

专题检查算子是整个质量检查模块的核心，根据国家相关规范标准的要求，同时结合实际检查需求，DOM 专题检查算子包含了 DOM 的所有质检项，其中主要检查算子详见表 6.1。

表 6.1　　　　　　　　　　　　　　　DOM 质量检查功能

检查项	检查算子	算子说明
空间参考系	坐标系统	检查坐标系统是否正确
	投影参数	检查投影参数是否正确
格式一致性	文件命名	检查命名和格式是否符合规定
	数据格式	

检查项	检查算子	算子说明
平面精度	平面位置中误差	检查平面位置中误差是否超限
	影像接边	检查本图与周围四个图幅的线段节点是否互相接边
格网参数	格网尺寸	计算格网理论行列数与影像行列数的误差
	格网范围	检查格网范围计算理论值与实际值的差异
分辨率检查	地面分辨率检查	DOM 格网间距信息与格网间距标准值对比分析判断
元数据	元数据项的完整性与正确性	检查相关元数据的完整性与正确性
	元数据项内容的完整性与正确性	

  根据 DOM 质量检查功能表设计相关检查算子，其中平面位置中误差为人机交互检查功能，其余为自动化检查算子。平面位置中误差功能以提供精度统计界面实现，导入外业采集点之后，通过选取匹配的控制点，利用几何误差公式计算并检查平面位置中误差是否超限。自动化检查算子中除影像接边和格网参数外，其他检查算子设计原理与 DLG、DEM 类似。因此，本章主要介绍影像接边和格网参数的设计原理。

6.5.1　影像接边

  整体设计思路为：首先，获取目标图幅周围相邻的图幅；然后，计算目标图幅与相邻图幅重叠的影像；遍历重叠影像中的像元，计算两两像元各个波段的差值，判断差值与限差值的大小关系；最后，统计两两像元差值大于限差值（即不接边的像元）的像元个数。设计流程图如图 6.14 所示。

  影像接边检查算子设计的具体步骤如下：

  第一步，获取目标影像的图幅名，并判断是否为标准分幅，如果是按标准分幅命名，则根据命名规则可以找到与目标图幅相邻的图幅，相邻的图幅即为待匹配图幅；如果不是标准分幅，则除目标图幅外的其他图幅都是待匹配图幅。

  第二步，逐一遍历待匹配图幅，判断其与目标图幅是否存在重叠关系，如果重叠，则说明待匹配图幅与目标图幅存在接边关系，并计算得到重叠部分的影像。

  第三步，以像元为单位，遍历重叠部分的影像。计算目标图幅像元与对应接边图幅像元中每个波段的差值，判断两像元之间的差值与限差值的大小关系。

  第四步，如果两像元之间的差值大于限差值，则说明图幅在此像元处不接边。统计不接边像元的个数，输出错误结果。

根据影像接边检查算法流程，与之对应的参数设计及说明如表 6.2 所示。

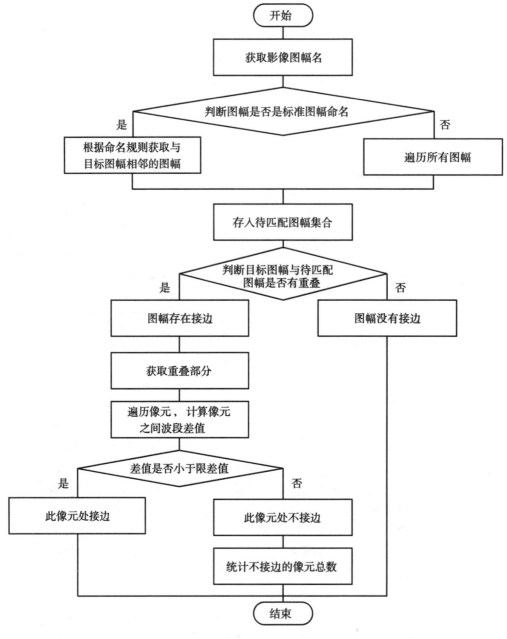

图 6.14　影像接边算法流程图

表 6.2 影像接边算子参数及说明

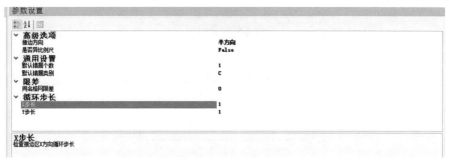

接边方向	半方向：适用整批图检查（4 个方向） 全方向：适用针对样本检查（8 个方向）
是否异比例尺	True：支持不同比例尺之间的接边检查 False：不支持不同比例尺之间的接边检查
同名格网限差	检查接边区同格网的差值限差，DOM 检查采用的是同位置格网的波段值进行判断，不是一般意义的同名格网位置一样，建议 DEM/DOM 都采用默认值 0
X 步长、Y 步长	步长就是指格网（1 个格网的大小就是分辨率）

6.5.2 格网参数

实现方式是利用标准分幅图幅号计算图幅角点坐标经纬度，利用角点经纬度坐标计算投影坐标（可选），根据外扩范围计算理论 DOM 格网影像的范围（top、bottom、left、right）。解析 DOM 数据文件，读取 DOM 格网范围信息，与理论格网参数进行对比分析判断。设计流程图如图 6.15 所示。

格网参数检查算子设计的具体步骤如下：

第一步，获取影像的标准图幅名，计算得到目标图幅的 4 个角点经纬度坐标；再根据投影参数信息将经纬度坐标转换为投影坐标。

第二步，根据外扩范围计算理论 DOM 格网影像的范围。模型计算公式原理是以矩形覆盖范围为单位提供数据，起始格网点坐标按下式计算得到（点位关系如图 6.16 所示）：

$$X_{起} = \mathrm{INT}((\mathrm{MAX}(X_1, X_2, X_3, X_4) + D)/d) \times d \tag{1}$$

$$Y_{起} = \mathrm{INT}((\mathrm{MAX}(Y_1, Y_2, Y_3, Y_4) - D)/d) \times d \tag{2}$$

$$X_{止} = \mathrm{INT}((\mathrm{MIN}(X_1, X_2, X_3, X_4) - D)/d) \times d \tag{3}$$

$$Y_{止} = \mathrm{INT}((\mathrm{MIN}(Y_1, Y_2, Y_3, Y_4) + D)/d) \times d \tag{4}$$

式中：X_1，Y_1，X_2，Y_2，X_3，Y_3，X_4，Y_4——内图廓点高斯坐标，单位为米（m）；

$X_{起}$，$Y_{起}$，$X_{止}$，$Y_{止}$——起止格网点高斯坐标，单位为米（m）；

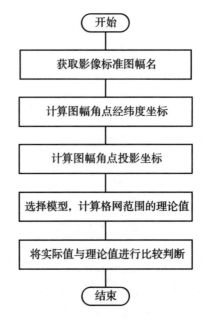

图 6.15 格网参数算法流程图

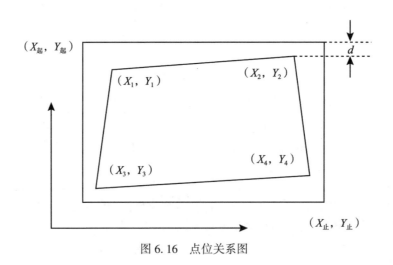

图 6.16 点位关系图

d——DOM 格网尺寸,单位为米(m);

D——DOM 外扩地面尺寸,单位为米(m),D=500;

INT——将数字向下舍入到最接近的整数;

MAX——返回参数列表中的最大值;

MIN——返回参数列表中的最小值。

第三步,通过解析影像数据文件,可以获取实际的格网范围信息,与上一步计算得到的理论格网范围参数进行对比,从而判断格网范围是否超出。

根据格网范围检查算法流程，与之对应的参数设计及说明如表6.3所示。

表 6.3 格网范围算子参数及说明

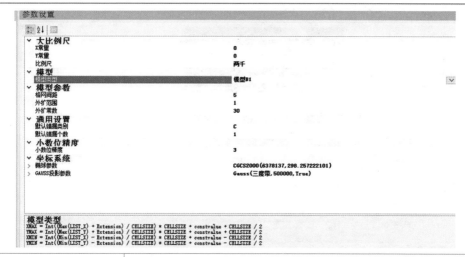

大比例尺（X 常量、Y 常量和比例尺）	中比例尺和小比例尺的数据可忽略不用设置
模型类型	根据计算起算点的方程式选择对应模型类型（算子是以格网中心点为起算点）
格网间距	设置图幅的分辨率，如果采用数据本身的分辨率设置为 0
外扩范围	设置模型中的 Extension 值
外扩常数	设置模型中的 Constvalue 值
小数位精度	设置坐标需要保留的小数位数
椭球参数	设置椭球参数信息，一般为 CGCS2000 不需要更改
GAUSS 投影参数	设置高斯参数信息，包括分带方式，假东值，是否含带号等

6.6 系统展示及应用

6.6.1 系统展示

从图 6.17 系统主界面中可以看到，系统主要分为六大部分，它们分别是菜单栏、数据视图、图像窗口、图层视图、规则视图、检查结果；由于本系统与 DLG 质检系统、DEM 质检系统在界面和操作方面类似，本章主要展示以下重要系统功能，其他功能的展示可参见第 4 章、第 5 章。

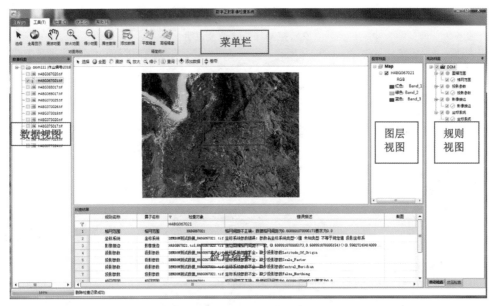

图 6.17　DOM 质检系统主界面

（1）菜单栏：系统的菜单栏包括工程（P）、工具（T）、检查（C）、状态（S）以及帮助（H）共六个子菜单。

（2）数据视图：系统的数据视图用于显示新建工程对话框里面加载的数据信息。

（3）图像窗口：在数据视图右键菜单可以打开对应的数据，打开的数据显示在图像窗口。

（4）图层视图：数据视图打开的数据，其对应的图层信息将显示在图层视图里面。

（5）规则视图：系统的规则视图用于显示用户选择的检查方案。

（6）检查结果：自动检查得到的检查记录将显示在检查结果列表中。

1. 检验模型

检验模型用于设计检查的内容，在"模型管理"界面中显示了当前系统包括的检验模型，选中一个模型将在右侧的"模型属性"中显示该检验模型的信息，并可对模型进行编辑、删除等操作。

进入"模型编辑"界面，可在"模型树"中添加或者删除质量元素、质量子元素、检查项等节点。"节点信息"框可以显示选中节点的信息，并可对信息进行修改。"错误提示"显示"节点信息"中错误输入的提示信息，需要可对照提示信息进行改正，如图 6.18 所示。

2. 检验方案

检验方案主要是对检查算子赋予检验参数，在方案管理界面中显示了当前系统包

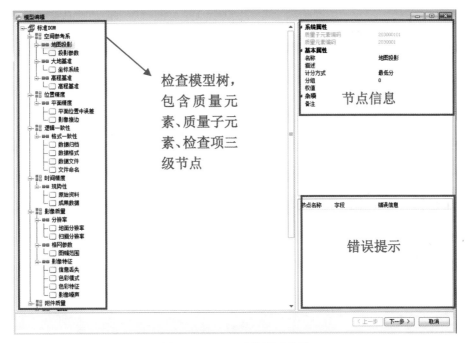

图 6.18　DOM 质检模型编辑

括的检验方案，选中一个方案后，将在右侧的"方案属性"中显示该检验方案的信息，并可对方案进行编辑、删除等操作。

进入方案编辑界面，可查看检查模型某个检查项下挂接的算子信息，通过在参数设置框中可对算子的检验参数进行配置，即可将检查规则添加到检查方案中，如图 6.19 所示。

3. 精度统计

DOM 精度统计主要为平面精度的统计，统计数字高程模型外业检测点坐标值与成果数据中坐标值之间的标准差，如图 6.20 所示。

6.6.2　应用实例

本应用示范以四川省乐山市马边彝族自治县一批四川省 1∶10000 数字正射影像数据为实例，介绍使用本质检系统进行 DOM 数据质检的整个流程。

第一步，创建工程，配置检查信息。输入工程名，选择 DOM 检查模型和检查方案，并分配本次实例的 DOM 数据，完成配置后，点击"确定"，保存工程文件，同时进入检查系统进行检查。

第二步，程序自动化检查。检查项包括格网范围、投影参数、影像接边、坐标系统等。检查结果需要在主界面进行人工核实，核实之后可导出意见表，如图 6.21 所示。

173

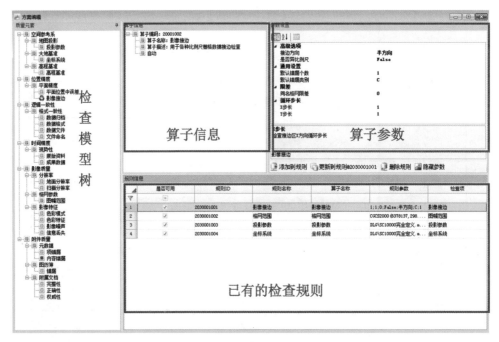

图 6.19　DOM 质检方案编辑

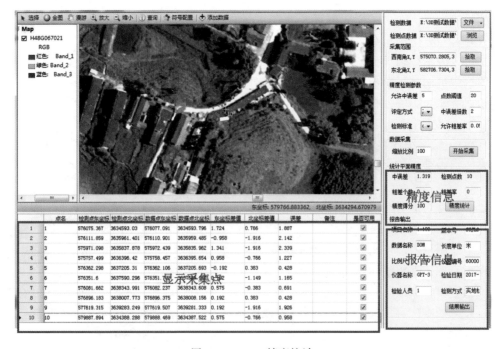

图 6.20　DOM 精度统计

图6.21 排查后的检查结果及导出的意见记录表

第三步，精度统计。将外业采集的检查点导入到系统中，进行平面精度和高程精度的统计。在"统计"界面加载DOM数据并导入外业采集点，程序自动将采集的外业点显示在界面上。

在"数据显示"界面分别拾取预采集图幅西南角和东北角的坐标，确定采集范围。然后"开始采集"，系统自动缩放到当前采集检测点，在视图区域内单击一点即可采集该点坐标，并自动计算检测点与采集点之间的坐标差值。完成一个检测点的采集后，自动跳转到下一检测点，单击"停止采集"，暂时停止采集。当采集完成后，即可进行精度统计。设置好"报告输出"中的各项参数，点击"结果输出"按钮，生成精度统计，见表6.4。

表6.4　　　　　　　　　　　　　精度统计表

SCJL801/00　　　　　　　　　　　　　　　　　　　　第1页　共1页

项目名称：1∶10000DOM检查							
比例尺：1∶10000				图幅号：H48G067021			
检测方式：实地检测				单位：米			
仪器名称、型号：GPT-3005N				仪器编号：60000025			
序号	坐标检测值		原成果坐标值		差值			备注
	X1	Y1	X2	Y2	dx	dy	ds	
1	576007.091	3634593.8	576075.367	3634593.03	1.724	0.766	1.887	
2	576110.901	3635959.49	576111.859	3635961.4	−0.958	−1.916	2.142	
3	575972.439	3635835.96	575971.098	3635837.88	1.341	−1.916	2.339	
4	575758.457	3636395.65	575757.499	3636396.42	0.958	−0.766	1.227	

续表

序号	坐标检测值		原成果坐标值		差值			备注
	X1	Y1	X2	Y2	dx	dy	ds	
5	576362.106	3637205.69	576362.298	3637205.31	-0.192	0.383	0.428	
6	576351.792	3637589.15	576351.6	3637590.3	0.192	-1.149	1.165	
7	576082.237	3638343.61	576081.662	3638343.99	0.575	-0.383	0.691	
8	576896.375	3638008.16	576896.183	3638007.77	0.192	0.383	0.428	
9	577619.507	3639281.33	577619.315	3639283.25	0.192	-1.916	1.926	
10	579888.469	3634387.52	579887.894	3634388.29	0.575	-0.766	0.958	

备注：高精度检测粗差率为 0.0%　　得分　　100 分　　0≤ds≤M0：10 个　　M0≤ds≤2M0：0 个
ds>2M0：0 个

检测点数量：10 个	粗差数量：0 个
标 准 差 M 0：±5m	中 误 差：±1.319m
检 查 者：1	日　　　期：2016-03-31

本应用实例选取了位于四川省乐山市马边彝族自治县的 12 幅 1∶10000 数字正射影像数据进行系统应用测试。自动化检查总耗时 54 分钟，平均检查每幅图 4 分多钟，自动化检查内容主要包括坐标系统、投影参数、格网范围、影像接边等，经核实，无错报或漏报问题的情况，精度统计等人机交互检查功能相对于传统的人工统计也大大缩短了检查时间，整体上大幅提高了效率和可靠性。

第7章 基础性地理国情监测检查与评价系统

7.1 前　　言

7.1.1 地理国情监测的背景与意义

地理国情主要是指地表自然和人文地理要素的空间分布、特征及其相互关系，是基本国情的重要组成部分，是制定和实施国家发展战略与规划，优化国土空间开发格局的重要依据；是推进自然生态系统和环境保护，合理配置各类资源，实现绿色发展的重要支撑；是做好防灾减灾和应急保障服务，开展相关领域调查、普查的重要数据基础。

地理国情普查是一项重大的国情国力调查，是全面获取地理国情信息的重要手段，是掌握地表自然、生态以及人类活动基本情况的基础性工作。通过地理国情普查，掌握地表自然、人文地理、经济活动的各项基本情况，并通过揭示资源、环境、人口、社会、经济等多种要素在地理空间上的相互影响相互制约的内在关系，为未来的发展规划提供有效的数据支持。2013—2015 年，我国开展了第一次全国地理国情普查工作，获取了全覆盖、无缝隙、高精度的海量地理国情数据，并向社会发布了普查成果。2016 年，我国开始地理国情监测工作，即在地理国情普查的基础上，对地形、水系、交通、地表覆盖等要素进行动态和定量化、空间化的监测，并统计分析其变化量、变化频率、分布特征、地域差异、变化趋势等，形成了反映各类资源、环境、生态、经济要素的空间分布及其变化发展变化规律的监测数据、地图图形和研究报告，为政府、企业和社会各方面提供了真实可靠和准确权威的地理国情信息。

普查和监测范围为中华人民共和国境内陆地国土（不含香港特别行政区、澳门特别行政区和台湾省），即我国 3 个省、自治区、直辖市所辖陆地范围。对象为范围内地表基本的自然和人文地理要素，包括地形地貌、植被覆盖、水域、荒漠与裸露地、交通网络、居民地与设施和地理单元等。其成果已在"多规合一"、城市规划实施监管、环境保护与治理、自然资源负债表编制等多个领域得到应用，在生态文明制度建设中发挥了不可或缺的作用。

地理国情监测是依法测绘的组成部分，2017 年 7 月 1 日起施行的《中华人民共和国测绘法》第二十六条要求"依法开展地理国情监测"，"各级人民政府应当采取有效措施，发挥地理国情监测成果在政府决策、经济社会发展和社会公众服务中的作用"。地理国情监测进入常态化阶段，地理国情监测数据的可靠性对于社会应用和政府决策起着举足轻重的作用，其质量关系到国计民生。

7.1.2　地理国情监测的类型

1. 按发展阶段分类

地理国情监测按发展阶段可分为两个阶段，即地理国情普查阶段和地理国情监测阶段。地理国情普查阶段是针对我国地理国情现状进行的调查，是通过各种数据采集、处理和分析等手段获取有效信息的基础性工作。2013—2015 年是普查阶段，获取的全国范围的地理国情数据是开展监测工作的基础数据。从 2016 年开始，进入地理国情监测阶段，综合利用全球卫星导航定位技术（GNSS）、航空航天遥感技术（RS）、地理信息系统技术（GIS）等现代测绘技术，综合各时期地理国情普查成果、测绘成果档案，对地形、水系、湿地、冰川、沙漠、地表形态、地表覆盖、道路、城镇等要素进行动态和定量化、空间化的监测，该阶段是常态化的。

2. 按监测的内容分类

地理国情监测按监测的内容可分为两类，即基础性地理国情监测和专题性地理国情监测。

基础性地理国情监测是采用与第一次全国地理国情普查相一致的内容体系，覆盖全国，面向通用目标、综合考虑多种需求而进行的常态化监测。以地理国情普查数据为基础，每年对我国陆地范围内地表覆盖和地理国情要素的变化情况进行更新。国家负责统一制定实施方案及相关技术规范，统筹获取并提供遥感影像，开展整体质量控制和监督抽查，完成全国监测数据库建设、统计分析以及报告编制等工作。该项工作实现了全国范围内各种自然和人文地理要素动态变化的经常性、规律性监测。该项工作于 2016 年开始，每年进行年度监测。

专题性地理国情监测是充分利用地理国情普查与基础性地理国情监测成果，结合存档基础地理信息成果和航空航天遥感影像数据，开展精细化、抽样化、快速化的专题性监测。针对政府和社会公众关注的重点、热点、难点问题，着力进行监测成果综合分析和深入挖掘，如全国地级以上城市及典型城市群空间格局变化监测、长江经济带国家投资基础设施建设监测等。该项工作从 2013 年开始试点，2016 年进入常态化。专题性地理国情监测需要充分利用基础性地理国情监测的成果进行专题分析及深度挖掘，进而发现变化规律、变化趋势。

7.1.3　地理国情与基础测绘的关系

地理国情监测不是基础测绘，它使测绘由原来简单的地理要素和空间查询为主，向智能化辅助决策型综合信息服务方向发展，两者有着联系和区别。

基础测绘是支持地理国情监测活动的基础，地理国情监测是基础测绘的延伸和发展，有自身新的内涵。两者都是公益性测绘地理信息事业的重要组成部分且实施主体、经费来源相同，基础性地理国情监测与基础测绘在全面性（地域覆盖全面、基本要素全面）、标准性（技术标准化、成果标准化）、基础性（一图多用，且具有储备性质）、专业性（数据成果表现形式专业性较强）方面还存在相同点（雷德容，2015）。

地理国情监测与基础测绘比较模式发生了转变，由静态到动态，由数据服务到信息服务，针对性更强，服务领域更宽。基础测绘提供单一的、静态的自然地理数据获取、管理和利用，注重描述现状信息，提供直接数据服务。地理国情监测提供自然地理数据、社会经济数据和人文地理数据的综合分析利用和知识发现，注重描述动态变化信息，提供信息服务，是对基础地理数据的增值利用。两者比较，主要区别见表7.1。

表 7.1　　　　　　　　　　地理国情监测与基础测绘的区别

	基础测绘	地理国情监测
作用	是国民经济和社会发展的前期性、基础性工作	是了解国情、把握国势、制定国策的重要基础工作
知情权	成果属于国家秘密，老百姓不能直接获取和使用	成果进行发布，广大群众有知情权、监督权
任务来源	法律的规定	法律的规定及不断变化的现实需求
技术、成果标准	相对稳定	普查、基础性地理国情监测相对稳定，专题性地理国情监测灵活，各不相同
成果形式	相对单一，主要为国家（和地方）基础地理信息数据库	丰富，不仅有数据库及图集，更重要的是有监测报表、统计分析报告
内容与范围	相对固定	更加丰富、广泛，作用相对较多，数据更具有效性与实时性
成果组成单位	大多数以图幅	行政区域
服务对象	特定机构的专业人员使用	便捷的大众化应用
技术应用	3S 技术	测绘技术、地理信息处理技术、空间技术、通信技术、信息技术多学科融合发展
针对性	较弱	目的明确，成果的针对性强
持续性	根据要求	一般需要有规律的重复监测

7.2　成果内容与生产工艺

7.2.1　成果内容

基础性地理国情监测成果和普查成果两者内容体系大致相同，一般主要包含地表覆盖分类数据、地理国情要素数据、生产元数据、遥感影像解译样本数据等成果。由于时代的进步，需求也在逐年发生改变，基础性地理国情监测每年在内容上进行了修改与增加。由于普查阶段已结束，目前处于监测阶段，因此在此不再对普查内容进行讲述，仅对基础性地理国情监测的内容及质量控制进行重点分析。对于专题性地理国情监测，由于其用途不同，成果内容可能有一定差异。

1. 内容分类

基础性地理国情监测内容一般分为 10 个一级类，59 个二级类，143 个三级类，详见表 7.2。

表 7.2　　　　　　　　　　　　　　　基础性地理国情监测内容

一级类代码	一级类名称	二级类数量	三级类数量	采集内容（二级类）	
				地表覆盖分类	地理国情要素
0100	种植土地	9	13	水田、旱地、果园、茶园、桑园、橡胶园、苗圃、花圃、其他经济苗木	不采集
0300	林草覆盖	10	20	乔木林、灌木林、乔灌混合林、竹林、疏林、绿化林地、人工幼林、稀疏灌草丛、天然草地、人工草地	不采集
0500	房屋建筑（区）	5	10	房屋建筑区（多层及以上、低矮、废弃）、独立房屋建筑（多层及以上、低矮）	不采集
0600	铁路与道路	5	5	路面（铁路、公路、城市道路、乡村道路、匝道）	铁路、公路、城市道路、乡村道路、匝道
0700	构筑物	9	29	硬化地表、水工设施（堤坝）、城墙、温室、大棚、固化池、工业设施、沙障、其他构筑物	水工设施、交通设施采集，其他不采集

一级类代码	一级类名称	二级类数量	三级类数量	采集内容（二级类）	
				地表覆盖分类	地理国情要素
0800	人工堆掘地	4	14	露天采掘场、堆放物、建筑工地、其他人工堆掘地	除尾矿堆放物外，其余均不采集
0900	荒漠与裸露地	5	5	盐碱地表、泥土地表、沙质地表、砾石地表、岩石地表	不采集
1000	水域	5	8	河渠、湖泊、库塘、海面、冰川与常年积雪	河渠、湖泊、库塘、海面、冰川与常年积雪
1100	地理单元	4	36	不采集	行政区划与管理单元、社会经济区域单元、自然地理单元、城镇综合功能单元*
1200	地形	3	3	不采集	不采集
合计		59	143		

*：行政区划与管理单元包含9个三级类，分别为国家级、省级、地市州级、县级、乡镇行政区、特别行政区、行政村、城市中心城区、其他特殊行政管理区。

社会经济区域单元包含13个三级类，分别为主体功能区、开发区、保税区、国有农、林、牧场、自然、文化保护区、自然、文化遗产、风景名胜区、旅游区、森林公园、地质公园、行、蓄、滞洪区、水源保护区、生态保护红线区、永久基本农田保护区、城镇开发边界。

自然地理单元包含5个三级类，分别为流域、地形分区、地貌类型单元、湿地保护区、沼泽区。

城镇综合功能单元包含9个三级类，分别为居住小区、工矿企业、单位院落、休闲娱乐、景区、体育活动场所、名胜古迹、宗教场所、保障性住房建设区、收费停车场（库）。

每类要素有各自的采集要求，一般大于要求的面积或长度才采集，且要素一般要求采集到三级类。

基础性地理国情监测与普查对比，增加了匝道、立交桥、水源地保护区、生态保护红线区、永久基本农田保护区、城镇开发边界、保障性住房建设区、收费停车场（库）等。每年的监测内容与上一年相比也略有差异。

地理国情监测与基础测绘相较，最主要的是增加了地表和人文要素（社会经济区域单元、城镇综合功能单元等）。

2. 区域分类

监测中为突出重点，将全国分为四类区域，一类区包括各省会城市城区和国家级新区/开发区等监测重点区域；二类区为各县级、地级城镇及其周边区域；三类区为以农林牧业为主的乡村区域；四类区为保护区等禁止开发地区以及人烟稀少地区。

一、二类区采用优于 1 米分辨率的当年卫星遥感或航摄影像，三、四类区采用当年优于 2.5 米遥感影像，四类区域伸缩型变化和新生型变化的采集指标有不同的要求。

3. 成果描述

地表覆盖分类数据、地理国情要素数据、生产元数据采用 2000 国家大地坐标系，地理坐标，经纬度值采用"度"为单位。成果按数据集和图层方式组织，采用 File GeoDatabase 格式存储。地表覆盖分类数据、地理国情要素数据由不分区数据库文件（以省级任务区为单位）和分区数据库文件（以县级任务区为单位）组成，共 6 个数据集。

地表覆盖分类数据、地理国情要素数据命名采用四位字符：前三个字符是数据内容的缩写，第四个字符代表几何类型（P：点，L：线，A：面）。地理单元类型中的行政区划与管理单元、社会经济区域单元的各三级类，在四位字符数据层名的后面，缀上该类型对应的地理国情信息代码的第 4 位码，作为该类型对应的图层名称。监测数据包括本底数据和变化数据，本底数据各矢量数据层名称之前加上"V_"作为前缀，存储变化信息的数据层在本底数据层名前加前缀"U"，表示 update。监测数据的属性项与普查数据比较，增加了变化信息通用属性项。

以下对监测的四类成果分别进行描述。

1）地表覆盖分类数据

地表覆盖分类信息反映地表自然营造物和人工建造物的自然属性或状况，数据采用面表达（图 7.1）。地表覆盖分类数据包括本底数据和变化数据（增量数据、版本数据），存放在分区数据库文件的地表覆盖数据集 LcrDataset 中。本底数据图层名为 V_LCRA+年代，变化数据图层名为 UV_LCRA（图 7.1）。与普查数据比较，增加了 ChangeType（标识要素变化的类型）项记录变化信息。

图 7.1　地表覆盖分类数据形式及数据组织

2）地理国情要素数据

地理国情要素信息反映与社会经济生活密切相关、具有较为稳定的空间范围或边界、具有或可以明确标识、有独立监测和统计分析意义的重要地物及其属性，如城市、道路、设施和管理区域等人文要素实体，湖泊、河流、沼泽、沙漠等自然要素实体，以及高程带、平原、盆地等自然地理单元，数据采用点、线、面表达（图7.2）。

地理国情要素数据包括本底数据和变化数据（版本数据），分别存放在不分区数据库文件和分区数据库文件的交通网络数据集 TraDataset、水域网络数据集 HydDataset、构筑物要素数据集 StrDataset、地理单元数据集 UniDataset 中，城市地区存放在城镇综合功能单元数据集 CtyDataset 中，其中构筑物、地理单元、铁路要素在不分区数据库中，道路、水域要素在分区数据库中，本底数据是除 V_LCRA 外所有的图层，图层名为 V_LRDL+年代等，变化数据是除 UV_LCRA 外所有的图层（一般地区约40个图层，城市地区约51个图层），图层名为 UV_LRDL 等（图7.2）。与普查数据比较，增加了 ChangeType（标识要素变化的类型）及 ChangeAtt（更新字段说明）项记录变化信息。

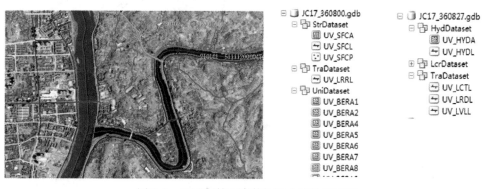

图 7.2 地理国情要素数据形式及数据组织

3）生产元数据

生产元是关于数据的数据，即数据的标识、覆盖范围、质量等信息，包括成果数据基本信息、数据源、数据采集、外业调绘核查、数据整理编辑、质量检查、成果验收、负责单位以及成果总体精度共9个方面的情况。生产元数据不做接边处理，范围与不分区数据范围保持一致，数据用线、面表达（图7.3）。少量元数据中存在扩展元数据层，扩展元数据层的属性项与扩展前保持一致。

元数据集 Metadata 划分为18类图层，命名采用7位字符，第1~3个字符为 V_M，表示元数据，M 为 Metadata 的首字母，第4~6个字符为元数据内容名称的缩写，第7个字符表示图层的几何类型（A 表示面，L 表示线层），见图7.3。

4）遥感影像解译样本数据

遥感影像解译样本数据是用于辅助遥感影像解译收集获取的地面实景照片和对照

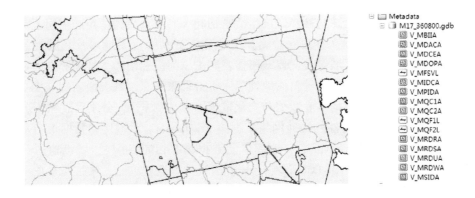

图 7.3　地理国情监测元数据形式数据组织

遥感影像等样本数据，包含地面照片、遥感影像实例数据、数据库文件。地面照片和遥感影像实例的图像数据采用文件方式保存，属性信息保存到数据库文件中。地面照片采用 JPG 格式（图 7.4）；遥感影像实例文件采用非压缩的 TIFF+TFW 格式，利用 XML 格式投影信息文件记录影像的投影信息（图 7.4）；数据库文件采用 MDB 格式，由记录地面照片属性及文件名的 PHOTO 数据表、记录遥感影像实例属性信息及文件名的 SMPIMG 数据表，以及反映地面照片和遥感影像实例对应关系的关系表 PHOTO_IMG 三个表格构成（图 7.4）。

图 7.4　地面照片、遥感影像实例、数据库文件

4. 关于属性项

地表覆盖分类数据与地理国情要素数据的属性项分为通用属性项和专有属性项两类。

1）通用属性项

此项是指在数据分层组织时，各层数据一般都包含的属性项，包括以下几种：

（1）地表覆盖分类数据：

①地理国情信息分类码（CC）；

②要素起始时间（ElemSTime）、要素终止时间（ElemETime）、分区代码（Area-Code）、要素唯一标识码（FEATID）：建库阶段赋值；

③ChangeType（标识图斑变化的类型）：标注变化信息，数字 1 表示伸缩，2 表示新生，9 表示纠错。

（2）地理国情要素数据：

①地理国情信息分类码（CC）；

②基础地理信息分类码（GB）；

③要素起始时间（ElemSTime）、要素终止时间（ElemETime）、分区代码（Area-Code）、要素唯一标识码（FEATID）：建库阶段赋值；

④ ChangeType（标识要素变化的类型）及 ChangeAtt（更新字段说明）：标注变化信息，ChangeType 值中 1、2、9 表示与地表相同，−1 表示未变化但进行打断处理，0 表示更新了属性，3 表示删除；ChangeAtt 值说明修改的属性项，列出被修改属性项的字段名称。

2）专有属性项

专有属性项是指每个数据层独立具有的、适宜本数据层要素特征的属性项。除通用属性项外，其余均为专有属性项，如公路的道路编号（RN）、车道数（LANE）、单双向（SDTF）、上下行方向（DRCT）、简称（NAMES）等。

属性项约束条件包括必选（M）、可选（O）和条件必选（C）三种类型。有值的填写，确定没有值的填写缺省值。

7.2.2　生产工艺流程

基础性地理国情监测采用内外业结合的方法开展，按照"内业为主、外业为辅"的原则。收集满足时相要求的高分辨率卫星影像，利用前期普查正射影像选取同名地物点或全国地理国情普查控制点影像数据库成果等作为纠正控制资料，开展整景数字正射影像生产。采用上一年度本底地表覆盖与地理国情要素数据与最新遥感影像叠加分析的方法，通过目视解译或辅助计算机人机交互的方式发现地物变化区域与变化要素，结合收集到的各类行业专题资料，对变化区域地表覆盖分类和地理国情要素数据（包括属性）进行内业判读与更新，对于影像无法确认变化情况的图斑和要素开展必要的外业调查与核查工作，包括对发生变化或正在发生变化的要素和地表图斑调绘与属性核准，充分利用已经收集的解译样本数据辅助内业解译，通过内业编辑与整理、质量检查以及数据库建设等步骤，形成本年度基础性地理国情监测数据库。

元数据与地理国情监测生产过程同步生产，采用空间数据挂接属性的方式记录，不同元数据图层按不同工序分别同步填写。

基础性地理国情监测生产总体上包括资料收集整合、正射影像制作、变化信息发现与提取、外业调查核查、内业编辑整理、汇交与整理等工序。具体技术路线如图 7.5 所示。

本章重点介绍基础性地理国情监测的内容、生产工艺流程、质量控制及方法、自动化检查算法、质量检验系统设计与开发等。专题性地理国情监测可以参照使用。

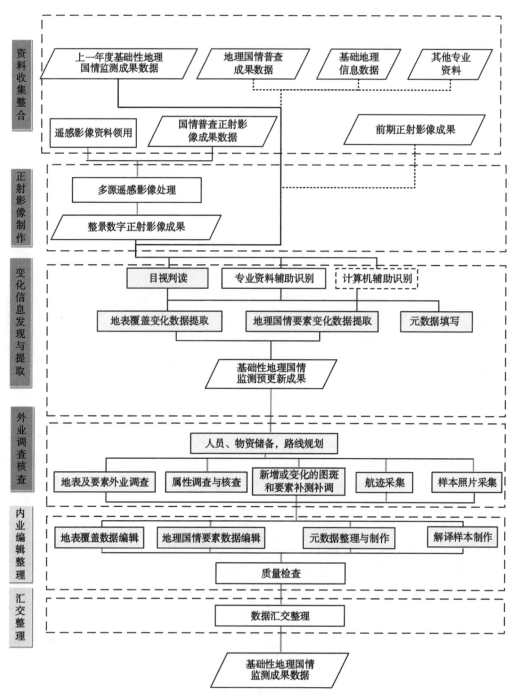

图 7.5　基础性地理国情监测总体技术路线

7.3 质量检验

7.3.1 质量检验内容与方法

监测成果实行"两级检查、一级验收"制度，提交检验的资料包括：

（1）数据资料，包括地表覆盖分类和地理国情要素数据、生产元数据、遥感影像解译样本数据、数字正射影像数据、外业核查数据。

（2）主要资料源，包括本底数据成果、基础资料和行业专题资料。

（3）文档资料，包括文档资料清单、测区专业技术设计书、检查报告、技术总结、技术问题处理等其他文档资料。

（4）其他辅助检查的资料，包括生产单元清单、任务分区和任务区界线数据等。

本小节主要针对成果数据的特点，结合相关检验标准，对地表覆盖分类数据、地理国情要素数据、生产元数据、遥感影像解译样本数据四类成果探讨质量检验内容与方法。

1. 地表覆盖分类数据

检验内容包括空间参考系、时间精度、逻辑一致性、采集精度、分类精度、属性精度、表征质量。

基础性地理国情监测地表覆盖分类数据包括本底数据、增量数据和版本数据，版本数据对以上七个质量元素均需要进行检查，本底数据仅对空间参考系、时间精度、逻辑一致性进行检查，增量数据对采集精度、分类精度、属性精度、表征质量进行检查，各质量元素检验内容及方法如下：

1）空间参考系

检查数据采用的坐标系统、高程基准、地图投影各参数、精度容差是否符合要求。

坐标系统可通过与 DOM 影像、本底数据或提供的任务区资料等套合间接检查，并可利用程序自动检查或人机交互方式检查各项地图投影参数（包括地理坐标系名称、大地基准名称等）、精度容差设置是否正确，是否采用地理坐标。

2）时间精度

核查监测成果数据、原始资料数据源是否符合时点要求，如使用的正射影像时相、分辨率是否符合设计要求，专题资料是否为监测期间内，本底数据是否为上一年度监测成果等。

3）逻辑一致性

利用程序自动检查或人机交互方式检查属性项定义（如名称、类型、长度等）、数据集（层）定义、文件格式、文件名称是否符合要求；数据文件是否缺失、数据无法读出；是否存在面缝隙、面重叠；是否存在属性相同的相邻图斑未合并现象。

4）采集精度

利用人机交互方式，将地表图斑套合正射影像，检查图斑采集精度是否超限；利用程序自动检查或人机交互方式检查县级测区间图斑几何位置接边是否超限。

5）分类精度

利用程序自动检查或人机交互方式，将地表图斑套合正射影像、外业核查数据、遥感影像解译样本数据检查图斑分类的正确性、变化区域是否遗漏、是否存在非本层代码、分类代码值是否接边等。错误面积利用人工勾绘并用矢量文件进行存储后，再利用程序分别统计一级类错误和二、三级类错误。

6）属性精度

利用程序自动检查或人机交互方式检查图斑属性值是否存在错漏或属性值不接边等。

7）表征质量

利用程序自动检查或人机交互方式检查要素是否存在几何图形异常错误，如小的不合理面、面边界不合理的硬折等。

2. 地理国情要素数据

检验内容包括空间参考系、时间精度、逻辑一致性、位置精度、属性精度、完整性、表征质量。地理国情要素数据包括本底数据和版本数据，版本数据对以上七个质量元素均需要进行检查，本底数据仅对空间参考系、时间精度、逻辑一致性进行检查，各质量元素检验内容及检验方法如下：

1）空间参考系

检查数据采用的坐标系统、高程基准、地图投影各参数、精度容差是否符合要求。

坐标系统可通过与 DOM 影像、本底数据或提供的任务区资料等套合间接检查，并可利用程序自动检查或人机交互方式检查各项地图投影参数（包括地理坐标系名称、大地基准名称等）、精度容差设置是否正确，是否采用地理坐标。

2）时间精度

核查监测成果数据、原始资料数据源是否符合时点要求，如使用的监测影像时相、分辨率是否符合设计要求，专题资料是否为监测期间内，本底数据是否为上一年度监测成果等。

3）逻辑一致性

利用程序自动检查或人机交互方式检查属性项定义（如名称、类型、长度等）、数据集（层）定义、文件格式、文件名称是否符合要求；数据文件是否缺失、数据无法读出；是否存在要素不重合、重复、未相接（如错误的悬挂点）、不连续（如错误的伪节点）、未闭合、打断（如相交应打断而未打断）等；特定要素与对应图斑（图层间）是否存在约束关系错误（如地表水面是否包含在国情要素水面中，国情中道路中心线是否在地表的路面中）等。

4）位置精度

利用人机交互方式，将地理国情要素套合正射影像，检查要素采集精度是否超限；利用程序自动检查或人机交互方式检查地理国情要素与地表覆盖分类数据套合是否存在明显不合理，县级测区间要素几何位置接边是否超限。

5）属性精度

利用程序自动检查或人机交互方式对照正射影像、外业核查数据、行业专题资料检查要素分类是否正确、属性值是否存在错漏，县级测区间要素属性值是否存在不接边等。

6）完整性

利用程序自动检查或人机交互方式对照正射影像、外业核查数据、行业专题资料检查要素是否存在多余、遗漏等，是否存在非本层要素。

7）表征质量

利用程序自动检查或人机交互方式检查要素几何类型点、线、面表达的正确性；是否存在几何图形异常（如极小的不合理面或极短的不合理线，折刺、回头线、粘连、自相交、抖动等）；要素取舍、图形概括是否合理；国情要素间相关关系是否正确；要素方向是否正确等。

3. 生产元数据

（1）空间参考系。检查数据采用的坐标系统、高程基准、地图投影各参数是否符合要求，是否采用地理坐标。

（2）逻辑一致性。利用程序自动检查或人机交互方式检查属性项定义（如名称、类型、长度等）、数据集（层）定义、文件格式、文件名称是否符合要求；数据文件是否缺失、数据无法读出；是否存在要素不重合、重复、相接（如错误的悬挂点）等。

（3）位置精度。利用程序自动检查或人机交互方式检查图形范围是否正确。

（4）属性精度。利用程序自动检查或人机交互方式检查属性值是否正确。

（5）完整性。利用程序自动检查或人机交互方式检查要素是否多余、遗漏；是否存在非本层要素。

4. 遥感影像解译样本数据

（1）样本典型性。利用人机交互方式检查样本数量、样本分布是否符合要求。

（2）数据及结构正确性。利用程序自动检查或人机交互方式检查文件命名、数据格式、数据组织的正确性；数据库、数据表及属性项定义正确性。

（3）地面照片。利用程序自动检查或人机交互方式对所属地表覆盖类型的代表性、拍摄姿态、距离及总像素数等影像质量情况是否符合要求进行检查。

（4）遥感影像实例。利用程序自动检查或人机交互方式检查数学基础、裁切范围的符合性及影像上的地物与地面照片的一致性。

7.3.2　检验步骤

上一节中介绍了基础性地理国情监测成果的检验内容与方法，检验以内业为主、外业为辅，外业检验可在生产过程中采用过程质量监督抽查的方式进行，内业检验采用生产过程中过程质量监督抽查与最终成果检验相结合的方式。内业检验主要包括数据与标准、设计的符合性，可利用程序对全部成果的重要技术指标进行检查。内业检查是发现问题的重要手段。本节针对监测成果特点提出检查步骤及要点。

1. 学习技术文件

通过技术设计书、经批准的技术问题处理等文件学习，掌握各项技术指标和要求，了解成果生产方式及生产所用数据和资料。注意技术总结描述的技术设计执行及更改情况、技术问题处理等，分析设计更改和问题处理是否正确、合理，以发现成果可能存在的质量问题。

2. 程序自动检查

充分发挥程序自动检查的作用，对表 7.3 ~ 表 7.5 所列全部成果的可自动检查项进行概查，及时发现成果存在的普遍性和重大质量问题。

表 7.3　　　　　　　　地表覆盖分类数据、地理国情要素数据自动检查项

空间参考系	逻辑一致性	采集精度/位置精度	分类精度	属性精度	完整性	表征质量
• 地图投影参数 • 精度容差	• 数据组织 • 数据格式 • 文件命名 • 数据读取 • 属性项、数据集(层)定义 • 面缝隙、面重叠 • 特定要素与对应图斑约束关系 • 属性值相同相邻要素合并 • 重合、重复、悬挂点、伪节点、打断等 • 复合要素 • 线段采集为弧段	• 几何位置接边 • 要素(区分变化和未变化)位置与本底数据的一致性*	• 非本层代码 • 分类代码与外业核查数据的一致性 • 分类代码值接边	• 非值域属性值 • 要素(区分变化和未变化)属性值与本底数据的一致性* • 相关属性值之间的一致性 • 属性值与外业核查数据、行业专题数据的一致性 • 变化要素部分属性值正确性* • 分区数据和不分区数据分类代码的一致性* • 属性值接边	• 与行业专题资料(矢量数据或文本)比较是否有遗漏	• 图形异常 • 要素关系 • 节点数

注：* 处为监测与普查相比有较多增加的检查项。

表 7.4 生产元数据自动检查项

质量元素	空间参考系	逻辑一致性
检查项	• 地图投影参数	• 数据组织 • 数据格式 • 文件命名 • 数据读取 • 属性项、数据集（层）定义 • 面缝隙、面重叠 • 属性值相同相邻要素合并 • 重合、重复、悬挂点等 • 复合要素

表 7.5 遥感影像解译样本数据自动检查项

质量元素	数据及结构正确性	地面照片	遥感影像实例
检查项	• 数据组织 • 数据格式 • 文件命名 • 数据读取 • 数据表属性项定义 • 非法代码 • 数据库记录与地面照片、遥感影像实例文件的一致性	• 总像素数	• 数学基础 • 裁切范围

3. 人机交互检查

人机交互包括以下检查内容：

（1）确认程序检查的问题。对程序自动检查提出的疑似问题逐一排查，确认存在的问题。

（2）与正射影像套合检查。将要素与正射影像套合，检查要素采集精度是否超限；是否存在更新错误或遗漏更新；地表图斑分类码是否正确；变化要素属性值的正确性。

（3）与外业核查数据及遥感解译样本数据的一致性检查。将成果数据与外业核查数据、遥感解译样本数据对照，检查要素分类代码、属性值的正确性。

（4）地理国情要素与行业专题资料的一致性检查。对照交通、民政、统计、发改委、教育、卫生、林业等部门提供的道路、行政区划、开发区、学校、医院、自然保护区等资料检查地理国情要素的正确性。

（5）对各层要素间相关关系进行检查。

①地理国情要素与地表覆盖分类数据相关关系检查，如地表水面未包含在国情要素面中，国情中道路中心线未在地表的路面中，国情中堤坝线未在地表堤坝面中，单位院落未包含在房屋建筑面中等。

②地理国情要素间的相关关系检查，如河流结构线未在河流面中，桥未跨越双线

河，立交桥点是否与道路重合等。

（6）生产元数据属性值的检查。如影像数据源、分辨率、参考资料名称属性值填写是否正确，各层之间填写的完成时间是否矛盾等。

（7）遥感影像解译样本检查。打开照片，检查照片主体是否明确，照片是否清晰、完整，照片与遥感影像实例的一致性等。

7.3.3　质量检查与控制要点

1. "符合/不符合"一票否决项的检查

坐标系统或投影参数、精度容差、属性项定义、数据格式、文件命名、面缝隙（地表）、面重叠（地表）、极重要要素（包括国界及其所有属性），以上若发现任一错误，则为严重错误，会直接导致成果不合格，一般利用程序进行自动检查。

2. 地表覆盖分类数据大图斑分类正确性检查

在对地表覆盖分类数据进行检验时常发现，由于生产人员的错误操作，更新时容易将大图斑合并到邻近的小图斑中，导致大图斑出现明显的分类代码错误，分类精度中一级类分类错误面积超过 0.1% 或二、三级类分类错误面积超过 0.4%，则成果质量为不合格。

检验时，建议此项做专项检查，一是对照正射影像检查一定面积以上的图斑是否进行了更新；二是将版本数据与本底数据进行叠加，将增量数据提取出来，按照面积进行排序，一定面积以上的图斑逐个对照正射影像检查，看更新是否合理，是否将未变化图斑错误进行了更新，后者较易出现质量问题。

3. 对地理国情要素中重要要素检查

重要要素包括县级及县级以上行政境界，县级及县级以上等级公路及其桥梁、隧道，干线铁路及其桥梁、隧道，五级及五级以上的河流及相通的湖泊、水库及其必填重要属性项，重要要素和一般要素分开进行质量评定，重要要素错误限差远低于一般要素，因此要求更为严格，是检查关注重点。

4. 地理国情要素与地表覆盖分类要素是否联动更新检查

检验中发现地理国情要素或地表覆盖分类要素进行更新后，相关层未联动更新，这是经常出现的质量问题，如地表水面增大，国情要素水面未更新，导致地表水面大于高水界范围；路面位置更新后，道路中心线位置未更新，导致道路中心线落入路面外。

5. 各类参考资料的使用原则是否符合设计要求

（1）正射影像：主要检查要素有无遗漏及位置的正确性。

（2）外业核查数据、遥感影像解译样本数据：检查经过外业核查的要素分类代码或属性值的正确性（外业核查数据建议在专业设计书中对图层名称及填写进行统一规范要求，这样可利用程序自动检查的方式进行）。

（3）基础地理信息数据（1∶5 万、1∶1 万数据，境界数据）：主要为地理国情要素采集参考使用。

（4）行业专题资料：主要包括民政、国土、环保、建设、交通、水利、农业、统计、林业等最新版专题数据资料，作为要素是否遗漏采集和属性更新的参考，专题资料中满足采集要求的要素才表示，并且还需要参考正射影像确定实体要素（如道路、水体等）是否存在，各行业资料的使用及检查方式见表7.6。

表7.6 行业专题资料的使用

行业部门	要素属性值检查项	检 查 方 式
交通局	公路的道路编号、简称、技术等级、铺设材料、车道数、路宽，桥梁、隧道、码头的名称，出入口名称、类型、道路编码	利用程序自动检查的方式，将成果与收集的矢量数据根据位置进行部分属性的比对及检查要素有无遗漏
铁路局	铁路线路编码、名称、起点、终点	
水利部	水体名称、编码	
民政部	县级以上行政区划名称、代码	将网上公布的资料下载制作成 MDB 文件，利用程序自动检查的方式检查有无遗漏及名称，以及代码的正确性
统计局	乡镇、行政村行政区划名称、代码	
发改委	主体功能区分类、等级、重点开发区域面积、限制开发区域面积、禁止开发区域面积	对于仅有文档的参考资料，可在 Excel 表中分门别类制作表格，利用程序自动检查的方式检查有无遗漏及名称、等级、面积等属性的正确性
国土资源厅	地质公园的名称	
林业厅	自然保护区、林场、森林公园的名称	
农业厅	国有农、林、牧场的名称	
旅游局	自然、文化遗产、风景名胜区、森林公园、地质公园、自然、文化保护区、湿地保护区、旅游区的名称、等级、面积	
教育厅	学校名称、类型	
卫生厅	医院的名称、等级、行业类型	
住建设厅	自然、文化遗产的名称、类型、等级、说明	
宗教活动场所	宗教场所的名称、宗教类型	
民航局	机场名称	
文物局	自然、文化遗产的名称、类型	
经信委	开发区、保税区的名称	

检验中，应遵循资料的现势性和来源的权威性两大原则，合理利用资料。若发现参考资料之间存在矛盾的情况，需要对不同参考资料择优使用。分析专业资料来源与国情普查、上一年度监测使用的专业资料来源是否一致，来源一致时，参照专业资料对本底数据进行更新；来源不一致时，一般仅针对实体发生变化的要素进行更新。

6. 各类成果自身或相互之间一致性检查

根据数据之间的逻辑、关系的分析，即数据之间的一致性检查，可以发现较多常见的质量问题。

（1）地表覆盖分类数据、地理国情要素数据、生产元数据、遥感影像解译样本数据成果边界与县界（或任务区界）空间位置的一致性：边界是否完全重合，遥感影像实例是否落在县界范围内。

（2）各种成果自身的一致性，主要包括：

①地表覆盖分类成果的一致性：

• CC 与 TAG 属性的一致性，如变化中图斑的 TAG 值最后一位是否填写为 4，外业轨迹到达处 TAG 值最后一位是否为 3。

• ChangeType 值与本底数据的一致性：将版本数据与本底数据位置进行对比，检查 ChangeType 值填写 1 或 2 是否合理。

②地理国情要素成果的一致性：

• 各层要素的 CC 与 GB、GB 与 TYPE 等属性的一致性；

• 水系结构线与高水界面要素的空间位置和属性的一致性；

• 道路属性的一致性，如道路宽度与车道数、道路全称与简称的一致性、同一条道路的名称是否相同；

• 公路与城市道路空间位置重叠部分属性是否相同；

• 中心城区范围内是否只有居住小区、工矿企业、单位院落的面层，不能出现这三类要素的点层；

• ChangeType 值与本底数据的一致性：将版本数据与本底数据位置、属性值进行对比，检查 ChangeType 值填写 1、2 或 0 是否合理；

• 与本底数据比较，要素的 ChangeAtt 是否填写错误或漏填写；

③生产元数据属性值的一致性：

• 影像数据源相关属性项的一致性，检查影像的数据源类型、分辨率、波段数是否一致；

• 生产、检查层开始日期与完成日期是否合理；

④遥感影像解译样本成果的一致性：

• PHOTO 表、SMPIMG 表属性一致性，如文件名中的数字与经纬度等是否相同；

• 三个数据表要素数量、文件名称的一致性；

• 数据表与相应文件夹下要素数量、文件名称的一致性；

• PHOTO 数据表中文件名称对应的 CC 码与名称相同的照片内容的一致性；

• 相同样点的照片与影像实例的一致性；

• SMPIMG 表中记录四个角点的经纬度坐标与遥感影像实例的四个角点位置的一致性。

（3）四种成果之间的一致性，主要包括：

①地理国情要素与地表覆盖分类成果的一致性：

- 地表覆盖分类数据中的水面与水体（面）层要素空间位置的一致性：检查地表 1001 面空间位置是否小于或等于高水界；
- 按中心线采集的单线水系（包括河流结构线）与地表覆盖分类数据中的 1001 或 1012 图斑空间位置和属性值的一致性：单线河和常年有水的渠的位置是否被包含在地表覆盖分类数据中 1001 面内；临时有水或无水的渠道（包括宽度小于 3 米的渠道）是否被包含在地表覆盖分类数据中 1012 面内；
- 国情中河流、湖泊、水库、坑塘面与地表覆盖分类数据对应图斑属性的一致性；
- 国情要素中道路、铁路、堤坝中心线及尾矿堆放物与地表覆盖分类数据对应图斑空间位置和属性的一致性。

②地理国情要素与生产元数据的一致性：

- 元数据中"主要影像数据类型"属性项填写的值与国情要素实际生产中所使用影像的一致性；
- 元数据中参考资料名称属性项填写的值与实际生产中所使用参考资料的一致性；

③地表覆盖数据与遥感影像解译样本数据的一致性：地表图斑 CC 码与 PHOTO 表中 CC 码是否相同。

7. 接边检查（包括位置和属性接边）

监测与基础测绘按图幅接边有很大区别，图幅接边是规则图形接边，而监测则是按行政区域（或任务区）接边，行政区域（或任务区）边界是不规则图形，实现程序自动检查困难，但在后面介绍的平台中，该软件领先地实现了该功能，且准确率高。由于接边问题人眼不易发现且花费时间长，建议使用程序自动检查。

8. 元数据中填写的使用影像的符合性

主要关注以下两种情况：

（1）影像时相是否满足要求，如一般要求监测影像为当年二季度影像。

（2）影像分辨率是否满足要求，四类地区监测影像分辨率的要求各不相同，如一类地区要求使用优于 1 米的监测影像。

7.3.4 常见质量问题

本节重点指出地表覆盖分类数据、地理国情要素数据、生产元数据、遥感影像解译样本四种数据可能出现的典型质量问题，以提高成果质量。

1. "符合/不符合"一票否决项错误

（1）数据未采用地理坐标、坐标系投影参数错、精度容差不符合规定值。图 7.6 中的坐标系投影名称与数据规定不符仅作为问题提出，不属于"不符合"项。

（2）属性项定义与技术设计不符，如名称、类型、长度、是否允许为空等。如字段缺失（图 7.7），属性项名称 SHRC 错为 SHRE，RNP 属性项字段长度 255 错为 254，CC 项"是否允许为空""NO"错为"YES"。

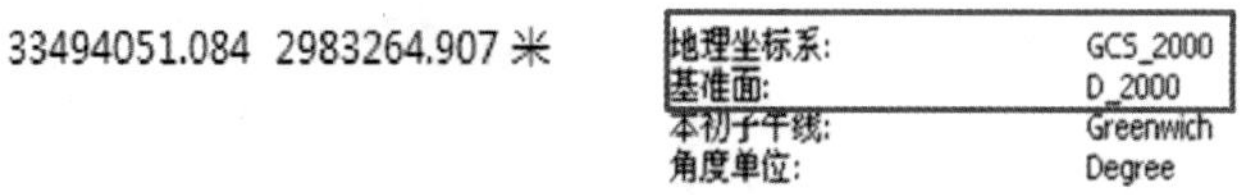

33494051.084 2983264.907 米
地理坐标系:
GCS_2000
基准面:
D_2000
本初子午线:
Greenwich
角度单位:
Degree

图 7.6

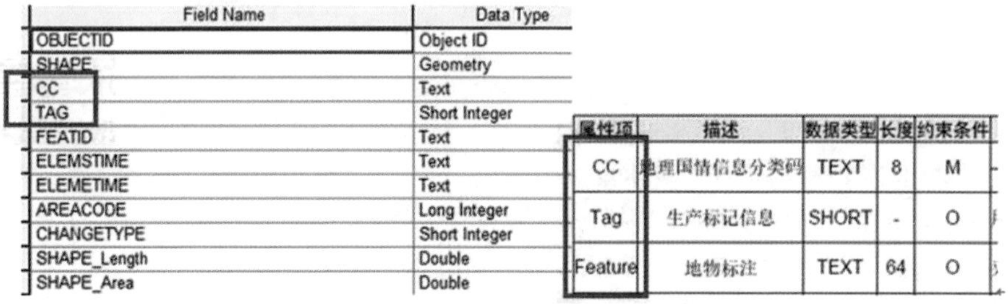

Field Name	Data Type
OBJECTID	Object ID
SHAPE	Geometry
CC	Text
TAG	Short Integer
FEATID	Text
ELEMSTIME	Text
ELEMETIME	Text
AREACODE	Long Integer
CHANGETYPE	Short Integer
SHAPE_Length	Double
SHAPE_Area	Double

属性项	描述	数据类型	长度	约束条件
CC	地理国情信息分类码	TEXT	8	M
Tag	生产标记信息	SHORT	-	O
Feature	地物标注	TEXT	64	O

图 7.7　UV_LCRA 层缺失字段 Feature

（3）数据集、数据层数与要求不符（缺少）、文件夹或文件命名错（图 7.8）、图层名错（如图层名称 UV_LCRA 错为 UV_LRCA）。

542326
LAZ
542326LZ. gdb
542328XTM. gdb

图 7.8　文件命名错（拉孜县字母码 LAZ 错为 LZ）

（4）地表图斑存在面缝隙或面重叠（图 7.9）。

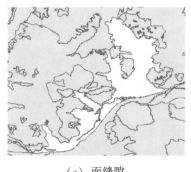

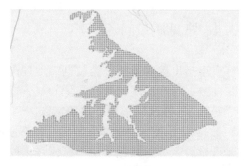

（a）面缝隙　　（b）面重叠

图 7.9　面缝隙及面重叠

2. 地表覆盖分类数据大图斑更新错误（图 7.10）

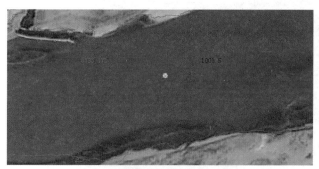

（a）水面错更新为低覆盖度草地

（b）针叶林错更新为岩石地表

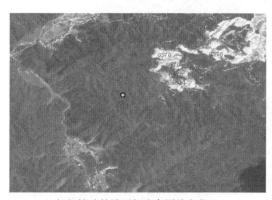

（c）针叶林错更新为高覆盖度草地

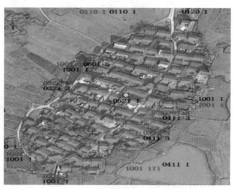

（d）高密度低矮房屋建筑区错更新为旱地

（e）砾石地表错更新为路面

（f）水田错更新为水面

图 7.10

3. 地理国情要素中重要要素的位置或属性不正确
如图 7.11 所示。

4. 地理国情要素与地表覆盖分类要素未联动更新
如图 7.12 所示。

图 7.11　影像上省道明显改道，漏更新

（a）新修堤坝，河道范围漏更新，
与堤坝关系不合理

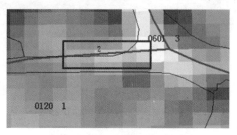

（b）新生道路中心线未在路面内

（c）RN为S301的省道更新为G355的国
道后，GB码等属性值未联动更新

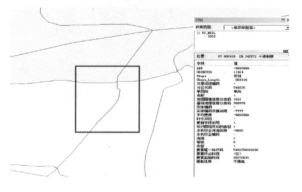

（d）水面范围缩小后，单线河流
GB值未联动更新

图 7.12

5. 要素与参考资料比对表示不正确

（1）与正射影像套合：位置超限（图 7.13）；要素分类代码（CC 码）更新错误（图 7.14）；遗漏更新，如房屋建筑等已建成遗漏更新或更新错误、房屋建筑已拆迁或消失遗漏更新、道路已修好遗漏更新、居住小区范围漏更新、水塘已消失或新增遗漏更新、道路附属设施遗漏更新（图 7.15）等；存在同谱异物或异谱同物现象（图 7.16）。

图 7.13　位置超限

图 7.14　要素分类代码（CC 码）更新错误

（2）对照外业核查数据、遥感影像解译样本数据：要素分类代码（CC 码）或属性值不正确（图 7.17）。

（3）对照基础地理信息数据：境界位置或属性不正确，重要要素遗漏等（图 7.18）。

（4）对照行业专题资料：行政村的名称与统计局数据不一致；道路编号、名称、技术等级或学校、医院的名称、等级等与专业资料不一致（图 7.19）。

图 7.15　遗漏更新或更新错误

图 7.16　要素分类代码（CC 码）更新错误

图 7.17 要素分类代码（CC 码）或属性值不正确

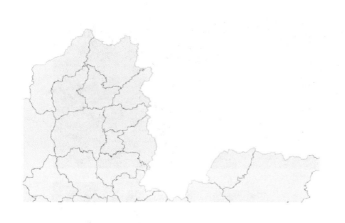

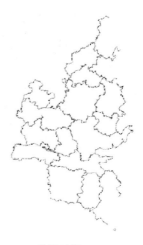

省界 GB 码 630201 错为国界 GB 码 620201   县界遗漏

图 7.18

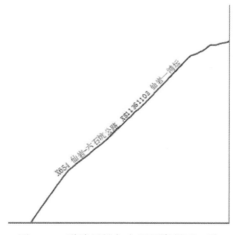

图 7.19 道路属性与交通厅资料不一致

6. 各类成果自身或相互之间空间位置或属性不一致

如图 7.20 所示。

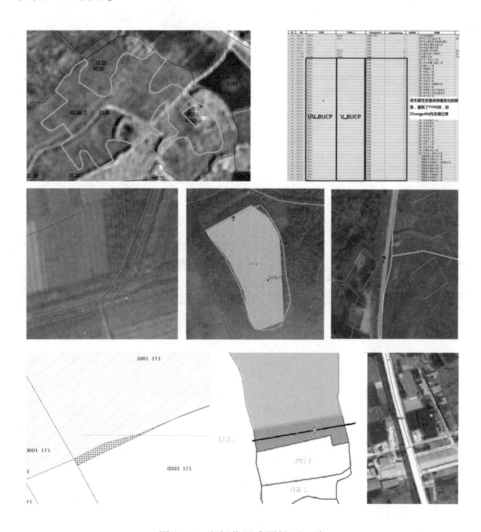

图 7.20　空间位置或属性不一致

7. 要素几何位置或属性值不接边（图 7.21）

8. 其他与基础地理信息数据相同常规质量问题

如线重叠、线打折、复合要素、道路或单线水系存在悬挂点或伪节点（图 7.22（a））、平交道路或单线水系相交处未打断（图 7.22（b））、单线河流穿越面状水系未采集河流结构线（图 7.22（c））、要素属性值不连通（图 7.22（d））、属性值相同的相邻要素未合并（图 7.22（e））、线段采集为弧段。

9. 生产元数据

（1）格式为 MDB 与设计要求 GDB 不一致；属性项定义错误。

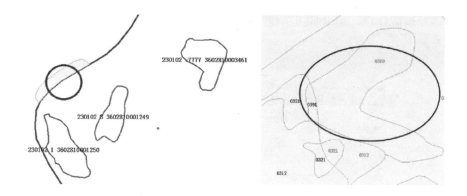

变化坑塘几何位置不接边　　　地表分类代码不接边

图 7.21

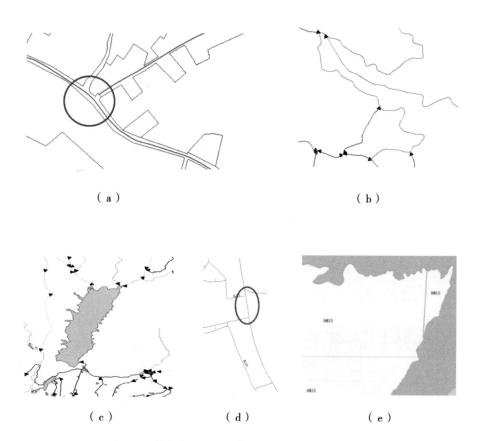

图 7.22　其他与基础地理信息数据相同常规质量问题

（2）属性值填写错误。如参考资料名称填写不一致；主要影像数据源类型、主要影像数据源标识、拍摄时间填写不正确（图 7.23）；空项填写不统一；属性值填写不规范。

主要影像数据源类型	主要影像数据源标识
GF2F	GF2233497620170430F
GF2F	GF2233497620170430F
GF1F	GF2233497620170430F
GF2F	GF2233497820170430F
GF1F	GF2233497820170430F
GF1F	GF2233522220170430F
GF1F	GF2233522320170430F
GF2F	GF2233522420170430F
GF1F	GF2233522420170430F
GF1F	GF2233522620170430F
GF2F	GF2235188220170510F
GF2F	GF2235188220170510F
GF2F	GF2235188220170510F

图 7.23　影像类型和标识矛盾

（3）属性值相同的相邻面未合并。

（4）不同层或同层之间时间矛盾，如二级检查开始日期为"2016-11-30"，而完成日期为"2016-11-01"。

10. 遥感影像解译样本数据

（1）数据库属性项定义、文件命名、数据格式、数据组织、数据表属性值填写错误。如 SMPIMG 错为 SMPIMAG，SMPIMG 目录缺 .XML 文件，数据库有多余数据表，数据表中影像类型、分辨率、样点分类代码值、样点地理环境描述、遥感影像坐标等属性值不正确（图 7.24）。

（a）影像分辨率填写错误　　（b）数据库中记录为针叶林，但从照片上看应是稀疏灌丛

图 7.24

（2）地面照片：缺失照片内容或照片不全（图7.25）；照片主体拍摄物不明确、地面实景照片不具有代表性（图7.26）、像片采集位置与遥感影像实例上标注位置不一致等。

图 7.25　照片不全

图 7.26　照片未能体现高密度低矮房屋建筑区特征

（3）遥感影像实例质量：

①数学基础不正确。裁切后的遥感影像实例的数学基础与遥感影像数据源的数学基础不一致。

②裁切范围与技术规定不符。

　　③制作错误，将拍摄点置于影像中心位置，而将照片拍摄的主体地物处于偏远位置或甚至未在影像内；解译样本点的照片位置不在影像实例范围内（图 7.27）；视野范围方向标绘错误，地面照片所拍摄的地物未在其视野范围内（图 7.28）。

　　④影像质量存在问题（图 7.29、图 7.30）。

　　⑤缺少投影信息文件或影像实例投影信息文件不正确。

　　⑥有遥感影像但无外业轨迹数据（图 7.31）。

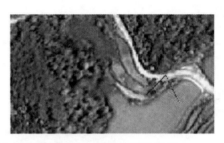

图 7.27　十字丝的位置与照片中记录的位置距离相差较远

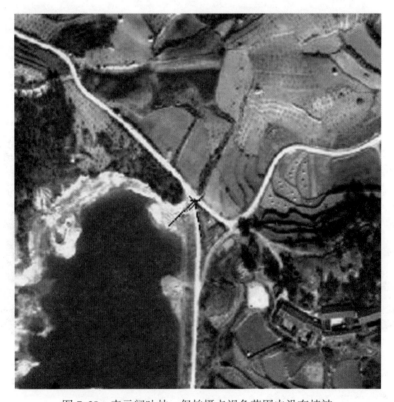

图 7.28　表示阔叶林，但拍摄点视角范围内没有植被

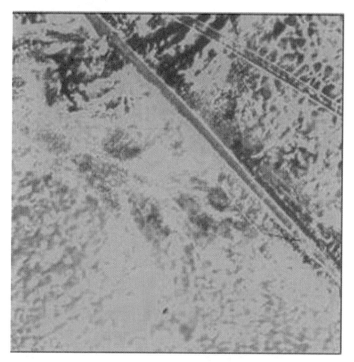

图 7.29 色彩异常，无法辨别地表类型

图 7.30 遥感影像实例影像不全

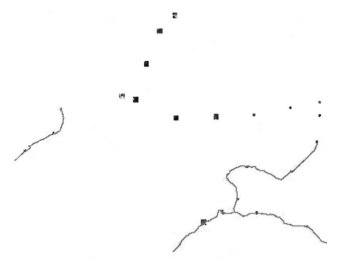

图 7.31　有遥感影像，但无外业轨迹数据

7.4　系统设计及实现

基础性地理国情监测成果质量检验系统需要满足国情要素数据、地表覆盖分类数据、生产元数据以及遥感解译样本数据四类成果质量检验工作的需求，而不同的成果数据类型在数据访问、检验算子需求、数据可视化等方面都要不同的要求。鉴于此，设计检验系统需要充分考虑系统的灵活性与可扩展性，尽可能地降低系统功能之间的耦合度，才能更好地适用于基础性地理国情监测成果数据的质量检验工作。

7.4.1　系统结构

分层是软件系统的一种重要的结构设计方式。在分层设计的系统结构中，层与层之间功能相互独立，并且利用统一的接口进行通信，具体的通信方式有两种：（1）低级别的层负责定义接口并基于此接口实现相应的系统功能，高级别的层通过此接口实现系统功能的调用；（2）低级别的层负责定义接口并作为此层相关功能的参数类型，高级别的层基于此接口定义对象，并将此对象作为参数在调用系统功能时传递给相应的功能模块。分层结构中，系统层之间以及系统层内的不同的功能模块之间相互独立，利用消息机制进行通信，具有极低的功能耦合度与极高的可扩展性，易于层及功能模块的扩展。

如图 7.32 所示，基础性地理国情监测成果质量检验系统结构可被设计成为由数据层、系统驱动层、系统管理层、系统应用层构成。数据层作为系统的最底层结构，为系统提供数据基础服务；系统驱动层构造在数据层之上，与数据层之间通过数据库驱动程序连接；系统管理层基于系统驱动层提供各种驱动功能模块构建，实现数据、算子、模型、方案等系统基本要素的管理；系统应用层构建在系统管理层之上，结合低层次的系统功能与在层内部实现针对不同数据类型的 UI 模块实现不同监测成果数据的质量检验。

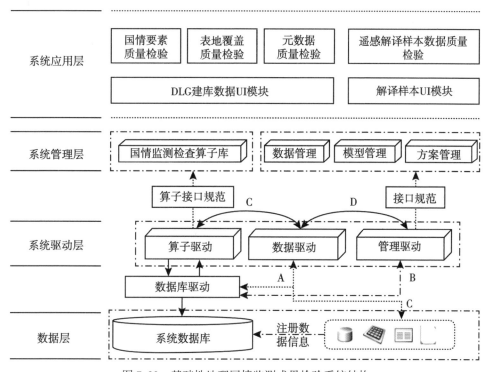

图 7.32　基础性地理国情监测成果检验系统结构

1. 数据层

数据层是系统运行的数据基础，由系统数据库与监测成果数据构成。系统数据库用于存储检验模型、检验方案、检验规则、检验算子注册信息、检验数据信息、检验工程信息、检查意见等涉及成果检验的所有信息记录。监测成果数据是检验的直接对象，存储在用户指定的物理介质上，其信息通过数据驱动注册到系统数据库中（图 7.32 中关系 A）。在执行检验时，检验算子通过调用数据驱动在系统数据中获取检验数据的物理路径，并在物理路径下读取数据实体进行检验（图 7.32 中关系 C）。

2. 系统驱动层

系统驱动层由数据驱动、算子驱动及管理驱动功能模块构成。数据驱动负责系统数据库与检验数据对象的访问。算子驱动辅助算子接口定义、算子注册及算子调用执行。管理驱动负责提供系统管理涉及对象、接口的定义与实现。

1）数据驱动

数据驱动包含系统数据库访问功能和地理信息数据访问功能。数据库访问功能主要作用是访问检验模型、检验方案、检验规则、检验算子注册信息、检查记录等信息。地理信息数据访问功能主要是提供针对基础性地理国情监测数据的访问接口，并提供统一的数据表达模型对监测数据进行性程序化表达，以达到消除数据物理差异、统一读写模式的目的。

考虑到利用系统进行质量检验会涉及多种类型的数据的访问，因此在数据驱动组件中有必要根据涉及的数据类型设计相应的数据引擎模块。如图 7.33 所示，在数据驱动模块中需要设计了 5 种数据引擎：

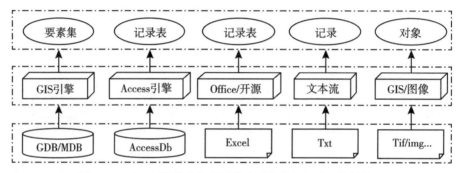

图 7.33　地理国情普查与监测检验系统数据驱动组件结构图

（1）GIS 数据引擎：用于地理空间数据的读写操作，地理空间数据经 GIS 数据引擎读取后以要素集的形式表达，同时要素集利用 GIS 数据引擎写出到地理空间数据库中。

（2）Access 数据引擎：用于访问成果检验涉及的 Access Database 格式的行业专题数据。

（3）Office/开源数据引擎（微软提供的 Office 访问组件或开源的 Office 访问组件）：用于访问成果检验涉及的 Office 文档，主要用于访问 Excel 文档或者结构化的 Word 文档。

（4）文本引擎：以文本流的方式访问 ASCII 文本数据，特别是结构化的文本数据。

（5）图像引擎：利用支持影像数据访问的 GIS 引擎、专用的影像访问引擎或者开源的图像引擎访问影像数据。

系统数据库可以为任何开源或者商业数据系统，针对不同的数据库系统应有相应的数据库引擎，在此不做详细阐释，可以参考数据库系统开发者提供的帮助文档。

2）算子驱动

算子驱动负责算子接口定义、算子注册及算子的调用执行。算子接口规定了检查算子必须提供属性信息及执行入口，使系统能够以面向接口的方式对算子实现一致性管理与调用。算子注册是算子驱动通过调用数据库驱动将算子信息写入数据库中的算子信息记录表，以便用户进行算子管理及调用。算子调用执行功能是算子驱动的一项核心功能，用户只有通过算子驱动才能调用指定的算子执行数据检查。

算子驱动定义的算子接口至少应该包括如下信息：

（1）算子名称：算子功能的核心信息描述；

（2）算子 ID：算子对象的唯一标识符，用户通过此标识符实现算子的调用；

（3）算子描述：算子功能的完整描述；

（4）参数说明：算子执行所需参数的含义及填写规范。

3）管理驱动

管理驱动是实现管理功能的基础功能支撑，负责为系统管理层提供基础管理功能，主要包括系统管理涉及的基本元素对象的定义，以及这些对象到数据库记录的转换接口定义与实现。基本对象元素定义是指对检验模型、检验方案、检验规则、检验数据信息、检验记录等系统管理所涉及的基本要素进行程序化定义，通俗地讲，即是在这个模块里需要定义类型来形式化地描述这些基本对象及它们之间的关系。同时，定义的类型应包含一些标准的函数，将这些对象转换为一条数据记录的形式并写入的数据库中，以便对象的复用及管理（如图 7.32 中关系 B）。

3. 系统管理层

系统管理层通过调用系统驱动层中的管理驱动模块实现对系统的一体化管理，主要是管理驻留在系统数据库中涉及系统运行的基本对象。具体地讲，系统管理层主要负责项目管理、算子管理、模型管理、方案管理、意见管理等信息管理功能，该层主要提供系统管理所必需的业务逻辑模块。主要对象的管理功能具体实现将在系统功能实现章节详细讨论。

4. 系统应用层

在系统应用层之下的所有系统层都不依赖于具体数据类型，属于基础性的功能层，而系统应用层是涉及数据加载、可视化、检验具体行为的功能层，需要充分考虑数据类型特征。

系统应用层需提供成果数据检查功能，包括自动检查功能及交互检查功能。自动检查功能的实现模式为用户以统一的方式触发检查功能，自动调用检查算子或交互添加检查意见，自动检查算子自适应检查数据，因此，检查功能可不依赖于具体数据类型实现。交互检查功能主要针对检查意见进行操作，也可不依赖于具体数据类型实现。

在可视化方面，考虑到基础性地理国情监测成果涉及国情要素、地表分类覆盖、元数据属于地理信息建库数据类型，而遥感解译样本主要涉及栅格数据类型。鉴于此，针对地理信息建库数据类型和栅格数据类型，需要设计不同的可视化界面及。

1）地理信息建库数据 UI 模块

基础性地理国情监测中的建库成果数据本质上是一种矢量数据，因此，在系统应用层中需要实现一种矢量数据的可视化界面，可以分层、分类型（点、线、面）实现数据的显示、浏览及矢量数据量测的基本功能。

2）遥感解译样本数据 UI 模块

遥感解译样本涉及样本数据库、地面照片以及样本影像数据，并且三者之间具有一致性与完整性的约束关系，因此，在应用层中需要实现三种数据的同步浏览功能及对比分析查看功能。

7.4.2　系统平台

鉴于基础性地理国情监测成果涉及的数据类型多且数据量大，软件系统的开发以及软件运行对计算机的硬件及软件环境都有一定的要求，在此提供一些软件开发与运行环境的参考指标。

1. 系统开发环境

系统开发环境见表 7.6。

表 7.6

平台技术	版本号	用途说明
. NET Framework	4.0	构建 C#/VB 语言编译运行环境
Visual Studio	2010	构建集成化 C#/VB 开发环境
ArcObjects SDK	10. 1	提供地理信息数据处理基础函数
DevComponents. DotNetBar	10. 9. 0. 4	提供系统界面控件
Access/Oracle	2007（Access）/11g（Oracle）	提供数据存储

2. 系统运行平台

硬件环境见表 7.7。

表 7.7

要求项	最低配置	建议配置
处理器	Intel-酷睿-i3 或同等性能处理器	Intel-酷睿-i7 或同等性能处理器
ROM 大小	2G	4G 或以上
内置存储空间	4G	8G 或以上

软件环境见表7.8。

表7.8

要求项	最低配置	建议配置
操作系统	Windows XP	Window 7 或以上
GIS 平台	ArcGIS10.1	ArcGIS10.1
系统平台	DotNet Framework 4.0	DotNet Framework 4.0
数据库平台	Access 2007（32 位）/Oracle 11g	Access 2007（32 位）/Oracle 11g

7.4.3 系统功能实现

1. 数据访问模块

基础性地理国情监测成果涉及多种不同类型和数据格式的检验数据，包含国情要素数据、地表覆盖数据、解译样本数据、国情元数据、外业调绘数据及行业专题资料数据等，并且每个类型的数据都涉及多种数据格式（表7.9）。明确数据类型及数据格式，是实现数据访问功能的基础，也是实现成果质量检验功能的第一步工作。

表7.9　　　　　基础性地理国情监测成果检验相关数据的类型与格式

数据类别	数据类型	数据格式
国情要素数据	地理空间数据库	File GeoDatabase
地表覆盖数据	地理空间数据库	FileGeoDatabase
解译样本数据	Access 数据库、影像数据、文本	mdb，tif，jpg，tfw，xml
元数据	地理空间数据库	File（Personal）GeoDatabase
调绘数据	地理空间数据库	File（Personal）GeoDatabase
专题资料数据	文本数据、Excel 表格、Access 数据库、word 文档、Pdf 文档等	txt，xls，xlsx，mdb，doc，docx，pdf

从上表可以看出，基础性地理国情监测成果主要涉及地理空间数据库数据、影像数据、文本数据、Excel 数据、文本数据等。基于系统基础设施的设计，每一种格式的成果数据都可以直接调用基础设施中的 IO 功能进行数据读取，但是为了实现对成果数据的一致性访问，需要实现设计一种数据结构对一个检验数据单元所涉及的所有数据进行封装（表7.10），封装后的数据对象即是实现检验功能的具体操作对象。

表 7.10　　　　　　　基础性地理国情监测成果质量检验数据对象结构定义

NCCheckData

{

　　　NCFDataPath;　　　　　　　　　/ * 国情要素数据路径 * /

　　　LCADataPath;　　　　　　　　　/ * 地表覆盖数据路径 * /

　　　MetaDataPath;　　　　　　　　　/ * 元数据路径 * /

　　　JYYBDataPath;　　　　　　　　　/ * 解译样本数据路径 * /

　　　SurveyData;　　　　　　　　　　/ * 调绘数据（文件路径或者目录）* /

　　　SpecialData;　　　　　　　　　　/ * 行业专题数据（文件路径或者目录）* /

　　　GlobalNCFDataPath;　　　　　　/ * 不分区国情要素数据路径（监测成果专用）* /

　　　}

数据封装是基础性地理国情监测成果数据的静态定义，为实现数据的有效访问，还需要定义数据对象的动态初始化过程，将物理磁盘上的数据信息加载到数据对象中，具体过程为：首先读取检验数据路径（国情要素、地表覆盖、元数据或解译样本数据），然后依据规定的数据目录组织结构读取相关数据（专题数据、调绘数据等），再对所有数据的存在性、有效性进行校验，校验成功后构造数据对象，否则，提示用户数据存在的问题。在初始化完成之后，检查算子在调用不同格式数据的访问驱动读取数据，执行质量检查。

2. 系统管理模块

系统管理模块包括任务管理、模型管理、模型管理、方案管理、算子管理、意见管理等系统基础性管理功能模块。系统管理模块实现的好与否关系到系统运行效率和用户使用效率。

1）任务管理

检验任务是检查模型、检查方案、检查算子及检验数据的有机结合体，任务管理功能即是提供任务建立、修改、删除及查询功能，用户可以通过指定检验模型、检验方案（含义算子信息）及检验数据建立一个任务对象，并以任务对象为操作对象执行数据检查、数据浏览等功能。

2）模型管理

检验模型是质量评定指标的程序化表达，蕴含了基础性地理国情监测成果质量评定指标中的质量元素、子元素及检查项的计分方式、计分权值及三者之间的内在逻辑关系。模型管理功能实现了检验模型的建立、编辑、导入、导出及删除功能，其中，检验模型的编辑功能包括模型结构编辑及算子挂载与卸载功能。

3）模板管理

检验模板即检验数据模板，是对正确的检验数据空间参考、数据格式、数据结构进行定义的一种数据。模板管理功能包括模板上传、下载、更新及删除功能。基础性地理国情监测检验系统的检验模板包括坐标系统模板、国情要素数据模板、地表覆盖数据模板、元数据模板、解译样本数据库模板、枚举值等，这些模板用于支撑空间参考、数据结构、属性值等检验算子执行检查功能，也用于算子参数编辑时用于提供数据过滤参数。

4）质检方案管理

质检方案是在检验模型的基础上，对模型所挂载的每一个检验算子赋予检验参数，生成检验规则的结构化集合。一个检验算子赋予不同的检验参数，将得到不同的检验规则。质检方案的管理功能实现了方案建立、检验规则建立、规则参数编辑、规则参数更新、规则的启用与禁用、规则删除等功能。质检方案的管理功能依赖于以下基本原则：

（1）检验规则在检验算子的基础上派生，不能独立存在；

（2）检验算子依赖于具体的检查项，不能独立存在；

（3）一条检验规则必然属于一个检查项。

5）质检算子管理

质检算子是实现检验功能的基本组成单元，并且在物理上独立于具体的检验系统存在，但必须实现设定的接口规范。检验系统只有通过加载算子组件并注册到系统中，才能使用检验算子。质检算子管理功能提供了检验算子载入、算子注册、算子注销、算子更新等功能，实现系统与检验算子库的灵活有效结合。

6）检验意见管理

检验意见管理模块的功能主要包括问题的图形显示、问题信息及截图编辑与确认、回溯显示、导入导出等。问题显示将检查结果以列表形式显示，同时可以地图形式直观表达，具备错误记录的自动定位、错误样式设置、检查结果的加载、问题的分类查询与检索等。该模块还负责检查结果以格式化文本（Word）、纯文本（Txt）、表格（Excel）及空间数据库（Mdb）等格式输出，形成质量检查报告，提交给业务运行管理系统。

2. 质量检验模块

基础性地理国情监测的各类数据成果质量检验之间的主要区别在于不同的成果类型需要不同检验算子、不同的检验模型及检验方案，不同类型的质量检验功能采用统一的模式实现，即挂载检验算子到检验模型，配置参数构造检验方案（图7.34），调用检验方案实现成果数据的质量检验。在一个质检系统中，对一种数据成果的质量检验功能的具体实现方式为：

（1）依据质量评定指标调用模型管理功能模块建立质量检验模型；

（2）调用算子管理功能，注册需要的检验算子；

（3）依据质量检查要素，在质量检验模型上挂载相应的检验算子；

（4）调用方案管理模块，依据构建好的检验模型新建检验方案；

（5）依据质量评定具体要求，配置算子参数，为检验方案添加规则；

（6）调用数据驱动模块，加载检查数据；

（7）调用算子驱动模块，驱动检查算子对检验数据进行质量检验。

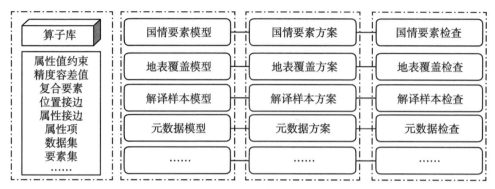

图 7.34　质量检验功能实现方式

3. 数据可视化模块

测绘地理信息数据是一种空间信息数据，数据可视化是测绘地理信息软件系统提供直观、有效分析能力的一项重要功能模块。基础性地理国情监测检验系统的数据可视化模块提供了针对国情要素数据、地表覆盖分类数据、元数据及解译样本的数据的可视化功能模块，该功能模块包括图像数据漫游、缩放、视图切换及属性数据查看、解译样本影像与照片同步浏览等功能。鉴于国情要素数据、地表覆盖分类数据、国情元数据的数据格式都是地理信息建库数据格式（File GeoDatabase 或 Personal GeoDatabase），可以用统一的可视化模块进行数据可视化（图 7.35），主要包括图层的加载、是否可视控制、图层拖放等图层管理功能，以及地图的缩放、漫游等地图浏览功能。解译样本数据主要涉及栅格数据，需要实现不同的可视化模块（图 7.36），主要包括影像与照片的同步显示功能（同步缩放、平移等）。

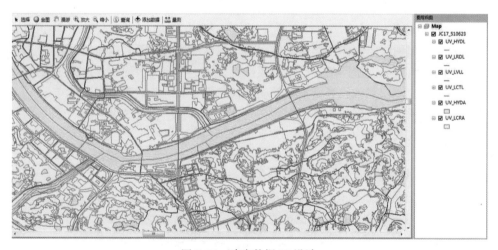

图 7.35　建库数据 UI 设计

图 7.36 遥感解译样本数据 UI 设计

7.5 典型检查算子

7.5.1 算子化指标体系

依据基础性地理国情监测成果质量评定标准规定的质量元素、质量子元素、检查项、检查内容进行分类，再对检查内容进行功能性的拆分，构成粒度最小的算子。基于不同算子组合及同一个算子的不同参数配置，即可建立适用于国情要素、地表覆盖、元数据及解译样本的质量检查方案，实现检验方案的灵活配置与管理，有效提升地理国情普查与检查成果质量检验系统的开发效率。

基础性地理国情监测成果质量检查的算子化指标体系可以归纳为通用质量检查算子集，国情要素、地表覆盖与元数据专用检查算子集，以及解译样本专用检查算子集三个子集。

1. 通用质量检查算子体系

地理国情监测成果数据在数据格式上属于矢量建库数据格式，一些常规的检查算子功能需求与数字线划图数据质量检查一致，因此，在地理国情监测成果数据的质量检查算子体系中，存在一部分与数字线划图数据质量检查通用的检查算子，这部分质量检查算子集是指在数字线划图数据质量检查算子中能够直接引入国情监测成果质量检查而不用进行任何改动的检查算子集合，主要包括坐标系统、同库要素关系、要素

217

重叠（点、线、面重叠）、悬挂点、伪节点、连通性、非法代码、异常值、枚举值、缺省值、极短线、极小面、异常折刺、属性值约束、相邻面属性、复合要素等。通用性质量检查算子的详细介绍参见数字线划图质检系统章节。

2. 国情监测成果数据质量检查算子体系

国情检查成果数据质量检查算子体系是面向地理国情监测成果数据特殊的数据内涵开发的只适用于国情监测成果数据质量检查的算子集合。该算子体系主要涉及国情监测数据特有的属性正确性检查、分区数据与不分区数据的一致性检查、以境界为接边线的数据接边检查，以及针对国情监测数据特有几何编辑要求检查等，具体包括CC-GB 一致性、PAC 码正确性、ChangeAtt 正确性、ChangeType 正确性、属性比对检查、表格对比检查、调绘数据对比检查、范围一致性、节点数、节点距离、未变化要素一致、异库点点关系、异库点线关系、异库点面关系、异库线线关系、异库线面关系、异库面面关系、属性接边、位置接边等检查功能、算子的含义、参数等详细信息如表 7.11 所示。

表 7.11　　　　　　　　　　国情监测成果数据质量检查算子化指标体系

算子名称	含义	参数	规则实例	参数实例
CC-GB 一致性	检查 CC 码与 GB 码值是否一致	CC-GB 对照表；要素过滤条件	CCGB 一致性	GQJC \ 17 国情监测 CCGB 码对照表 . txt；ChangeType In(0,1,2,9)；
PAC 码正确性	检查 PAC（行政区划代码）是否完整正确	检查要素集对象；PAC 模板文件；行政级别	PAC _ 市 UV _ BOUA4	GQJC\17 行政区划代码模板 . mdb；市；UV_BOUA4
			PAC _ 县 UV _ BOUA5	GQJC\17 行政区划代码模板 . mdb；县；UV_BOUA5
			PAC _ 镇 UV _ BOUA6	GQJC\17 行政区划代码模板 . mdb；乡镇；UV_BOUA6
			PAC _ 村 UV _ BOUP7	GQJC\17 行政区划代码模板 . mdb；行政村；UV_BOUP7
ChangeAtt 正确性	检查更新属性字段值填写是否正确	检查要素集对象；本底数据对象	ChangeAtt 正确性	UV _ HYDL：ChangeType In（ 0，1）；ChangeAtt；FEATID；\ \ 10.51.54.84 \ 2017 国情监测本底数据\DLGGC\51；
Change Type 正确性	检查要素更新类型是否正确	检查要素集对象；忽略要素集对象；本底数据对象	地表覆盖 Change Type 正确性	UV_LCRA；；\ \ 10.51.54.84 \2017 国情监测本底数据\DLGGC\51；
			国情要素 Change Type 正确性	；UV_LCRA；\\ 10.51.54.84 \2017 国情监测本底数据\DLGGC\51；

续表

算子名称	含义	参数	规则实例	参数实例
属性比对检查	检查数据与参考数据的属性值是否一致	检查数据对象；过滤数据对象；参考数据对象；检查属性对应关系；位置匹配限差	属性对比_县道资料对比检查	UV_LRDL：GB＝［420301］；SPECIAL\17交通资料.mdb；T1_ld；RN＝LXBH，NAMES＝LXMC；5E-05；0.9；E-06；E:\taskRegion2017.gdb\TaskRegion；；
			属性对比_高速国省道资料对比检查	UV_LRDL：GB In（［420101］，［420201］，［420901］）；SPECIAL\17交通资料.mdb；T1_ld；RTEG＝JSDJ，RN＝LXBH，NAMES＝LXMC；5E-05；0.9；1E-06；E:\taskRegion2017.gdb\TaskRegion；；
表格对比检查	检查数据与表格数据的属性值是否一致	检查数据对象；过滤表达式；表格对象；检查属性对应关系；关键字对应关系	表格对比_医院	UV_BUCP：GB＝［340102］And（ChangeType＜＞3 Or ChangeType Is NULL）|UV_BUCA：GB＝［340102］And（ChangeType＜＞3 Or ChangeType Is NULL）；UV_BOUA4：SHAPE_Area＞2E-03 And（ChangeType＜＞3 Or ChangeType Is NULL）；NAME＝行政区划；精确；SPECIAL\17合并表格对比资料.xlsx；医院；NAME＝医院名称；GRADE＝医院等级；；
			表格对比_学校	UV_BUCP：GB＝［340101］And（ChangeType＜＞3 Or ChangeType Is NULL）|UV_BUCA：GB＝［340101］And（ChangeType＜＞3 Or ChangeType Is NULL）；UV_BOUA4：SHAPE_Area＞2E-03 And（ChangeType＜＞3 Or ChangeType Is NULL）；NAME＝学校上级管理行政部门名称；精确；SPECIAL\17合并表格对比资料.xlsx；学校；NAME＝学校名称；；；
			表格对比_旅游	UV_BERP6：ChangeType＜＞3 Or ChangeType Is NULL|UV_BERA6：ChangeType＜＞3 Or ChangeType Is NULL；UV_BOUA4：SHAPE_Area＞2E-03 And（ChangeType＜＞3 Or ChangeType Is NULL）；NAME＝所在地市；精确；SPECIAL\17合并表格对比资料.xlsx；旅游；NAME＝景区名称；GRADE＝等级；.

算子名称	含义	参数	规则实例	参数实例
调绘数据对比检查	检查数据与调绘数据的属性值是否一致	检查数据对象；调绘数据文件夹名称；调绘数据层；位置判断阈值；重叠比例阈值；字段对应模板	调绘数据检查_地表覆盖	UV_LCRA:；市;WYHCP_DB; 2E-06;5E-06; GQJC\17 调绘字段对应表 . txt;
			调绘数据检查_国情点_UV_HYDA	UV_HYDA:；市; WYHCP_YS:CC >= [1010] And CC <= [1032]; 1E-06;5E-06; GQJC\17 调绘字段对应表 . txt;C;1
			调绘数据检查_国情线_UV_LRDL	UV_LRDL:；市; WYHCL_YS:CC = [0620]; 1E-06;5E-06; GQJC\17 调绘字段对应表 . txt;
			调绘数据检查_国情面_UV_HYDA	UV_HYDA:；市; WYHCA_YS:CC >= [1010] And CC <= [1032]; 1E-06;5E-06; GQJC\17 调绘字段对应表 . txt;C;1
范围一致性	检查国情监测成果数据的空间范围是否与任务区数据一致	任务区数据路径；任务区代码字段；位置阈值	范围一致性	E:\taskRegion2017. gdb\TaskRegion; 测区代码;;1E-06;
节点数	检查图斑节点数是否与规定一致	最大节点数	节点数_地表覆盖	UV_LCRA:ChangeType In（1,2,9）; 100000;
			节点数_国情要素	UV_HYDA:ChangeType In（0,1,2,9）;20000;
节点距离	检查图斑节点之间的距离是否与规定一致	最小距离	节点距离	0. 2;
未变化要素一致	检查标记为未变化的要素的位置与属性值是否与本底数据一致	本底数据路径；变化类型标识字段；变化标识值；变化属性字段；监测 CC 码字段	未变化要素一致性检查	\\10. 51. 54. 84\2017 国情监测本底数据\DLGGC\51; ChangeType; 0,1,2,3,9,-1; ChangeAtt; CCJC;

续表

算子名称	含义	参数	规则实例	参数实例
异库点点关系		—	—	—
异库点线关系		检查条件； 线要素集； 点要素集； 关系约束条件； 容差距离； 不分区数据后缀； 不分区要素集类型	异库数据点线关系_出入口必须在道路线上 异库数据点线关系_水闸必须在单线河上	必须相邻；UV_LRDL：GB In（[420201]，[420101]，[420901]）And（ChangeType <> 3 Or ChangeType Is NULL）；UV_SFCP：CC = [0735] And ChangeType In（0,1,2,9）；可在任意点；1E-07；00.gdb；检查对象； 必须相邻；UV_HYDL；ChangeType <> 3 Or ChangeType Is NULL；UV_SFCP：CC = [0722] And ChangeType In（0,1,2,9）And IfDerived <> 1；可在任意点；5E-08；00.gdb；检查对象；
异库点面关系		—	—	—
异库线线关系	分区数据中的要素集与不分区数据中的要素集中的要素关系是否正确	是否允许边界相交；检查条件； 相关对象； 检查对象； 容忍精度 不分区数据名后缀； 不分区数据类型	异库数据线线关系_公路桥必须与公路重叠	False；必须重叠； UV_LRDL：ChangeType <>3 Or ChangeType Is NULL ｜ UV_LVLL：ChangeType <>3 Or ChangeType Is NULL｜UV_LCTL：ChangeType <>3 Or ChangeType Is NULL ；UV_SFCL：GB In（[450602]，[450306]）And ChangeType In（0,1,2,9）； 5E-08； 00.gdb； 检查对象；
异库线面关系		是否允许边界相交； 检查条件； 相关对象； 检查对象； 重合容忍精度； 最小线长度； 最大线长度； 不分区数据名后缀； 不分区要素集类型	异库数据线面关系_堤坝线不能与高水界相交	False；必须不包含；UV_HYDA：ChangeType <>3 Or ChangeType Is NULL；UV_SFCL：CC = [0721] And GB = [270101] And ChangeType In（0,1,2,9）；0.01；-1；-1；00.gdb；检查对象；
异库面面关系		是否允许边界相交；检查条件；相关对象； 检查对象；最小面积； 最大面积；最大宽度；最小宽度；不分区数据名后缀；不分区数据类型	异库数据面面关系_地表覆盖的尾矿库要素必须在国情要素的尾矿库要素范围内	False；必须被包含；UV_SFCA：CC = [0821] And GB = [999999] And（ChangeType <> 3 Or ChangeType Is NULL）；UV_LCRA：CC = [0821] And ChangeType In（1,2,9）And SHAPE_Area > 4.5E-07；-1；-1；-1；；5E-08；00.gdb；相关对象；

续表

算子名称	含义	参数	规则实例	参数实例
属性接边	检查接边线处位置接边的要素属性是否一致	接边范围面数据路径；排除层；检查层；检查距离；容差距离；错位容差；境界面接边容差；最小面积；排除字段(只有属性接边有效)	属性接边	E:\taskRegion2017. gdb\TaskRegion；;;0.000001;0.00000005;0.000001;0.0000005;0.000000002；AREACODE，ELEMSTIME，ELEME-TIME,FEATID,EC,ECP,TAG,ChangeType,FEATURE；
位置接边	检查接边线处的要素位置是否接边		位置接边	E:\taskRegion2017. gdb\TaskRegion；;;0.000001;0.00000005;0.000001;0.0000005;0.000000002；AREACODE，ELEMSTIME，ELEME-TIME,FEATID,EC,ECP,TAG,ChangeType,FEATURE；

注：— 表示检查算子存在，但是目前没有具体的检查规则。

3. 解译样本数据检查算子体系

解译样本检查算子体系是针对国情监测解译样本数据质量检查的算子化指标体系，涉及解译样本数据库、解译样本影像数据、解译样本照片数据等数据的格式、组织、内容、一致性的检查，具体包括摄影点位置解译样本裁切范围、解译样本数据库、解译样本数据表、解译样本属性项、解译样本文件命名、解译样本数学基础、解译样本缺失、国情监测样本分布、国情监测记录一致性、国情监测样本数量、国情监测记录缺失、国情监测文件缺失、国情监测文件完备性、国情监测影像类型、国情监测角点坐标、国情监测像素数量、样本数据库分辨率正确性等算子、算子的含义、参数等详细信息如表 7.12 所示。

表 7.12　　　　　　　　　　　　解译样本质量检查算子体系

算子名称	含义	参数	规则实例	参数实例
摄影点位置	解译样本影像标识的摄影点位置是否正确	搜寻范围；距离限差	摄影点位置	200；50；
解译样本裁切范围	解译样本影像数据裁切范围是否正确	裁切范围1；裁切范围Ⅱ	解译样本裁切范围	(511,511)；(1023,1023)
解译样本数据库	检查解译样本数据库格式是否正确	标准模板文件；过滤条件	解译样本数据库	JYYB\SMPDATA. mdb；；

续表

算子名称	含义	参数	规则实例	参数实例
解译样本数据表	检查解译样本数据表格式是否正确	标准模板文件； 过滤条件	解译样本数据表	JYYB\SMPDATA.mdb； ；
解译样本属性项	检验解译样本属性项定义是否正确	标准模板文件； 过滤条件	解译样本属性项	JYYB\SMPDATA.mdb； ；
解译样本文件命名	检验解译样本文件命名是否正确	照片命名正则表达式； 影像命名正则表达式	解译样本文件命名	^PH(((19|[2-9]\d)\d{2})(0[13578]|[02])(0[1-9]|[12]\d|3[01])|((19|[2-9]\d)\d{2})(0[13456789]|1[012])(0[1-9]|[12]\d|30)|((19|[2-9]\d)\d{2})02(0[1-9]|1\d|2[0-8])|((1[6-9]|[2-9]\d)(0[48]|[2468][048]|[13579][26])|((16|[2468][048]|[3579][26])00))0229)(([0-1][0-
解译样本数学基础	检查解译样本数据基础是否正确	cOP_NC_样本文件名； 自动中央经线； 是否忽略名称； 是否忽略大小写	解译样本数学基础	JYYB\分幅遥感解译样本数学基础模板.xml；6； False； False；
解译样本缺失	对比地表覆盖数据,检验解译样本是否有缺失	/	解译样本缺失	/
国情监测样本分布	检查解译样本位置是否在任务区范围内	数据范围对象	国情监测样本分布	V_BOUA5_2015；；
国情监测记录一致性	检查解译样本记录信息是否一致	转换精度； 小数位舍入方式	国情监测记录一致性	0.001； 四舍五入

续表

算子名称	含义	参数	规则实例	参数实例
国情监测样本数量	对地表覆盖数据,检查解译样本数量是否正确	数据范围对象; 地表覆盖对象	国情监测样本数量	V_BOUA5_2015;;UV_LCRA;;
国情监测记录缺失	对比文件,检验解译样本记录是否有缺失	/	国情监测记录缺失	/
国情监测文件缺失	对比记录,检查解译样本文件是否有缺失	/	国情监测文件缺失	/
国情监测文件完备性	检查解译样本文件是否完备	/	国情监测文件完备性	/
国情监测影像类型	检验解译样本影像类型是否在枚举范围内	/	国情监测影像类型	/
国情监测角点坐标	检查解译样本影像角度坐标是否与记录一致	坐标限差值	国情监测角点坐标	0.2;
国情监测像素数量	检查解译样本影像像素数量是否符合规定	最大像素数量; 最小像素数量	国情监测像素数量	10000000;2000000;
样本数据库分辨率正确性	检查解译样本分辨率正确性	分辨率定义文件	样本数据库分辨率正确性	JYYB\解译样本分辨率定义模板.txt;

注:/ 表示检查算子存不需要参数。

国情监测质量检查涉及一些典型的特殊检查功能需求,需要进行针对性的设计与实现,后续章节会详细讨论几个典型的检查算子。

7.5.2　面向不规则境界线的矢量面接边检查算子

基础性地理国情监测成果数据按照行政县为数据单元进行生产,数据接边线是不规则的境界线。传统的面向图幅的接边检查算法基于直线型接边线进行设计实现,不能满足基础性地理国情监测成果数据的接边质量检查要求。

考虑到矢量点数据不涉及接边问题，且矢量线数据接边与接边线形状无关，只是进行基于端的匹配，故面向不规则境界线的矢量面数据接边问题，是地理国情普查与检查成果数据接边质量检查的技术难点，本章节在充分分析矢量数据接边检查相关技术研究背景的基础上，详细讨论一种面向不规则境界线的矢量面数据接边检查算子。

1. 矢量数据接边算子研究背景

矢量面数据接边是指接边线两侧的矢量面边界线位置相互匹配，不存在错误、缝隙，且位置相互匹配的两个面的属性相同。目前，对于矢量数据接边问题，相关学者已进行了系统性的讨论，而矢量接边检查是矢量数据质量的重要组成部分，目前已经取得较多的研究成果。2002 年，刘兴权等探讨了利用 AutoCAD Map2000 进行图形接边的基本方法；2007 年，刘鸿渐研究了利用 ArcGIS 软件进行图形接边的实现方法；2010 年，张赢等研究了一种自动化图幅接边的虚拼接方法；2011 年，周丽珠、闫会杰等分别提出一种数据入库后的接边处理方法；2012 年，张新长等提出了一种自适应的矢量数据增量更新方法。

综合分析已有研究成果可以发现，关于矢量面数据接边的研究主要还存在以下两个问题：（1）面向标准分幅组织的数据进行研究，接边线为直线，缺乏对按照行政区划组织的矢量数据接边问题的探讨，难以处理接边线为不规则曲线的情况。

（2）采用接边线缓冲面与待接边面的边界线求交点作为接边特征点，导致接边特征点不为原始数据上的节点，易出现错误。

2. 面向不规则境界线的矢量面数据接边检查算子

基于对现有矢量数据接边检查技术的研究，本章节讨论一种面向不规则境界线的矢量面数据接边检查算子，该算子以检查接边错误位置为目的，利用矢量面到接边线的距离值与弧段转角角度值作为参考量检测接边特征点，并基于接边特征点匹配结果进行接边错误的检测，准确、高效地完成矢量面数据接边错误检测，并准确定位。

面向不规则境界线的矢量面数据接边检查算子包含接边特征线生成、接边特征线简化、接边特征点检测、接边判断四个步骤。

1）接边特征线生成

利用接边容差距离 dt 为阈值，切割矢量面的边界线，生成接边特征线。具体方式为：对接边线作缓冲区操作，生成缓冲距离为 dt 的缓冲面作为切割面；然后利用切割面与矢量面边界线进行几何交集运算，交集即为接边特征线。

2）接边特征线简化

剔除接边特征线上冗余的共线节点，简化接边特征线（图 7.37）。遍历接边特征线上的除了第一个节点与最后一个节点之外的所有节点，判断该节点与去相邻的两个节点相连生成的线段是否共线，若共线，则判定该点为冗余共线点，并剔除该节点，直到不存在冗余共线点为止。

3）接边特征点检测

如图 7.38 所示，从一个端点开始，遍历简化后接边特征线上的节点，计算节点到接边线的距离及节点所连接的两条弧段的转角，若距离（d）与转角（α）都小于

图 7.37　冗余共线节点剔除原理

设定阈值，则停止遍历，该点即为接边特征点。然后，再从另一端进行遍历，以相同的方式判断接边特征点。若一条接边特征线没有检测到接边特征点或只有一个接边特征点，则判定该接边特征线处不接边。

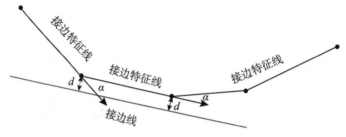

图 7.38　接边特征点检测原理

4）接边判断

首先进行接边特征点匹配，利用距离阈值对检测到的接边特征点进行匹配，若接边线两侧的接边特征点之间的距离小于距离阈值，则将此两点标记为已匹配。然后进行接边判断，未标记为匹配的接边特征点即为位置不接边的定位点；若匹配上的接边特征点所对应的矢量面属性不一致，则为属性不接边的定位点；若接边特征点位置匹配且属性值一致，则判定为接边无错误。

基于上述分析，本章节讨论的接边检查算子具有以下两个特征：

（1）该算子是利用参与接边的矢量面数据自身节点进行接边特征点的检测与匹配，针对每一个要素进行接边特征点的检测，保证符合接边条件的所有要素全部纳入接边检测，防止出现漏检，并利用矢量面数据自身节点作为检测依据，能有效保证检测结果的准确性。

（2）该算子适用于多种类型的接边问题检查，克服了传统的接边检查技术只适用于标准分幅组织的数据，接边线为直线的接边问题检查的局限性。

7.5.3　遥感影像解译样本拍摄点标绘位置检查算子

遥感影像解译样本数据是地理国情普查检验的成果数据之一，其中包含地面照片和遥感影像实例数据两种格式的数据类型，可通过在遥感影像实例上标绘的拍摄点位置与地面照片建立明确的对应关系，为遥感影像解译者建立对相关地域的正确认识提供支持。鉴于此，准确的在遥感影像实例上标绘拍摄点位置，直接影响遥感影像解译结果的正确性。但是，采用传统人工检查核对的方法检查拍摄点标绘位置，该方法效率低下，对大批量的遥感解译样本数据很难做到全部检查。在此背景下，本小节介绍一种遥感影像解译样本拍摄点标绘位置检查算法，此算法能够准确高效地实现遥感影像解译样本拍摄点位置标绘，从而实现遥感影像解译样本拍摄点标绘位置检查。

遥感影像解译样本拍摄点标绘位置检查算法如图 7.39 所示，包括原始影像块提取、光谱法拍摄点位置标绘、梯度法拍摄点位置识别三大基本功能。

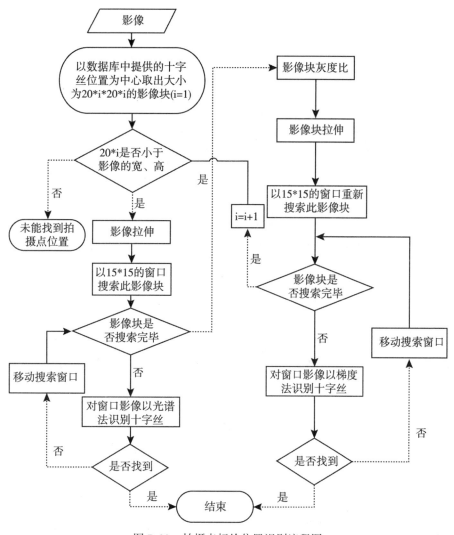

图 7.39　拍摄点标绘位置识别流程图

1. 原始影像块提取

原始影像块提取是指提取拍摄点标绘位置所在的原始影像，具体为：首先将数据库中提供的拍摄点位置坐标从地理坐标系转为投影坐标系，然后利用坐标转换后的拍摄点位置为中心，截取出矩形原始影像块。

2. 光谱法拍摄点标绘位置

首先，利用最值线性拉伸法，对提取出的原始影像块进行拉伸处理，得到拉伸后的影像块，最值拉伸法的数学模型如下：

$$g(x, y)_{R, G, B} = \frac{B - A}{b - a} \times (f(x, y)_{R, G, B} - a)$$

式中，A，B 分别代表影像最小、最大输出像素值，$[a, b]$ 为原始影像的像素值范围，$g(x, y)_{R, G, B}$ 表示线性拉伸处理后的影像在 (x, y) 处的像素值，$f(x, y)_{R, G, B}$ 为原始影像在 (x, y) 处的像素值。

其次，利用宽高均和拍摄点标识一致的搜索窗口循环搜索拉伸后的影像块，当搜索窗口中影像的中心行、中心列像素的像素值均相等且像素值属于给定集合 A 时，得到初始拍摄点标绘位置。集合 A 的定义如下：

$$A = \{(255, 0, 0), \quad (255, 255, 0), \quad (255, 0, 255), \quad (255, 255, 255),$$
$$(0, 0, 0), (0, 255, 0), (0, 0, 255), (0, 255, 255)\}$$

式中，$(255, 0, 0)$ 与其他七组数据中的三个数字分别代表影像红色、绿色、蓝色波段的像素值。

一般情况下，初始拍摄点标绘位置是根据原始影像拍摄点经纬度坐标信息，用原始影像颜色的反差色表示的十字丝标绘的，十字丝的横竖长度均为 15 个像素，宽度为 1 个像素，原始影像块的原始尺寸的宽高均为 20 个像素。

具体操作过程为：设置搜索窗口的长宽均为 15×15，当没有识别出拍摄点标绘位置时，移动搜索窗口，直到整个拉伸后的影像块被搜索完毕。

最后，根据搜索窗口中所含与窗口中心行、中心列相等像素值的像素个数必须小于阈值 T 的限制条件，排除误识别的初始拍摄点标绘位置得到已排除误识别的拍摄点标绘位置；其中，阈值 T 用来判断窗口影像是否是均质区域，因此，利用该阈值，可排除影像均质区域对拍摄点标绘位置识别的干扰，其值以略大于标绘拍摄点位置和地面照片视野范围所用到的像素个数为宜。

3. 梯度法拍摄点标绘位置识别

若利用光谱法不能有效识别拍摄点标绘位置，则利用梯度法进一步识别。

首先，根据人眼对绿色的敏感最高，对蓝色敏感最低的特性，利用如下公式对原始影像的 RGB 三个波段进行加权平均能得到较合理的灰度影像 $\text{gray}(x, y)$：

$$\text{gray}(x, y) = 0.3 \times f(x, y)_R + 0.59 \times f(x, y)_G + 0.11 \times f(x, y)_B$$

式中，$f(x, y)_R$，$f(x, y)_G$，$f(x, y)_B$ 分别代表红、绿、蓝三个波段在原始影像块 (x, y) 位置的像素值。

其次，利用最值拉伸法对得到的灰度影像 $gray(x, y)$ 进行最值线性拉伸处理，得到拉伸后的灰度影像 $s\_gray(x, y)$。

最后，利用宽高均和拍摄点标绘的十字丝一致的窗口循环搜索灰度影像 $s\_gray(x, y)$，如果窗口影像中心行、列满足"中心行、列的像素值与相邻行、列的像素值之差大于阈值45"条件的像素数大于阈值5，如下列公式所示，即可确定该窗口的中心点为拍摄点标绘位置：

$(|s\_gray(8, y) - s\_gray(7, y)| \geqslant 45) \cap (|s\_gray(8, y) - s\_gray(9, y)| \geqslant 45)$；

$(|s\_gray(x, 8) - s\_gray(x, 7)| \geqslant 45) \cap (|s\_gray(x, 8) - s\_gray(x, 9)| \geqslant 45)$；

式中，符号 $\cap$ 的含义为"逻辑并"。

需要注意的是，如果利用梯度法在该影像块中仍未找到拍摄点标绘位置，则需要增大原始影像块的范围，再在新的原始影像块上重新利用光谱法和梯度法识别拍摄点标绘位置。若最终没有找到标绘点位置，则输出错误意见记录。

7.5.4 国情监测数据快速比对算子

国情数据快速比对算子是一种综合性质量检验算子，涉及不同数据格式、不同数据结构数据之间的位置及属性的一致性分析，主要涉及国情要素数据、地表覆盖分类数据、外业调绘数据及专题资料数据之间的一致比对检查功能项（表 7.13），包括位置比对功能模块与属性比对功能模块两大部分，可以满足同一个空间数据库内不同要素集之间的位置与属性一致性检查，不同地理空间数据库之间要素集位置与属性一致性检查，空间数据库要素集与 Excel 表格之间的属性一致性检查等。

表 7.13   **国情监测数据快速比对算子功能结构**

	国情要素	地表覆盖	调绘数据	专题数据
国情要素	—	/	/	/
地表覆盖	L/LA	—	/	/
调绘数据	L/LA	L/LA	—	/
专题数据	L/LA/LA	L/LA/LA		—

注：L：位置一致性比对检查；

LA：基于位置匹配的属性比对检查；

KA：基于关键字匹配的属性比对检查。

从表 7.13 可以看出，国情数据快速比对算子涉及位置一致性比对检查、基于位置匹配的属性比对检查及基于关键字匹配的属性比对检查三大基础功能模块，下文将对每一个功能模块的设计思想及实现方式进行详细讨论。

1. 位置一致性比对检查

位置一致性比对检查用于检查建库格式的监测成果数据中的要素在参考数据中是否存在，以及在存在参考要素的情况下位置是否一致。鉴于检查数据的几何类型有点、线、面三种类型，故针对不同几何类型之间的空间位置判断有 6 种类型：点-点关系、点-线关系、点-面关系、线-线关系、线-面关系、面-面关系，不同的关系使用不同处理函数实现，不同函数可用伪代码表示如下：

（1）点-点关系判断函数

```
参数:
1. Pa:点要素
2. Pb:点要素
3. Dt:距离阈值
4. 返回值:位置是否一致
Boolean Function(Pa, Pb, Dt)
{
    DeltaX = Pa.X - Pb.X;
    DeltaY = Pa.Y - Pb.Y;
    S = DeltaX×DeltaX + DeltaY×DeltaY;
    Distance = Math.Sqrt(s);//开平方计算
    If Distance < Dt Then Return true;
    Else return False;
}
```

（2）点-线关系判断函数。

```
参数:
1. P:点要素
2. L:线要素
3. Dt:距离阈值
4. 返回值:位置是否一致
Boolean Function(P, L, Dt)
{
    Distance =L.DistanceTo(P);//计算线对象到一个点的最短距离
    If Distance <Dt Then Return true;
    Else return False;
}
```

注：计算一个线对象到一个点的最短距离是 GIS 开发平台提供的基础功能，在此不再赘述。

（3）点-面关系判断函数。

参数：

1. P:点要素
2. A:面要素
3. 返回值:位置是否一致

```
Boolean Function( P, A)
{
    //判断面是否包含点
    If  A.Contain ( P)  Then Return true;
    Else return False;
}
```

注：判断一个点是否在面内是 GIS 开发平台提供的基础功能，在此不再赘述。

（4）线-线关系判断函数。

参数：

1. La:线要素
2. Lb:线要素
3. Dt:距离阈值
4. Rt:比例阈值
5. 返回值:位置是否一致

```
Boolean Function(La, Lb, Dt, Rt)
{
    /*计算由 La 构造的宽度为 Dt 的缓冲区面
    截 Lb 的长度占 Lb 自身长度的比 */
    LaBuffer = La.Buffer(Dt);
    Length_La_Lb =Length( LaBuffter.Cut(Lb));
    Rb = Length_La_Lb/Length_Lb;

    /*计算由 La 构造的宽度为 Dt 的缓冲区面
    截 Lb 的长度占 Lb 自身长度的比 */
    LbBuffer = Lb.Buffer(Dt);
    Length_Lb_La =Length( LaBuffter.Cut(La));
```

```
    Ra = Length_Lb_La / Length_La;

    If  Ra > Rt And Rb > Rt Then Return true;
    Else return False;
}
```

注：构造线的缓冲区面、面剪切线是 GIS 开发平台提供的基础功能，在此不再赘述。

（5）线-面关系判断函数。

参数：
1. L：线要素
2. A：面要素
3. Rt：比例阈值
4. 返回值：位置是否一致

```
Boolean Function(L, A, Rt)
{
    Length_Cut = Length(A.Cut(L)); //是否包含点
    R = Length_Cut / Length(L);
    If  R > Rt  Then Return true;
    Else return False;
}
```

（6）面-面关系判断函数。

参数：
1. Aa：面要素
2. Ab：面要素
3. Rt：比例阈值
4. 返回值：位置是否一致

```
Boolean Function(L, A, Rt)
{
    //求 Aa 与 Ab 的交集的面积
    Intersect_Area = Area(Aa.Intersect(Ab));
    Ra = Intersect_Area / Area(Aa);
    Rb = Intersect_Area / Area(Ab);
```

```
If   Ra > Rt And Rb > Rt Then Return true;
Else return False;
}
```

注：面与面求交集是 GIS 开发平台提供的基础功能，在此不再赘述。

利用上述六个基本函数即可实现位置一致性比对检查，比对检查算法的基本步骤如下：

（1）读取检查要素集中的要素 F；

（2）查询参考要素集中与 F 相关的要素集；

（3）若查询到相关的参考要素集合，记为 rFs；否则判断 F 没有相关要素，输出检查记录，执行（5）；

（4）计算 rFs 中的每一个要素与 F 是否空间位置一致，若没有一致的要素，则输出检查记录；

（5）判断检查要素集中是否还有未读取的要素，如没有则检查完成；否则执行（1）。

2. 基于位置匹配的属性比对检查

基于位置匹配的属性比对检查是以位置一致为前提进行属性值对比，位置一致性判断利用位置一致性比对检查功能实现，具体的算子基本执行过程如下：

（1）读取检查要素集中的要素 F；

（2）判断参考要素集中是否有与 F 位置一致的要素，如果有，记为 rF；否则执行（1）；

（3）获取 F 的一个属性 A；

（4）判断 rF 是否存在一个相同名称的数据 rA，若不存在，记录信息，执行（6）；

（5）判断 A 与 rA 的值是否相同，若不同，记录信息；

（6）判断 F 的属性是否访问完成，若没有，执行（3）；

（7）判断检查要素集中是否还有未读取的要素，如没有则检查完成；否则执行（1）。

3. 基于关键字匹配的属性比对检查

基于关键字匹配的属性比对检查是以关键字匹配为前提，主要用于检查国情检查建库格式的数据成果与 Excel 等表格形式的资料之间的一致性，其核心参数数据关键字匹配信息与检查字段信息，具体实现方式可用伪代码表示如下：

```
注释：
1. CheckKeyField:检查关键字字段
```

2. RefKeyField:参考关键字字段

3. CheckField:检查字段

4. RefField:参考字段

5. NTolerence:数值型属性值容许阈值

伪代码

```
Foreach checkFeature in CheckFeatureSet
    refKeyField =Parse(CheckKeyField);//解析对应的参考关键字
    If Exist(refKeyField) = false Then
        RECORD continue;//参考关键字段不存在
    refRecord =FindRefRecord(refKeyField);
    checkRecord = checkFeature.Record();
    Foreach checkField in checkRecord.Fields
        refField =Parse(CheckField);
        If Exist(refKeyField) = false Then
            RECORD continue;//参考字段不存在
        checkValue = checkRecord.Value(checkField);
        refValue = refRecord.Value(refField);
        If Equal(checkValue, refValue) = false Then
            RECORD continue;//值不等
End
```

注：Parse 函数：一般情况参考关键字与检查关键字、参考字段与检查字段是以 A=B 的字符串形式出现，此函数即是根据等式左值解析右值，或根据右值解析左值。

RECORD continue：表示记录错误，并继续下一循环。

7.5.5　国情监测数据更新类型正确性检查算子

基础性国情监测数据的基本生产模式是用上一年度的成果作为本底数据进行数据更新，并通过更新类型的标识来进行进一步相关的统计、应用与分析，因此，国情监测成果的更新类型值是否正确，直接影响到后期应用与分析的准确性，国情监测数据更新类型正确性检查是国情监测成果质量检查的重要组成。

1. 国情监测数据更新类型说明

1）地表覆盖更新类型说明

地表覆盖数据通过在地表覆盖要素集中定义一个名为 ChangeType 的字段来标识要素的更新类型，不同的 ChangeType 值表示不同的更新方式（表 7.14）。

表 7.14 地表覆盖分类数据 Change Type 值含义

ChangeType 值	含 义
1	在本底数据基础上发生了扩张或缩小
2	增加了新类型的图斑（包括整个图斑覆盖类型发生变化且变化后与邻接图斑类型不同的情况）
9	表示监测过程中发现前一期数据明显有误，进行了纠错

注：具体参见《基础性地理国情监测数据技术规定》（GQJC 01-2017）章节 5.1.1.4

2）国情要素更新类型说明

与地表覆盖分类数据相同，国情要素也定义 ChangeType 字段标识要素变化类型，但是取值范围与地表覆盖分类数据有所不同（表 7.15）。此外，国情要素数据还定义一个名为 ChangeAtt 的字段，用于标识要素更新字段说明。

表 7.15 国情要素数据 Change Type 值含义

ChangeType 值	含 义
0	更新了属性
1	在本底数据基础上发生了扩张或缩小
2	增加了新类型的图斑（包括整个图斑覆盖类型发生变化且变化后与邻接图斑类型不同的情况）
3	本底数据中的原有要素删除
9	表示监测过程中发现前一期数据明显有误，进行了纠错
-1	根据未发生变化，但根据编辑需要，将相关要素进行了打断或切分处理

2. 算子设计

鉴于地表覆盖分类数据和国情要素数据都是定义相同的字段（ChangeType）标识要素的变化类型，且取值含义相同，只是取值范围不同，因此，可以统一设计检查算子。在此，介绍一种基于穷举法的 ChangeType 正确性检查算法。

基于穷举法的 ChangeType 正确性检查算法的基本思想为：针对一个要素 ChangeType 的取值，判断其与对应本底要素之间的空间关系与属性关系是否与 ChangeType 取值的含义一致。

针对一个要素集的具体的检查流程为：针对要素集作属性查询，查询条件及适用成果如表 7.16 所示，针对每一个条件查询出的要素集合进行遍历，对遍历到的每一个要素调用相应的分析程序，分析该要素与本底数据之间的属性关系和空间关系是否符合 ChangeType 值的定义，若不符合，则作为错误记录输出。

表 7.16　　　　　　　　　**ChangeType 查询条件与适用成果**

查询条件	适用成果
ChangeType = -1	国情要素线类型要素集
ChangeType = 0	国情要素数据
ChangeType = 1	国情要素和地表覆盖数据
ChangeType = 2	国情要素和地表覆盖数据
ChangeType = 9	国情要素和地表覆盖数据
ChangeType Not In（-1，0，1，2，9）	国情要素和地表覆盖数据

3. 算子实现

从上述介绍可以看出，基于穷举法的 ChangeType 正确性检查算法的核心部件是针对不同 ChangeType 值实现的要素属性关系和空间关系是否正确。检查的具体过程即可简化为两个步骤：（1）查询给定 ChangeType 值的要素集合；（2）调用 Change-Type 值相应的分析功能进行检查。

算子具体需要实现的模块主要包括以下 5 个部分：

（1）ChangeType = 0 时，在本底数据中应该存在一个空间位置相同且属性不同的要素；

（2）ChangeType = 时，在本底数据中应该存在一个位置相关且 FEATID 相同的要素；

（3）ChangeType = 2 时，在本底数据中不能存在一个位置相关且 CC 相同的要素；

（4）ChangeType = -1 时，在本底数据中存在一个被打断且属性相同的要素；

（5）ChangeType = 3 或者未变化值，在本底数据中应该存在一个属性一致且空间位置相同的要素。

需要说明的是，国情监测成果数据中的要素定义了一个 FEATID 字段用以唯一标识要素，若要素为新增要素，FEATID 应该赋缺省值，否则 FEATID 应该与本底数据一致。此外，ChangeType = 9 的情况属于错误更正，实际生产过程中较少，故没有特别介绍，可参见 ChangeType = 0 和 ChangeType = 1 的情况进行实现。不同 ChangeType 值条件下的分析功能可用伪代码实现如下：

（1）［ChangeType = 0］条件下的检查功能。

```
注释：
NCFeatureClass:监测要素集
BDFeatureClass:本底要素集
伪代码：
NCFeatures = NCFeatureClass. Search（"ChangeType = 0"）
```

```
Foreach NCfeature in NCFeatures
    IF NCfeature.FEATID = null Then
        RECORD("要素 FEATID 值与 ChangeType 值不匹配") continue
     BDFeatures = BDFeatureClass.Search ( FEATID = NCFeature.
FEATID)
    IF BDFeatures.Count = 0  Then
        RECORD("本底数据中不存在与监测数据匹配的要素") continue
    IF BDFeatures.Count > 1  Then
        RECORD("本底数据中存在多个与监测数据匹配的要素") continue
    IF BDFeatures.Count = 1  Then
        BDFeature = BDFeatures[0];
        IF DiffGeometry(NCFeature,BDFeatures[0]) = = null Then
            IF ValuesEqual(NCFeature,BDFeature) = True Then
                RECORD("监测数据 ChangeType=0,但属性未更新") con-
tinue
        Else
            RECORD("监测数据 ChangeType=0,但与本底数据位置不一致")
continue
```

（2）［ChangeType=1］条件下的检查功能。

```
注释:
NCFeatureClass:监测要素集
BDFeatureClass:本底要素集
伪代码:
NCFeatures = NCFeatureClass.Search("ChangeType=1")
Foreach NCfeature in NCFeatures
    IF NCfeature.FEATID = null Then
        RECORD("要素 FEATID 值与 ChangeType 值不匹配") continue
     BDFeatures = BDFeatureClass.Search ( FEATID = NCFeature.
FEATID
                                    &&Intersect(NCFea-
ture.Shape))
    IF BDFeatures.Count = 0  Then
        RECORD("本底数据中不存在与监测数据匹配的要素") continue
    IF BDFeatures.Count > 1  Then
        RECORD("本底数据中存在多个与监测数据匹配的要素") continue
```

```
IF BDFeatures.Count = 1  Then
    BDFeature = BDFeatures[0];
    IF DiffGeometry(NCFeature, BDFeatures[0]) = = null Then
        RECORD("监测数据 ChangeType = 1,但与本底数据位置相同")
continue
```

（3）［ChangeType = 2］条件下的检查功能。

注释:
NCFeatureClass:监测要素集
BDFeatureClass:本底要素集
伪代码:

```
NCFeatures = NCFeatureClass.Search("ChangeType = 2")
Foreach NCfeature in NCFeatures
    BDFeatures = BDFeatureClass.Search(CC = NCFeature.CC
                                            &&Intersect
(NCFeature.Shape))
    IF BDFeatures.Count > 0  Then
        RECORD("本底数据中存在 CC 码相同,且位置与本底数据相关的要
素") continue
```

（4）［ChangeType = -1］条件下的检查功能。

注释:
NCFeatureClass:监测要素集
BDFeatureClass:本底要素集
伪代码:

```
NCFeatures = NCFeatureClass.Search("ChangeType = -1")
NCFeatureDictioanry = Group(NCFeatures)
Foreach NCFEAID in NCFeatureDictioanry.Keys
    IF NCFEAID = null Then
        RECORD("要素 FEATID 值与 ChangeType 值不匹配") continue
    BDFeatures = BDFeatureClass.Search(FEATID = NCFEAID)
    IF BDFeatures.Count = 0  Then

        RECORD("本底数据中不存在与监测数据匹配的要素") continue
    IF BDFeatures.Count > 1  Then
```

RECORD("本底数据中存在多个与监测数据匹配的要素") continue
IF BDFeatures.Count = 1 Then
    BDFeature = BDFeatures[0];
        NCFeatureGeometry = UnionGeometry(NCFeatureDic-
tioanry[NCFEAID])
            IF DiffGeometry(NCFeatureGeometry, BDFeatures
[0]) <> null Then
                RECORD("监测数据 ChangeType=-1,但与本底数据位置不
一致") continue

(5)[ChangeType=3 或未变化值]条件下的检查功能。

注释:
NCFeatureClass:监测要素集
BDFeatureClass:本底要素集
伪代码:
NCFeatures = NCFeatureClass.Search(ChangeType = 3 OR Change-
Type=未变化值)
Foreach NCfeature in NCFeatures
    IF NCfeature.FEATID = null Then
        RECORD("要素 FEATID 值与 ChangeType 值不匹配") continue
     BDFeatures = BDFeatureClass.Search(FEATID = NCFeature.
FEATID)
    IF BDFeatures.Count = 0 Then
        RECORD("本底数据中不存在与监测数据匹配的要素") continue
    IF BDFeatures.Count > 1 Then
        RECORD("本底数据中存在多个与监测数据匹配的要素") continue
    IF BDFeatures.Count = 1 Then
        BDFeature = BDFeatures[0];
        IF DiffGeometry(NCFeature, BDFeatures[0]) <> null Then
            RECORD("标记为未变化的监测数据与本底数据的位置不相同")
continue
        ELSE IF ValuesEqual(NCFeature, BDFeature) = False Then
            RECORD("标记为未变化的监测数据与本底数据的属性不相同")
continue

7.6　系统展示及应用

本节展示了基础性地理国情监测成果检验系统核心实现，并结合 2017 年国情监测的一个任务区的成果检验介绍系统的具体应用。国情要素数据、地表覆盖分类数据及生产元数据属于地理信息建库数据格式的国情监测成果，采用统一的系统实现方式，解译样本数据包含常规数据库、影像数据等，需要不同的数据 UI 模块实现。

7.6.1　国情要素、地表覆盖分类及生产元数据检验系统

1. 系统主界面

如图 7.40 所示，系统主要由数据管理视图区（A）、数据可视化视图区（B）、图层管理视图区（C）、检验管理视图区（D）、意见视图区（E）、操作功能区（F）及状态栏组成。

图 7.40　系统主界面

2. 模型管理

如图 7.41 所示，模型管理提供对模型的建立、删除（图 7.41（a））、导入及导出（图 7.41（b））、编辑与算子挂载（图 7.41（c））等操作。

3. 方案管理

如图 7.42 所示，方案管理提供对方案的建立、删除（图 7.42（a））、导入及导

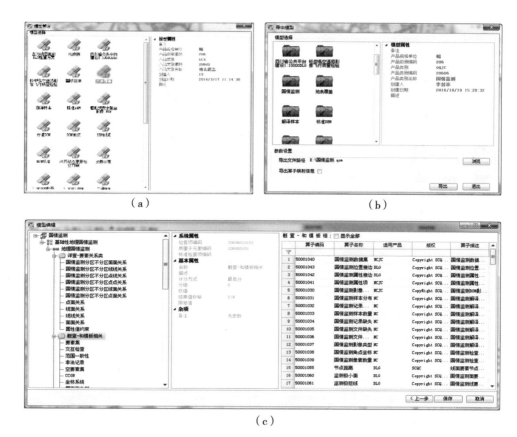

（a）　　　　　　　　　　　（b）

（c）

图 7.41　模型管理

出（图 7.42（b））、算子规则化（图 7.42（c））等操作。

4. 算子注册

如图 7.43 所示，算子注册功能提供质量检验算子的注册、查询、删除、优先级编辑等功能。

5. 工程建立

工程建立采用引导式的操作，包括工程命名（图 7.44（a））、检验数据指定（图 7.44（b））、检验模型指定（图 7.44（c））、检验方案指定（图 7.44（d））四个部分，其中检验方案的指定依赖于所指定的检验模型。

6. 质量检查功能

如图 7.45 所示，依据不同质量检查方案，生成支持国情要素分区数据、国情要素不分区数据、地表覆盖分类数据及国情元数据的质量检查功能界面。

7. 意见导出

如图 7.46 所示，提供将用户确认核实的检查意见导出为 Word、Personal Geodatabase、ASCII 文本等格式的数据。

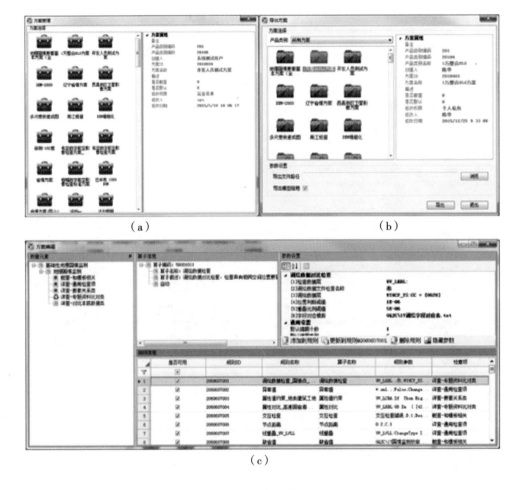

（a）　　　　　　　　　　　　　　（b）

（c）

图 7.42　方案管理

7.6.2　解译样本检验系统

1. 系统主界面

如图 7.47 所示，解译样本检验系统提供了照片与解译样本影像的图像、属性同步查询功能，同时也提供工程、数据、检验、意见编辑等主体功能。

2. 工程建立

如图 7.48 所示，与国情要素、地表覆盖等成果检验工程创建方式不同，解译样本检验工程创建采用向导式的方式实现，由工程模板选择、工程命名、模型方案选择、数据选择 4 个步骤构成。

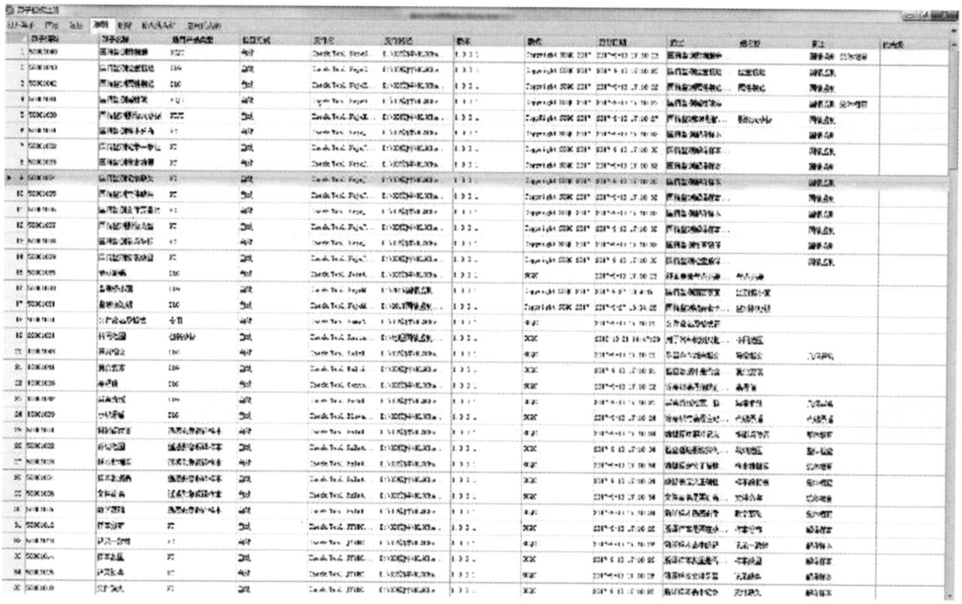

图 7.43 算子注册

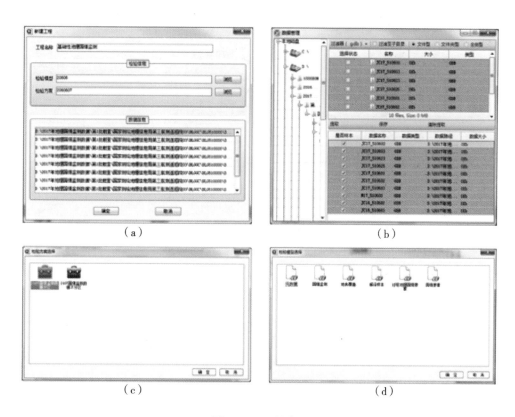

（a）

（b）

（c）

（d）

图 7.44 工程建立

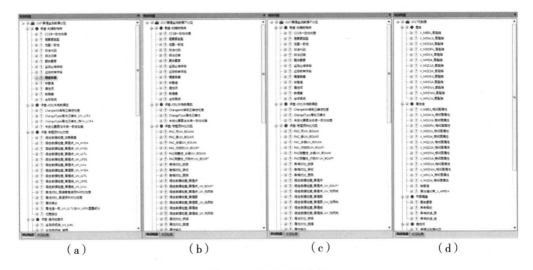

图 7.45 质量检验功能

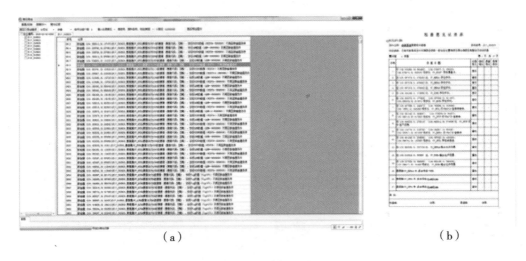

图 7.46 意见导出

3. 检查功能

如图 7.49 所示，依据国情监测解译样本成果质量检查方案，动态生成支持解译样本质量自动检查与交互检查的功能界面。

7.6.3 应用实例

本章节以四川省德阳市中江县任务区 2017 年基础性地理国情监测成果质量检验

图 7.47 解译样本检验系统主界面

图 7.48 向导式解译样本检验工程创建

为实例,介绍利用本节所构建的软件系统进行基础性地理国情监测成果质量检查的完整流程。

图 7.49　解译样本质量检查功能

1. 任务区简介

以四川省某县级任务区为实例，如图 7.14 所示，该任务区面积约 2063 平方公里，辖 45 个乡镇、约 837 个村或社区。该县级任务区 2017 年的基础性地理国情监测成果质量检验涉及解译样本成果与监测成果基本情况如表 7.5 所示，表中的不分区数据是以地市级任务区为单位，分区数据以县级任务区为单位。解译样本成果包含 119 个样本点，包含地面照片、解译样本影像、样本点数据库数据。中江县任务区 2017 年监测成果包括国情要素数据、地表覆盖分类数据及元数据共约 377607 个要素，国情要素不分区数据共 13478 个要素，中江县涉及 3431 个图斑，国情要素分区数据共 21628 个要素，地表覆盖分类数据共 352548 个要素，国情监测元数据因数据量小且按照不分区数据进行检验，在此不进行数据量统计。见表 7.17。

表 7.17　　　　　　　　　　　　**实验任务区国情监测数据量**

监测成果类型	不分区涉及数据量	分区数据量	数 据 总 量
国情要素	3431/13478	21628	25059
地表覆盖分类	—	352548	352548
国情元数据	—	—	—
解译样本	—	119	119

2. 国情监测成果质量检查

鉴于基础性地理国情监测成果数据包括分区数据、不分区数据以及元数据 3 个 File Geodatabase 格式（GDB 格式）的数据文件，利用系统对这三类成果的质量检验方式除了需要选取不同的质量检查方案外，所有操作完全一致，故而在此只对分区数据文件的检验操作进行介绍，其余两类数据成果只在选择检验模型与检验方案时进行区别介绍。

利用系统对国情监测分区成果数据进行质量检验的基本操作如下：

第一步，建立工程。工程是检验数据信息、检查模型信息、检验方案信息的集合，工程的建立即是完成了数据导入、检验模型及方案的设置，是进行质量检验的预备工作。在本实例中，指定检验数据为上文中提的县级任务区的分区数据，该数据包含地表覆盖分类数据（UV_LRCA 要素集）及部分国情要素数据（UV_HYDL、UV_HYDA、UV_LRDL、UV_LVLL、UV_LCTL 要素集），指定的模型与方案为分区数据检验模型与检验方案，若检查数据为不分区数据或者元数据，选择对应的检验模型与检验方案即可。

第二步，自动检查。工程建立完成之后系统即完成对数据、检验方案的加载，在检查规则视图区启动自动检查，自动检查的内容包括坐标系统、数据集、要素集、属性项、拓扑关系、要素关系、位置与属性接边、专题资料比对等，执行完成自动检查后系统自动在意见视图区加载检查意见记录（图 7.50）。

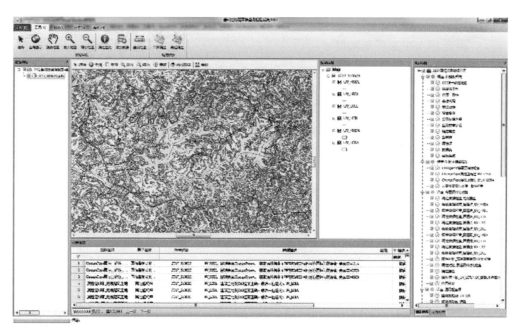

图 7.50　国情监测成果质量检查

第三步，交互检查。完成自动检查后，需要进行交互检查，包括核实自动检查结果是否正确与添加人工检查意见。

第四步，导出意见。完成所有检查工作后即可导出检查意见，首先需要设置检验参数、设置坐标格式、设置检验对象等，设置完成后即可导出检查意见为 Word 文档、Text 文本及 Person Geodatabase（MDB）格式（图 7.51）。

图 7.51　意见导出

3. 解译样本成果质量检验

国情监测解译样本成果质量检验是对国情监测解译样本影像文件、地面照片及样本数据库质量以及三者之间的一致性的检验，基本步骤于国情监测成果质量检验基本一致，具体如下：

第一步，建立工程。设置检验方案、检验模型与检验数据创建一个检验工程，特别注意的是此处选择的数据只是样本数据库数据，一般情况下是一个 MDB 格式的数据文件。

第二步，自动检查。启动自动化检查功能，对数据进行自动化检查，主要检查内容包括属性基础、数据格式、文件命名、样本数据库、样本属性项、摄影点位置、角点坐标、文件完备性、文件一致性、样本数据库记录一致性、影响类型等（图7.52）。

第三步，交互检查与意见导出。解译样本数据的交互检查与意见导出操作和国情监测成果数据相同，即是进行自动化检查意见核查与人工检查意见的添加。需要注意的是，解译样本的交互检查需要逐一查看解译影像文件与对应的地面照片，检查二者是否一致，系统提供了数据索引与对比视图，方便进行核查工作。完成交互检查工作后，即可按照与国情监测成果检查相同的方式导出检查意见。

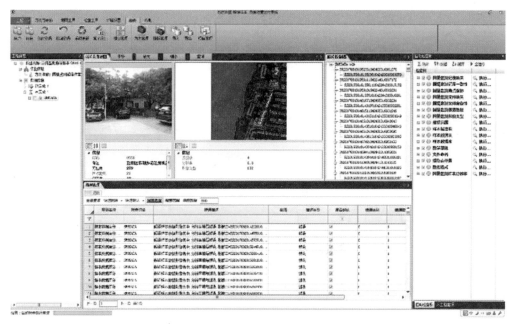

图 7.52 解译样本质量检查

4. 准确率与效率分析

国情监测成果数据质量检查总体准确率在 85% 以上，大部分算子可以达到 100% 的准确率，接边检查、拓扑检查等不易明确界定错误模式的算子会出现一定的误报。完成一个县的检查总耗时大约 1 小时，其中，算子中接边检查、属性值约束检查、未变化要素一致性应为需要逐要素，甚至是全要素分析，因此耗时较长，大约占总检查时间的 80%，剩余检查算子总体执行时间占 20%，其中大部分算子可以在 5 秒之内完成检查。解译样本由于数据量较小，且错误模式易于定义，所以准确率和效率都较高，几乎不需要人工排查，整体执行时间大约 3 分钟。

此实例验证了本章节讨论的国情监测成果数据质量检验系统的系统架构模式、算子设计与实现方式符合国情监测成果数据质量检验要求，能够准确高效支撑国情监测成果数据质量检查与验收工作。

第8章　1∶50000地形数据动态更新质检系统

8.1　前　　言

8.1.1　技术发展

1∶50000地形数据是国家基本比例尺地形数据，是经济建设、国防建设和文教科研的重要图件，又是编绘各种地理图的基础资料，其测绘精度、成图数量和速度等是衡量国家测绘技术水平的重要标志。1∶50000地形数据一般是由国家测绘地理信息主管部门依据统一的生产技术规定、技术流程及评判标准组织生产的。

我国的1∶50000地形数据经历了纸基地图时代、数字化时代、更新时代三个时期。在纸基地图时代，作业人员在纸上手工绘制每一个符号，完成一幅地形图的生产需要耗时数月，生产周期长、更新困难，而且纯手工的生产方式不可避免会在成果中存在或多或少的质量问题。在质量检查时，只能采用人工目视检查的方式，对地形图中符号、注记表达的正确性和完整性、综合取舍的合理性等进行检查。

随着数字化时代的到来，国家测绘地理信息局组织开展了全国范围内1∶50000地形数据的生产工作，采用计算机制图的方式，用点、线、面表示地物、地貌等要素，赋予各个要素丰富的属性信息。这个过程经历了十多年的时间，随着西部无图区测图工作全面完成，标志着我国首次完成了1∶50000地形数据的全覆盖。与此同时，全国1∶50000地形数据库也建立起来了，我国实现了对全国范围内1∶50000地形数据基于数据库的管理。这时的1∶50000地形数据有定位基础、水系、居民地、交通、管线、境界与政区、地貌、植被与土质、地名九大类共34层数据，包括359种地物要素、119种地名要素。

2008年，原国家测绘局颁布了专门针对1∶50000系列产品的质量检验标准CH/T1017—2008《1∶50000基础测绘成果质量评定》，详细规定了质量检查时的质量元素、错误率、检查内容、质量评定方式等，使数字化的1∶50000数据在质量检查时有据可依。该标准运行一年后，又推出了"CH/T1017—2008《1∶50000基础测绘成果质量评定》测绘行业标准修改单"，该修改单主要针对1∶50000数字线划图中普遍问题错误个数计算方式进行规定，使1∶50000数据的质量评定工作更加科学化。在此阶段，一些针对性的质检软件应运而，质量检查主要采用程序自动检查和人机交互检查、外业实地检查相结合的方式。质量检查时更注重要素的位置正确性、属性正确性、完整性和要素间关系的合理性、综合取舍的合理性等。

1∶50000 地形数据在成功实现数字化转型后，为了更好地服务于经济社会发展，保持其现势性及内容的丰富性成为当务之急，1∶50000 地形数据于是进入了更新时代。更新时代分为两个阶段，第一个阶段是综合判调更新阶段，在这个阶段，1∶50000 地形数据以图幅为单位，主要依靠影像及外业调绘采用综合判调法进行更新，历时 5 年，完成了全面更新。这个阶段为 1∶50000 地形数据更新打下了坚实的基础，但是更新周期长、外业工作量大，仍然无法很好地保持 1∶50000 地形数据的现势性。第二个阶段是动态更新阶段，从"十二五"时期开始，原国家测绘地理信息局启动了"1∶50000 地形数据库动态更新"，大力推进基础地理信息数据库从定期全面更新向持续更新的转变，从此宣告动态更新时代的来临（商瑶玲，2012）。

在动态更新时代里，每年都对 1∶50000 地形数据进行更新，每年发布一个更新版本，并实现了对数据的增量建库与管理服务。与综合判调更新阶段主要依靠影像和外业工作的更新方式不同，动态更新阶段除了拥有高分辨率高覆盖度的国产卫星影像外，还有海量的专业资料及各种专题数据，并依赖庞大的网络信息对测区进行变化发现，并实现更新。动态更新的成果不再像综合判调更新时期成果为一幅幅完整的 1∶50000 地形数据，而是以行政区域为边界，且只保留了变化部分的增量数据。在这个更新过程中，外业工作量锐减，更多的工作量集中在各种专业资料和专题数据的内业分析阶段，更新周期大大缩短，生产成本降低（王东华，2013）。

针对动态更新的特点，国家基础地理信息数据库动态更新项目部编制了《国家基础地理信息数据库动态更新项目 1∶5000 地形数据库动态更新质量检查验收规定》（以下简称《检查验收规定》），保证了质量检验工作科学、有序、有据可依。在此阶段，质量检验的重心发生了改变，更关注要素属性值之间的逻辑关系合理性、更新的完整性和正确性、更新要素与非更新要素之间的关系合理性等。由于这一系列的改变，传统的质检软件已经无法对动态更新成果进行高效且有的放矢的检查，急需研制一个全面、高效且符合《检查验收规定》的质检系统以提高检查效率（刘建军，2015）。

8.1.2　动态更新生产方式

在动态更新阶段，根据地形要素与经济建设和人民生活的关系密切程度、使用频率、变化频率、用户现势性需求等一系列的因素将地形要素分为重点要素与一般要素，要素的属性分为重要属性与一般属性，并分别规定了更新指标及现势性要求。

以往国家 1∶50000 地形数据库更新以图幅为基本单元，按图幅进行更新，主要依靠外业调绘，生产过程中不标记哪些要素发生了变化。与之相比，动态更新有以下特点（刘建军，2014；王东华，2015）：

1. 基于数据库进行更新

更新数据以生产责任区更新范围作为一个物理连续的数据集，且每个要素有唯一的数据库标识（FEAID）。FEAID 属性值是更新后数据与更新前数据库之间重要的纽带，在更新数据库时，先在库中锁定 FEAID 相同的要素，然后对其进行更新操作。

2. 采用增量更新的模式

动态更新需在生产时标记哪些要素发生了什么样的变化，其成果并不是一个全要素的数据集，而是将 STACOD（更新状态标识）为"增加""删除""修改"的要素提取出来形成增量数据，增量数据中只保留了要素变化的部分。如实地城区面积扩大了，增量数据中只有形状、位置、属性等变化的街区要素，而未发生变化的街区要素则不会出现在增量数据中。如图 8.1 所示。

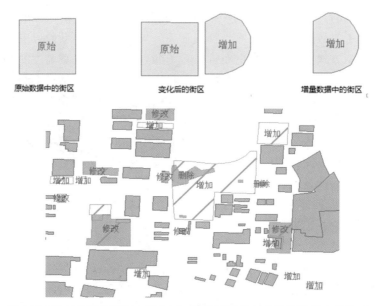

（图中填充符号为原始数据中的街区，简单影线符号为增量数据中的街区）

图 8.1　街区变化示意图

成果中每个要素都有"数据库标识（FEAID）""更新状态标识（STACOD）"和"版本标识（VERS）"三个属性项，其中，FEAID 属性项记录每个要素唯一的数据库标识，STACOD 属性项主要记录更新状态："增加""修改""删除"，VERS 属性项记录更新年代，如 2017 年更新的要素其 VERS 属性值只能填写"2017"。

利用增量来更新数据库主要通过这三个属性值之间的逻辑关系建立更新联系。更新思路如下：

（1）如果 FEAID 属性值为空，STACOD 属性值为"增加"，则在数据中直接新增该要素。

（2）如果 FEAID 属性值不为空，则首先通过 FEAID 建立起更新增量数据与原始数据库的联系，锁定相同 FEAID 的要素后，根据 STACOD 的属性值对其进行更新操作。

（3）如 STACOD 属性值为"修改"，则用更新数据替换原始库中 FEAID 相同的要素。

（4）如 STACOD 属性值为"删除"，则将原始数据库中 FEAID 相同的要素物理删除。

（5）如 STACOD 属性值为"增加"，则在数据库中实际增加该要素，并根据实际情况将数据库中属性值相同的要素进行合并。

利用增量数据更新数据库的流程如图 8.2 所示。

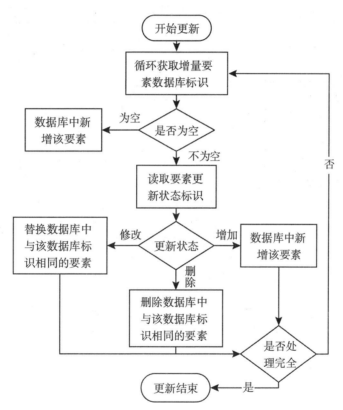

图 8.2　利用增量数据更新数据库的流程

3. 内业为主外业为辅的更新方式

动态更新的技术路线为：基于遥感影像，辅以专业资料及网络检索信息进行变化发现，对于已发现变化的要素，主要利用影像和相关专业资料进行内业更新，无法通过内业方式更新的，采用外业补测补调的方法，获取 1∶50000 地形要素更新增量数据。这样的技术路线决定了在更新之前需要做大量的准备工作，如提前收集满足现势性要求的遥感影像、权威部门的专业资料、经验收合格的专题数据、官方网站上的检索信息、公开发布的各类统计数据、发行的图集图册等，然后基于这些资料进行充分的变化发现，最后外业人员走访主要城镇，对更新要素进行现场核查及测绘，保证更新成果完整、准确。

　　1∶50000 地形数据动态更新的工艺流程如图 8.3 所示。

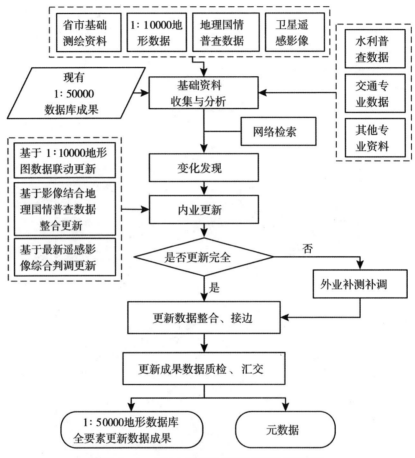

图 8.3　1∶50000 地形数据动态更新工艺流程

8.2　1∶50000 地形数据检查与质量控制

8.2.1　生产各环节质量控制

　　从动态更新的生产流程可以看出，基础资料收集与分析、变化发现、内业更新、更新数据整合接边等环节都极易出现质量问题。

1. 基础资料收集与分析环节

基础资料收集与分析环节是整个动态更新工作的基础，资料收集的全面性、权威性、现势性以及资料分析工作的细致性对后续生产环节的影响特别深远。如果资料收集不全面，遗漏了交通类资料，则后续的更新过程中需要数倍的内、外业工作才能保证更新的完整性、正确性；如果收集的资料不具有权威性或现势性不能满足要求，则可能导致成果更新错误、与实际情况不符；即使收集到海量满足更新要求的资料，资料分析环节仍然举足轻重。例如，当同类资料之间有矛盾时，如何甄别，则需要做大量的分析佐证工作；如果专业资料中有矢量数据，则还需要对其数学精度进行检测，全面评估其可参考性。质量检查时，需仔细核查资料的权威性、现势性及精度是否满足更新要求。

2. 变化发现环节

变化发现环节是后续动态更新工作的保障。能否根据收集的资料及分析结果对测区进行准确、全面的变化发现，直接影响着下一工序的工期及质量。例如道路的更新，若能通过影像确定变化道路的位置、走势以及其桥梁、隧道等附属设施的位置、长度等，再结合权威资料对其属性赋值，则大大节省了外业调绘的工作量，且缩短了更新周期。例如通过网络检索，在官方网站发布的信息中发现测区内机场已更名，核实了信息来源的权威性后，则可直接在内业完成更新。质量检查时，需检查变化发现信息的完整性、正确性。

3. 内业更新环节

内业更新环节主要是将各种变化发现的信息汇集起来，参照其对原始数据进行预更新，并处理更新要素与相关要素的相互关系。质量检查时，需重点关注容易漏判、错判的要素和区域，检查更新内容是否正确、完整，与相关要素的关系是否合理等。

4. 补测补调环节

外业补测补调环节是对内业更新的补充，通过对内业不确定的问题进行实地核实，保证内业更新的正确性，同时通过走访重点城镇，补充内业未发现的变化。质量检查时，需检查补测要素的位置正确性、补调要素属性值的完整性和正确性、要素表示的正确性和完整性等。

5. 更新数据整合、接边环节

更新数据整合、接边环节是在内业更新数据的基础上，结合外业补测补调数据进行更新数据整合，处理要素间相互关系，并完成生产单元之间的接边。在这个过程中极易出现属性值之间的逻辑关系错误、更新要素与其他要素间关系不合理等质量问题，是质量检查的重点。

由前文所述动态更新的 5 个生产环节可以看出，环节（1）（2）（4）中极易出现成果参照专业资料更新不完整、不正确的问题，环节（3）（5）中极易出现增量数据属性值间的逻辑关系错误、要素更新后未处理与其他要素间的关系等质量问题。这三种质量问题在 1：50000 地形数据动态更新成果中比较常见，而如何全面有效地检查出这些质量问题，成为 1：50000 地形数据在动态更新时代质量控制的难点。

8.2.2　质量控制难点

1. 增量数据属性值间的逻辑关系

增量数据属性值间的逻辑关系错误分为两类，第一类是要素的“数据库标识（FEAID）”“更新状态标识（STACOD）”“版本标识（VERS）”三个属性值的逻辑关系错误；第二类是要素的其他相关属性值间逻辑关系错误。

（1）“数据库标识（FEAID）”“更新状态标识（STACOD）”“版本标识（VERS）”三个属性值的逻辑关系。增量数据中要素的“数据库标识（FEAID）”“更新状态标识（STACOD）”“版本标识（VERS）”三个属性值逻辑关系是否正确，直接关系到成果能否顺利入库并完成对原始数据库的更新，所以这是质量控制的重中之重。常见的错误如图 8.4、图 8.5 所示。

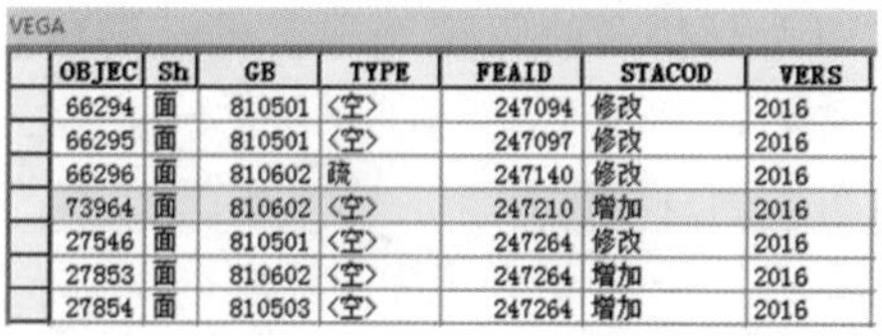
VEGA

OBJEC	Sh	GB	TYPE	FEAID	STACOD	VERS
66294	面	810501	<空>	247094	修改	2016
66295	面	810501	<空>	247097	修改	2016
66296	面	810602	疏	247140	修改	2016
73964	面	810602	<空>	247210	增加	2016
27546	面	810501	<空>	247264	修改	2016
27853	面	810602	<空>	247264	增加	2016
27854	面	810503	<空>	247264	增加	2016

图 8.4　STACOD 与 FEAID 属性值逻辑关系错误

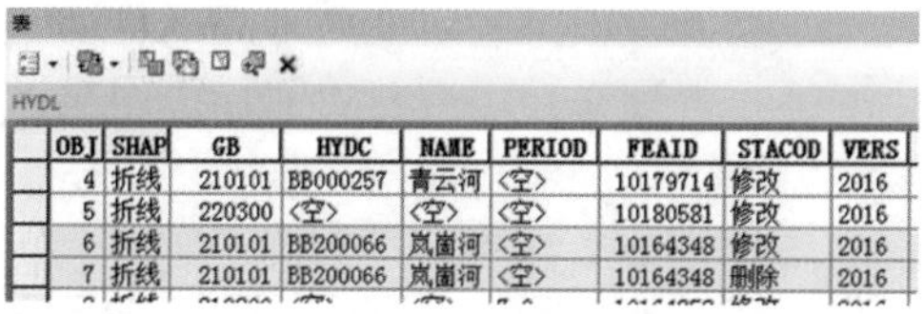
表

HYDL

OBJ	SHAP	GB	HYDC	NAME	PERIOD	FEAID	STACOD	VERS
4	折线	210101	BB000257	青云河	<空>	10179714	修改	2016
5	折线	220300	<空>	<空>	<空>	10180581	修改	2016
6	折线	210101	BB200066	岚崮河	<空>	10164348	修改	2016
7	折线	210101	BB200066	岚崮河	<空>	10164348	删除	2016

图 8.5　STACOD 与 FEAID 属性值逻辑关系错误

图 8.4 中，FEAID 为 247210 的要素其 STACOD 为“增加”不合理。如果直接用这种错误的增量去更新数据库，会导致数据库中同时存在 2 个 FEAID 为 247210 的要素，即数据库中原本存在的 STACOD 为“原始”的要素和通过增量更新后 STACOD 为“增加”的要素。这两个要素可能完全重合但属性值不同，可能属性值相同但位置不同，可能位置和属性均不同，也可能位置和属性均相同但方向不同。这种错误的更新首先破坏了数据库中各要素 FEAID 的唯一性，其次无法得知该要素是否发生了变化，再者无法分辨数据库中到底哪一个要素才是与实际相符的状态。

图 8.5 中有两个 FEAID 同为 1064348 的要素，其 STACOD 分别为“修改”和“删除”不合理。如果直接用这种错误的增量去更新数据库，会导致更新失败，因为数据库中 FEAID 为 1064348 的要素不知道该进行何种更新，是将其替换为修改后的要素，还是直接将其物理删除。

因此，在质量检查时，必须厘清 FEAID、STACOD、VERS 三个属性值之间的逻辑关系（房龙，2013）：

（1）变化要素的 VERS 属性值只能填写为更新当年，如“2017”；

（2）当要素的 FEAID 属性值为空时，对应的 STACOD 属性值只能为“增加”；

（3）当要素的 FEAID 属性值不为空时，STACOD 属性值为“增加”“修改”“删除”三种之一；

（4）当多个要素的 FEAID 属性值相同且不为空时，对应的 STACOD 属性值只能

有一个要素状态为"修改",其余为"增加";

(5) 当 FEAID 属性值不为空时,若对应 STACOD 属性值为"删除",则不能再有 FEAID 属性值相同的要素其 STACOD 属性值为"修改"或"增加"。

以上检查内容对质检员的逻辑思维能力要求较高,要求对成果中所有要素的逻辑关系进行全面检查,工作量大,且稍有疏忽就会导致成果不能顺利入库,或入库后对数据库进行了错误的更新,酿成无法挽回的损失。

(2) 要素的相关属性值矛盾。要素中一些属性项之间存在逻辑关系,有的是同一要素的属性项之间,有的是要素与要素的属性项之间存在逻辑关系。如图 8.6 所示为同一要素的属性项之间属性值矛盾,图 8.7 所示为要素与要素的属性项之间属性值矛盾。

LRDL

	OBJ	Sha	GB	RN	RDPAC	NAME	RTEG	MATRL	LANE	SDTF	WIDTH	TYPE	PERIOD	FEAID	STACOD
	1	折线	420101	G305	210000	庄河-林西	二级	沥青	4	双	24	〈空〉	〈空〉	6905717	修改
	2	折线	420101	G305	210000	庄河-林西	二级	沥青	4	单	12	〈空〉	〈空〉	6905724	修改
	3	折线	420101	G305	210000	庄河-林西	二级	沥青	4	双	24	〈空〉	〈空〉	6905727	修改

图 8.6　同一要素的属性项之间属性值矛盾

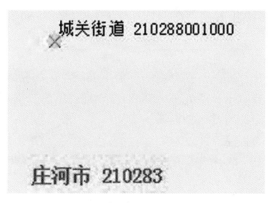

图 8.7　要素间属性值矛盾

图 8.6 中国道 G305 的车道数(LANE)与路宽(WIDTH)、单/双行线(SDTF)属性值矛盾。从属性表分析,该道路从双向行驶、24 米路宽变成单向行驶、12 米路宽之后车道数仍然是 4 车道,不合理。如果这样的数据被应用到规划、军事等领域,会对决策产生影响。

图 8.7 中城关街道是 AGNP(地名及注记)层的乡镇级注记,庄河市是 BOUA(境界面)层的名称,城关街道隶属于庄河市,它们的 PAC(行政区划代码)值具有相关性,即前 6 位应相同。但是如图所示庄河市的 PAC 值为 210283,城关街道的 PAC 值前六位为 210288,二者不一致,属性值矛盾。如果该数据在应用时通过 PAC 值进行分析,则无法分析出二者的关联性,从而无法得知其隶属关系。

2. 成果参照资料更新的完整性与正确性

1∶50000 地形数据动态更新成果以内业更新为主、外业更新为辅的更新模式决定了成果需要与海量的专题资料进行比对，逐一检查要素的完整性和属性、位置的正确性。

海量的专题资料主要包括：

1）水系资料

（1）水利部门收集的权威资料；

（2）地理国情普查数据、各省 1∶10000 基础地理信息数据；

（3）官方网站检索信息。

主要从以上资料中获取河流的水系代码及名称、水库的水系代码、名称及库容量等属性信息，河流、小二型以上水库的大概位置。

2）交通资料

（1）国家交通部门、铁路部门收集的权威资料；

（2）地理国情普查数据、各省 1∶10000 基础地理信息数据；

（3）权威部门发布的图集图册；

（4）官方网站检索信息。

主要从以上资料中获取公路铁路的性质、名称、编号、等级、铺面材料、路宽、车道数等属性信息，公路铁路的大概走势。

3）地名资料

（1）民政部门、统计部门、教育部门、卫生部门收集的权威资料；

（2）地理国情普查数据、各省 1∶10000 基础地理信息数据；

（3）权威部门发布的行政区划简册；

（4）官方网站检索信息。

主要从以上资料中获取各级政府驻地、学校、医院、企事业单位的名称、位置。

4）管线资料

（1）电力部门、油气部门等收集的权威资料；

（2）各省 1∶10000 基础地理信息数据；

（3）官方网站检索信息。

（4）主要从以上资料中获取各类重要管线的名称、性质、走势等信息。

5）境界与政区资料

（1）民政部门、旅游部门等收集的权威资料；

（2）地理国情普查数据、各省 1∶10000 基础地理信息数据；

（3）官方网站检索信息。

主要从以上资料中获取各级境界的级别、位置，以及境界变更情况。

以上各类要素的更新都依赖于海量的专业资料，每一种要素都需要与多个权威资料、专题数据进行比对，且这些资料、数据之间也存在相互矛盾的情况，都需要一一甄别，所以成果参照资料更新的完整性与正确性检查是质量控制中最繁琐、最难面面俱到的难点。

常见的错误如图 8.8、图 8.9 所示。

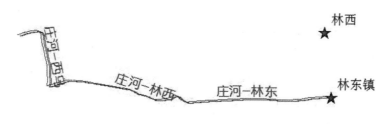

图 8.8 道路的名称错

图 8.8 中道路的名称为"庄河-林西",收集到的交通资料中道路名称为"庄河-西乌",国情数据中为"庄河-林东",网络检索其道路终点为林东镇。此时,可供参考的权威资料、专题数据以及网络检索结果不一致,需进行进一步的分析。数据中该道路的终点在林东镇附近,而林东镇与"林西"相距约 100 千米。综合分析,判断该道路名称错误。

图 8.9 政府驻地的位置错

图 8.9 中政府驻地"丹东市"的位置(绿色五角星符号)在道路以南,1∶10000 基础地理信息数据中该政府驻地的位置(红色原点)在道路以北,结合影像、网络检索资料分析,判断政府驻地的位置错误。

除了以上成果与权威资料、专题数据之间的不一致外，成果中的常见错误还包括与影像不一致的错误，如图 8.10、图 8.11 所示。

图 8.10　成果与影像不一致

图 8.10 中水库的边界范围未依据参考影像进行更新，需要补更。

图 8.11 中城区周围大兴建设，成果中仍为草地（810602）、果园（820000），与实地不符，需依据参考影像进行更新。

3. 要素连带更新的合理性

1：50000 地形数据动态更新项目的更新机制是重点要素，每年必须进行变化发现与更新，重点要素的属性、位置变化及新增、灭失等必然引起与之相关的其他要素也需要连带更新，因此需要认真梳理，否则很容易对成果使用造成严重影响。

常见的连带更新如下：

（1）地物新增或消失后需连带更新与之相关的要素，如新增的桥梁在地名层也需增加桥梁名；

（2）地物位置变化后需连带更新与之位置相关的其他地物，如河流变宽后需连带更新河流上桥梁的跨度，并协调处理河流与两岸设施的位置关系；

（3）地物范围变化后需连带更新与之相邻要素的范围，如居民地的范围扩大后需连带更新与之相邻的植被范围；

（4）要素属性变化后需连带更新与之属性相关的其他要素，如境界的行政区划代码变化后需连带更新该行政区域内道路的行政归属、地名的政区代码等。

这些连带更新在 359 种地物要素及 113 种地名要素中交叉发生，在检查时，需将原始数据中与变化要素位置相关、属性相关的要素一一进行排查，检查连带更新的完整性、合理性。

图 8.11 成果与影像不一致

常见的错误如图 8.12、图 8.13 所示。

图 8.12 连带更新不合理

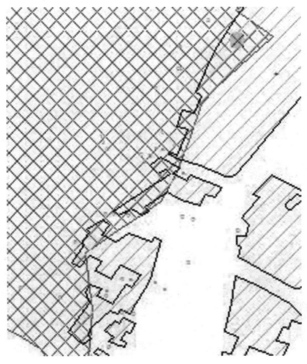

图 8.13　连带更新不合理

图 8.12 中面状水系（蓝色面）的范围缩小后，但原本与之相连的河流（蓝色线）未连带更新，因此产生了悬挂点。

图 8.13 中新增的自然保护区范围（格网面）与居民地（条纹面）存在小面积重叠，关系不合理。

8.2.3　当前主要质检手段

前文介绍了 1∶50000 地形数据动态更新成果质量控制难点，质量检查从工作程序上分为外业和内业两个大的部分。外业主要侧重实地对地物及其属性地实地检查比对，是内业检查的一种补充手段；内业侧重检查数据是否标准化、数据间的逻辑关系是否合理、要素表达是否完整和正确等。由于动态更新的特点是更新周期短、更新频率高，强调数据的时效性，所以内业检查作为发现问题的重要手段，对于确定哪些需要外业实地走访，以及后续保证数据入库都尤为重要。本小节主要介绍内业检查常采用的手段和方式。

内业检查主要是针对 1∶50000 地形数据成果进行检查，目前检查方法除了传统的人工目视检查外，也有配套的软件进行辅助检查。

由于内业检查工作量大，采用程序检查一般是首选方式，如何设计合理的软件最大程度地实现检查的自动化，并保证检查结果的可靠性，减少人工排查工作量是关键。目前主流的检查软件不能有效地针对动态更新成果的三大检查难点进行有的放矢的检查，存在一定不足，主要表现在：

（1）不能实现成果与各种参考资料之间的自动比对，在实际的检查工作中需要人工逐要素一一去对比，检查成果采集的完整性和正确性。

（2）在要素关系检查尤其是更新要素与非更新要素之间关系合理性检查时，只能检查软件设定的检查项，不能根据测区情况、数据情况自主地设置检查参数进行更为全面更有针对性的自动检查。

（3）仅针对某一个要素自身属性项之间的逻辑关系进行检查，不能跨图层检查要素属性值之间的逻辑关系。

同时由于 1：50000 地形数据动态更新成果并不是全要素的数据，仅为 STACOD 属性值为"增加""修改""删除"的增量，并不能直接用来检查，目前主流的检查软件也有针对性地研制了一些工具，但是在使用中仍存在一些不足，如：

（1）数据处理方面，将增量数据与原始数据进行融合时效率较低，或出现数据丢漏或属性值被篡改的情况；

（2）数据选择方面，内业检查时一些检查项基于融合数据进行检查，一些检查项基于更新成果进行检查，一些检查项需要将更新数据与原始数据进行逻辑运算之后生成新的数据集进行检查，面对如此复杂的检查内容，目前主流的检查软件并不能实现自动批量检查，而需要对不同的检查数据分别运行检查项，导致检查效率低下；

（3）数据提取方面，检查 1：50000 地形数据动态更新成果时，还需要与海量的卫星影像进行对比。这些卫星影像数据量庞大，且命名中因为包含了影像类型、轨道号、获取时间等信息而使名称变得很长，在检查时，如果通过命名一景一景地搜索，费时费力，不能自动选择并拷贝影像，对检查效率也造成一定的影响。

综上所述，当前的主要质检手段虽然实现了一定的自动化，但是自动化程度还有待提高，尤其是针对动态更新成果检查的三大难点，大部分检查项还处于人工检查占主导的阶段，受制于检查工期、检查者的技术水平和责任心等因素，检查结果有一定差异，不能有效保证检查效率和可靠性。急需有针对性、全面性、且兼具可靠的数据处理、数据选择、数据提取功能的信息化检查系统，下面将重点介绍该系统解决三大检查难点的方案以及针对项目特点设计的特色功能。

8.3 系统设计及功能实现

8.3.1 系统设计理念

1：50000 地形数据库动态更新成果具有覆盖范围广、数据量大、要素类型多、逻辑关系复杂等特点，极不利于人工检查及外业巡检工作的开展，但成果数据内部遵循严密的逻辑规律，且与外部参考数据具有很强的一致性。因此，软件系统可充分挖掘利用矢量数据图形与属性、图形与图形、属性与属性之间存在的逻辑关系和规律，构建自动检查项，高效检查和发现数据中存在的错误。

1. 检验流程设计

针对 1∶50000 地形数据库动态更新成果质量检查要点与难点，设计了集质检与评价为一体、系统性强的业务流程，包括质检方案制定、模板数据管理、增量数据与原始数据融合、自动检查、交互核对、结果管理、质量评价等，流程如图 8.14 所示。

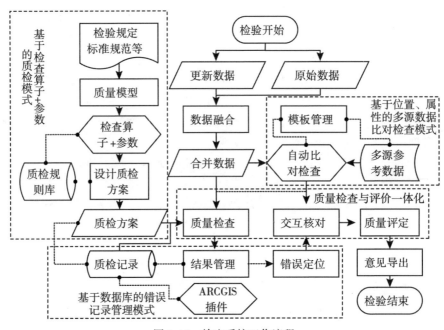

图 8.14　检查系统工作流程

具体流程如下：

（1）根据技术设计书、检验规定及相关标准规范，基于"检查算子+参数"的模式制定质检方案，确定质量元素、质量子元素、检查项；

（2）将水利、交通、地名、管线、境界、地理国情普查数据、1 万数据等专题资料和数据集导入数据库，统一进行管理，基于位置、形状及属性值的多源参考数据比对检查项可直接调用；

（3）新建工程，将增量数据、原始数据、融合数据、质检方案、模板数据等项目信息进行关联，形成工程文件，为质量检查模块提供数据支撑；

（4）执行属性值、要素关系、几何位移、几何异常等自动检查；

（5）检查结果管理模块提供了错误定位、删除、修改等功能，方便人机交互确认检查结果，并进行质量评定。

2. 系统架构设计

合理性强、扩展灵活的软件架构，可降低程序开发工作量，并便于后期维护与功能扩展。本系统采用分层构建理念，将软件分为"支撑数据层""管理层""应用层"，数据管理采用 Oracle、Access 数据库，如图 8.15 所示。

图 8.15　检查系统架构

3. 检查算法设计

本系统设计检查算子时，仅读取必要的数据到内存，且使用后及时进行内存回收，避免内存不足；同时，采用优化的检查算法，在保证检查精度的前提下注重检查效率的提升，防止检查过程中由于数据量大而造成的死机或内存泄漏；此外，检查算子所需的必要参数均可以通过参数面板设置，检查算子具有高度的灵活性、强大的适用性。

4. 工程化数据管理

本系统在新建检查工程时，为每个工程生成唯一 ID 码，并将项目相关增量数据、原始数据与融合数据的绝对路径，检验模型、检验方案、模板类型的索引值等信息统一存储于新建的工程文件内，其中，检验模型、检验方案、模板类型等原始数据信息存储于系统内置通用数据库中，既保证了检查项目特有数据与信息的独立性，又保障了检验模型、检验方案、参考模板等通用型信息在不同项目间自由流转。

8.3.2　系统功能实现

本系统针对现有动态更新成果质量检查软件的不足及质量控制工作的要点、难点，研发了增量与原始数据自动融合、基于位置、形状及属性值的多源参考数据比对检查、检查对象自动选择、检查要素自动筛选、影像数据自动提取等特色功能模块，如图 8.16 所示。

1. 更新成果与原始数据自动融合模块

1∶50000 地形数据库动态更新成果质量检查时，需将其与原始数据对比，进行位置、属性、关系合理性检查。但两类数据叠加时会出现 STACOD 为"删除"和"原始"的要素完全重合，"修改"与"原始"的要素部分重合或相互缠绕等问题，

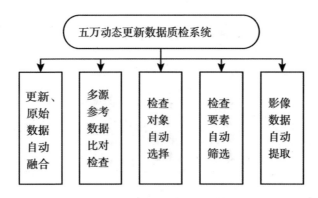

图 8.16　检查系统特色功能

无论是人工目视检查还是利用程序自动检查，都费时费力，需要一一去甄别上述问题中要素重合的合理性。

为便于检查，本系统将增量数据与原始数据融合成一套完整的融合数据，融合数据中各要素呈现出更新后的状态，如 STACOD 为"删除"的要素在融合数据中将不复存在，"修改"的要素将不会再与"原始"要素重合或缠绕。同时，自动检查时，数据查询效率也得到了提高。

系统主要基于 ArcEngine 实现了数据删除、修改和增加等系列融合操作。ArcEngine 要素删除主要有单要素删除（IFeature. Delete）、游标查询遍历删除（IFeatureCursor. DeleteFeature）、数据库表批量删除（ITable. DeleteSearchedRows）等方法，单要素删除法和游标查询遍历删除法是在查询结果中循环删除要素，效率较低；ITable. DeleteSearchedRows 基于数据库表批量删除要素，性能较优，与 1∶50000 地形图动态更新等大区域、大数据量地理信息数据的处理需求契合度较高，本系统采用了此方法。

具体为：系统根据数据库标识（FEAID）先在原始数据中批量删除增量数据中更新状态标识（STACOD）为"删除""修改"的要素，然后把增量数据中更新状态标识（STACOD）为非删除状态的要素批量添加到原始数据集。增量数据、原始数据融合处理伪代码如下：

```
while Layer < LayerNum do
/* Layer 表示当前图层,LayerNum 表示 1∶50000 地形图地形数据库数据集
*/
/* 循环融合处理数据集中的每个图层 */
    if STACOD= 删除 or STACOD = 修改 then
    /* STACOD 为更新状态标识 */
        do 批量删除原始数据相关要素
```

```
    else if STACOD≠ 删除 then
        do 将更新要素批量添加到原始数据中
    end if
end
```

2. 基于位置、形状、属性值的多源数据比对检查

系统在完善丰富数据内部相对检查算法的基础上，研发了基于多源参考数据的自动比对检查模块，该模块首先将外部多源数据制作成模板，然后利用被检数据和多源参考数据要素的形状、位置及属性值对应关系，建立待检数据和参考资料之间的逻辑相关性，进而通过数据之间的比较分析、冲突检测，快速提取出数据错误，提高软件的自动化检查范围，降低外业巡检人员工作量，提升检查效率。基于多源参考数据的比对检查方法如图 8.17 所示。

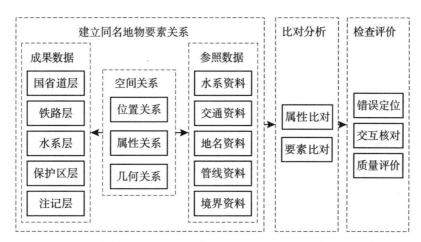

图 8.17 基于多源参考数据的比对检查方法

属性比对实现流程为：

（1）根据范围层和要素筛选条件，获取检查与参考对象集；

（2）以被检对象为基准建立缓冲区，获取落在缓冲区内的参考要素；

（3）计算被检对象与参考对象的重叠比例，获取重叠比例大于"重叠比例阈值"的参考要素；

（4）获取对应要素属性值，判断"检查字段对应"条件是否成立。参数设置面板如图 8.18 所示。

在检查过程中，发现多数专业资料与数据之间并不是一一匹配的，例如交通专业资料中 的道路名"AB 线"在数据中要求被采集为"A-B"，道路的路宽属性不能参照专业资料直接录入等情况。在检查时，如果系统只是将专业资料与数据进行简单的比对，势必会造成极大的误报。因此，本系统针对 1：50000 地形数据与海量专业资

图 8.18　属性对比参数设置模板

料之间极其复杂、庞大的比对量身打造了特色的比对功能，即根据专业资料与数据之间的匹配情况，对专业资料进行处理，然后在进行匹配检查，如将道路名"AB 线"自动解译为"A-B"，再与数据进行匹配检查，将数据中的路宽属性与专业资料进行数学运算，并设置阈值，只对运算结果超过阈值的地方报错。除此之外，还可以对专业资料进行属性约束，通过交集、并集等运算使得专业资料与数据更加匹配，使得系统功能更全面、更智能。

3. 检查对象自动选择

系统执行自动检查时涉及 3 个数据：增量数据（成果）、原始数据、融合数据（融合处理增量数据与原始数据生成）。部分检查项需利用增量数据与原始数据对比进行检查，如 FEAID、STACOD、VERS 属性值的逻辑关系检查；部分检查项则需基于融合数据进行检查，如更新要素的完整性与正确性、更新要素与其他要素关系的合理性等。因此，系统为自动检查项设计了检查对象自动选择模块。

具体为：在编写检查算子的程序代码时设置好检查对象，检查时从工程文件中动态获取所需数据，如表 8.1 所示。

表 8.1　　　　　　　　　　检查算子与检查对象对应关系

序号	检查算子	检查对象
1	FEAID 与 STACOD（更新状态标识）逻辑一致性	增量数据
2	无效增量检查	增量数据、原始数据
3	要素关系	融合数据
4	数据库标识有效性检查	增量数据、原始数据

序号	检查算子	检查对象
5	几何位移	融合数据
6	属性值差异性约束检查	融合数据
	……	……

4. 要素自动筛选

1∶50000 地形数据动态更新成果部分检查项针对性强，全要素检查存在误报率高、效率低的问题，如检查道路的编码与交通资料符合性时，如果直接将融合数据中道路层与交通资料进行比对检查，则会导致道路层中的每一条道路都与交通资料进行比对，不仅效率低下，还会因为一些本不相关的要素比对产生大量的误报。

为此，检查系统设计了"要素自动筛选"模块，采用"先根据检查项特点，利用过滤条件生成器进行检查或参考要素筛选、然后再针对提取出的要素执行检查"的模式。具体为：先根据字段、字段值与各类运算符灵活组合，形成过滤条件，筛选单图层或多图层要素，将被检、参考数据中具有共性的要素提取出来，缩小检查范围，此后按指定的规则执行针对性检查。检查要素过滤条件生成器如图 8.19 所示。

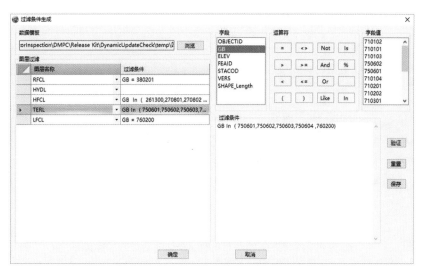

图 8.19　检查要素过滤条件生成器

5. 影像数据自动提取

1∶50000 地形数据库动态更新成果质量详查时，一般需调出参考底图（卫星或航空影像），与成果数据叠加比对分析。但由于 1∶50000 地形图更新成果范围广，涉及底图多，人工调取过程繁琐复杂，且极易出错，耗费了检查人员大量精力，为此，系统基于影像路径、影像结合图、待查矢量成果范围等数据编制了影像数据自动提取工具，提高了系统自动化程度与详查效率。

　　该工具主要工作流程为：先根据提取范围从影像结合图获取影像名称，然后在影像文件夹下一幅幅查找拷贝影像到输出路径。影像数据自动提取工具如图 8.20 所示。

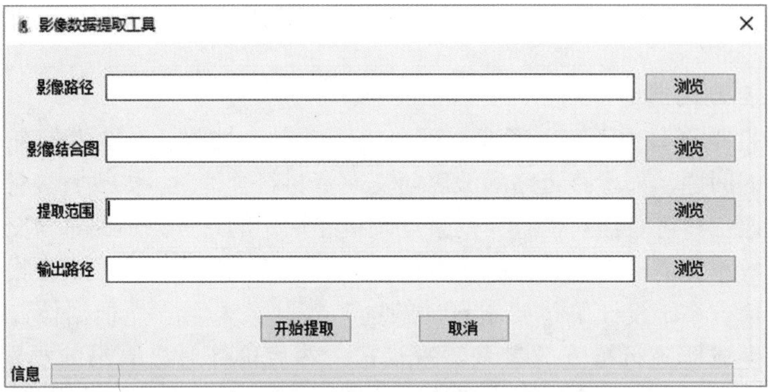

图 8.20　影像数据自动提取工具

8.4　典型检查算子

8.4.1　算子化指标体系

　　本书依据 1∶50000 地形数据库动态更新质量检查验收规定与相关标准规范，提取出了具有质量元素、质量子元素、检查项三级质量模型，适合程序自动化检查的质检方案，该方案主要包括属性精度、完整性、逻辑一致性、表征质量等质量类型，此后按照程序检查算法设计理念，将每一个检查项拆分为粒度最小的检查算子组合，建立了算子化的 1∶50000 地形图动态更新成果质量检查指标体系，如表 8.2 所示。

表 8.2　　　　　　　　**1∶50000 地形数据库动态更新算子化质量检查指标体系**

算子名称	参　　数	算 子 说 明
五万属性	属性检查类型、一致性约束表达式	检查数据与矢量的专业资料中具有相同空间位置的要素，属性值是否相同
属性对比计算	检查数据层、检查范围层、专业资料数据模板、专业数据层、属性计算表达式、检查约束、位置判断阈值、重叠比例阈值、错误过滤阈值	对比计算检查数据与专业资料中指定要素的属性值差异，检查达到更新指标的要素是否参照专业资料更新

续表

算子名称	参数	算子说明
位置对比	检查范围模板与数据层、检查数据、专业资料数据模板与数据层、搜索距离、错误容差	检查指定要素的空间位置是否与专题资料一致
注记层对比	例外层、相关层、检查范围层、过滤范围层、过滤条件层、要素检查方式	检查注记点与实体是否相互对应
表格对比	检查与过滤数据层、过滤对应关系、专题数据模板与表名、关键字段及检查字段对应条件	检查数据是否与表格形式的专题资料完全一致
标识溯源检查	标识一致性表达式	检查增量数据中的 FEAID 在原始数据中的存在性
五万属性值约束	属性检查类型、一致性约束表达式	检查成果中 FEAID、STACOD、VERS 之间的逻辑关系是否正确
无效增量检查	无效增量表达式、有向线设置	检查增量数据的有效性，对比检查增量与原始数据中要素的位置、形状、属性值是否均未发生改变
层几何类型	标准模板文件、检查层、例外层、是否忽略别名	检验要素层的几何类型是否正确
层要素类型	标准模板文件、检查层、例外层、是否忽略别名	检查要素层的要素类型是否正确
数据集	标准模板文件、允许缺失类型	检查数据集是否缺失、多余
要素集	标准模板文件、允许缺失类型	检查要素集是否缺失、多余
空要素集	标准模板文件、检查层、例外层、是否忽略别名	检查数据中是否有空要素集
属性项	标准模板文件、检查层、例外层、是否忽略别名	检查属性项是否缺失、多余或定义错误
非法代码	标准模板文件、检查层、例外层、是否忽略别名	检查数据代码值是否在定义范围内
非法记录	检查层、例外层、是否忽略别名	检查数据中每层要素的几何实体是否为空
异常相交	检查对象、容忍精度	检查数据中线层要素是否存在自相交
异常折线	检查数据、角度阈值、长度阈值、边界对象、过滤阈值	检查数据中线要素是否存在异常折线

续表

算子名称	参数	算 子 说 明
异常值	检查层、例外层、是否忽略别名	检查数据中每层要素的属性值前后是否有空白字符
复合要素	检查层、例外层、是否过滤边界与边界对象、边界容忍精度	检查数据中是否有一个要素由多个空间不相接的部分组成
相邻面属性	比较属性字段、分类代码字段、检查对象、结果过滤条件	检查数据中某一层内任意两个相接的面要素是否属性值相同
线线关系	是否允许边界相交、检查条件、检查与相关对象、容忍精度	检查数据中两个线层要素之间的相关关系
线面关系	是否允许边界相交、检查条件、检查与相关对象	检查数据中线层与面层两种要素之间的相关关系
面面关系	是否允许边界相交、检查条件、检查与相关对象、最大与最小宽度	检查数据中两个面层要素之间的相关关系
点线关系	检查条件与类型、检查与相关对象、容忍精度	检查数据中点层与线层两个要素之间的相关关系
点面关系	检查条件、检查与相关对象、容忍精度	检查数据中点层与面层两个要素之间的相关关系
点点关系	检查条件、检查与相关对象、重合容忍精度	检查数据中两个点层要素之间的相关关系
极短线	极小值限差、检查对象、分类字段	检查数据中线要素长度是否符合数据规定
极小面	极小值限差、检查对象、分类字段	检查数据中面要素面积的大小是否符合数据规定
连通性	检查对象、属性连通字段、等级字段、容忍精度、长度过滤	检查数据中某一层要素的某个字段相同时其属性值是否连通

8.4.2　特色检查算子

本系统中除针对 DLG 数据更新的常规检查项外，还针对 1：50000 地形数据库动态更新项目的特点及检查难点设计了特色的检查算子，在检查中对费时费力且容易遗漏的环节利用程序自动检查，保证检查结果的全面性和正确性。

1. 增量数据属性值间逻辑关系检查

1）增量数据属性值间逻辑关系

1：50000 地形数据动态更新项目的增量更新模式，要求增量数据属性项数据库标识（FEAID）、更新状态标识（STACOD）、版本标识（VERS）的填写应合理、准确、逻辑关系正确，否则会直接影响数据库的更新与入库。经梳理，增量数据属性值间逻辑关系如表8.3所示（张元杰，2015）。

表8.3 增量数据属性值间逻辑关系

序号	检查对象	约束条件
1	增量数据中更新状态标识（STACOD）为"修改"或"删除"的要素	数据库标识（FEAID）不应为"空"
2	增量数据中数据库标识（FEAID）为空的要素	更新状态标识（STACOD）应为"增加"
3	增量数据中更新状态标识（STACOD）为"修改"的要素	数据库标识（FEAID）不应有重复值
4	增量数据中数据库标识（FEAID）相同的多个要素	只能一个要素的更新状态标识（STACOD）为"修改"，其他要素的STACOD必须为"增加"
5	增量数据中所有要素	增量数据中更新状态标识（STACOD），仅能填写"增加""删除"或"修改"三个状态，版本标识（VERS）应填写更新要素的年份

2）算子设计

依据表8.3所示增量数据中要素属性值之间的相互约束关系，系统提供了"五万属性值约束"检查算子，实现了增量数据中数据库标识（FEAID）、更新状态标识（STACOD）、版本标识（VERS）属性值逻辑关系的自动检查。

实现流程为：程序先仅获取要素类的数据库标识（FEAID）集，然后查询判断集合中每个数据库标识（FEAID）对应的要素是否满足约束条件，如不满足条件，再依据数据库标识（FEAID）提取出对应要素，存入错误记录库。

2. 数据库标识有效性检查

1）数据库标识有效性

在增量数据入库时，要素的数据库标识（FEAID）必须符合数据库的要求，方能正常入库，因此，检查增量数据的数据库标识有效性是一项重要的工作。

2）算子设计

数据库标识有效性检查，依据增量数据中数据库标识（FEAID）字段值除"NULL"以外、应全部包含在同区域原始数据的数据库标识属性值范围内的技术要求，检查增量数据数据库标识（FEAID）在原始数据中是否存在即可。

在检查数据库标识有效性时，由于增量、原始数据中要素量大，如按照常规方法循环获取每个要素，再读取其数据库标识的方法，占用内存多、耗时长；且本检查算子在运行过程中不涉及要素几何，仅与增量数据、原始数据属性字段"数据库标识"

的属性值相关,因此,为提高检查效率、降低程序对硬件资源的需求,研发该检查算子时,使用了 ArcEngine 中与算子需求契合度较高的 IQueryDef 接口,该接口具有"识别 SQL 语句""仅获取单字段值""内存占用小"的特性。

3. 无效增量检查

1) 无效增量

当增量数据中要素更新状态标识(STACOD)为"增加"或"修改"时,其位置、几何形状、属性字段值中必有一项应发生改变,否则该要素为无效增量。

2) 算子设计

无效增量检查算子首先依据增量数据要素的数据库标识(FEAID)在原始数据中寻找对应要素,进而比较两者的位置、形状、属性值是否一致,如均一致,则该要素为无效增量。检查中,需要特别注意的是,部分线要素是有方向的,如河流,当方向发生变化时,要素亦为有效增量。无效增量检查伪代码如下:

```
while C do
/* 条件 C 为:循环处理增量数据中每个要素 */
    If(增量.FEAID = 原始.FEAID
      and 增量.FieldValue = 原始.FieldValue
      and 增量.Geometry = 原始.Geometry) then
    /* FieldValue 为要素属性值,Geometry 为要素几何体 */
      do 记录无效增量的 FEAID 与 Geometry
    end if
end
```

4. 要素关系检查

1) 要素关系

1:50000 地形数据库动态更新成果的要素关系,是数据内部特征和规律的外在反映,通过核查要素关系是否协调合理,可以准确、快速发现,并修正增量数据中的错误。

2) 算子设计

要素关系检查主要用于核查增量要素与增量要素间、增量要素与原始要素间的关系是否协调合理。具体到数据中,就是点、线、面三者之间的关系。

本质检系统中包括点点关系、点线关系、点面关系、线线关系、线面关系、面面关系等要素关系检查算子,并有必须相交、必须不相交、必须包含、必须不包含、必须被包含、必须不被包含、必须相邻、必须重叠、部分重叠等关系情形,主要检查项如表8.4~表8.7所示。

表8.4　　　　　　　　　　　　　点点、点线、点面等关系主要检查项

检查对象 \ 相关对象	RESP	AGNP	BRGP	TERP	LRRL	LRDL	HYDL
AGNP	部分要素必须重叠	—	—	—	—	—	—
RESP	—	部分要素必须重叠	—	—	—	—	—
RESA	部分要素必须不包含	—	—	—	—	—	—
HYDA	部分要素必须不包含	—	部分要素必须不包含	—	—	—	—
BRGA	—	—	必须包含	—	—	—	—
LFCP	—	—	—	—	部分要素必须相邻	部分要素必须相邻	—
HFCP	—	—	—	—	—	—	部分要素必须相邻

表8.5　　　　　　　　　　　　　　线线关系主要检查项

检查对象 \ 相关对象	LRRL	LFCL	HYDL	LRDL	HFCL	RFCL
RESL	部分要素必须不相交	必须不相交	必须不相交	必须不相交	必须不相交	必须不相交
LRRL	—	—	—	—	—	—
LFCL	部分要素部分重叠、部分要素必须不被包含	—	—	部分要素必须不被包含、部分要素部分重叠	—	—
HFCL	—	—	部分要素部分重叠	—	—	—

表8.6　　　　　　　　　　　　　　线面关系主要检查项

检查对象 \ 相关对象	RESA	HFCA	HYDA	BOUA	HYDA	VEGA	BRGA
LRDL	部分要素必须不相交	—	—	—	必须不相交	—	—

续表

检查对象＼相关对象	RESA	HFCA	HYDA	BOUA	HYDA	VEGA	BRGA
HFCL	—	部分要素必须边界相交	—	—	—	—	—
TERL	—	—	部分要素必须边界相交、必须不相交	—	部分要素必须不相交	—	—
BOUL	部分要素必须不相交	—	—	必须边界相交	—	—	—
RFCL	必须不相交	—	—	—	—	—	—
LRRL	部分要素必须不相交	—	必须不相交	—	—	—	—
VEGL	—	—	—	—	—	部分要素必须不相交	—
BRGL	—	—	—	—	—	—	部分要素必须边界相交
RESL	部分要素必须不相交	—	—	—	—	—	—

表 8.7　　　　　　　　　　　　面面关系主要检查项

检查对象＼相关对象	RFCA	HFCA	RESA	RFCA	HYDA	VEGA	TERA
VEGA	部分要素必须不相交	部分要素必须不相交	—	—	—	—	部分要素必须不相交
TERA	必须不相交	—	必须不相交	—	部分要素必须不相交	—	—
RESA	—	必须不相交	—	部分要素必须不相交	—	部分要素必须不相交	—

续表

相关对象 检查对象	RFCA	HFCA	RESA	RFCA	HYDA	VEGA	TERA
HYDA	—	部分要素必须不相交	部分要素必须不相交	—	—	部分要素必须不相交	—
RFCA	—	部分要素必须不相交	—	—	部分要素必须不相交	—	—

检查要素关系时，通常将增量数据与原始数据的融合成果作为检查对象，然而，一个中等市区的融合数据仅等高线层（TERL）就有数十万个要素、居住密集区居民地层（RESP）一般也有数万个要素，如利用要素循环的方式执行要素关系检查效率较低，仅"等高线层（TERL）与水系面层（HYDA）不相交"检查就需数小时。

ArcGIS 的 GP 工具可高效进行数据分析，且使用简便。本系统在设计要素关系检查算子时，组合利用了 ArcGIS GP 工具库的 Intersect、Clip、Select、Buffer 等模块，并经实例验证使用 GP 工具对一个中等市区的"等高线层（TERL）与水系面层（HYDA）不相交"检查仅约需十分钟。

8.5　系统展示及应用

8.5.1　系统展示

1. 质量检查方案制定

在利用软件系统执行成果质量自动检查前，需根据 1∶50000 地形数据库动态更新成果质检相关标准规范、技术规定设计成果质量元素、质量子元素、检查项，形成质检方案。检查方案编辑界面如图 8.21 所示。

2. 参考模板管理

模板管理模块可添加比对检查项所需参考模板至检查工程中或删除、编辑已有模板数据，支持 MDB、TXT、XLSX 等文件格式。模板添加界面如图 8.22 所示。

3. 质检工程管理

系统以"工程"的形式管理成果的质量检查工作，因此，在执行成果质检前，需新建工程，并输入项目的数据信息与检验信息。工程管理界面如图 8.23 所示。

4. 成果质量检查

系统主界面是检查任务执行区，主要包括成果检查窗、工具栏、数据视图、图层视图、规则视图及检查结果显示窗。如图 8.24 所示。

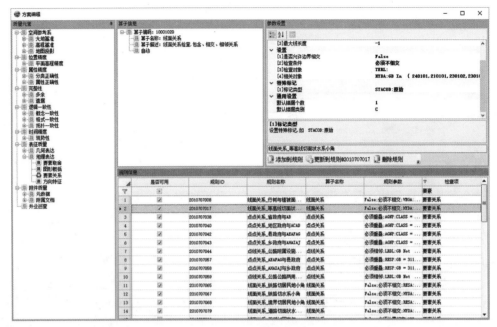

图 8.21 质检方案编辑界面

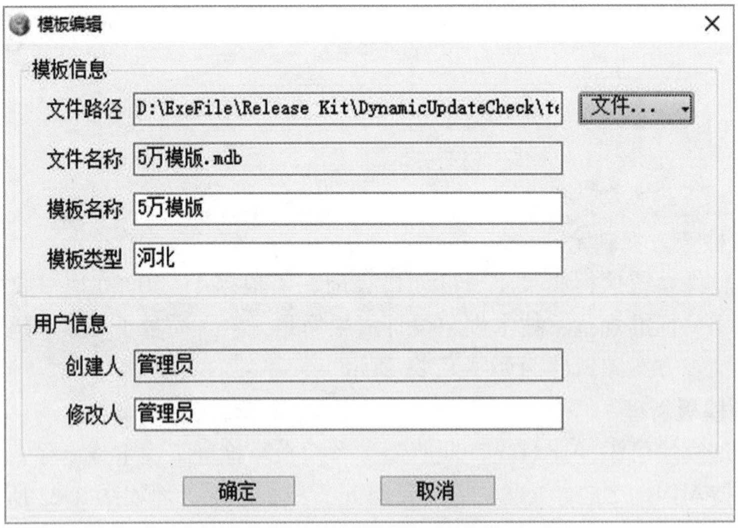

图 8.22 参考模板添加与编辑界面

　　数据视图窗中可选择并打开成果检查窗中显示的要素集，图层视图窗可执行打开图层、关闭图层、打开属性表、缩放至图层、删除图层等操作，规则视图窗具有单项或批量检查、检查项参数编辑等功能，检查结果视窗可以显示与编辑检查意见、定位

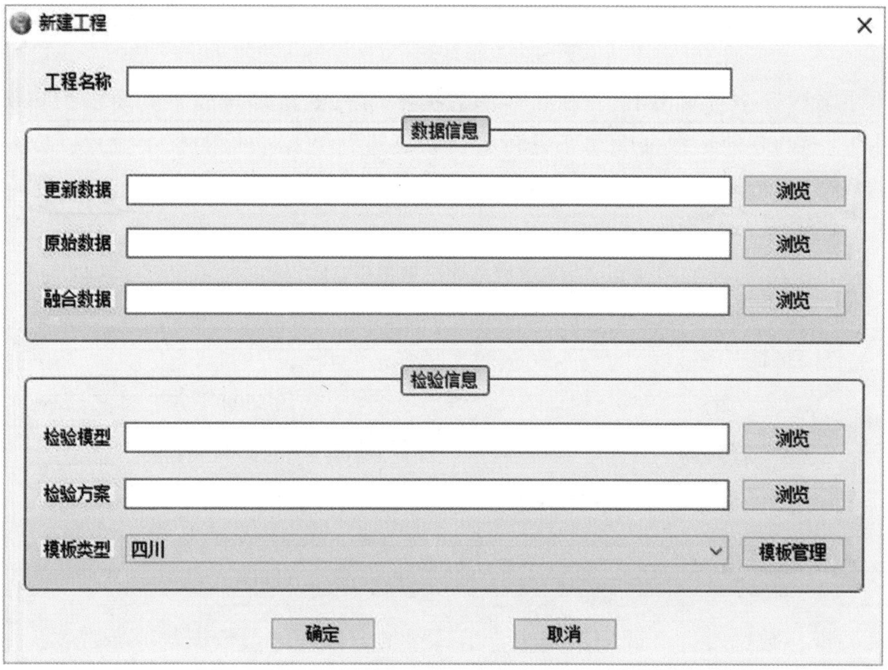

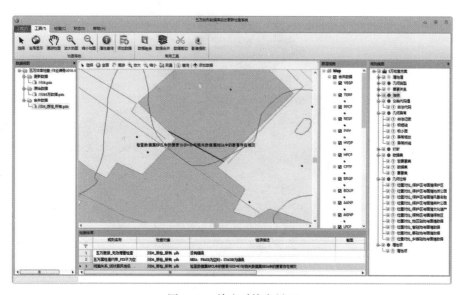

图 8.23 工程管理界面

图 8.24 检查系统主界面

错漏位置、核对检查结果。通过各视图区域的有机配合，质检人员可以客观、准确、高效地完成 1∶50000 地形数据库动态更新成果质检工作。

8.5.2　应用实例

本小节以辽宁省某市 1∶50000 地形数据库动态更新融合成果的质检为实例，介绍使用 1∶50000 地形数据库动态更新质检系统进行数据质检的整个流程，以及质检系统的效率与可靠性。数据情况如表 8.8 所示。

表 8.8　　　　　　　　　　　　应用实例数据情况

数据名 / 信息项	辽宁省某市融合成果
面积	约 5500 平方千米
图层数	34 个
要素数	约 15.4 万
数据大小	57.4 兆

第一步，数据融合。调用数据融合工具，融合处理增量数据与原始数据，生成融合成果，自动融合过程耗时约 1 分钟。融合数据图形化显示如图 8.25 所示。

图 8.25　融合数据图形化显示

第二步，新建工程。将融合数据、增量数据、原始数据的路径与检查方案、检查模板等信息输入至工程参数中。

第三步，系统自动检查。执行属性值、要素关系、几何异常、几何位移等检查，主要包括属性值资料对比、连通性、相邻面属性、点点关系、线线关系、线面关系、面面关系等检查项，共 116 项检查规则，自动检查耗时 1 小时 16 分钟。检查结果需要在主界面或利用人工交互检查辅助插件进行人工核实，如图 8.26 所示。核实之后可导出检查意见，如图 8.27 所示。

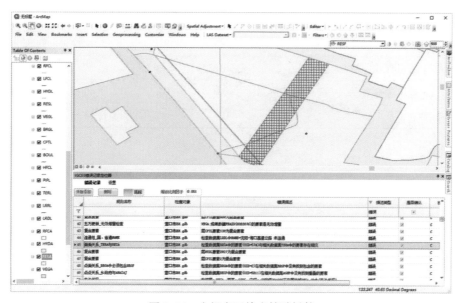

图 8.26　人机交互检查辅助插件

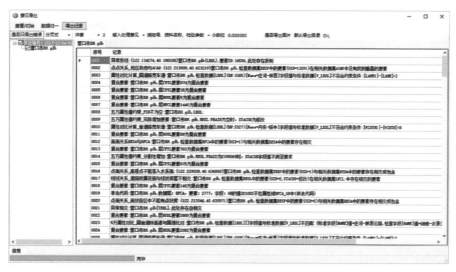

图 8.27　检查意见导出界面

　　为验证系统的效率和可靠性，本书将系统特色自动检查项的检查结果与质检专家的人工检查意见进行了比较分析，如表 8.9 所示，从表可知，特色自动检查项无漏检，误检率也较低，且相比人工检查，大幅度提高了质检效率。

表 8.9　　　　　　　**1：50000 地形数据库动态更新质检系统效率与可靠性**

信息项 检查项	错误数	漏检率	误检率	软件耗时	人工耗时
增量数据属性值间逻辑关系检查	6	0%	0%	8 分 58 秒	约 30 小时
数据库标识有效性检查	2	0%	0%	10 秒	约 10 小时
无效增量检查	25	0%	0%	12 分 40 秒	约 15 小时
要素关系检查	114	0%	0%	15 分 44 秒	约 50 小时

第9章 地下管线普查数据质检系统

9.1 前 言

城市地下综合管线是城市基础设施和城市建设的重要组成部分，是支持城市、工矿企业正常运转的基础设施，更是城市的生命线。

2013年11月22日凌晨3点，位于青岛市黄岛区秦皇岛路与斋堂岛路交汇处，中石化输油储运公司潍坊分公司输油管线破裂，造成斋堂岛街约1000平方米路面被原油污染，部分原油沿着雨水管线进入胶州湾，海面过油面积约3000平方米。处置过程中，当日上午10点30分许，黄岛区沿海河路和斋堂岛路交汇处发生爆燃，同时在入海口被油污染海面上发生爆燃。事故共造成62人死亡、136人受伤，直接经济损失7.5亿元。

早在2010年，住房和城乡建设部对351个城市进行专项调研结果就显示，仅2008—2010年间，全国62%的城市发生过城市内涝，内涝灾害超过3次以上的城市有137个。在发生过内涝的城市中，57个城市的最大积水时间超过12小时。从2010年以来，每年都会有一些大城市因内涝引起关注，越来越多的城市变成"都市水乡"。"逢雨必涝，遇涝则瘫"似乎成了大城市一道难以摆脱的"魔咒"。2010年夏季，济南、长春、南京、广州等多个城市遭遇严重内涝。2011年夏，武汉遭遇暴雨袭击，全市80多处路段溃水，换来"到武汉看海"的网络调侃。2012年7月21日，北京遭遇暴雨及洪涝灾害，当地道路、桥梁、水利工程受损，民房多处倒塌，近80人遇难。2013年9月13日，罕见暴雨袭击上海，全市内多个路段出现积水，部分深达腰部，行人、车辆寸步难行，交通受阻。2014年，深圳两次遭遇"水漫金山"，早在3月底，一场暴雨造成深圳200处积水内涝，部分河堤坍塌损毁，2人因灾死亡，而5月的暴雨导致深圳150处道路积水，约2000辆汽车被淹。

因城市管线错综复杂、管理混乱，导致在通信中断、煤气爆炸、城市内涝、停电停水等等的事故，轻则影响人民日常生活，重则危及人民生命财产安全。地下管线安全问题一次次为人们敲响警钟。

随着经济发展和城市扩建，城市物质流、能量流逐渐增大，城市地下管线的密集度和空间分布也随之急剧增大。现阶段，我国地下管线种类繁多，包括排水、给水、燃气、热力、电力、通信、广播电视、工业8大类、20余种管线，但地下管线产权分散，各个权属单位各司其职相互之间缺少沟通和信息共享，给城市地下管线综合管理和施工建设带来一些不必要的麻烦。因此，2014 年 12 月，针对我国地下管线现状不明、"家底"不清问题，住房城乡建设部、工信部、新闻出版广电总局、安监总局、能源局五部门联合发出通知，要求在全国范围内开展地下管线普查。城市地下管线普查工作包括地下管线基础信息普查和隐患排查。基础信息普查须按照相关技术规程进行探测、补测，重点掌握地下管线的规模大小、位置关系、功能属性、产权归属、运行年限等基本情况，普查成果要按规定集中统一管理，并建立地下管线综合管理信息系统，满足城市规划、建设、运行和应急等工作需要。因此，地下管线数据的普查质量至关重要。

本章重点介绍当前城市地下综合管线普查的生产工艺流程、质量控制内容及手段、自动化检查算法、质量检验系统设计与开发等。

9.2　地下管线普查与质量控制

9.2.1　普查内容

一般城市地下管线普查的内容包括：埋设于地下的沟道、管道和线缆，种类主要包括供水、燃气、热力、电力、通信、广播电视、工业、综合管廊等管线及其附属设施和建（构）筑物。具体地下管线分类包括：

（1）供水管线，包括上水、中水、消防和绿化等；

（2）燃气管线，包括煤气、液化气和天然气等；

（3）热力管线，包括热力、热水、蒸汽、温泉、冷气等；

（4）电力管线，包括供电、照明、信号灯、电车、广告灯、直流专用线路等；

（5）通信管线，包括通信、宽带、专用等；

（6）广播电视管线，包括有线电视、广播等；

（7）工业管线；

（8）地下管廊。

普查以地下管线的空间信息及属性为主，主要包括以下内容：

（1）管线的功能属性（种类）：对照地下管线基础信息普查的管线种类分类表进行大类和小类的外业调查。

（2）埋设方式：对地下管线的埋设方式进行外业调查，一般有直埋、管道、管块、沟道等四种。

（3）埋深：调查各类管线中每一管线点地面、井面至管线管外顶或管内底的埋设深度。

（4）规格尺寸：直埋管线的条数、管道管线的内直径、管块包络的最大外截面尺寸、沟道的最大内截面尺寸。当电力、通信和广播电视管线埋设方式为管块时，还包括其总孔数和已用孔数。井、井盖、小室的尺寸一般也应普查。

（5）材质：包括井（井脖）、井盖、小室和管线的材质。井（井脖）材质是指管线井（井脖）的建筑材料，主要有水泥、砖混等，井盖材质是指管线井盖的材质，主要有铁、砼、塑料等，小室材质是指管线小室的建筑材料和结构材料，主要有钢、砼、砖混等，管线的材质主要有钢、铸铁、砼、砖混、塑料、PVC、硅芯PC管等。

（6）形状：包括井、井盖、小室的形状。井形状是指井基底的内径尺寸，长×宽（或直径），井盖和小室的形状主要有方形、圆形、其他等。

（7）管线点特征：对于管线点，还应调查其特征，如供水管线点的特征可能包括三通、四通、变径点、变材点、出（入）地点、定位点、转折点、交叉点、变坡点、测压点、测流点、水质监测点等。

（8）建（构）筑物及附属物：与地下管线相关的建（构）筑物及附属物，如供水管线类的取水构筑物、水处理构筑物、泵站、水池、中水处理站、清水池、净化池、沉淀池、水塔、检修井、闸门井、水表井、排污井、消防栓、测压井、测流井、阀门井、水表、消防井、排泥井、排气阀、排污阀等。

除上述内容外，一般管线普查还包括管线点的平面位置、地面高程、管线的连通情况、产权归属、铺设时间、使用状况、井盖状态、传输物体特征等内容。

9.2.2 普查流程

目前开展城市地下管线普查，一般有地下管线竣工资料、专题管线图、管线地形图等参考数据，所以普查作业一般采用"内业梳理—外业核查与测绘—内业整合"的方式，其流程一般包括：收集、分析已有的地下管线相关资料、采用实地调查、仪器探测、位置测量相结合的方式查明地下管线位置与属性、生成地下管线成果表及管线图、建立地下管线普查数据库。

1. 资料收集

资料收集包括城市测量控制点资料、城市大比例尺地形图（1∶500、1∶1000、1∶2000）资料、数字线划图、正射影像、道路规划红线等，以及历史管线数据、地下管线档案数据等。

2. 调绘图制作

将收集到的管线资料转绘到基本比例尺底图上，制作管线现况调绘图。调绘图应标明管线的敷设方式、类别、管径、埋深、高程、长度、起止点、压力、流向、材质、附属物、权属、建设年代、使用状况、完好程度（有无破坏、损坏、腐蚀点）等基本信息，废弃管线应单独列出。现况调绘图一般采用 dwg、shp、mdb 等格式，并配以管线资料调绘属性表。

3. 地下管线探查

地下管线探查包括明显管线点调查以及隐蔽管线点探查。

（1）明显管线点调查。采用直接打开各类检修井进行调查、量测的方法。调查内容包括管线的材质、埋深、管径、附属物、电缆条数、光缆条数、压力值、总孔数、已用孔数、流向、敷设方式、权属单位、建设日期、是否有防腐保护措施、是否有安全保护提示、是否定期检测等。

（2）隐蔽管线点探查。在明显管线点线现状调查和实地调查的基础上，根据不同的地球物理条件，采用直接法、夹钳法、感应法、电磁波法等不同的物探方法对隐蔽管线点进行探查，确定隐蔽管线点实地位置。

4. 管线点测量

管线点测量应在明显管线点调查和隐蔽管线点探查的基础上进行，包括控制测量、管线点测量。管线点测量采用 GPS 测量、全站仪极坐标测量方式，结合控制测量成果，对管线点进行三维坐标采集。

5. 带状地形图测绘

在缺少带状地形图或带状地形图现势性不强的地区，应开展带状地形图新测或修测。带状地形图的测绘范围为沿管线分布的道路两侧第一排完整建筑物、地物点、道路、人行道等构筑物，并调注建（构）筑物名称（或单位名称）和门牌号；没有建筑物时，一般应测至道路边线外 30 米。

6. 地下管线数据建库

对地上基础地理信息数据、管线探查数据、管线点测量数据进行数据融合、检查、入库与空间分析等处理，建立地下管线数据库，叠加带状地形图，进行地下管线图形编辑，形成地下管线图及管线点成果表。地下管线数据库包括管线点表、管线线表、设施面表、工程信息库文件结构表等数据表。

地下管线成果库数据是地下管线普查项目的重要数据成果，其特点是包含了管线的几何信息与所有的属性信息，最终的地下管线成果表、管线图等需要基于成果库数据生成。但现阶段地下管线探测与建库并没有全国统一的强制性标准，部分推荐性标准的执行程度也参差不齐，多数管线普查项目以地方标准或者项目技术设计书为依据，进行管线成果数据的生产。

目前我国地下管线成果库数据的格式种类较多，主流的格式为 ACCESS 的 ＊.mdb，其次为 ＊.SHP 或空间数据库的 ＊.mdb，还有一些为 ＊.txt 或者 ＊.xls。相对数据规定较为严格的基础地理信息数据，地下管线成果库数据格式较为凌乱，没有进行有效的统一。除格式不统一外，库数据的表、层的命名在不同地区、不同的项目也不统一，甚至属性字段个数、字段定义、字段名称等也不同。

9.2.3　质量检查内容与方法

按照现行国家标准，地下管线普查成果实行"两级检查、一级验收"，检查验收的内容包括任务书、工程凭证资料、专业（测区）技术设计书、技术总结等文档材料、控制测量、各种原始观测、计算、探查记录以及数据成果检查。本小节主要针对成果数据的检查，结合相关检查验收标准以及当前城市地下管线普查项目工作实际，探讨质量检查内容与方法。根据前文中所列的普查工作内容及成果表现形式，普查数据成果的检查一般包括以下内容：

1. 数学精度

检查管线点平面测量精度、管线点高程测量精度、管线点与地物相对位置测量精度、明显管线点埋深测量精度、隐蔽管线点平面探测精度、隐蔽管线点埋深探查精度、隐蔽管线点开挖精度。

外业采用方法包括：对明显管线点的重复量测、对隐蔽管线点的重复探查、对隐蔽管线点的开挖检查、对管线点平面与高程的重复测量、对管线点与地物相对位置的重复测量记录测量数据，内业可设计算法采用程序自动化统计精度。管线成果的各项数学精度指标应符合有关国家标准、行业标准、设计书、测绘任务书、合同书和委托验收文件的要求。

2. 地理精度

1）管线属性齐全性、正确性、协调性

检查埋设方式与数据字典的符合性，点号编码、点代码与编码规则的符合性，点属性表的特征、附属物与数据字典的符合性，按范围检查线属性表的埋深值应在合理范围内，管径和材质的有效性，排水流向的合理性，电缆类管块的总孔数和占用孔数的逻辑性，管线线段件的连接关系（管线属性），坐标、高程值范围，管线点的连接关系及各方向属性的逻辑性，超长线段和平面零长度线段，综合管沟（廊）线表与点表数据的完整性与相关性，综合管沟（廊）表记录与管线线表的相关关系，其他数据项的合理性和规范性。

上述检查内容均可以设计相应的检查算法，采用程序自动化检查，具体会在后文中介绍。

2）管线图注记和符号正确性

检查注记规格（字体、字号、字颜色），注记内容，注记配置，符号规格（图形、颜色、尺寸、定位），符号配置是否符合相关标准或技术设计的要求。一般采用人机交互的方式进行检查。

3）管线调查和探测综合取舍合理性

通过对管线图实施巡查、探查，查明管线图上的管线及管线附属物的类型、位置、连接关系、走向、流向的属性是否完整，与实地是否一致，采用外业采集记录，内业可设计算法采用程序自动化检查。

4）管线分类正确性

检查点、线数据表中的值与标准分类代码值是否一致，可设计算法采用程序自动化检查。

5）关联成果一致性

检查入库数据文件与管线点、线数据表的一致性，包括有无多余、遗漏管线，管线点符号定位点平面坐标一致性，管线线段起终点平面坐标的一致性，管线点符号的一致性，可设计算法采用程序自动化检查。

检查入库数据文件与使用的权威参考资料、管线成果表的一致性，一般采用人机交互检查。

6）接边质量

检查相邻图幅边缘的图形是否相接、属性是否一致，图幅接边在空间上有无管线遗漏或重复等情况，可设计算法采用程序自动化检查。

3. 逻辑一致性

1）格式一致性

检查文件命名与规定要求的符合性，数据文件有无多余、缺少，数据是否能够读出，数据格式与规定要求的符合性，数据文件储存与规定要求的符合性，可设计算法采用程序自动化检查。

2）概念一致性

检查数据文件中数据表结构、属性项定义（名称、类型、长度、顺序、取位等）、数据集的层定义、图层几何类型等与规定要求的符合性，可设计算法采用程序自动化检查。

3）拓扑一致性

检查重复要素，管线线段之间的空间碰撞，无连接的孤立点，无管点的孤立线、管线节点数、相邻连线夹角、管线穿插、错误的悬挂点、错误的伪节点、错误的打断等，可设计算法采用程序检查。

4）属性值约束

检查标识码唯一性、数据项的取值是否在值域的界定范围内、管线管点属性值关系正确性、高程及埋深属性关键正确性、非空性、枚举值、线段距离约束、权属信息约束等，可设计算法采用程序检查。

4. 整饰质量

1）符号、线划质量

检查管线图点线属性注记是否有差错，符号属性是否正确，管线去向是否表达明确，对于圆弧状埋设的管线是否按实际进行了圆滑处理，符号及线划与背景地形图是否协调、无压盖，一般采用人机交互检查。

2）图廓外整饰质量

检查管线图图廓外的注记和整饰与规定要求的符合性，一般采用人机交互检查。

3）注记质量

检查管线图注记方向是否正确，注记与管线及地形背景是否协调、无压盖，一般采用人机交互检查。

4）几何表达

检查管线数据文件中的管线点、管线线段是否有几何表达异常，如极短线、极小面、断点异常等，可设计算法采用程序自动化检查。

9.2.4 当前主要质检手段

前文中介绍了地下管线数据的检查内容与常用的检查方法，从中可以看出，管线数据的质量检查从工作程序上可分为外业和内业两个大的部分，外业主要侧重实地检测数据的采集、属性的实地检查比对等；内业侧重检查数据是否是标准化的，精度统计以及数据内部的逻辑关系，各要素的关系是否合理等，由于外业检查一般采用抽查的方式，不可能覆盖所有的管线要素，所以内业的检查作为发现问题的重要手段，对于确定哪些需要外业实地开挖检查以及后续的数据建库、空间分析尤为重要。本小节主要介绍目前内业与外业检查常采用的手段和方式。

1. 外业检查

外业检查主要工作内容包括埋深数据采集、管线属性实地核实、平面与高程精度检测、管线点与线的差错漏检查、基础控制等。外业检查方式目前主要是打印出纸质管线图与成果表作为外业工作的底图，直接在纸图上记录采集数据与核实结果，直接在纸图上标注差错漏。

上述方法使用最为普遍，一般在简单的、区域范围不大的或单一专题管线的检查中使用方便，但针对复杂的、综合性的或大区域范围的管线普查而言，其工作效率较为低下，主要问题是纸质图的负载信息量有限，管线的属性信息难以全部在检查图纸上反映，且外业检查过程中需要随时翻阅查看多个数据表，劳动强度大，直接记录在纸图上的数据与问题标注还需要内业对照录入到电子表格，容易产生人为的录入错误；另外，工作底图为纸质回放图，各种外业采集的检测数据与检查意见无论是记录在图上还是专门的意见纸上，都不能将数据、问题与对应的位置有效关联起来，例如，埋深数据只有量测值而无位置信息标识量测的位置等，这样的检查方式费时费力，而且打印图纸时间成本和经费成本较高，也不利于环境保护，这种方法仅适合于小型的项目检查。

2. 内业检查

内业检查主要是针对地下管线库数据与管线图的检查。目前检查方法除了传统的人工目视检查外，部分项目也开发有配套的工具式软件进行辅助检查。

由于内业检查往往工作量大，一般首选程序检查方式，如何设计合理的软件最大程度地实现检查的自动化，并保证检查结果的可靠性，减少人工排查工作量是关键。目前主流的工具式检查软件存在一定不足，主要表现在：

（1）检查需要人工勾选检查内容并设置一定的检查参数，这些仅受使用者控制，如此会因检验员水平、认知、素质的不同而有所差异。

（2）软件通用性问题，无论是管线的生产作业单位、质检单位还是管理单位，都可能因项目的差异或技术进步带来的数据规定差异，面临多种不同格式或规格的数据，一般的工具式软件难以全部适用于检查，相应的修改一般需要程序开发者承担，因此这些工具式软件一般针对特定项目开发，不适合需要检查多种项目或多种数据的用户。

（3）内业检查还包括针对外业采集的检测数据进行精度统计，需要生成 5 个表格，即平面精度统计表、高程精度统计表、隐蔽点精度统计表、明显点精度统计表、检查意见记录表，人工录入检测数据进行统计计算工作量大，容易出错。

综上所述，当前地下管线质量检查的主要内容和方法比较明确，但因不同区域、不同类型或经费、周期投入等原因，其质量要求有一定的差异，随着当前地下管线日益复杂，依靠人工、简单人机交互和工具软件辅助的检查方法，已不能有效保证检查效率和可靠性，急需内外业一体化的、覆盖全部检查内容的、可进行检查的有效管理的信息化检查系统，本章第三节将重点介绍该系统的构建。

9.3　系统设计及功能实现

9.3.1　系统开发平台

1. 开发环境

（1）外业系统开发环境，见表 9.1。

表 9.1

平台技术	版本号	用 途 说 明
JDK	1.7	构建 Java 语言编译运行环境
Eclipse	4.3.1	构建集成化 Java 开发环境
Android ADT	24	构建基于 Eclipse 的 android 开发环境
Arcgis For Android	10.2.6	提供地理信息数据处理基础函数
OrmLite	4.4.8	实现关系型数据库的 ORM 映射
百度定位 SDK		实现设备野外的实时定位

（2）内业系统开发环境，见表 9.2。

表 9.2

平台技术	版本号	用 途 说 明
.NET	4.0	构建 C#/VB 语言编译运行环境
Visual Studio	2010	构建集成化 C#/VB 开发环境
ArcObjects SDK	10.1	提供地理信息数据处理基础函数
DevComponents. DotNetBar	10.9.0.4	提供系统界面控件
Access	2013	提供数据存储

2. 运行环境

（1）外业系统运行环境，见表9.3。

表9.3

要求项	最低配置	建议配置
Android 系统	4.0	4.4 或以上
ROM 大小	1G	2G 或以上
内置存储空间	4G	8G 或以上
处理器版本	Arm	Arm v7 或 Intel x86

（2）内业系统运行环境，见表9.4。

表9.4

要求项	最低配置	建议配置
Windows 系统	XP	W7 或以上
ROM 大小	2G	4G 或以上
内置存储空间	4G	8G 或以上

9.3.2　系统设计理念

当前地下管线成果数据的格式多样，另外，数据结构、属性表、属性字段信息等也没有统一要求，但有管线点、管线线、管线面（小室等）等必要的几何坐标信息，为此，地下管线数据理论上都是可以被矢量图形化的，最终都可以用点、线、面要素对象及对象属性的方式表达出来，这就为开发信息化的通用检查系统提供了可能。

1. 检验流程设计

合理设计软件的功能界面，用于引导用户按统一的流程进行检验，可以确保不同检验人员检验的方式方法一致性，以及检验内容的一致性与完整性。如图9.1所示，为管线内外业质检系统设计流程。

2. 数据信息管理

对原始的成果数据、预处理后的数据、采集位置、采集的数据类型、具体数值与描述、底图数据、报表等所有信息进行管理与位置关联，任何一个流程中的数据信息都可以快速溯源，真正做到信息化管理。

3. 成果数据归一

将格式繁多的地下管线数据统一进行关键信息完整性检查、格式转换、字段编辑

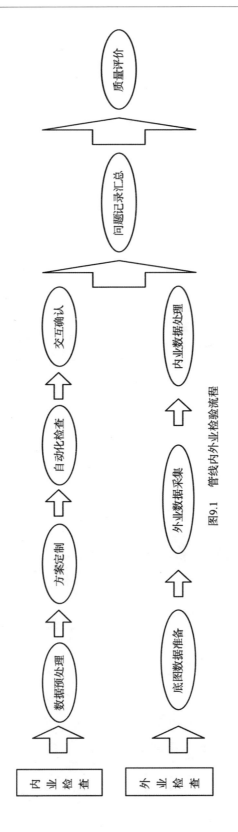

图9.1　管线内外业检验流程

等检查前的预处理，使数据在进入检查系统前格式一致。

4. 外业巡查设计

基于平板电脑设计巡查系统，并以"简单、稳定、高效"为核心理念进行开发、测试与改进。特点有：

简单：外业检查成本高，且受地理环境、天气状况等影响，时间宝贵，外业巡查软件的设计应以简单、快捷为第一理念，为此，采集与巡查功能均不应设计二级菜单，不做任何数据空间分析计算等，只做与外业现场相关的内容。

稳定：除功能表现的简洁之外，还需高度的稳定，尤其是外业快速操作时，可能出现误操作等情况，因此，采集的检测数据应实时保存到后台数据库，防止用户的误操作导致数据丢失，功能的误操作应有提示，系统设计时，应考虑可能出现的误操作的兼容性，有防止系统崩溃的措施。

高效：一方面要考虑数据准备、加载时的高效，因此外业系统设计应为不需安装 ArcGis 等基础软件；另一方面是系统响应的高效，需要严格控制内存的调用，实时回收内存。

外业检测核查数据采集完成后，直接导出给内业检查系统进行自动化的分析计算，精度统计、意见汇总，最大程度地实现内外业无缝衔接，提高检查效率。

5. 内业检查设计

内业检查系统除处理外业检测数据外，其主要作用是根据项目依据的生产标准或规定的不同定制检查方案，将所有的指标要求纳入一个定制化的检查方案中，并对检查方案进行有效的管理，检查方案的制作需要调用特定的检查算子，算子实例化后，便生成了一系列的检查规则，所有检查规则的组合便形成了检查方案，有关管线数据的检查算子设计在下一节中介绍。

检查规则编辑器的设计是重点，编辑器应可以获取数据所有的层信息与字段信息，并支持跨层或本层内的字段之间的逻辑运算，因此，对数据本身的检查是可灵活制定任何用户想要的规则，从而实现一套系统解决所有管线项目的检查。

6. 检查意见标准化

无论外业检查还是内业检查，都需要记录检查意见，以便生产人员修改错误或问题，因此，内、外业检查都应有标准意见描述库支持。

内业检查意见自动生成，并且按标准描述语句自动描述问题记录；外业检查可根据检验员录入的关键错误信息自动组织成完整错误记录。这样可以确保不同检验人员对相同问题的描述是统一的、标准的，得到的检查结论在一个尺度上，也便于检查结果的分类汇总、质量评价。

7. 统计报表自动生成

地下管线数据的检查最终要输出的报表较为复杂，共有 4 类精度统计报表和 1 个检查意见类报表，精度统计报表包括平面精度统计、高程精度统计、明显点精度统计、隐蔽点精度统计。系统应可以根据检查的结果自动输出以上报表，以减轻人工劳动强度，提高检查效率。

9.3.3　系统功能实现

1. 外业巡查系统

外业检查流程为先进行数据预处理生成底图数据，然后进行外业巡查及检测数据采集，最后将外业采集的数据在内业进行处理统计。

1）数据预处理

数据预处理主要包括数据的矢量化、符号化、裁切与切片、放入到指定目录等，其流程如图 9.2 所示。

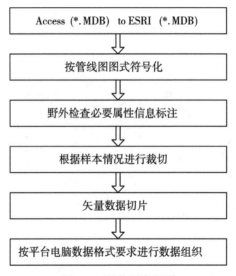

图 9.2　预处理流程图

（1）管线数据矢量化。当前地下管线主流的数据格式包括 Access（＊.MDB）、Arcgis（＊.shp），还有一些为 ＊.txt、ESRI（＊.MDB）、EXCLE 等格式。为了让数据能以统一的格式进入平板电脑，方便后续检验工作的顺利开展，必须有对数据进行一次预处理。本系统预处理的主要功能是将不同格式的管线数据最终都处理成 ESRI（＊.MDB）数据格式。

（2）矢量数据符号化。管线数据预处理后，数据都已经转换成矢量的点、线、面，但数据还没有进行符号化，管线数据本身有一些符号化的标准，并且符号种类也比较多。所以，为了在外业检验中内更加直观的浏览平板电脑上的管线数据，有必要将数据做一次符号化。符号可以直接用 Arcgis 做符号模板，也可以用 CAD 直接绘制好后导入 Arcgis。

（3）数据裁切与切片。一般情况下，管线数据都是以测区为单位进行生产和存储，数据涉及范围大，整体加载影响效率，且外业检查一般采用抽样检查，所以需要对整体矢量数据进行一次数据裁切，裁切可以按矩形范围进行，也可以按图号进行裁切。得到目标裁切数据后，再将矢量数据进行切片，切片的具体级数应该根据缩放操作及分辨率要求而定，一般要满足放大后能准确显示注记位置与图形位置的相关关系。

（4）数据存放。将切片后的数据放入到外业检查系统指定的目录下，以确保数据能被正确读取。

2）外业巡查。外业巡查流程如图9.3所示，其内容包括点对象、线对象的检查与问题的记录，必要时还需绘制相关的问题说明图形。

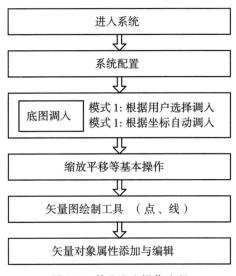

图9.3 外业巡查操作流程

（1）底图数据联动。底图数据联动是指检查员在记录错误或采集数据信息前需要参考底图的属性信息的过程，其目的是方便用户获取属性信息。

底图分为矢量数据和切片数据两种，矢量数据不需要做切片处理、选择任意一个对象即刻可以以属性字段的方式展现给用户，信息比较全，但缺点是数据量大，属性信息不直观；切片数据的数据量相对较小、属性信息直观，直接标注在图片上、缩放效率高，其缺点是做切片处理时属性信息只保留关键信息，相对原始库中的属性要少很多。

（2）外业检测数据采集。通过绘制工具绘制点、线标记及属性添加与编辑，记录外业采集的信息。点标记记录实地井及连接点的几何位置是否有明显偏差或错漏，实地井及连接点的属性内容是否有错漏。线标记记录管点深和管线埋深，以及管线材质、管径等属性内容是否有错漏。

3）巡查数据处理

（1）错误记录导入。外业获取的信息主要有检查记录的位置信息（点线面）、属性信息（埋深、种类等）、错误描述、其他备注信息等。这些信息是检查的原始凭证或过程数据，需进一步做内业处理，如统计、分析、汇总等。为此，需要设计功能将特定格式的错误记录重新导入后与原始底图数据进行叠加。

（2）数据自动匹配。外业检查过程中，一般将管线信息以属性的形式加到特定检查层的矢量图形对象上，如错误记录位置信息、埋深、管径等，因此，需要以检查层上的矢量图形为条件查找原始管线数据的矢量图形对象。找到相关对象后，主要是做实地采集的属性信息与库中属性信息对比工作、自动统计工作、意见核实工作等。

（3）精度自动统计。对于埋深值的精度统计，传统方法是：将外业采集的管线埋深和管井深数据记录到表格上或直接标注到纸质管线图上，内业再将埋深值转录到Excel 等电子表格中进行中误差统计。本系统设计的精度统计功能采用全自动化方式，将外业采集的检测埋深值录入到软件系统，内业根据采集记录的位置自动查找对应的原始埋深值，之后自动求差、统计中误差、生成统计表。

对于平面、高程精度统计，传统方法是：将外业采集的平面坐标、高程值数据记录后，内业采用人工或者 Excel 等工具软件进行精度统计，人工编辑表格，输入统计的精度误差。本系统设计的精度统计功能采用人机交互方式，将外业采集的平面坐标、高程值导入到系统，内业根据采集记录的位置自动定位到对应的地物点，人工确认之后统计中误差、生成精度统计表。

（4）意见归类汇总。为节约外业检查的时间、提高效率，外业发现问题时，只记录错误的位置，配以简单的错误描述；内业再次完善检查意见的描述、错误的确认与归类、错误个数的汇总等工作。

2. 内业检查系统

地下管线数据内业检查系统的功能主要包括：任务管理、质检方案定制与管理、数据读取、数据显示、质量检查（程序自动化检查与人机交互检查）、质检结果管理、统计报表输出、检查模板库管理等，具体模块设计如图 9.4 所示。

（1）任务管理模块，包括质检项目的新建、打开、保存、项目基本信息的录入、质检方案的指定、检查人员、检查时间的管理等。

（2）数据读取模块，其功能是读取工作空间地下管线格式数据，并具有地下管线数据格式转换功能，将各种格式类型的数据文件进行解析，为后续的自动化检查提供统一的数据接口。

（3）数据显示模块，为用户提供人机交互的检查界面，实现地下管线数据在图形控件下进行完整的显示，包括图层管理、数据放大/缩小、漫游等，支持按照比例尺逐级显示，支持空间信息查询，支持按图层显示。

（4）质检方案定制管理模块，质检方案定制管理模块采用"检查对象+检查算子+规则参数=检查规则"→"规则1+规则2+…+规则 n=检查规则库"的模式针对不同要求的数据定制不同的检查方案，如图 9.5 所示。

质检方案定制完成后，可进行保存、编辑、导入导出等，以方便一次制作，多用户使用，保证不同检查人员检查尺度的统一。

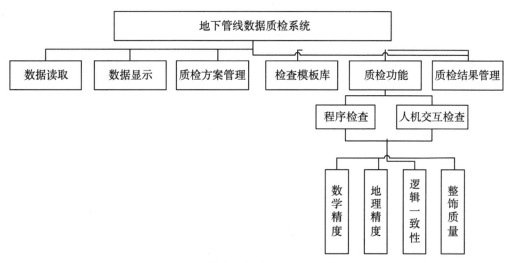

图 9.4　地下管线数据内业质检系统模块设计

（5）检查模板库模块，针对相关地下管线采集整理几何、属性等数据，形成标准数据模板库，以支撑属性匹配检查算子、枚举值检查算子等的自动化执行。

（6）程序检查模块，将检查方案中设置为程序自动检查的指标，利用后台的算子及设定的检查规则进行自动化检查，并记录检查结果，其功能包括检查数据的勾选、锁定、检查进度的显示等。

（7）交互检查模块，针对检查方案中设置为人机交互检查的指标，设计相关的辅助功能进行检查，包括辅助检查资料的加载、参考数据的套合、基于图层的缩放、自定义符号化、问题的截图与记录、错漏类别的选择等。

（8）结果管理模块，其功能主要包括问题的图形显示、问题信息及截图编辑与确认、回溯显示、导入导出等。问题显示将检查结果以列表形式显示，同时可以地图形式直观表达，具备错误记录的自动定位、错误样式设置、检查结果的加载、问题的分类查询与检索等。该模块还负责检查结果以文本（Word）、表格（Excel）等形式输出，形成质量检查报告，提交给业务运行管理系统。

9.4　典型检查算子

为保证管线数据的检查效率和可靠性，并可便捷地根据技术指标变化进行相应的调整，需要一个详尽的、方便程序开发的地下管线数据质量检验指标体系，该体系依据当前地下管线数据生产与质检的国家标准，结合管线的入库与信息系统建设需要，细化该类数据的检查内容，并将各项检查内容按照程序设计的理念进行拆分，形成一系列的检查算子，这些算子通过一定的程序算法设计，可实现检查指标的灵活定制及自动化发现数据中的问题。

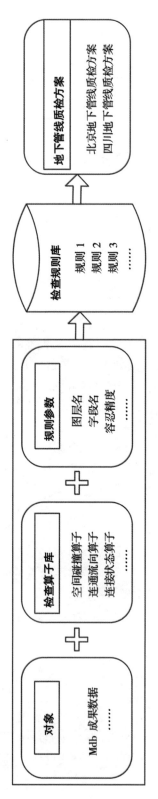

图9.5　质检方案结构图

本节首先介绍地下管线数据的算子化质量检查指标体系的构建，之后重点对部分自动化检查算子，如空间碰撞检查算子、管线连通流向检查算子、管线间的管径连接状态检查算子的设计思路进行介绍。

9.4.1 算子化指标体系

单纯地根据现有标准或者特定项目开发地下管线检查系统，可自动化检查的内容有限，且扩展困难，从现行的质检标准入手，按标准中规定的质量元素、质量子元素、检查项、检查内容进行分类，再针对检查内容进行有效的拆分，形成粒度最小的算子，通过对不同算子的排列组合，可方便地实现适用于不同项目的检查方案定制与管理，同时可以提高检查系统的开发效率。

根据上述思路，可将地下管线数据的算子化质量检查指标体系设计如表 9.5 所示。

表 9.5 　　　　　　　　　**地下管线算子化质量检查指标体系**

算子	参数	算子说明
属性项		1. 属性项：检查要素类中属性命名、属性项个数、属性项数据类型是否与标准数据一致。
必填枚举值	标准模板文件	2. 枚举值：检查必填属性项的内容是否在标准值枚举范围内
缺省值		3. 缺省值：检查缺省字段填写内容是否与枚举值模板一致
属性值约束	一致性表达式	检查属性项所填属性值是否满足约束条件
要素集	标准模板文件、允许缺失类型	检查要素集命名与组织是否与标准数据一致
点重叠	图层名、容差	检查是否存在管点几何位置重叠的错误
线重叠	图层名、容差、最大长度、最小长度	检查是否存在管线几何位置重叠的错误
面重叠	图层名、容差、最大长度、最小长度、最大面积、最小面积	检查是否存在面几何位置重叠的错误
极小面	图层名、极小值限差、分类字段	检查面要素面积大小的正确性
长度超限	图层名、长度最大限度、长度最小限度	检查管线长度是否超出限定值

续表

算子	参数	算 子 说 明
孤点检查	图层名、容差	1. 孤点检查：检查是否存在没有与管线连接的孤立管点
孤线检查		2. 孤线检查：检查是否存在没有与管点连接的孤立管线
多通检查	图层名、属性字段、容差	检查多通管点是否连接了相应数量的管线
连通性	图层名、容差、属性排除值	检查管线的连通性问题
坡度超限	图层名、埋深字段、坡度限差、点号字段、高程字段	检查管线埋设坡度是否超过允许值
流向检查	图层名、高程字段、容差	检查管线流向的正确性
大管流小管	图层名、点号字段、流入流出方式、管径字段	检查管线流出管径截面与流入管径截面的大小关系
排水井检查	图层名、点号字段、井深字段、埋深字段	检查重力管线在连接井内是否从高处流向低处
空间交叉	图层名、高程字段、管径字段、容差	检查两类管线在空间上是否存在交叉碰管的问题
端点位置	图层名、点号字段、容差	检查管线属性起止点号是否与管线端点几何位置上对应的管点点号相同
排水出口	图层名、点号字段	检查中排水类管线管点是否有流出方向
构面方向	面图层名	检查小室面面是否按照标准的顺时针构面
埋深检查	图层名、高程字段、埋深字段、管径字段、容差	检查管线在两端点处埋深合理性
点坐标与位置对比	图层名、坐标字段、容差	检查管点属性项中坐标值是否与点实体几何位置坐标是否一致
点面关系	图层名、关系类型、容差	检查管点、管线、管面之间的空间关系
线面关系		
点线关系		
重复要素	图层名、重复参考字段、重叠容差	检查管线是否存在重复要素
线面矛盾	图层名	检查管线线穿过面
管线孔室	图层名、孔室字段	检查管线总孔室与已用孔室逻辑关系

算子	参数	算子说明
管线压力	图层名、点号字段、压力字段	检查管线压力
分类代码检查	图层名、要素名称、分类代码	检查管线分类代码与要素名对应是否错误

9.4.2　空间碰撞检查算子

1. 地下管线空间碰撞

碰撞检测用于判定一对或多对物体在给定时间域内的同一时刻是否占有相同空间位置。地下管线数据的空间碰撞是指在三维空间中，任意两管线的管体一部分重叠，或者管线外表面的净间距小于设计要求，其类型包括交叉碰撞或者水平碰撞。地下管线的空间碰撞人工检查工作量大，且难以保证没有遗漏。

2. 算子设计

地下管线空间碰撞检查算子以检查任意两段管线是否存在三维空间碰撞为目的，利用 GIS 空间分析理论，通过碰撞分析，检查一定范围内任意两类管线之间在三维空间中的距离是否符合安全要求，不存在交叉碰管的现象。

检查算子的整体设计思路为：先进行二维平面管线碰撞预测，然后从三维空间中查找定位可能的碰撞点，再利用管径与最小限制净距作为参考量生成缓冲区进行管线碰撞的判断，以完成管线碰撞问题检测并准确定位（肖靖峰，2012）。该算子虽然原理简单，但是由于地下管线数据错综复杂，要想实现准确、高效的检测，还需注意几个技术细节，如在进行全面的碰撞分析之前，需做一个简单的碰撞判断，将一部分不可能碰撞的管线数据剔除不进行下一步计算，从而提高算法执行效率，减少检查运行时间。另外，算子中应考虑加入容忍安全距离等参数指标，这样可以根据不同管线数据规定灵活定制，使该算子适用性强、复用性高。缓冲区的设置可分为两级，充分考虑管线空间分布实际情况，使检查结果更准确。

地下管线空间碰撞算子设计流程图如图 9.6 所示。

为实现上述检查目的，管线碰撞检查算子设计的技术方案具体步骤如下：

第一步，管线碰撞二维预测。先忽略管线的埋深，将三维管线数据映射到二维水平面，做二维预测。具体方式：根据管段的起止点二维水平面坐标（即 X、Y 坐标）生成管线的最小外接矩形。然后对两管段的最小外接矩形进行几何交集运算，如果存在交集，说明管线存在空间碰撞的可能，需要进行下一步计算；如果没有交集，则说明管线不存在空间碰撞可能，可以排除，不进行下一步计算。

第二步，计算两相交管线二维平面碰撞点。对经过碰撞预测后存在碰撞可能的两线性几何对象进行几何交集运算，如果有交集，则为交叉碰撞情况，利用空间拓扑运

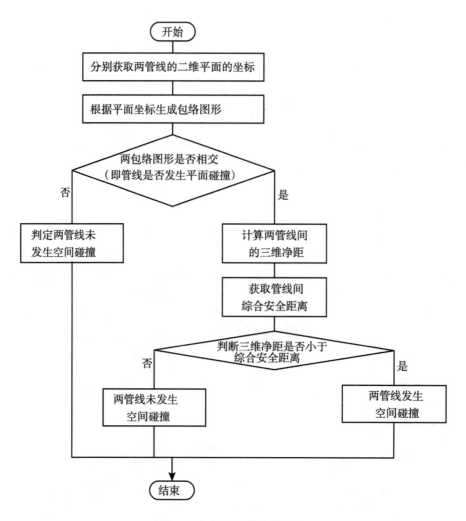

图 9.6　空间碰撞算法流程图

算分别遍历两线性几何对象的所有节点，找到两几何对象上共点的节点，此节点即二维水平面上的管线碰撞点；如果没有交集，则为非交叉碰撞情况，利用空间距离运算遍历两线性几何对象的所有节点并计算两节点间的直线距离，所有距离中的最小值就是两个对象在二维水平面上的最短距离，即水平净距，同时这两个几何对象上的两节点就是最短距离点，也是二维平面上的碰撞点。

　　第三步，运用线性内插法计算管线的三维空间净距。如果管线水平面相交，运用线性内插法代入二维平面碰撞点平面坐标、起止点平面坐标、起止点高程分别计算两条管线在交点处的高程 H_m（图 9.7），公式为

$$H_m = H_s + (H_e - H_s) \times \frac{\sqrt{(X_m - X_s)^2 + (Y_m - Y_s)^2}}{\sqrt{(X_e - X_s)^2 + (Y_e - Y_s)^2}}$$

式中，X_s、Y_s、H_s 分别表示起点的 X 坐标、Y 坐标、高程；X_e、Y_e、H_e 分别表示终点的 X 坐标、Y 坐标、高程；X_m、Y_m、H_m 分别表示交点的 X 坐标、Y 坐标、高程

再通过高程做差得到两管线的垂直净距，即相交管线三维净距（D）；如果管线水平面不相交，同样通过线性内插法代入最短距离点平面坐标、起止点平面坐标、起止点高程分别计算得到两条管线垂直净距，再加上前一步计算得到的水平净距和需要求解的三维净距，三条线在垂直于水平面的二维平面上构成了一个直角三角形（图9.8），从而根据勾股定理计算得到三维净距（D）（于国清，2003）。

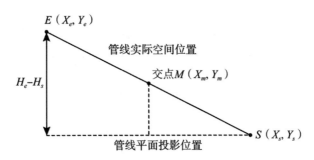

图 9.7　线性内插法计算高程示意图

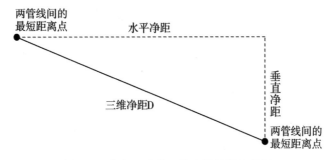

图 9.8　非交叉碰撞三维净距计算示意图

第四步，碰撞判断。将待检查管线的半径 r（如果管线断面为矩形，则计算矩形外接圆半径）设置为一级缓冲区。同时考虑最小净距限制，即管线三维空间上不相交但也视为碰撞，也可以理解为两条管线之间的安全距离（安全距离由管线的类别、材质等决定），设置最小限制净距 d_{min} 为二级缓冲区。通过两级缓冲区运算即可判断管线是否碰撞，当两条管线之间的三维净距满足 $D \leq r_1 + r_2 + d_{min}$ 时，视为管线碰撞。

9.4.3　管线连通流向检查算子

1. 地下管线的连通流向

连通性是根据指定的起始和终止节点，分析两点之间是否连通；或根据指定多个点，分析多个点之间是否互通。地下管线的连通流向是判断所选择的两条管线之间是否有路径相通，并找出连通路径，进而判断管线的流向。

2. 算子设计

管线的连通流向检测，即利用空间分析，通过流向分析，检查一定范围内任意管井所连通的至少两个管线之间在三维空间中的流向是否存在异常。

管线的连通流向检测算法，用于检测待测管井的连通管线的流向状态。先获取与待测管井连通的管线，并确定管线中的每个所述目标管线的流向类别。获取流入管线的终点埋深中的最大值，作为入口埋深最大值。获取流出管线的起点埋深中的最小值，作为出口埋深最小值。判断所述入口埋深最大值是否大于所述出口埋深最小值。如果所述入口埋深最大值大于所述出口埋深最小值，则判定所述待测管井的连通管线的流向状态异常。如图 9.9 所示为管线连通流向算子流程图。

为实现上述检查目的，管线的连通流向检查算子设计的技术方案具体步骤如下：

第一步，根据待测管井的管点号获取与管井连通的所有管线。从所述数据库中查找与该待测管井连接的所有管线，作为目标管线。获取待测管井的目标管线的方式可以为：在所有管线的起点和终点编号记录中，获取起点编号或者终点编号与所述待测管井的编号一致的管线，作为所述目标管线。一般情况下，每个所述待测管井连通至少两个目标管线，包括流入管线或者流出管线。

第二步，确定连接管线的流向类别，即为确定所获取的目标管线相对所述待测管井，是流入管线还是流出管线。确定所述目标管线的流向类别的方式为：判断所述目标管线的流向方式、与所述待测管井重合的端点是该目标管线的起点还是终点。如果所述目标管线的起点编号与所述待测管井点号一致，管线的流向方式为顺流，则该目标管线为流出管线，管线的流向方式为逆流，则管线为流入管线。如果所述目标管线的终点编号与所述待测管井点号一致，管线的流向方式为顺流，则所述目标管线为流入管线，管线的流向方式为逆流，则所述目标管线为流出管线。

第三步，获取所述流入管线的终点埋深中的最大值，作为入口埋深最大值。获取与所述待测管井连通的全部所述流入管线，获取所有流入管线的流出端口的埋深值，即为获取全部流入管线与所述待测管井重合的端点埋深值，作为目标管线的终点埋深值。获取每个流入管线的终点埋深值后，从所获取的全部所述流入管线的终点埋深值中获取最大值，作为入口埋深最大值。

第四步，获取所述流出管线的起点埋深中的最小值，作为出口埋深最小值。获取与所述待测管井连通的全部流出管线，获取所有流出管线的流入端口的埋深值，即为获取全部流出管线与所述待测管井重合的端点埋深值，作为目标管线的起点埋深值。

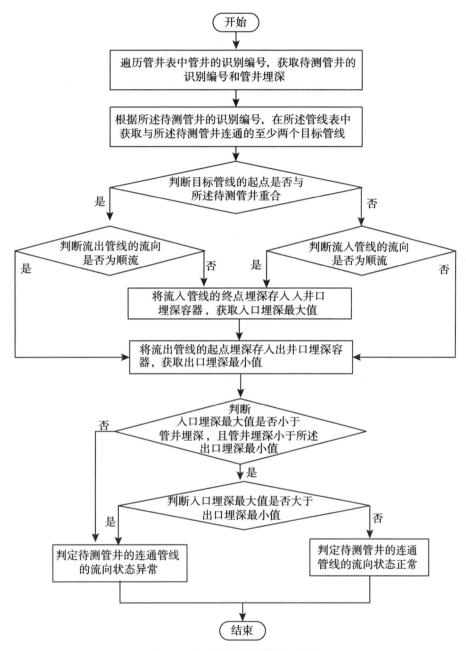

图 9.9 管线连通流向算法流程图

获取每个流出管线的起点埋深值后，从获取的全部所述流出管线的起点埋深值中获取最小值，作为出口埋深最小值。

第五步，判断所述入口埋深最大值是否大于所述出口埋深最小值。如果所述入口

305

埋深最大值大于所述出口埋深最小值，则表明流入管线的流出端口的高度最小值小于所述流出管线的流入端口的高度最大值，导致流体从低处的流入管线流到高处的流出管线，出现异常回流状态，需要采取相应工程措施进行危害消除。

9.4.4　管线间的管径连接状态检查算子

1. 管线间的管径连接状态

管线间的管径连接状态是表述一种连入某一管点两侧的流入管线管径总和与流出管线管径总和之间的逻辑关系状态，状态根据管线类型是重力管还是压力管的不同，而呈现不同的逻辑关系。

2. 算子设计

管线间的管径连接状态检查算子检查一定范围内任意管点所连通的至少两个管线之间在三维空间中的管径连接及流向分布是否存在异常。

首先获取待测管点处所连通的流入管线和流出管线，并计算获取全部接入所述待测管点的流入管线的入口管径总和，以及从所述待测管点流出的流出管线的出口管径总和。不同管径对应不同的判断规则，所述重力管的正常状态要求从小管径流入大管径，所述压力管的正常状态要求从大管径流入小管径。根据目标管线的管线类别和对应其所属类别的判断规则，获取所述待测管点的连通管线间的管径连接状态。如图9.10 所示为管线间的管径连接状态检查算子流程图。

为实现上述检查目的，管线间的管径连接状态检查算子设计的技术方案具体步骤如下：

第一步，根据待测管井的管点号获取与管井连通的所有管线。从所述数据库中查找与该待测管井连接的所有管线，作为目标管线。获取待测管井的目标管线的方式可以为：在所有管线的起点和终点编号记录中，获取起点编号或者终点编号与所述待测管井的编号一致的管线，作为所述目标管线。一般情况下，每个所述待测管井连通至少两个目标管线，包括流入管线或者流出管线。

第二步，确定连接管线的流向类别，即为确定所获取的目标管线相对所述待测管井，是流入管线还是流出管线。确定所述目标管线的流向类别的方式为：判断所述目标管线的流向方式、与所述待测管井重合的端点是该目标管线的起点还是终点。如果所述目标管线的起点编号与所述待测管井点号一致，管线的流向方式为顺流，则该目标管线为流出管线，管线的流向方式为逆流，则管线为流入管线。如果所述目标管线的终点编号与所述待测管井点号一致，管线的流向方式为顺流，则所述目标管线为流入管线，管线的流向方式为逆流，则所述目标管线为流出管线。

第三步，获取每个流入管线的管径，相加计算得到所述待测管点的入口管径总和，作为所述入口管径总和。获取每个流出管线的管径，相加计算得到所述待测管点的出口管径总和，作为所述出口管径总和。所述流入管线的管径和所述流出管线的管径均可以选择管井的直径数值或者半径数据，或者其他能准确反映管井空间的数据均

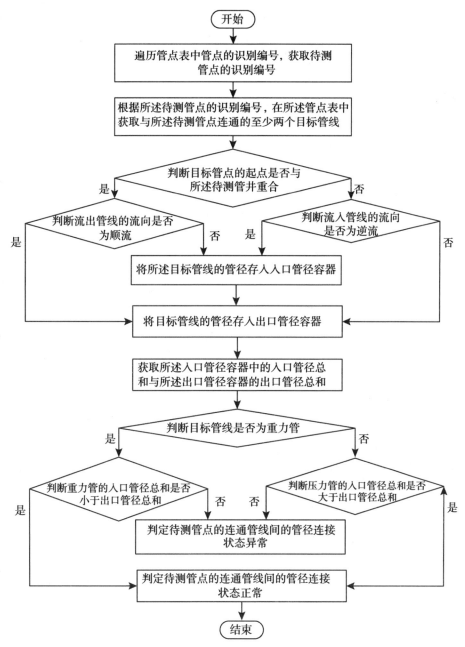

图 9.10 管线间的管径连接状态检查算子流程图

可。所述流入管线的管井和所述流出管辖的管径选择需要保持一致。

第四步，判断所述待测管点所连通的目标管线的管线类型是重力管还是压力管。如果所述目标管线的管线类型是重力管，则判断所述待测管点的流入管线的入口管径总和是否小于所连通的流出管线的出口管径总和。如果所述入口管径总和小于所述出口管径总和，则判定所述待测管点的连通管线间的管径连接状态正常。如果所述入口管径总和大于或者等于所述出口管径总和，则判定所述待测管点的连通管线间的管径连接状态异常。

如果所述目标管线的管线类型是压力管，则判断所述待测管点的流出管线的入口管径总和是否大于所连通的流出管线的出口管径总和。如果所述入口管径总和大于所述出口管径总和，则判定所述待测管点的连通管线间的管径连接状态正常。如果所述入口管径总和小于或者等于所述出口管径总和，则判定所述待测管点的连通管线间的管径连接状态异常。

9.5 系统展示及应用

9.5.1 外业巡检系统

1. 项目新建与管理

本系统以"项目=项目基本信息+数据文件+检查记录"的形式管理地下管线数据的检查工作，因此，在使用本软件进行成果巡检前，需要完成新项目的建立与信息的录入或打开已有的检查项目。如图 9.11 所示。

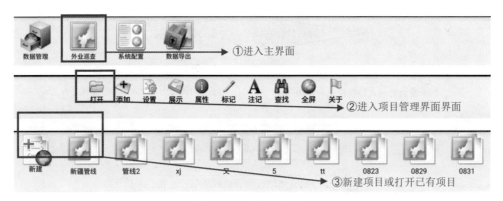

图 9.11 系统主界面

2. 数据管理与可视化

当项目建立完成后，即可向项目添加待查管线成果数据及相关参考数据。系统支持的成果数据主要分为矢量数据（＊.shp）、栅格数据（＊.TIFf，＊.JPEG，＊.PNG，＊.IMG）与切片数据（＊.Tpk）三种类型。检查前，将对应类型的待查数据文件拷贝到系统相应的文件夹中。数据添加完成后的界面如图 9.12 所示。

图层设置：图层颜色、矢量图像样式等个性化修改，指定"交叉线标记""地图

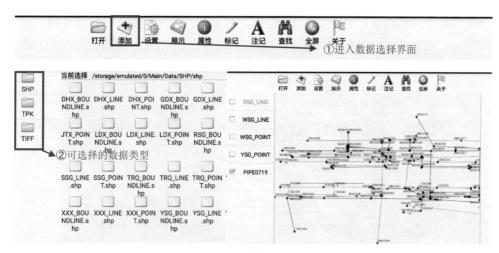

图 9.12 数据载入界面

注记"的字段内容时，可使用"设置"功能完成，如图 9.13 所示。

项目与系统	编辑图层			
项目信息	当前编辑图层 RSG_LINE		选择	确定
通用设置	图层样式			
图层设置	图形样式			
图层样式	图形颜色			
	图形尺寸		6.0	
	图层注记			
	交叉线注记 ~标记~功能中交叉线所获得要素的属性值			暂未设置
	地图动态注记 ~标记~功能中动态展示的要素属性值			暂未设置

图 9.13 图层信息设置

地图注记：主要用于为地图中的矢量要素动态添加文字注记信息，增加数据直观性。用户在使用地图注记功能前，需要指定图层及其需要展示的信息字段，如图 9.14 所示。考虑到实际使用时矢量要素数量较多，若全体注记，则会影响使用的流畅性。因此，系统采用动态注记方法，实现了指定图层注记的动态加载，加快了注记加载速率，保证了软件运行流畅性。

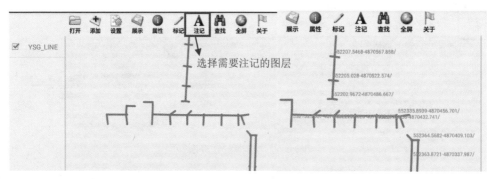

图 9.14　注记前后对比图

3. 要素属性查询

针对矢量要素提供关键字搜索功能，避免用户盲目查找要素，方便矢量数据的快速定位。当搜索成功后，指定的要素将会被移动到地图中心，并进行高亮显示，如图 9.15 所示。

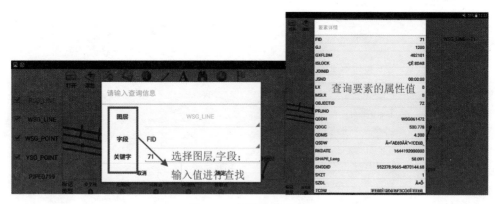

图 9.15　要素查询界面

4. 要素属性检查

系统可以查询加载的矢量数据中任一要素的属性信息，如图 9.16 所示。在野外检查时，可以根据现场开挖的情况，方便地确认管线要素的属性，如材质、管径、类型、结构等是否正确。

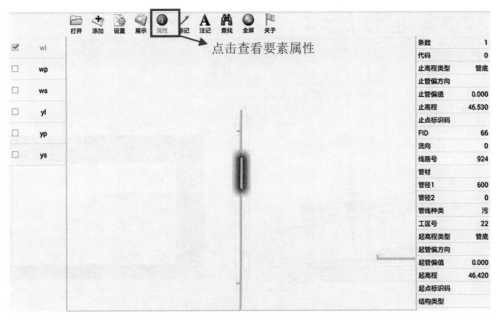

图 9.16 要素属性查询界面

5. 巡查要素标记

系统提供了包括交叉线、范围线、问题点、问题线、暂歇点等巡检标记，可用于外业巡检时检查结果与错误描述的记录工作，如图 9.17 所示。

6. 项目信息浏览

外业检查过程中或结束后，可以随时查看项目的检查信息，包括记录的错误数量、类型等，如图 9.18 所示。

7. 采集记录导出

完成野外巡查后，可导出采集的数据和检查意见记录，精度统计与意见整理汇总等工作由内业检查系统完成，如图 9.19 所示。

9.5.2 内业检查系统

1. 数据归一

数据归一即是将不同格式的地下管线数据进行数据转换和数据矢量化，为了适用于多类管线项目的检查，需要针对目前主流的格式，如 mdb、SHP、txt、xls 等，管线数据统一进行数据转换，以方便后续的检查。系统提供了一个矢量化工具，只要数据中包含点线的几何信息，即可以通过逐层定义好几何类型、几何定义后进行批量转换，生成为矢量空间的 mdb 格式，如图 9.20 所示。

311

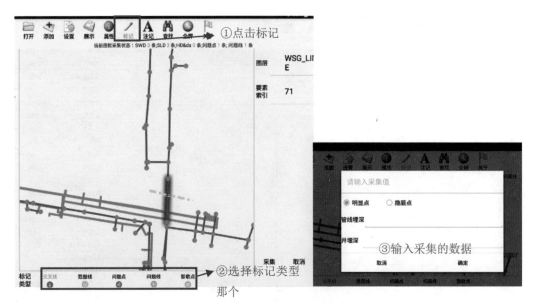

图 9.17　地下管线问题标记界面

			17% 🔋 10:21

项目与系统	基础信息						
项目信息	项目名称						xj
通用设置	项目描述						
图层设置	数据统计						更多

交叉线	范围线	问题点	核查点	问题线	核查线	问题面	核查面
14	2	3	2	1	0	0	0

图层信息

要素类	图层类型	文件路径
RSG_LINE	Shp	/storage/emulated/0/Main/Data/SHP/shp/RSG_LINE.shp
WSG_LINE	Shp	/storage/emulated/0/Main/Data/SHP/shp/WSG_LINE.shp
WSG_POINT	Shp	/storage/emulated/0/Main/Data/SHP/shp/WSG_POINT.shp
YSG_POINT	Shp	/storage/emulated/0/Main/Data/SHP/shp/YSG_POINT.shp
PIPE0719	Tpk	/storage/emulated/0/Main/Data/TPK/PIPE0719.tpk

图 9.18　地下管线项目信息浏览

图 9.19　采集记录导出

2. 工程创建

工程创建与其他软件系统类似，需要录入项目的名称、生产单位、生产时间、检查者等信息，同时需要指定要使用的检验模型、检查方案、待检查数据的路径等。

系统中内置的检查方案是结合了多个地下管线项目检查的实际需要与当前国家标准要求，较为通用的检查方案，其包含了一般地下管线数据检查必须涵盖的内容。用户可以在此基础上进行修改，以节约工程创建的时间。如图 9.21 所示。

3. 方案定制

方案定制主要是根据项目的检查需要挂接检查算子，以及检查算子参数化的过程，即是将待检查管线项目的数据规定等文件中要求的技术指标，通过检查算子的参数设置面板，逐条形成检查规则的过程。

如空间碰撞检查，需要使用空间交叉算子，并通过指定不同类型的管线碰撞技术指标，实现包括雨水与污水的空间碰撞检查规则、电力与燃气的空间碰撞检查规则，编辑界面如图 9.22 所示。

4. 自动化检查

系统可以根据指定的检查方案进行自动化检查，针对每条检查规则，记录检查的结果，并可以对结果进行定位和核查。

检查内容包括：要素集、属性项、枚举值、属性值约束、孤点检查、重复要素、点重叠、长度超限、空间碰撞、连通流向检查、管径连接状态检查、多通检查、排水井检查、孔室检查、管线端点几何位置检查等。

5. 人机交互检查

添加人机交互检查意见，包括问题的描述、定位、截图等。

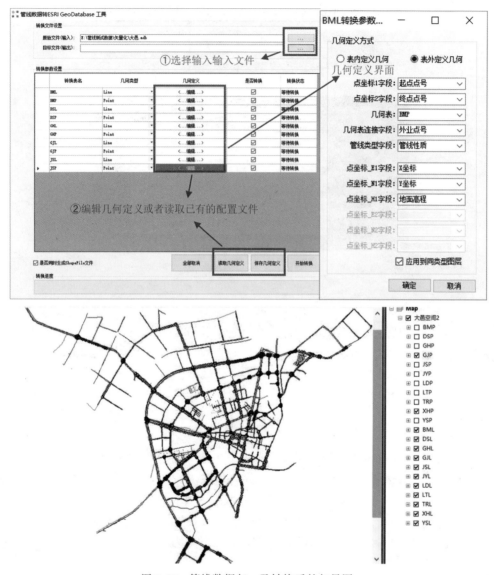

图 9.20　管线数据归一及转换后的矢量图

6. 生成精度统计表

将利用外业巡查系统及其他测量仪器采集的检测数据导入内业系统进行精度统计，包括明显点埋深精度统计、隐蔽点埋深精度统计、隐蔽点平面精度统计等。统计为自动化统计，无需用户干预统计分类、中误差计算、得分计算等，并且直接生成 Word 格式统计表格。

用户需要注意的是，需要正确地给定项目信息，用于表头信息填写；给定成果数据字段信息，用于程序自动匹配；给定统计参数用于中误差及得分计算；给定采集数

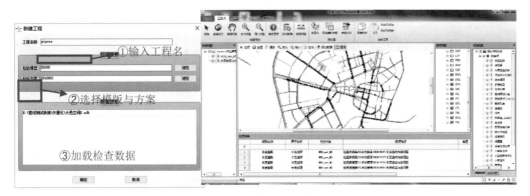

图 9.21 工程创建界面及检查主界面

图 9.22 地下管线检查方案定制界面

据、检验成果数据用于自动匹配。所有参数配置完成后均可生成一个完整的配置文件，可以进行流转和重复使用，如图 9.23 所示。

图 9.23　精度统计参数设置界面及导出统计表

7. 意见导出

系统根据指定的数据自动筛选问题记录，然后导出，支持 MDB、PGDB、WORD 等多种格式的检查意见导出，如图 9.24 所示。

图 9.24 检查意见导出界面

9.5.3 应用实例

本应用示范以北京市管线普查项目数据为实例，介绍使用本地下管线质检系统进行地下管线数据质检的整个流程。

第一步，数据矢量化。本项目管线成果数据是 mdb 格式，需要先进行矢量化预处理。启动管线内业质检系统，使用矢量化工具将 mdb 数据转换为 ESRI（*.MDB）数据格式。如图 9.25、图 9.26 所示。

PipeType	SPtOnlyID	EPtOnlyID	SPtElev	SElevType	SDeep	EPtElev	EElevType	EDeep	Material	EmBed	PipeSize1	PipeSize2
雨水	1	2	76.64	管底	.97	76.85	管底	.85	砼		300	0
雨水	1	3	76.48	管底	1.13	76.5	管底	1.14	砼		300	0
雨水	1	4	76.38	管底	1.23	76.83	管底	1.44	砼		300	0
雨水	1	5	75.17	管底	2.44	75.26	管底	2.24	砼		600	0
雨水	5	6	76.63	管底	.87	76.76	管底	.73	砼		300	0
雨水	5	7	76.4	管底	1.1	76.53	管底	.96	砼		300	0
雨水	5	8	75.28	管底	2.22	75.4	管底	2.05	砼		600	0
雨水	8	9	76.54	管底	.91	76.54	管底	.89	砼		300	0
雨水	8	11	75.96	管底	1.49	76.28	管底	1.16	砼		300	0
雨水	11	12	76.61	管底	.83	75.61	管底	1.81	砼		300	0
雨水	12	13	76.33	管底	1.09	76.68	管底	.61	砼		300	0
雨水	8	14	75.34	管底	2.11	75.48	管底	2.08	砼		600	0
雨水	14	15	76.79	管底	.77	76.83	管底	.72	砼		300	0
雨水	14	16	76.56	管底	1	76.76	管底	.82	砼		300	0
雨水	14	17	75.51	管底	2.05	75.54	管底	2.15	砼		600	0
雨水	17	18	76.82	管底	.87	76.89	管底	.8	砼		300	0
雨水	17	19	76.55	管底	1.14	76.8	管底	.9	砼		300	0
雨水	17	20	75.53	管底	2.16	75.56	管底	2.45	砼		600	0
雨水	20	21	76.96	管底	1.05	76.96	管底	.88	砼		300	0
雨水	20	22	75.71	管底	2.3	75.63	管底	2.5	砼		600	0
雨水	22	23	76.53	管底	1.6	77	管底	.93	砼		300	0
雨水	23	24	77.01	管底	.92	77.29	管底	.74	砼		300	0
雨水	24	25	77.3	管底	.73	77.52	管底	.72	砼		300	0
雨水	22	26	75.58	管底	2.55	75.67	管底	2.36	砼		600	0
雨水	26	27	76.85	管底	1.18	77.04	管底	.83	砼		300	0

图 9.25 管线数据库中的记录

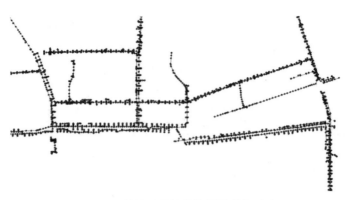

图 9.26　转换后的管线数据图形化显示

第二步，外业巡检。将矢量化后的 MDB 数据转化为 shp 格式，再将 shp 数据进行切片处理后，导入平板电脑，即可开始外业管线数据巡查了。外业巡查主要使用标记线，记录管线埋深以及管井深，巡查结束导出记录，进入内业质检系统进行精度统计。如图 9.27、图 9.28 所示。

```
50.25-49.75%DLline%Show%管深%0,0%49797.929688,50493.179688;49799.144531,50494.539062%0.32%
50.25-49.75%PSline%Show%管深%0,0%49811.472656,50497.312500;49811.312500,50498.917969%0.89%
50.25-49.75%PSline%Show%管深%0,0%49810.738281,50496.238281;49812.097656,50496.593750%2.9%
50.25-49.75%PSline%Show%管深%0,0%49810.031250,50497.066406;49810.433594,50496.386719%1.33%
50.25-49.75%PSline%Show%管深%0,0%49809.882812,50498.281250;49810.796875,50498.937500%3.02%
50.25-49.75%GSline%Show%管深%0,0%49812.433594,50490.609375;49811.609375,50490.496094%1.63%
50.25-49.75%GSline%Show%管深%0,0%49813.304688,50487.054688;49813.996094,50487.457031%1.65%
50.25-49.75%TXline%Show%管深%0,0%49808.378906,50491.289062;49809.644531,50491.015625%1.05%
50.25-49.75%TXline%Show%管深%0,0%49809.238281,50489.371094;49810.265625,50490.062500%1.61%
50.25-49.75%DLline%Show%管深%0,0%49769.351562,50479.921875;49768.800781,50481.605469%0.26%
50.25-49.75%DLline%Show%管深%0,0%49817.246094,50479.835938;49816.679688,50479.433594%0.06%
50.25-49.75%PSline%Show%管深%0,0%49824.078125,50469.132812;49824.687500,50468.851562%1.01%
50.25-49.75%PSline%Show%管深%0,0%49823.300781,50468.339844;49823.910156,50467.945312%2.96%
50.25-49.75%PSline%Show%管深%0,0%49823.285156,50469.355469;49823.917969,50470.402344%3%
50.25-49.75%PSline%Show%管深%0,0%49842.429688,50429.843750;49842.675781,50430.945312%0.98%
50.25-49.75%PSline%Show%管深%0,0%49841.023438,50430.246094;49841.750000,50430.921875%3.18%
50.25-49.75%PSline%Show%管深%0,0%49841.460938,50428.917969;49842.257812,50429.359375%3.14%
50.25-49.75%TXline%Show%管深%0,0%49844.363281,50409.933594;49845.437500,50409.921875%0.78%
50.25-49.75%TXline%Show%管深%0,0%49843.890625,50411.566406;49844.746094,50412.031250%0.82%
50.25-49.75%PSline%Show%管深%0,0%49860.628906,50376.347656;49860.750000,50377.050781%3.04%
50.25-49.75%PSline%Show%管深%0,0%49861.175781,50375.246094;49860.964844,50376.597656%0.97%
50.25-49.75%PSline%Show%管深%0,0%49859.937500,50374.785156;49861.468750,50374.660156%3.16%
```

图 9.27　导出的外业巡查记录

序号	物探点号	管线类别	材质	管线规格（mm）	深度比较（m） 探测深度	深度比较（m） 检查深度	深度比较（m） 差值	平面较差	质量评价	备注
1	LD669->LD668	LD	铜	60	0.48	0.47	0.01	0.03	符合	√
2	LD671->LD672	LD	铜	60	0.64	0.67	-0.03	0.02	符合	√
3	LD672->LD671	LD	铜	60	0.28	0.27	0.01	0.02	符合	√
4	LD672->LD673	LD	铜	60	0.28	0.29	-0.01	0.02	符合	√
5	LD666->LD665	LD	铜	60	0.28	0.27	0.01	0.03	符合	√
6	LD665->LD664	LD	铜	60	0.31	0.33	-0.02	0.03	符合	√
7	--->--	DX	光纤	300X200	--	0.22	--	0.03	符合	√
8	--->--	DX	光纤	300X200	--	0.85	--	0.03	符合	√
9	--->--	DX	光纤	300X200	--	0.88	--	0.03	符合	√
10	YX196->YX206	YX	光纤	100	0.67	0.65	0.02	0.03	符合	√
11	YX194->YX193	YX	光纤	100	0.71	0.74	-0.03	0.01	符合	√
12	--->--	DX	光纤	300X200	--	0.75	--	0.04	符合	√
13	--->--	DX	光纤	300X200	--	0.76	--	0.03	符合	√

埋深中误差：±3.8 cm，限差：±7.5 cm，粗差个数：0，总个数：12，粗差率：0.0%，得分：89.3 分。
平面较差中误差：±2.1 cm，限差：±5.0 cm，粗差个数：0，总个数：22，粗差率：0.0%，得分：94.5 分。

图 9.28　生成的统计表

第三步，内业检查。将矢量化后的 MDB 数据加载地下管线内业质检系统，进行相关数据集、属性项、空间关系等检查，检查项包括要素集、属性项、重叠、长度超限、空间碰撞、连通流向、管径连接状态等。检查结果需要在主界面进行人工核实，如图 9.29 所示，核实之后可导出意见表，如图 9.30 所示。

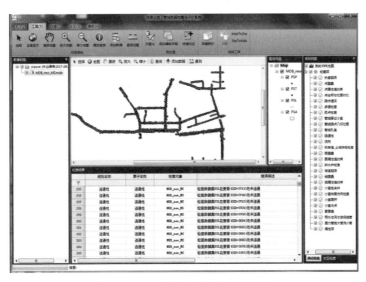

图 9.29　北京市地下管线内业检查

序号	质量问题	处理意见	修改情况	复查情况	差错类别
1	点属性值约束:(483184.489,306324.039)MDB_new_MS.PSP:[Feature]为偏心点，[OffsetNo]不为零	查改			
2	点属性值约束:(483448.909,306319.4)MDB_new_MS.PSP:[Feature]为偏心点，[OffsetNo]不为零	查改			
2	点属性值约束:(484854.572,307645.625)MDB_new_MS.PSP:[Adjunct]字段和[Feature]字段不能同时为空	查改			
3	点属性值约束:(485350.94,307609.114)MDB_new_MS.PSP:[Adjunct]字段和[Feature]字段不能同时为空	查改			
4	点重叠:(483224.71,306952.419)MDB_new_MS[PSP]，此处存在点重叠	查改			
5	点重叠:(483500.179,306552.69)MDB_new_MS[PSP]，此处存在点重叠	查改			
6	点重叠:(485136.188,305028.913)MDB_new_MS[PSP]，此处存在点重叠	查改			
7	点坐标与位置对比:(484167.289,304538)MDB_new_MS，检查数据集 PSP 中要素（OID=6）属性项中填写的坐标值与实际位置 X、Y 值不一致	查改			
8	点坐标与位置对比:(484178.69,304495.809)MDB_new_MS，检查数据集 PSP 中要素（OID=1）属性项中填写的坐标值与实际位置 X、Y 值不一致	查改			
9	端点埋深:MDB_new_MS，检查数据集 PSL 中的要素(OID=744)端点埋深不合理，埋深不等于[管点高程-管线端点高程-管径]	查改			
10	多通检查:(483258.719,306438.28)MDB_new_MS，检查数据集 PSP 中要素(OID=84)为两通点，但没有连接相应条数的管线	查改			
11	多通检查:(483934.28,307018.039)MDB_new_MS，检查数据集 PSP 中要素(OID=1754)为四通点，但没有连接相应条数的管线	查改			

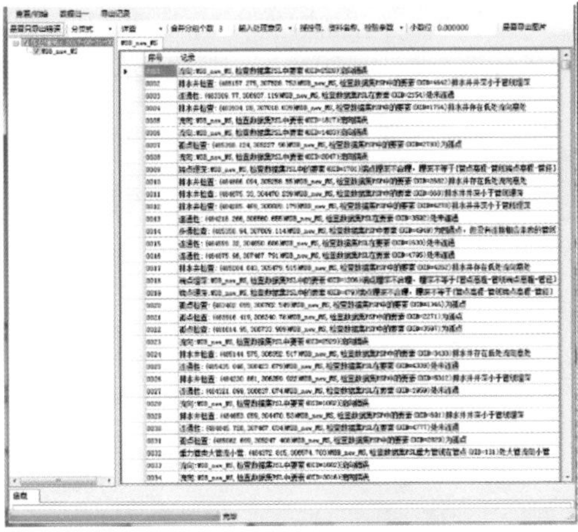

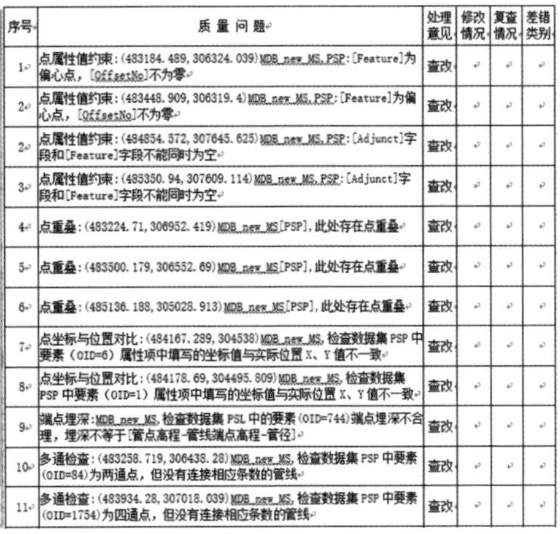

图 9.30　地下管线检查结果汇总

本应用从北京市管线普查项目中选取了一个作业区的数据作为应用实例进行系统应用测试。该作业区各类管线合计总长 367 公里，自动化检查总耗时 23 分钟，同时统计了重要检查算子的运行效率及检查结果正确率，如表 9.6 所示；相比人工检查，大大提高了效率和正确率，检查算子检查准确率方面都很高，且适用于大部分地下管线数据。同时，外业中使用外业采集系统，相比于以前使用纸质图巡查采集，极大方便了外业人员的工作，将外业采集数据直接导入内业系统，进行自动化统计精度统计，也大量减少了质检员的工作量。

表 9.6　　　　　　　　　　　　重要算子检查结果统计表

算子	耗时	漏检率	可靠性
长度超限	8 秒	0%	100%
孤点检查	45 秒	0%	100%
孤线检查	56 秒	0%	100%
多通检查	39 秒	0%	98%
连通性	81 秒	0%	90%
坡度超限	27 秒	0%	100%
流向检查	75 秒	0%	89%
大管流小管	142 秒	2%	90%
排水井检查	105 秒	0%	84%
空间交叉	280 秒	0%	85%
端点位置	46 秒	0%	96%
排水出口	61 秒	0%	98%
埋深检查	83 秒	3%	100%
点坐标与位置对比	52 秒	0%	100%
管线孔室	21 秒	0%	100%
管线压力	27 秒	0%	100%

第10章 数字航空影像质检系统

10.1 前　言

伴随着航空技术、计算机技术、数字摄影技术的不断进步，航空摄影测量技术不断发生着变化，数字航空摄影已完全取代以胶片为介质的常规光学航空摄影；航摄仪除了使用专业的测量相机，还使用了非量测用的数码相机；飞行平台从中高空的载人飞机扩展到低空无人飞行器；摄影姿态从单一的竖直摄影发展为多角度的倾斜摄影。航空摄影测量已成为现代测绘及相关行业高效便捷地获取地理信息数据的重要手段。利用航空摄影测量技术生产的数字正射影像、数字高程模型、数字线划图、影像地图、专题图、专题数据库、三维虚拟现实等多种多样的测绘产品，能直观、准确地反映地表海量信息，已广泛应用于土地利用管理、现代城市规划建设、应急抢险、灾害调查与分析、生态环境保护与监测、地理国情监测等各个领域，在国民经济发展和国防建设中发挥着举足轻重的作用。

航空摄影（原始航片、IMU/GNSS 数据等）成果质量是保证后工序产品质量的重要前提，直接影响后续的影像匹配、空三加密的效果和精度，影响最终航空摄影产品的地理表达和 IMU/GNSS 航空摄影产品的数学精度，如：摄区范围覆盖不完整、存在绝对漏洞，将导致产生生产漏洞，使得最终产品不完整；航片的地面分辨率不达标、清晰度差、色调差异显著、地物明暗部分的细节无法辨认，会影响地物信息的有效判读，导致影像产品纹理模糊，降低成图精度；像片倾斜角和航线弯曲度过大、航高保持不稳定等，将影响像对的立体观察，甚至导致无法在仪器上进行作业；影像波段缺失、无效像元过多、非终年积雪地区影像上有大面积积雪，或影像上有大面积的云影、烟、反光等，都会影响后工序生产，导致影像产品纹理损失、影响测图采集精度和要素表达；IMU/GNSS 航空摄影数据处理成果精度超限、航摄系统检定精度超限，将难以保证 IMU/GNSS 航空摄影最终产品数学精度；航摄未获军区批准、航摄资料未经审查，可能造成军事保密区域泄密，影响国家安全等。航空摄影成果的质量控制，对保障航空摄影产品质量起着至关重要的作用。

本章将重点对数字航空摄影影像获取、质量控制内容及手段、自动化检查算法、质量检验系统设计与开发等进行介绍。

10.2　数字航空摄影与质量控制

10.2.1　数字航空摄影

数字航空摄影通过搭载在飞行器平台上的数字航摄仪，获得地面数字化影像。随着科技进步和社会需求的进一步加大，数字航空摄影的硬件设备和软件系统也正快速地发展进步，呈现出幅面越来越大、效率越来越高、影像质量越来越好、操作越来越简捷的趋势。近年来，各式各样的数字航空摄影系统被广泛用于地形地物数据的获取，给数字航空摄影成果的质量检验带来了巨大的挑战，因此，下面将对几种常用的数字航空摄影系统进行介绍，包括其成像方式、主要特点等。

框幅式航空摄影在曝光瞬间对整个幅面同时成像，采用单面阵航空数码相机或多面阵航空数码相机进行拍摄。单面阵航空数码相机仅采用一个感光元件面阵获取数字影像，面阵 CCD 传感器获取图像的方式与传统框幅式光学摄影机相似，某一瞬间获得一幅完整的影像，是一个单中心投影。多面阵航空数码相机由多个小面阵组成，影像由多镜头框幅式影像拼合而成。多面阵航空数码相机能够获取大面阵全色影像和 R、G、B、近红外四波段影像，与单面阵航空数码相机相比，像幅有所增大，覆盖面积增加，工作效率进一步提升，同时，摄影基线增长，成图精度也有所提高。

推扫式航空摄影是数字航摄仪沿垂直于 CCD 阵列方向采用推进方式获取带状影像的航空摄影方式。通常采用基于相互平行的双线阵、多线阵或面阵成像探测器的数字航摄仪，在航摄的某一瞬间得到一条线状影像，将若干条线影像拼接形成带状影像。目前，推扫式航空摄影主要采用三线阵 CCD 的数字航摄仪获取影像，利用前视、下视、后视三个镜头同时获取全色、多光谱和近红外条带状影像。与框幅式航空摄影相比，推扫式航空摄影同一地区影像带间高度重叠，影像上地物的投影变形相对较小，但推扫式航空摄影较依赖于 POS 系统的准确性，影像数据种类较多、处理过程相对较复杂。

低空航空摄影是航高在 1000 米以下，采用超轻型飞行器或无人飞行器作为飞行平台，搭载小像幅数码相机作为传感器，获取高分辨率、低成本地面影像的摄影。低空航空摄影的飞行平台主要有固定翼无人机、旋翼无人机、无人直升机、无人飞艇等，这些飞行平台具有操作简单、设备轻便、起降场地易寻找、使用维护成本低的优点，但也易受气流和风力的影响。低空航空摄影的传感器一般采用非量测的数码相机，这类相机体积小、价格便宜、轻便易携带，但物镜畸变较大，内方位元素的稳定性较差。低空航空摄影是传统航空摄影获取空间信息的有力补充手段，在快速获取小区域和飞行困难地区影像方面具有显著的优势。

倾斜航空摄影是测绘遥感领域近年来发展起来的一项高新摄影技术，它利用同一飞行平台上搭载的多台传感器，同时从垂直、倾斜等不同角度获取地形地物顶部、侧面的纹理和三维几何结构等信息。当前应用比较广泛的是 5 镜头倾斜航摄仪，包括 1 个垂直向下的镜头和 4 个分别倾向前、后、左、右的镜头，借助它们，可以获得被摄物体的多视角影像数据。倾斜航空摄影不再用于 4D 产品的生产，它为城市的三维精细化建模提供了重要的基础数据，多角度的城市建筑物影像可为三维模型提供任意角度的纹理信息，避免了大量的实地考察工作，降低了劳动强度，提高了作业效率。

10.2.2 数字航空摄影生产流程

数字航空摄影主要包括资料收集、空域申请、航空摄影技术设计书编写、航摄仪的选用和检定、航摄季节和航摄时间的选择、摄区划分、航摄基本参数计算、航空摄影、航空摄影影像处理、成果质量检查、航摄资料军区审查、成果整理与验收、资料汇交等主要技术环节。数字航空摄影生产流程大致相同，但由于选用的数字航摄仪和采用的技术路线不同，生产流程存在些许差异。航空摄影工作流程大致可分为航摄准备、航空摄影和资料汇交三个阶段。

1. 航摄准备

航摄准备阶段主要任务是明确航摄项目的范围、采集方式和成果形式，确定航摄实施的技术流程，明确航摄飞行的各项技术指标，做好空域申请、航摄仪检定、设备安装、系统测试、检校场布设等前期工作，确保航摄飞行工作的顺利实施。准备阶段工作流程大致如图 10.1 所示。

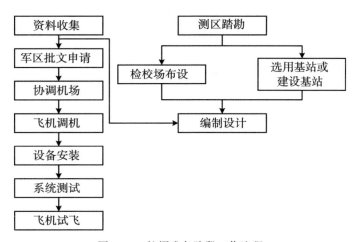

图 10.1　航摄准备阶段工作流程

资料收集是航空摄影项目的首要环节，根据项目实际情况，收集的资料一般包括：测区控制资料；行政区划数据；地形图、DEM；交通、人文资料等。

编制航空摄影技术设计书是准备阶段的重要环节，设计书应能指导实际生产作业，设计书中一般应明确：航摄范围、数学基础、航摄仪、分区划分、分区摄影参数、飞行路线、飞行时间、检校场布设及飞行要求、补摄与重摄、数据处理、资料整理、质量控制、成果提交要求等。

选用的航空摄影系统不同，航空摄影工作流程也有所差异，如使用低空无人机航空摄影系统的项目，可能不存在协调机场的工作；后期不需使用精确 IMU/GNSS 数据成果的航空摄影项目，一般不需要架设基站、布置检校场。

2. 航空摄影

航空摄影准备阶段工作完成后，便可按照技术设计、飞行计划开展航空摄影工作。航空摄影工作内容主要包括：检校场航摄采集、摄区航摄采集及漏洞补摄采集等。航空摄影阶段工作流程大致如图 10.2 所示。

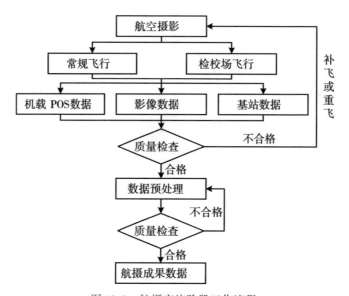

图 10.2 航摄实施阶段工作流程

根据项目使用的航摄仪、航空摄影数据处理软件等实际情况，一些项目不包括检校场飞行、基站和 POS 数据获取处理、影像数据预处理等工序。

3. 资料汇交

航摄成果最终检查合格后，应按有关规定将航摄资料报送军区审查、报项目管理单位或质检机构验收。验收合格的项目，按合同、设计要求将成果资料提交甲方。

10.2.3 质量检查内容与方法

数字航空摄影成果质量通过二级检查一级验收方式进行控制。测绘成果应依次通过测绘单位作业部门的过程检查、测绘单位质量管理部门的最终检查和项目管理单位组织的验收或委托具有资质的质量检验机构进行质量验收。2013 年原国家测绘地理信息局颁布了《航空摄影成果质量检验技术规程第 2 部分：框幅式数字航空摄影》和《航空摄影成果质量检验技术规程第 3 部分：推扫式数字航空摄影》两部行业标准，指导数字航空摄影成果质量检验工作。

数字航空摄影成果检验需要的资料包括以下内容：

（1）全色影像数据；

（2）真彩色影像数据；

（3）彩红外影像数据；

（4）原始数据；

（5）0 级影像数据；

（6）航片输出片；

（7）浏览影像数据；

（8）航摄像片中心点坐标数据；

（9）航线起止点坐标数据；

（10）检校场资料（偏心分量测量表、地面基站相关资料、精密星历数据（单点定位时提供）、IMU/GNSS 处理结果及报告等）；

（11）航迹文件；

（12）航空摄影技术设计书；

（13）航摄仪检定报告；

（14）航摄军区批文；

（15）航摄资料送审报告；

（16）航空摄影飞行记录；

（17）摄区范围完成情况图；

（18）航摄分区、航线、像片结合图；

（19）航摄像片中心点结合图；

（20）航摄鉴定表；

（21）航摄资料移交书；

（22）附属仪器检定报告；

（23）航摄附属仪器记录数据及相应数据处理结果；

（24）影像几何精度检查报告；

（25）航空摄影成果质量检查报告；

（26）其他资料：航摄资料 CD 光盘等。

上述资料中，（1）（2）（3）（8）为框幅式、低空、倾斜数字航空摄影提交成果，（4）（5）（9）为推扫式数字航空摄影提交成果。

根据相关的国家、行业标准规范，数字航空摄影成果检查主要包括数据质量、飞行质量、影像质量以及附件质量等质量元素，下面对各质量元素的检查内容及方法进行介绍。

1. 飞行质量

飞行质量的检查内容包括航摄设计和飞行实施。

航摄设计书是指导航空摄影作业的重要技术文件，其设计的关键技术指标直接影响飞行质量是否符合航摄合同的要求及满足后续工序生产的需求。航摄设计检查内容主要包括：设计用基础地理数据精度指标、航摄地面分辨率、数字航摄仪型号、航摄分区划分、航线方向和敷设方法、航摄时间、航摄季节、GNSS 基站设计、检校场设计、IMU/GNSS 设备、软件选择、IMU/GNSS 飞行实施方案等。

飞行实施检查实际就是对设计、规范的执行情况进行核查。航摄飞行实施主要检查内容包括：地面分辨率、航向重叠、旁向重叠、摄区和分区覆盖范围、航摄漏洞及漏洞补摄、俯仰角、侧滚角、旋偏角、航线的弯曲度、航迹偏离、航摄分区最高点处像点最大位移、相邻航高、最大航高与最小航高之差、实际航高与设计航高之差等。

飞行质量可采用核查分析、比对分析的方法，通过对照航摄合同、航摄规范，利用收集的 DEM、地形图、行政区划数据等参考资料，进行符合性检查。其中，航摄地面分辨率、航向重叠、旁向重叠、摄区和分区覆盖范围、俯仰角、侧滚角、旋偏角、航线的弯曲度、航迹偏离、相邻航高、最大航高与最小航高之差、实际航高与设计航高之差、IMU/GNSS 飞行质量等可以设计相应的检查算法，采用程序自动化检查。

2. 影像质量

影像质量的检查内容包括：影像清晰度、色调、色彩饱和度、反差、地标点影像、几何精度、拼接几何精度和辐射精度、波段缺失、影像遮挡、裂缝、无效像元等。一般采用人机交互的方式进行检查。可设计不良区域面积占比算子，统计不良区域在影像中占比，为记录质量问题、评定错漏扣分提供参考数据。

3. 数据质量

数据质量检查可分为影像数据和 GNSS（或 IMU/GNSS）相关数据检查两方面内容。影像数据检查内容主要包括：原始影像数据齐全性、完整性；0 级影像数据及附属文件齐全性、正确性（推扫式）；浏览影像数据、影像输出片数据完整性、齐全性；数据格式、文件命名符合性等。GNSS（或 IMU/GNSS）相关数据检查内容主要包括：航摄仪参数文件数据齐全性、正确性；观测数据、解算数据文件命名、组织以及格式；偏心分量数据完整性、正确性；机载 GNSS 记录数据、地面基站（精密星历）数据完整性；IMU 数据完整性、正确性；IMU/GNSS 数据解算精度等。

数据质量可采用核查分析的方式进行检查，即通过对照航摄合同、航摄设计书、航摄规范要求，分析受检数据的完整性与正确性。对于 GNSS（或 IMU/GNSS）相关数据，也可采用比对分析的方式，重新统计、解算 GNSS（或 IMU/GNSS）数据，核查数据转换、解算的正确性和符合性。数据格式、文件命名可设计相应的检查算法，采用程序自动化检查的方式实现。

4. 附件质量

附件质量检查内容包括技术文档的完整性、检定资料的齐全性和有效性、整饰的规整性、附图附表的完整性与正确性等，一般采用核查分析的方式进行检查。

10.2.4 当前主要质检手段

航空摄影测量已从模拟、解析摄影测量阶段，步入数字摄影测量阶段，摄影测量成果质量检验手段也逐步向着数字化、自动化的趋势发展，并向着快速经济、高效优质的方向不断进步。下面对目前数字航空摄影测量检查常采用的手段和方式进行介绍。

手工检查仍是数字航空摄影测量成果质量检查的重要手段。该方法通过目视判读的方式对数字航空摄影测量成果影像质量进行检查，通过对照合同、设计、规范中相关技术要求，分析成果资料的完整性、指标的符合性，从而对数据质量、附件质量以及航空设计质量进行检查。对于飞行实施中各项指标的符合性，采用先将数字航空影像冲印为纸质像片，再按照常规光学飞行质量检查方法进行手工检查。该方法检验结论受检查人员技术水平影响较大，对检查人员技术要求较高，存在检验环节多、工作量大、周期长、工作场所要求较高等缺点，难以满足现代化数字航空摄影测量发展的需要。

随着计算机技术和数字图像处理、计算机视觉、模式识别等技术在数字摄影测量领域不断得到应用，以及航空数据处理软件的不断进步，在人工检查的基础上使用计算机对航空摄影成果部分质量元素进行检查，已经成为航空摄影测量成果质量检查的发展趋势。使用计算机检查通常有两种方式。一种是使用 PixelGrid、ArcGIS、ER-DAS、Photoshop 等软件进行同名点匹配、影像拼接，再对飞行实施中各项指标进行人工判断。该方式减少了冲印像片等环节的耗材、人员投入，降低了对工作环境的要求，但此种方式不能批量对检查项进行检查，自动化程度较低，对提高检验效率、缩短工作时间没有明显的作用。另一种是基于航空摄影数据处理、地理信息数据处理等软件二次开发或专门研制数字航空摄影成果检查软件，实现部分检查项自动化、批量检查。该方式降低了对质检人员的技术要求，提升了质检效率，提高了反馈质量信息的速度，但检查内容欠全面，缺乏针对性的系统设计，不能完全满足野外及应急测绘迅速、优质地进行质量控制的需求。

为适应数字航空摄影测量的蓬勃发展，降低检验技术难度，提高检验效率，保障检验结论的可靠性，急需研制一套检查内容全面、方法科学、结论可靠、快速高效的航空摄影成果信息化检查系统，下面将重点介绍该系统的构建与实现。

10.3 系统设计及实现

10.3.1 系统开发平台

系统开发环境见表 10.1。

表 10.1　　　　　　　　　　　　　　　系统开发环境

平台技术	版本号	用途说明
. NET Framework	4.0	构建 C#/C++语言编译运行环境
Visual Studio	2010	构建集成化 C#/C++开发环境
ArcObjects SDK	10.1	提供地理信息数据处理基础函数
GDAL	1.9.2	提供栅格数据处理函数
DevComponents. DotNetBar	10.9.0.4	提供系统界面控件
Access	2010	提供数据存储

系统运行环境见表 10.2。

表 10.2　　　　　　　　　　　　　　　系统运行环境

要求项	最低配置	建议配置
Windows 系统	Win7	Win7 及以上
内存大小	2G	4G 或以上
存储空间	100G	500G 或以上
. Net Framework	4.0	4.0 及以上
ArcGIS	10.1	10.1
Access	2010	2010 及以上

10.3.2　系统设计理念

1. 系统结构设计

系统开发以数字航空摄影成果质量检查为目标，以模块化、层次化、方便实用、可扩展和运行高效为原则，将系统从下到上依次分为三个部分：数据层、关键技术层、应用层，如图 10.3 所示。

数据层是数据库服务器，实现对航空摄影成果质量检查相关数据和参数的统一存储管理，包括影像数据、POS 数据、相机参数、检验参数等，并在质量检查结束后将检查结果记录在数据库中。

关键技术层是软件系统的核心部分，提供航空摄影成果质量检查相关的核心算法和功能，包括基于影像名称和 POS 数据的航带构建技术，航空摄影成果的数据组织管理方法，数字航空影像的缩略图创建和同名点匹配策略，飞行质量、数据质量以及影像质量的各项指标的检查算法等。

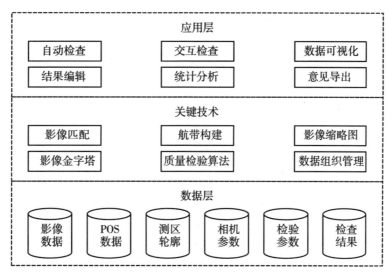

图 10.3 系统结构图

应用层主要指用户界面，包括航带影像浏览、测区信息查看、质量检查、结果浏览与编辑等，利用提供的交互界面，可实现对航空摄影成果质量的自动检查和人工检查以及检查结果的格式化输出。系统界面设计要求尽可能美观友好，使普通用户不需要进行任何培训，就能正确地操作软件。

2. 检验流程设计

数字航空影像质量检查系统采用参数设置、数据浏览、数据预处理、质量检查、结果编辑、意见输出的操作顺序执行航空摄影成果的质量检验。系统操作流程如图10.4 所示。

系统的具体操作流程如下：

（1）航摄任务完成后，依据软件系统的格式要求，整理航空影像数据和 POS 数据，查阅航摄合同、航摄设计书以及航摄规范等相关资料，获取测区轮廓范围、航摄仪参数以及质量检验内容等信息，并将相关信息存储至系统数据库。

（2）利用系统提供的查看工具，浏览航空影像、像片中心点、测区轮廓、索引图、数字高程模型，掌握航摄成果的基本信息，将像片中心点、索引图及测区轮廓叠加显示，人工检查测区的覆盖情况。

（3）根据预处理参数进行航空影像缩略图创建、同名点匹配，执行航向重叠度、旁向重叠度、航线弯曲度、地面分辨率等自动质量检查，以及不良区域面积统计等交互质量检查，并将检查结果存储至数据库。

（4）采用系统提供的过滤筛选工具，查询提示为错误或警告的检查记录，核实检查结果的正确性。统计各质量检查项的结果信息，获取最大值、最小值、平均值以及对应的检查对象。导出检查记录为文本文件格式或数据库文件格式，便于检查意见

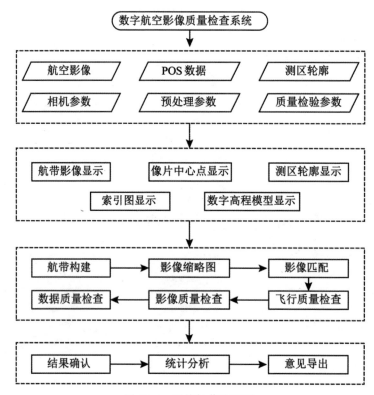

图 10.4　系统操作流程图

的反馈。

3. 数据预处理

数字航空摄影成果质量检查是对原始的数据资料进行检查，其检验的方式方法不同于 DLG、DOM、DEM 等测绘地理信息成果，在检验开始前，需要对原始数据进行一系列的预处理，包括影像与 POS 对应关系检查、航带排列、影像金字塔构建、影像缩略图创建、影像匹配等。系统应提供数据预处理的相关功能，既可以保证检验工作的顺利执行，又能够提高数据处理的可靠性和效率。

4. 航带构建

航带构建是数字航空影像质量检查的重要步骤，包括航带内影像的排序和航带间的排序。系统在利用影像名称、POS 数据等信息自动排列航带的同时，应当提供计算机终端可视化展示航带排列结果的功能，用户可对排列结果进行编辑，保证影像序列关系的正确性。

5. 综合算法的影像匹配

影像匹配是数字航空摄影成果飞行质量检查的关键技术，对航向重叠度、旁向重叠度、旋偏角和旋角的计算起着决定性作用。由于航空影像在获取过程中，受到地表环境、地形起伏、光照条件以及气候气象等因素的影响，采用一种影像匹配算法难以在所有影像中提取到有效同名点，因此，系统应当提供多种影像匹配算法用于自动获取同名点，必要时，可以设计人机交互功能，由用户自行完成影像同名点的增加、删除和修改。

10.3.3 系统功能实现

根据数字航空摄影成果质量检查的具体内容和技术要求，将数字航空影像质量检查系统分为 5 个功能模块：工程管理、数据预处理、数据可视化、质量检查、结果管理。系统功能模块如图 10.5 所示。

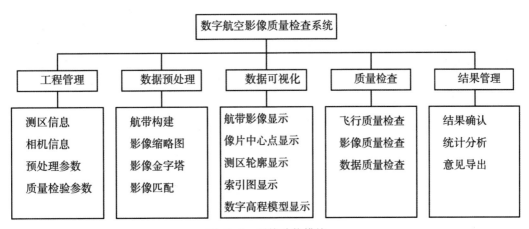

图 10.5 系统功能模块

1. 工程管理

工程管理提供新建工程、打开工程、退出系统的功能。新建工程是执行数字航摄成果质量检查的首要步骤，必须设置相关的数据信息和检验参数信息。

（1）测区信息：设置测区名称、影像文件存储路径、POS 文件存储路径、测区轮廓文件存储路径、测区基准面高程、设计航高等。

（2）相机信息：设置镜头焦距、像元尺寸、像幅的宽度及高度。

（3）预处理参数：选择匹配算法，设置缩略图宽度。

（4）质量检验参数：设置飞行质量、影像质量、数据质量的各检查项的检验阈值。

2. 数据预处理

数据预处理是数字航摄成果质量检查的重要步骤，不但为后续的检查工作提供必需的中间数据，而且能够提高质检工作的效率。

（1）航带构建：利用航空影像的名称和中心点坐标，采用自动或者人机交互的方式恢复影像间前后和上下相互重叠的序列关系。

（2）影像缩略图：根据设置的缩略图宽度，保持原始航空影像的长宽比例，重采样生成新的影像。

（3）影像金字塔：建立原始航空影像的金字塔结构，加快影像的显示过程，便于放大、缩小、平移等操作。

（4）影像匹配：采用 SIFT、ORB 等匹配算法提取航带内和航带间相邻航空影像缩略图上的同名点。

3. 数据可视化

数据可视化将数字航空影像、像片中心点、测区轮廓等数据显示在计算机终端设备上，便于直观地浏览、查询数据信息。

（1）航带影像显示：用于显示单幅、多幅以及整个测区的航空影像，可以放大、缩小、平移影像以及查询影像信息。

（2）像片中心点显示：用于显示 POS 数据，当 POS 点与航空影像对应时，该 POS 点显示为绿色，否则显示为红色。

（3）测区轮廓显示：用于显示测区轮廓文件，可与 POS 数据叠加显示，辅助检查测区覆盖完整性。

（4）索引图显示：用于显示航空影像投影至测区基准面高程的边界框图，可与测区轮廓文件叠加显示，辅助检查测区覆盖完整性。

（5）数字高程模型显示：用于显示测区范围内的数字高程模型，利用高程数据可以精确计算像片中心点位置的地面分辨率，还可依据高程数据统计结果确定航摄分区的正确性、合理性。

4. 质量检查

质量检查是数字航空影像质量检查系统的核心部分，包括自动化检查和人机交互检查，实现对飞行质量、数据质量、影像质量等各项指标的检验。

（1）飞行质量检查：用于航向重叠度、旁向重叠度、航线弯曲度、最大与最小航高差、实际与设计航高差、相邻航高差、像片倾斜角、旋偏角、旋角、测区与分区覆盖等指标的检查。

（2）数据质量检查：用于文件命名、数据格式、数据大小以及航片编号等指标的检查。

（3）影像质量检查：用于地面分辨率、云雪阴影覆盖等指标的检查。

5. 结果管理

（1）结果确认：利用过滤工具筛选出提示错误的检查记录，确认检查结果的正确性，对存在疑问的检查记录可采用自动化或人机交互的方式重新检查。

（2）统计分析：根据检查结果分别统计航向重叠度、旁向重叠度、航线弯曲度、像片倾斜角等各检查项的最大值、最小值以及平均值，并分别给出最大值和最小值对应的检查对象。

（3）意见导出：检查结果可导出为文本文件格式（txt）或数据库文件格式

（mdb），可导出全部检查记录或者仅提示错误的检查记录。

10.4 关键算子设计及实现

本小节首先介绍数字航空影像成果质量检查的算子化指标体系，随后对系统使用的重要技术和部分自动化检查算子，如影像匹配技术、像片重叠度检查算子、航线弯曲度检查算子、测区覆盖保证检查算子等进行详细的介绍。

10.4.1 算子化指标体系

依据现有的数字航空摄影规范和航摄成果质量检验标准，科学地提取各质量元素中的检查项，结合软件系统开发的特点，设计各检查项的算子，并使得各算子最小化，建立航摄成果质量检查的算子化指标体系，具体见表10.3。

表 10.3　　　　　　　　　数字航空影像质量检查算子化指标体系

算子	参数	算子说明
数据格式	格式类型	检查影像数据的格式是否符合设计要求
文件命名	数据名称	检查影像数据的文件命名是否符合规范或设计要求
数据大小	数据量阈值	检查影像数据的数据量大小是否异常
影像文件编号	数据名称	检查影像文件名的编号是否连续
航向重叠度	重叠度阈值	检查同一航带相邻两张像片的航向重叠度是否符合规范或设计要求
旁向重叠度	重叠度阈值	检查相邻航带之间两张相ण像片的旁向重叠度是否符合规范或设计要求
像片旋偏角	角度阈值	检查同一航带相邻两张像片的旋偏角是否符合规范或设计要求
像片旋角	角度阈值	检查同一航带相邻两张像片的旋角是否符合规范或设计要求
像片倾斜角	角度阈值	利用航摄飞行倾角记录或IMU数据记录值检查像片俯仰角、侧滚角的符合性，取俯仰角、侧滚角绝对值最大者作为检查结果
航线弯曲度	弯曲度阈值	检查航线弯曲度是否符合规范或设计的要求
区域覆盖保证	航向覆盖阈值、旁向覆盖阈值	检查提交成果是否覆盖整个测区、分区
最大与最小航高之差	高差阈值	检查同一航线上最大航高与最小航高之差是否符合要求

算子	参数	算子说明
实际与设计航高之差	高差阈值	检查航摄分区内像片的实际航高偏离设计航高的幅度
相邻航高差	高差阈值	检查同一航线上相邻航片的航高差是否符合要求
地面分辨率	分辨率阈值	检查影像地面分辨率是否符合要求
云、雪、烟检测	面积阈值	检查影像是否有云、雪、烟覆盖，并统计其面积

10.4.2　影像匹配

影像匹配是数字航空影像质量检查系统数据预处理的重要步骤，它直接关系到航空影像质量检查的成功和效率。基于特征的影像匹配是目前应用最为广泛的一种匹配方法，它不直接依赖影像的灰度信息，以影像上的角点、圆点和兴趣点等特征点进行匹配，对影像的灰度变化、旋转、缩放等具有良好的适应性。

数字航空影像质量检查系统采用 SIFT、ORB 两种特征匹配算法对航空影像的缩略图进行特征点的搜索与匹配，下面分别介绍这两种匹配算法。

1. SIFT 特征匹配

SIFT 算法是 Lowe 在 1999 年提出的一种高效的局部特征匹配算法，利用金字塔和高斯核滤波差分求解高斯拉普拉斯空间中的极值点，加快了特征提取的速度，在图像旋转、尺度变换、仿射变换和视角变化条件下都有很好的不变性。SIFT 匹配算法的过程如下：

1）构建尺度空间

高斯卷积核是实现尺度变换的唯一线性核。一幅二维图像在不同尺度下的尺度空间表示为图像 $I(x, y)$ 与高斯核 $G(x, y, \sigma)$ 的卷积：

$$L(x, y, \sigma) = G(x, y, \sigma) \otimes I(x, y) \tag{10.1}$$

式中，L 为图像的尺度空间；(x, y) 为图像的像素坐标；σ 为尺度空间因子。为了在尺度空间检测到稳定的特征点，采用不同尺度的高斯差分核与图像卷积生成高斯差分尺度空间。

$$\begin{aligned} D(x, y, \sigma) &= (G(x, y, k\sigma) - G(x, y, \sigma)) \otimes I(x, y) \\ &= L(x, y, k\sigma) - L(x, y, \sigma) \end{aligned} \tag{10.2}$$

式中，D 为高斯差分尺度空间；k 为两相邻尺度空间倍数的常数。通常将影像生成金字塔，分别对每层金字塔影像生成多个高斯差分尺度空间，构成一个分组分阶层的高斯差分尺度空间。

2）尺度空间极值检测

为了寻找尺度空间的极值点，每一个采样点都要与它同一层图像域及相邻层图像域的相邻点进行比较，判断其与各相邻点的大小关系。如图 10.6 所示，中间深颜色

的检测点和它同尺度的 8 个相邻点及上下相邻尺度的各 9 个相邻点比较，确保在 3 ×
3 的立体尺度空间内检测到极值点。

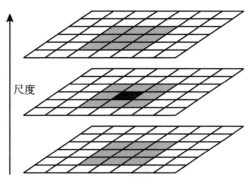

图 10.6 尺度空间检测极值点

3）特征点的精确定位

通过拟合三维二次函数以精确确定特征点的位置和尺度，在特征点处用泰勒级数
展开式得到：

$$D(X) = D + \frac{\partial D^{\mathrm{T}}}{\partial X}X + \frac{1}{2}X^{\mathrm{T}}\frac{\partial^2 D}{\partial X^2}X \tag{10.3}$$

式中，$X = (x, y, \sigma)^{\mathrm{T}}$ 为特征点的位置、尺度偏移；D 是 $D(x, y, \sigma)$ 在特征点处的
值。令 $\partial D(X)/\partial X = 0$，可以得到 X 的极值 $\hat{X}$，即为特征点精确位置的偏移量：

$$\hat{X} = -\frac{\partial^2 D^{-1}}{\partial X^2}\frac{\partial D}{\partial X} \tag{10.4}$$

如果 $\hat{X}$ 在任一方向上大于 0.5，则意味着该特征点偏移量的极值与其他采样点非
常接近，这时需要用插值来代替该特征点的位置，将特征点与偏移量 $\hat{X}$ 相加，即可确
定特征点的精确位置和尺度。将 $\hat{X}$ 的值代入式（10.3），如果 $D(\hat{X}) < \delta$，则 $\hat{X}$ 为低
对比度的特征点，应当删除。同时应用 Hessian 矩阵去除不稳定的边缘响应点，以增
强匹配稳定性、提高抗噪声能力。

4）确定特征点的主方向

为保证特征点具有旋转不变性，以特征点为中心，计算其指定半径区域内高斯图
像梯度的幅值和方向。

$$m(x, y) = \sqrt{[L(x + 1, y) - L(x - 1, y)]^2 + [L(x, y + 1) - L(x, y - 1)]^2}$$
$$\theta(x, y) = \arctan\left(\frac{L(x, y + 1) - L(x, y - 1)}{L(x + 1, y) - L(x - 1, y)}\right)$$

$$\tag{10.5}$$

式中，$m(x, y)$ 和 $\theta(x, y)$ 分别为高斯金字塔影像 (x, y) 处梯度的大小和方向；L 所

用的尺度为每个关键点所在的尺度。

利用高斯函数对窗口内各像素的梯度大小进行加权，用直方图统计梯度方向分组内各幅值的累加值，梯度直方图的范围是 0° ~ 360°，其中每 10° 一个柱，共 36 柱，直方图的峰值代表了特征点处邻域梯度的主方向，即为特征点的主方向。

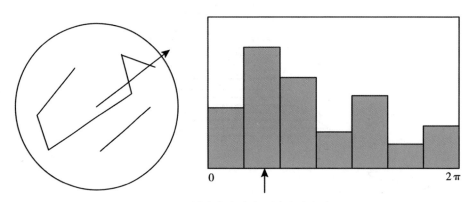

图 10.7　梯度方向直方图确定主方向

5）特征点描述符生成

特征点描述符是一种图像局部结构特征的定量化数据描述，它能够充分反映特征点附近局部图像的形状和纹理结构特性。SIFT 特征描述符是对特征点邻域内高斯图像梯度统计结果的一种表示，它是一个三维的阵列，但通常表示为一个向量。通过对特征点周围图像区域分块，计算块内梯度直方图，生成具有独特性的向量，这个向量是该区域图像信息的一种抽象，具有唯一性。

首先将特征点邻域内的图像梯度的位置和方向旋转一个方向角 θ，确保描述符具有旋转不变性。然后以特征点为中心取 8×8 的窗口，如图 10.8（a）所示，将采样点与特征点的相对方向通过高斯加权后归入 8 个方向直方图，最后获得 4×4×8 的 128 维特征描述符。图 10.8（b）为特征点描述符示意图，图中仅表示 2×2 个种子点，每个种子点含 8 个方向向量信息。

6）特征描述符匹配同名点

两幅相邻影像的特征点及描述符建立完成后，可以采用描述符的欧式距离作为不同特征点相似性评价测度：

$$d_E(i, j) = \sqrt{\sum_{k=0}^{n} (X_i - X_j)^2} \qquad (10.6)$$

式中，d_E 为描述向量的欧式距离；X_i 表示第一幅影像的第 i 个特征点的描述向量；X_j 表示第二幅影像的第 j 个特征点的描述向量。

7）匹配点提纯

虽然匹配对中两个特征点的欧式距离最小，但并不意味着它们就是同名点。如果两个特征点是同名点，它们之间的距离会很小，理想状况下等于零，这种匹配对是正

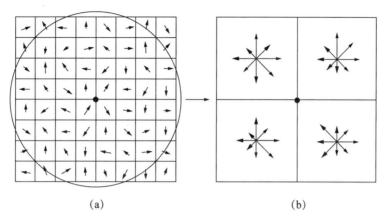

图 10.8　由特征点邻域梯度信息生成的描述符

确的。如果某个特征点没有同名点存在，则找到的最近特征点距离就很大，这种匹配对显然是错误的。如果某个特征点与若干个点有相近距离，这时与最近点构成的匹配对有可能是错误的。

从上述分析可以发现，由欧式距离最近并不能保证匹配结果一定正确，匹配的正确性还需要经过提纯检验，数字航空影像质量检查系统采用唯一性约束、比值提纯、一致性检验三种方法剔除错误匹配的同名点。

（1）唯一性约束。两幅重叠影像中的同名点理论上应该是一一对应的关系，如果出现一对多的情况，则说明匹配关系错误，应将其剔除。

（2）比值提纯。对于目标影像中的每一个特征点，在基准影像中查询得到它的最近邻（Nearest Neighbor）特征点和次近邻（Second Nearest Neighbor）特征点，若它们与目标影像特征点的距离满足：

$$\frac{NN}{SNN} \geqslant THR \tag{10.7}$$

则保留该特征点与其最近邻特征点构成的匹配，否则剔除这个匹配对。公式中的 THR $\in$（0，1）是判断阈值。

（3）一致性检验。随机抽样一致性 RANSAC（Random Sample Consensus）是一种估计数学模型参数的迭代算法，主要特点是模型的参数随着迭代次数的增加，其正确概率会逐步得到提高。符合模型的样本点叫做内点（Inliers），不符合模型的样本点叫做外点或者野点（Outliers）。

由于影像获取环境的复杂多变以及噪声等因素干扰，特征点的匹配不可避免地存在错误。为了提高影像匹配的正确率，系统采用随机抽样一致性方法剔除误匹配的同名点，具体步骤如下：

（1）在齐次坐标系下，两张重叠影像上的一对同名点 $X_p = (x, y, 1)^T$ 和 $X_q = (x', y', 1)^T$ 满足透视变换关系：

$$X_q \sim HX_p \tag{10.8}$$

式中，"~"表示左右两边成一定的比例关系；单应性矩阵 H 的表达式为

$$H = \begin{bmatrix} h_1 & h_2 & h_3 \\ h_4 & h_5 & h_6 \\ h_7 & h_8 & 1 \end{bmatrix} \tag{10.9}$$

矩阵 H 有 8 个独立变量，理论上至少需要 4 对同名点才能计算出两幅影像间的变换关系。

(2) 在匹配点对数据集中随机地选取 4 组匹配点，计算单应性矩阵 H 中的 8 个未知参数。

(3) 计算剩余匹配点的相似性测度 d_E，如果小于阈值 ε，则选定为内点，并存入内点集 S，否则被认为是外点。相似性测度为

$$d = d(X_a, HX_b) \tag{10.10}$$

式中，X_a、X_b 为一组候选匹配点；d 为透视变换后匹配点坐标的欧式距离。

(4) 统计内点集 S 中内点的数量，如果内点的个数大于 4，则记录下所有的内点；然后返回到步骤 (2)，进行下一次的随机抽样。

(5) 经过 K 次随机抽样后，选择内点数量最大的内点集 S' 作为最终的匹配结果，并用 S' 估计单应性矩阵 H。其中采样次数 $K = \log(1 - p)/\log(1 - w^4)$，匹配点是内点的概率 p 应大于 95%，内点占数据集的比例 w 视具体情况而定。

2. ORB 特征匹配

ORB 算法由 Rublee 等人在 2011 年提出，它采用改进的 FAST 作为特征点检测算子，并使用带有主方向的 BRIEF 二进制向量作为特征点的描述符，该匹配算法效率高、实时性好，但仿射不变性较差，不适合变形较大的影像匹配。ORB 匹配算法的过程如下：

1) 特征点提取

ORB 算法采用 FAST 算子检测候选特征点，如图 10.9 所示，任取一个像元 P 为中心，以 3 个像元为半径画一个圆环，此时的圆环上包含 16 个像元。

根据式 (10.11)，圆环上的像元存在三种状态：darker、similar、brighter，假设在圆环上存在一个连续的圆弧，圆弧的长度可以选择 9、10、11、12 个像元，通常选择 9 个像元构成圆弧，如果该圆弧的像元全部处于 darker 或者 brighter 状态，则中心像元 P 就是一个特征点。

$$S = \begin{cases} I_{p \to x} \leqslant I_p - t & (\text{darker}) \\ I_p - t < I_{p \to x} < I_p + t & (\text{similar}) \\ I_p + t \leqslant I_{p \to x} & (\text{brighter}) \end{cases} \tag{10.11}$$

式中，I_p 是中心像元的灰度值，$I_{p \to x}$ 是圆环上某个像元的灰度值，t 是一个适当的阈值。

2) 主方向确定

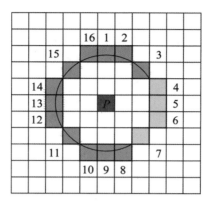

图 10.9 特征点检测器

为了保证提取的特征点具有旋转不变性，ORB 算法采用图像的 Hu 几何矩确定特征点的主方向。数字图像 $I(x, y)$ 的 $(p + q)$ 阶几何矩表示为

$$m_{pq} = \sum_{x=1}^{M} \sum_{y=1}^{N} x^p y^q I(x, y) \quad (p, q = 0, 1, \cdots) \tag{10.12}$$

图像的矩心 C 表示为一阶矩和零阶矩的比值：

$$C = \left(\frac{m_{10}}{m_{00}}, \frac{m_{01}}{m_{00}}\right) \tag{10.13}$$

为使特征点的主方向保持各向同性，以特征点为圆心，建立一个半径为 r 个像元的圆，计算该圆的矩心 C，则圆心和矩心就确定了一个方向 $\overrightarrow{PC}$，即特征点的主方向为

$$\theta = \arctan2(m_{01}, m_{10}) \tag{10.14}$$

3）建立特征描述符

以特征点 P 为中心，在长宽均为 L 个像元的区域内按照高斯分布选取 n 个像元对，然后将每一个像元坐标旋转到主方向 θ 确定的方位，公式如下：

$$\begin{bmatrix} u' \\ v' \end{bmatrix} = \begin{bmatrix} \sin\theta & \cos\theta \\ \cos\theta & -\sin\theta \end{bmatrix} \begin{bmatrix} u \\ v \end{bmatrix} \tag{10.15}$$

式中，(u, v) 和 (u', v') 分别表示旋转前后像元的坐标。然后将 n 个像元对采用如下公式进行运算：

$$\tau(p; x, y) = \begin{cases} 1, & p(x) < p(y) \\ 0, & p(x) \geqslant p(y) \end{cases} \tag{10.16}$$

式中，$p(x)$ 和 $p(y)$ 分别表示影像中位于 $x = (u'_1, v'_1)$ 和 $y = (u'_2, v'_2)$ 的像元灰度值，当满足第一个条件时，τ 的值为 1，否则为 0。n 个像元对根据如下公式建立特征点 P 的描述符：

$$f(p) = \sum_{i=1}^{n} 2^{i-1} \tau(p; x_i, y_i) \tag{10.17}$$

4）特征点匹配

ORB 算法采用特征点之间 BRIEF 描述符的欧式距离作为特征点相似程度的评价标准，选取与待匹配点距离最近的一个特征点构成同名点对。同样的，在匹配过程中采用最近距离与次近距离的两个特征点的距离比值控制匹配精度，匹配完成后利用唯一性约束和随机抽样一致性方法进一步剔除误匹配的同名点。

10.4.3　像片重叠度

航空影像的重叠度包括航向重叠度和旁向重叠度。航向重叠度指沿航线飞行方向两相邻影像上的重叠度，旁向重叠度指两相邻航带影像之间的重叠度。为了避免相邻影像出现航摄漏洞，必须检验影像重叠度达标情况，实际检查工作中，只需确定最小重叠部分是否满足规范或设计要求，即可判定是否存在航摄漏洞。

利用影像匹配算法提取相邻影像的同名点，然后根据同名点确定相邻影像的空间映射关系，最后由相邻影像的位置关系计算影像重叠度。如图 10.10 所示，依据空间位置转换关系，将从影像 P_2 的边框像素坐标转换到主影像 P_1 所在的坐标系，取重叠部分最短的边长计算影像间的航向或者旁向重叠度。

$$\begin{cases} P_x\% = \dfrac{\min(l_x)}{L_x} \times 100\% \\[3mm] P_y\% = \dfrac{\min(l_y)}{L_y} \times 100\% \end{cases} \tag{10.18}$$

式中，$P_x\%$、$P_y\%$ 分别为航向和旁向重叠度；L_x、L_y 分别为影像像素坐标的宽度和高度；$\min(l_x)$、$\min(l_y)$ 分别为最短的航向和旁向重叠边长。

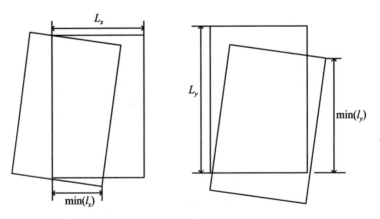

图 10.10　像片重叠度

10.4.4 像片旋偏角

像片旋偏角是指相邻两像片的主点连线与像幅沿航带飞行方向的两框标连线之间的夹角，它是由于摄影时航摄仪定向不准确产生的。在模拟测图仪时代，旋偏角不仅影响像片重叠度，还是影响航测内业生产是否顺利进行的主要因素。随着数字摄影测量技术的发展，对旋偏角的检查主要是看其是否造成了不可弥补的航摄漏洞。

如图 10.11 所示，采用影像匹配方法得到航带内相邻两张影像的同名点，利用同名点解算影像间像素坐标的映射关系，将从影像 P_2 的像主点坐标 O_2 通过坐标映射关系转刺到主影像 P_1 上，计算 O_1O_2 与 AB 的夹角 k_1；然后将主影像 P_1 的像主点 O_1 通过坐标映射关系转刺到从影像上 P_2，计算 O_1O_2 与 CD 的夹角 k_2。取 k_1、k_2 的较大值作为两幅影像的像片旋偏角。

$$k = \begin{cases} k_1, & |k_1| \geqslant |k_2| \\ k_2, & |k_1| < |k_2| \end{cases} \tag{10.19}$$

式中，k 为航带内相邻影像的旋偏角；k_1、k_2 分别为像主点连线与主从影像框标连线的夹角。

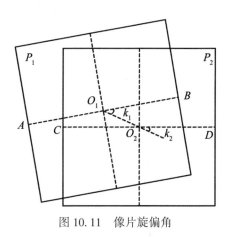

图 10.11　像片旋偏角

10.4.5 像片旋角

像片旋角是指以一幅影像为基准，在相邻影像上选取两对同名点恢复影像间的位置关系后，两幅影像所构成的夹角。像片旋角是由于空中摄影时，机载平台受飞行环境影响，数码相机定向不准确而产生的，通常用于评估低空数字航空摄影平台的飞行稳定性。

如图 10.12 所示，采用影像匹配算法获得相邻影像的同名点，利用同名点建立影像间像素坐标的转换关系，然后将从影像 P_2 上的两个边框角点坐标 A 和 B 转换到主影像 P_1 所在的坐标系，计算直线 AB 与 CD 的夹角 k：

$$k = \arctan(y_A - y_B, \ x_A - x_B) \tag{10.20}$$

式中，k 为像片旋角；$(x_A, \ y_A)$、$(x_B, \ y_B)$ 为从影像 P_2 的两个边框角点 A 和 B 坐标转换后的像素坐标。通常分别计算直线 AB 与 CD、直线 EF 与 CD 的夹角，然后取两个夹角的均值作为像片的旋角。

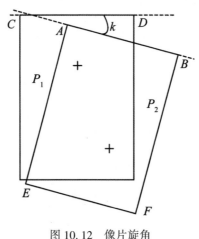

图 10.12　像片旋角

10.4.6　航线弯曲度

航线弯曲度是指航带两端像片主点之间的直线距离与偏离该直线最远的像主点到该直线的垂距之比，如图 10.13 所示。航带的弯曲会影响到航向、旁向重叠的一致性，如果弯曲太大，则可能会产生航摄漏洞，甚至影响摄影测量的作业。

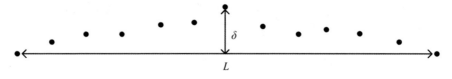

图 10.13　航线弯曲度

利用 IMU/GNSS 数据的摄站坐标，计算同一航带内首末两摄站的距离，并构造直线方程，然后计算其余摄站到该直线的距离，取两者的最大比值作为航线弯曲度。

$$R\% = \frac{\delta}{L} \times 100\% \tag{10.21}$$

式中，$R\%$ 为航线弯曲度；δ 为像主点偏离航线首末像主点连线的最远垂距；L 为航线首末像主点的距离。

10.4.7 航高保持

航高是指航摄飞机在摄影瞬间相对某一水准面的高度，根据所选基准面的不同，分为相对航高和绝对航高。相对航高是指摄影瞬间摄影物镜相对于被摄区域地面平均高程基准面的高度，绝对航高是指摄影瞬间摄影物镜相对于平均海平面的高度。航高的变化将直接影响摄影比例尺和像片重叠度，导致地面分辨率不达标或者出现航摄漏洞，因此必须检查航高的稳定性。

利用 IMU/GNSS 数据的摄站坐标，获取每幅影像对应的绝对航高 H，然后计算相邻影像航高差、最大与最小航高之差、实际与设计航高之差。根据每幅影像的绝对航高值，计算航带内相邻两幅影像的航高差：

$$\Delta H = H_i - H_{i+1} \tag{10.22}$$

最大航高与最小航高之差可根据每幅影像的绝对航高值，求取航带内最大值 $H_{\max}$ 和最小值 $H_{\min}$，两者之差即为最大与最小航高之差：

$$\Delta H = H_{\max} - H_{\min} \tag{10.23}$$

实际航高与设计航高之差可用每幅影像的绝对航高值减去设计航高 H_{design}，两者之差即为实际与设计航高之差：

$$\Delta H = H_i - H_{\mathrm{design}} \tag{10.24}$$

10.4.8 覆盖保证

航摄区域覆盖保证是检查航空摄影成果是否包含设计测区范围，判断是否存在摄区边界漏洞，主要包括航向覆盖检查和旁向覆盖检查两部分。

航向覆盖保证检查的步骤为：

（1）取航线起始端的像片中心点坐标 P，过 P 作水平向左或向右的射线 l，如果 P 在测区轮廓 S_o 外部，则射线 l 与轮廓 S_o 的交点个数为偶数，否则交点个数为奇数。如果航线起始端有不少于两个像片中心点在设计测区范围外，则航向起始端满足覆盖要求。

（2）同理，判断航线结束端是否符合"航向覆盖超出测区边界线不少于一条基线"的要求。

旁向覆盖保证检查（图 10.14）的步骤为：

（1）利用共线条件方程，计算出第 i 幅影像四个角点在地面摄影测量坐标系中对应的坐标 P_1^i、P_2^i、P_3^i、P_4^i，将四个点首尾相连即可获得第 i 幅影像的地面覆盖范围 S_i。

（2）合并测区所有影像的地面覆盖范围，得到总的影像覆盖范围 S_u：

$$S_u = \bigcup_{i=1}^{n}(S_i) \tag{10.25}$$

（3）获取影像垂直于飞行方向的幅宽 D_y，根据旁向覆盖超出摄区边界线一般不小于像幅 30% 的要求，按 $0.3 \times D_y$ 的宽度缩小影像总覆盖范围 S_u 得到 S'_u。

（4）判断 S'_u 是否包含测区轮廓 S_o，如果测区轮廓 S_o 属于 S'_u，则测区旁向覆盖符合规范要求；否则，测区旁向覆盖不符合规范要求。

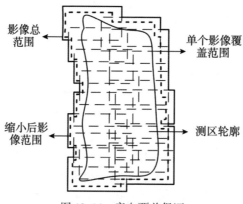

图 10.14　旁向覆盖保证

10.4.9　地面分辨率

地面分辨率指影像中能有差别地区分两个相邻地物最小距离的能力。影像的地面分辨率影响着测图比例尺，航摄仪和镜头焦距选定之后，地面分辨率随着航高和地形的变化而变化。如图 10.15 所示。

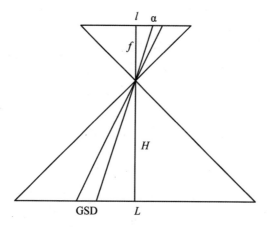

图 10.15　地面分辨率示意图

$$GSD = \frac{\alpha \times H}{f} \tag{10.26}$$

式中，GSD 为地面分辨率；α 为像元尺寸；f 为镜头焦距；H 为相对航高，由绝对航高与基准面高程相减得到，当需要精确计算地面分辨率时，可用绝对航高减去航测区域内数字高程模型的高度得到。

10.5　系统功能与应用

10.5.1　功能展示

数字航空影像质量检查系统主界面如图 10.16 所示。主界面上包括：菜单栏、航带目录树、视图主窗口、检查结果窗口以及状态栏，其中菜单栏包括工程、工具、查看、检查、状态以及帮助等子菜单项。

图 10.16　数字航空影像质量检查系统主界面

1. 参数设置

参数设置是航空影像质量检查的首要步骤，提供了检查对象的存储路径和检验依据。参数设置界面包括航摄项目信息设置和质量检验参数设置，如图 10.17 所示。航摄项目信息设置主要是设置测区信息、相机信息、预处理参数。质量检验参数设置主要是设置飞行质量、影像质量、数据质量的各检查项的检验阈值。

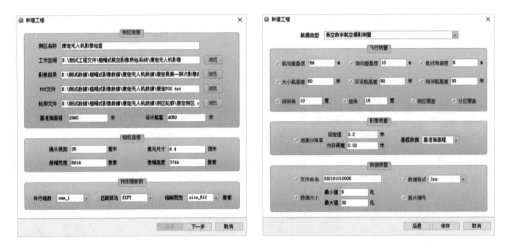

图 10.17　参数设置界面

2. 航带构建

数字航空影像质量检查系统数据预处理中，航带排列是重要的步骤之一，旨在恢复航空影像的空间位置序列关系。航带构建界面提供两类航带重构方式，包括自动重构和人工重构，其中航带自动重构包含三种方法基于影像名称的方法、基于 POS 数据的方法以及基于影像名称和 POS 数据的方法。航带构建界面如图 10.18 所示。

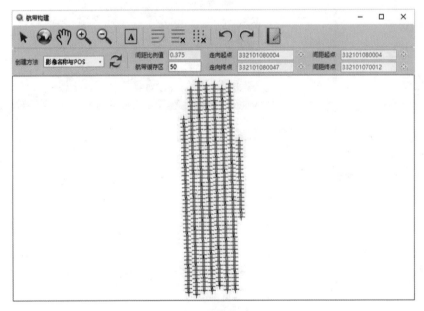

图 10.18　航带构建界面

首先任选一种自动重构方法划分航带，当三种自动重构方法都不能正确构建航带时，再利用增加、删除、修改等工具手动划分航带。航带构建需要同时具备航空影像数据和 POS 数据，以 POS 坐标点的形式显示航带，属于同一条航带的 POS 点被相同的航带缓冲区包含，如果一个 POS 点被分配到多个航带，就需要人工核对航带划分的正确性。

3. 航空影像显示

航空影像的显示包括单幅影像显示、邻域影像显示以及全部影像显示。单幅影像显示是指选择航带目录树中的某个影像名称，双击鼠标左键打开该影像。邻域影像显示是指将某一幅影像自身及其本航带和相邻航带里面相邻的 8 幅影像一起叠加显示。全部影像显示是指将航摄分区内的所有影像叠加显示。全部影像显示的界面如图 10.19 所示。

图 10.19　全部影像显示界面

4. 测区信息显示

测区信息显示的内容包括像片中心点、测区轮廓、索引图、数字高程模型。像片中心点与航空影像对应时，中心点显示为绿色，否则为红色；当使用测区的数字高程模型执行地面分辨率检查时，地面分辨率达标的中心点显示为绿色，分辨率超限的中心点显示为红色，无高程数据的中心点显示为黄色。像片中心点、索引图与测区轮廓叠加显示，可辅助检查航摄成果的测区覆盖情况。测区信息显示如图 10.20 所示。

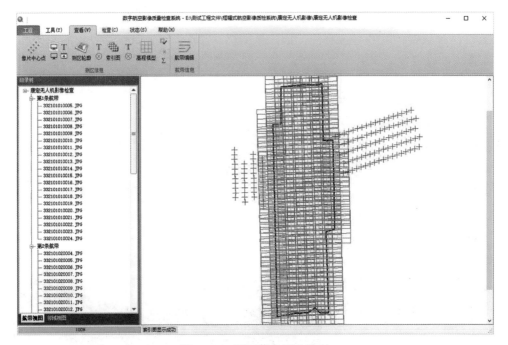

图 10.20　测区信息显示界面

5. 同名点管理

航向重叠度、旁向重叠度、像片旋偏角、像片旋角的检查基于数据预处理中缩略图匹配的同名点，当同名点的数量较少、精度不够高时，将导致检查失败，需要手动采集足够数量的同名点，重新执行质量检查。

同名点管理提供同名点采集、删除、定位、保存等功能。在显示相邻两幅影像及同名点的双视图窗口上，使用添加工具可在左右两幅影像上采集同名点，配对的同名点具有相同的序号，以绿色的十字丝显示在影像上，如图 10.21 所示。

所有匹配的点可在同名点信息列表界面查看，如图 10.22 所示，在列表里面可以删除选中的同名点，也可以双击某条记录定位同名点在影像中的位置，定位显示的同名点将显示为红色。

6. 不良区域统计

航空影像的不良区域是指影像中的地表要素被噪声、条纹、雾、雪、烟、云及云影等覆盖的区域。影像中的不良区域会造成地物信息的严重丢失或干扰，影响地物判读、测绘产品生产等后续工序。

系统提供雪、雾、阴影、云、云影、光斑的面积统计功能，采用人机交互的方式，利用提供的画笔工具勾绘出不良区域的轮廓，并统计这些不良区域的实地面积和占影像面积的百分比。图 10.23 所示为雪覆盖面积统计的结果，网格状多边形为勾绘的雪区域，检查结果显示为当前影像中雪的面积和占比。

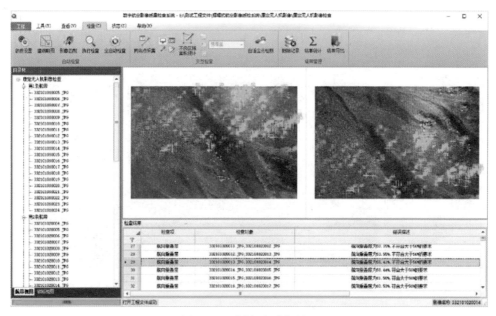

图 10.21　同名点采集界面

	左视图点名	左视图_X	左视图_Y	右视图点名	右视图_X	右视图_Y
▶	1	692.39	12.8311	1	437.6	34.6529
	2	815.518	5.14745	2	557.479	30.7882
	3	812.863	10.2634	3	554.752	35.3322
	4	803.65	25.0326	4	545.717	49.5277
	5	860.762	15.5194	5	602.115	41.7498
	6	839.138	18.0657	6	580.065	43.0723
	7	842.467	19.8791	7	584.272	45.43
	8	863.703	21.4335	8	604.979	47.7737
	9	976.594	11.0494	9	717.651	41.3563
	10	280.888	48.385	10	26.9985	57.4964
	11	368.897	57.5281	11	116.792	68.7737
	12	569.371	50.7928	12	315.484	67.9827
	13	608.332	62.6163	13	351.597	79.9564
	14	795.175	36.3696	14	537.9	59.9478
	15	855.315	59.3543	15	595.004	83.759

图 10.22　同名点信息列表

7. 检查结果管理

检查结果窗口用于显示各个质量指标的检查情况，显示的内容包括检查项、检查对象、错误描述、描述类型、所属航带、检查次数以及备注。检查结果窗口的各列具有排序和过滤功能，组合各列的查询条件可筛选出满足不同要求的检查记录。检查结果窗口的界面如图 10.24 所示。

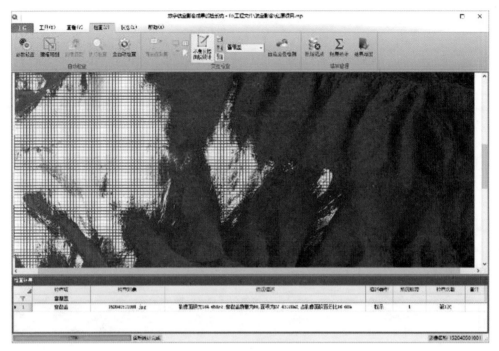

图 10.23　雪覆盖面积统计

	检查项	检查对象	错误描述	描述类型	所属航带	检查次数	备注
▽	航向重叠度						
1	航向重叠度	152040501001.jpg;152040501002.jpg	航向重叠度为72.27%,符合大于56%的要求	提示	1	第1次	
2	航向重叠度	152040501002.jpg;152040501003.jpg	航向重叠度为73.23%,符合大于56%的要求	提示	1	第1次	
3	航向重叠度	152040501003.jpg;152040501004.jpg	航向重叠度为72.45%,符合大于56%的要求	提示	1	第1次	
4	航向重叠度	152040501004.jpg;152040501005.jpg	航向重叠度为76.31%,符合大于56%的要求	提示	1	第1次	
5	航向重叠度	152040501005.jpg;152040501006.jpg	航向重叠度为69.36%,符合大于56%的要求	提示	1	第1次	
6	航向重叠度	152040501006.jpg;152040501007.jpg	航向重叠度为75.20%,符合大于56%的要求	提示	1	第1次	
7	航向重叠度	152040501007.jpg;152040501008.jpg	航向重叠度为73.40%,符合大于56%的要求	提示	1	第1次	
8	航向重叠度	152040501008.jpg;152040501009.jpg	航向重叠度为75.94%,符合大于56%的要求	提示	1	第1次	
9	航向重叠度	152040501009.jpg;152040501010.jpg	航向重叠度为72.83%,符合大于56%的要求	提示	1	第1次	
10	航向重叠度	152040501010.jpg;152040501011.jpg	航向重叠度为75.49%,符合大于56%的要求	提示	1	第1次	
11	航向重叠度	152040501011.jpg;152040501012.jpg	航向重叠度为72.45%,符合大于56%的要求	提示	1	第1次	
12	航向重叠度	152040501012.jpg;152040501013.jpg	航向重叠度为76.25%,符合大于56%的要求	提示	1	第1次	
13	航向重叠度	152040501013.jpg;152040501014.jpg	航向重叠度为70.90%,符合大于56%的要求	提示	1	第1次	
14	航向重叠度	152040502001.jpg;152040502002.jpg	航向重叠度为73.61%,符合大于56%的要求	提示	2	第1次	
15	航向重叠度	152040502002.jpg;152040502003.jpg	航向重叠度为73.79%,符合大于56%的要求	提示	2	第1次	
16	航向重叠度	152040502003.jpg;152040502004.jpg	航向重叠度为74.77%,符合大于56%的要求	提示	2	第1次	
17	航向重叠度	152040502004.jpg;152040502005.jpg	航向重叠度为73.73%,符合大于56%的要求	提示	2	第1次	
18	航向重叠度	152040502005.jpg;152040502006.jpg	航向重叠度为68.88%,符合大于56%的要求	提示	2	第1次	
19	航向重叠度	152040502006.jpg;152040502007.jpg	航向重叠度为75.24%,符合大于56%的要求	提示	2	第1次	
20	航向重叠度	152040502007.jpg;152040502008.jpg	航向重叠度为75.69%,符合大于56%的要求	提示	2	第1次	
21	航向重叠度	152040502008.jpg;152040502009.jpg	航向重叠度为74.39%,符合大于56%的要求	提示	2	第1次	
22	航向重叠度	152040502009.jpg;152040502010.jpg	航向重叠度为73.08%,符合大于56%的要求	提示	2	第1次	

图 10.24　检查结果界面

如果对检查结果的正确性存在疑问，可调出检查对象重新执行质量检查，例如需要核对某条检查记录的航向重叠度是否准确，可利用软件提供的同名点采集功能手动获取一系列同名点，然后重新计算航向重叠度。

检查结果统计的内容包括地面分辨率、航线弯曲度、航向重叠度、旁向重叠度、像片倾斜角等，统计的范围分为整个测区或者单条航带，统计值包括最大值、最小值、平均值以及最值对应的检查对象。检查结果统计界面如图 10.25 所示。通过统计检查结果可以掌握航摄成果的质量水平，辅助航摄成果质量评定。

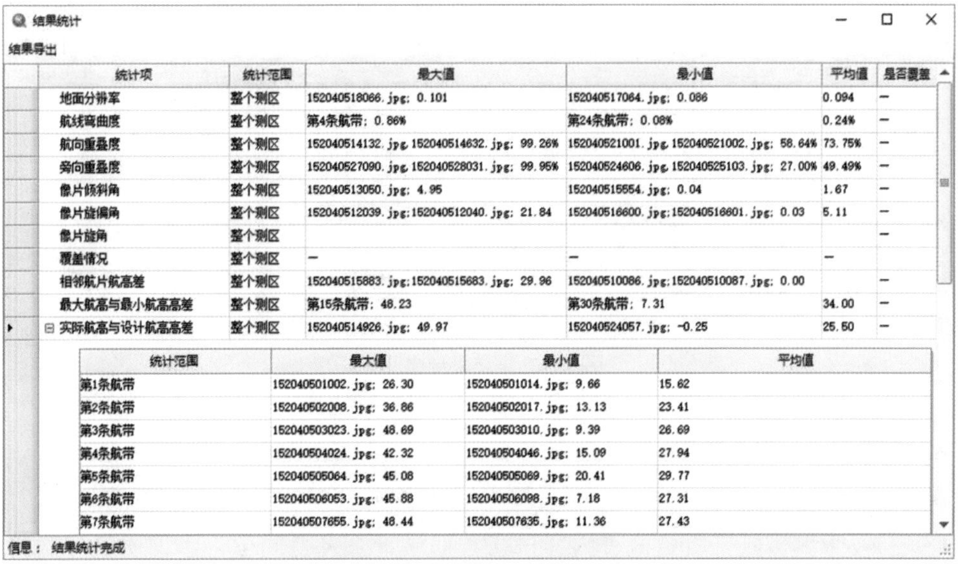

结果统计						
统计项	统计范围	最大值	最小值	平均值	是否超限	
地面分辨率	整个测区	152040518066.jpg; 0.101	152040517064.jpg; 0.086	0.094	—	
航线弯曲度	整个测区	第4条航带; 0.86%	第24条航带; 0.08%	—	—	
航向重叠度	整个测区	152040514132.jpg; 152040514632.jpg; 99.26%	152040521001.jpg; 152040521002.jpg; 58.64%	73.75%	—	
旁向重叠度	整个测区	152040527090.jpg; 152040528031.jpg; 99.95%	152040524606.jpg; 152040525103.jpg; 27.00%	49.49%	—	
像片倾斜角	整个测区	152040513050.jpg; 4.95	152040515554.jpg; 0.04	1.67	—	
像片旋偏角	整个测区	152040512039.jpg; 152040512040.jpg; 21.84	152040516600.jpg; 152040516601.jpg; 0.03	5.11	—	
像片旋角	整个测区				—	
覆盖情况	整个测区	—	—	—	—	
相邻航片航高差	整个测区	152040515883.jpg; 152040515683.jpg; 29.96	152040510086.jpg; 152040510087.jpg; 0.00	—	—	
最大航高与最小航高高差	整个测区	第15条航带; 48.23	第30条航带; 7.31	34.00	—	
实际航高与设计航高高差	整个测区	152040514926.jpg; 49.97	152040524057.jpg; -0.25	25.50	—	

统计范围	最大值	最小值	平均值
第1条航带	152040501002.jpg; 26.30	152040501014.jpg; 9.66	15.62
第2条航带	152040502008.jpg; 36.86	152040502017.jpg; 13.13	23.41
第3条航带	152040503023.jpg; 48.69	152040503010.jpg; 9.39	26.69
第4条航带	152040504024.jpg; 42.32	152040504046.jpg; 15.09	27.94
第5条航带	152040505064.jpg; 45.08	152040505069.jpg; 20.41	29.77
第6条航带	152040506053.jpg; 45.88	152040506098.jpg; 7.18	27.31
第7条航带	152040507655.jpg; 48.44	152040507636.jpg; 11.36	27.43

信息：结果统计完成

图 10.25　结果统计界面

检查结果导出的内容包括检查项、检查对象、错误描述、描述类型，可导出描述类型为错误的检查记录，也可导出全部检查记录。检查结果导出界面如图 10.26 所示。检查结果可导出为常用数据格式，如文本文件格式（txt）、数据库格式（mdb）等，便于检查意见的分发和质量信息的反馈。

10.5.2　应用实例

本小节以成都市某区域的框幅式航空摄影项目为例，运用数字航空影像质量检查系统实施质量检验，通过分析航摄项目的数据特点、质量要求、检查结果以及检查效率，评估数字航空影像质量检查系统的实用性和可靠性。

成都市某区域航摄项目的航摄面积大约 1000 平方公里，要求航摄影像地面分辨率 0.2 米，成图比例尺 1∶2000。该区域地形以平地、低山为主，测区基准面高程为1000 米，设计航高为 1500 米。航摄实施使用国产运 12E 型飞机，航摄仪采用

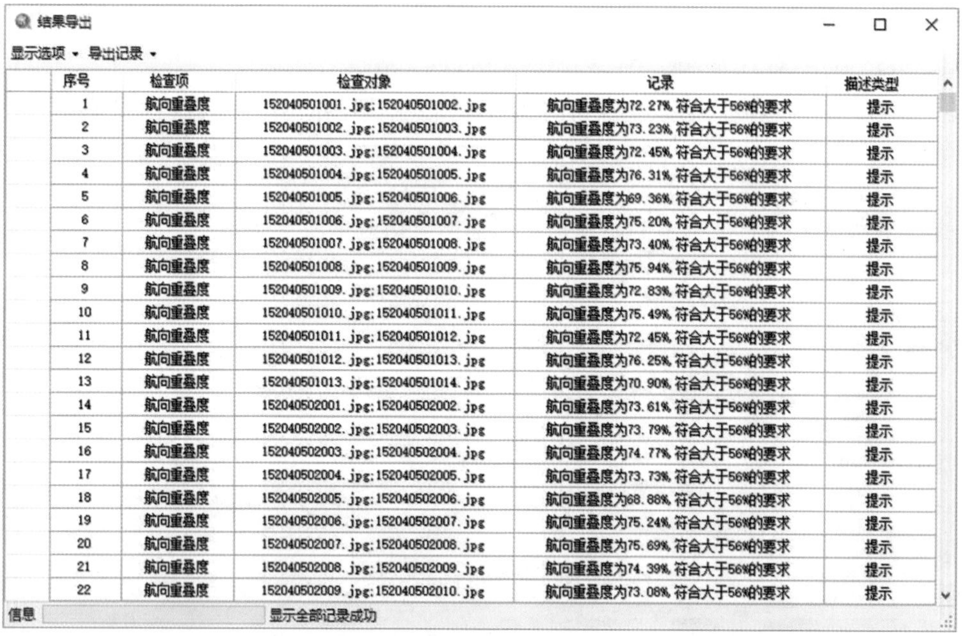

序号	检查项	检查对象	记录	描述类型
1	航向重叠度	152040501001.jpg:152040501002.jpg	航向重叠度为72.27%,符合大于56%的要求	提示
2	航向重叠度	152040501002.jpg:152040501003.jpg	航向重叠度为73.23%,符合大于56%的要求	提示
3	航向重叠度	152040501003.jpg:152040501004.jpg	航向重叠度为72.45%,符合大于56%的要求	提示
4	航向重叠度	152040501004.jpg:152040501005.jpg	航向重叠度为76.31%,符合大于56%的要求	提示
5	航向重叠度	152040501005.jpg:152040501006.jpg	航向重叠度为69.36%,符合大于56%的要求	提示
6	航向重叠度	152040501006.jpg:152040501007.jpg	航向重叠度为75.20%,符合大于56%的要求	提示
7	航向重叠度	152040501007.jpg:152040501008.jpg	航向重叠度为73.40%,符合大于56%的要求	提示
8	航向重叠度	152040501008.jpg:152040501009.jpg	航向重叠度为75.94%,符合大于56%的要求	提示
9	航向重叠度	152040501009.jpg:152040501010.jpg	航向重叠度为72.83%,符合大于56%的要求	提示
10	航向重叠度	152040501010.jpg:152040501011.jpg	航向重叠度为75.49%,符合大于56%的要求	提示
11	航向重叠度	152040501011.jpg:152040501012.jpg	航向重叠度为72.45%,符合大于56%的要求	提示
12	航向重叠度	152040501012.jpg:152040501013.jpg	航向重叠度为76.25%,符合大于56%的要求	提示
13	航向重叠度	152040501013.jpg:152040501014.jpg	航向重叠度为70.90%,符合大于56%的要求	提示
14	航向重叠度	152040502001.jpg:152040502002.jpg	航向重叠度为73.61%,符合大于56%的要求	提示
15	航向重叠度	152040502002.jpg:152040502003.jpg	航向重叠度为73.79%,符合大于56%的要求	提示
16	航向重叠度	152040502003.jpg:152040502004.jpg	航向重叠度为74.77%,符合大于56%的要求	提示
17	航向重叠度	152040502004.jpg:152040502005.jpg	航向重叠度为73.73%,符合大于56%的要求	提示
18	航向重叠度	152040502005.jpg:152040502006.jpg	航向重叠度为68.88%,符合大于56%的要求	提示
19	航向重叠度	152040502006.jpg:152040502007.jpg	航向重叠度为75.24%,符合大于56%的要求	提示
20	航向重叠度	152040502007.jpg:152040502008.jpg	航向重叠度为75.69%,符合大于56%的要求	提示
21	航向重叠度	152040502008.jpg:152040502009.jpg	航向重叠度为74.39%,符合大于56%的要求	提示
22	航向重叠度	152040502009.jpg:152040502010.jpg	航向重叠度为73.08%,符合大于56%的要求	提示

图 10.26　结果导出界面

SWDC-4A,镜头焦距为 50.2 毫米,像幅大小为 11200×7780,像元尺寸为 9 微米。航摄完成后获得影像 3742 幅,航线 30 条。

项目要求航摄成果质量检查内容包括数据质量、飞行质量、影像质量和附件质量,具体的指标有航向重叠度不小于 53%,旁向重叠度不小于 13%,航线弯曲度不大于 3%,旋偏角不大于 15 度,像片倾斜角不大于 5 度,同一航线相邻像片的航高之差不大于 30 米,最大航高与最小航高之差不大于 50 米,测区内的实际航高与设计航高之差不大于 50 米。

利用数字航空影像质量检查系统对该项目的成果进行质量检查,通过系统的查看功能将像片中心点、测区轮廓、索引图等叠加在一起显示,人工交互检查测区的覆盖情况。如图 10.27 所示,像片中心点与测区轮廓叠加在一起,中心点坐标在航向与旁向方向都将测区轮廓覆盖,然而个别像片中心点显示为红色,表明该像片中心点缺少对应的影像数据,但这些像片中心点在测区轮廓外面,不影响测区的覆盖情况。

使用数字航空影像质量检查系统的自动检查功能对航摄成果的飞行质量、数据质量以及影像质量进行检查,通过对检查结果的核对分析,发现的质量问题有:部分航带的最大航高与最小航高之差大于 50 米,部分航片的实际航高与设计航高之差大于50 米,部分航片的相邻航高之差大于 30 米,部分航片的旋偏角大于 22 度。检查结果如图 10.28 所示。

数字航空影像质量检查系统在处理器型号为 Intel Xeon,CPU 主频为 2.20GHz,

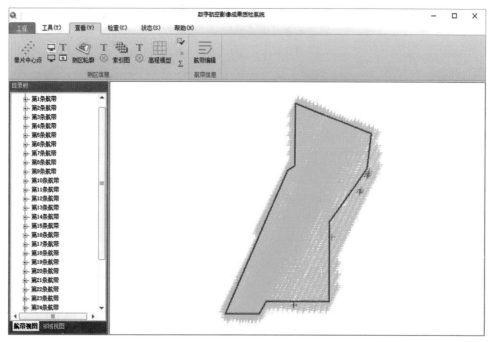

图 10.27 像片中心点与测区轮廓叠加显示

	检查项	检查对象	错误描述	描述类型	所属航带
				错误	
1	大小航高差	第12条航带	最大航高与最小航高差为60.561米,不符合小于50米的要求	错误	12
2	大小航高差	第14条航带	最大航高与最小航高差为63.838米,不符合小于50米的要求	错误	14
3	大小航高差	第16条航带	最大航高与最小航高差为62.284米,不符合小于50米的要求	错误	16
4	大小航高差	第17条航带	最大航高与最小航高差为70.182米,不符合小于50米的要求	错误	17
5	大小航高差	第18条航带	最大航高与最小航高差为59.812米,不符合小于50米的要求	错误	18
6	实设航高差	152040512886.jpg	实际航高与设计航高差为57.28米,不符合小于50米的要求	错误	12
7	实设航高差	152040513670.jpg	实际航高与设计航高差为59.22米,不符合小于50米的要求	错误	13
8	实设航高差	152040513913.jpg	实际航高与设计航高差为62.21米,不符合小于50米的要求	错误	13
9	实设航高差	152040518066.jpg	实际航高与设计航高差为60.58米,不符合小于50米的要求	错误	18
10	实设航高差	152040518150.jpg	实际航高与设计航高差为58.01米,不符合小于50米的要求	错误	18
11	相邻航高差	152040513904.jpg;152040513704.jpg	相邻影像航高差为36.844米,不符合小于30米的要求	错误	13
12	相邻航高差	152040517094.jpg;152040517594.jpg	相邻影像航高差为39.676米,不符合小于30米的要求	错误	17
13	旋偏角	152040513009.jpg;152040513010.jpg	像片旋偏角为24.71度,不符合小于22度的要求	错误	13
14	旋偏角	152040513083.jpg;152040513584.jpg	像片旋偏角为23.50度,不符合小于22度的要求	错误	13
15	旋偏角	152040513613.jpg;152040513114.jpg	像片旋偏角为26.63度,不符合小于22度的要求	错误	13
16	旋偏角	152040513116.jpg;152040513617.jpg	像片旋偏角为23.37度,不符合小于22度的要求	错误	13
17	旋偏角	152040513119.jpg;152040513620.jpg	像片旋偏角为26.35度,不符合小于22度的要求	错误	13
18	旋偏角	152040513121.jpg;152040513622.jpg	像片旋偏角为25.77度,不符合小于22度的要求	错误	13

图 10.28 检查结果

内存为 8G 的计算机上运行,对 3742 幅影像执行数据预处理和自动检查,各个步骤消耗的时间如表 10.4 所示。

表 10.4　　　　　　　　　　数字航空影像质量检查系统运行效率

执行过程	耗时（分）
建缩略图	22
影像匹配	285
自动检查	1

从上表可以看出，系统总的运行时间约为 5 小时，主要的耗时步骤为影像匹配，整个项目从资料接收到检验结束需要 2 天左右的时间。传统的人工检查采用目视判读和手工量测的方法进行检验，至少需要 15 天才能完成项目的检验，且检查的内容也不全面。由此可见，利用本章构建的数字航空影像质量检查系统实施航摄成果的质量检查，可以极大地提高检验工作效率和检查结果的可靠性。

第11章 GNSS控制网质检系统

11.1 GNSS控制网布设实施

全球导航定位系统是以卫星为基础的无线电导航系统，具备全能性（陆地、海洋、航空、航天）、全球性、全天候、连续性、实时性的导航、定位和授时等功能。经过几十年的维护与更新，全球定位系统日益完善，可提供精密的三维空间坐标、速度矢量和精确授时等服务，同时，被广泛应用到国家基础测绘、现代测绘基准体系建设、航空摄影测量、海测和地理信息数据采集、地壳形变监测、交通运输、国土资源勘查、国防建设、民生工程、公共安全和灾害防治等领域，成为现代大地测量的主要技术手段，发挥着越来越大的作用。

GNSS测量中，最常用的静态定位模式是相对定位，静态定位一般用于高精度的测量定位，如各种等级的大地网、工程控制网、变形监测网。从目前情况看，可将GNSS控制网分为两大类：一类是国家或区域性的高精度GNSS控制网，这类GNSS网中相邻点的距离通常是从数千公里至数百公里，其主要任务是作为高精度三维国家大地控制网，以求得国家大地坐标系与世界大地坐标系的转换参数，为地学和空间科学等方面的科学研究工作服务；另一类是局部性的GNSS控制网，包括城市或矿区GNSS控制网，或其他工程GNSS控制网。一般来说，这类GNSS网中相邻点间的距离为几公里至几十公里，其主要任务是直接为城市建设或工程建设服务。本章主要讨论城市、工程类GNSS控制网的测量方法和质量检验的过程与方法。

建立GNSS网的直接目的是为了确定控制网中各点在指定坐标参照系下的三维坐标，这些点既可以用于测量控制，也可以用于形变监测，还可以用于环境科学和地球科学的研究。GNSS网建立过程可分为3个阶段：设计准备、外业实测和数据处理。本节将介绍建立GNSS网各阶段的主要工作内容。

11.1.1 设计准备

GNSS控制网在测前准备阶段需要首先确定测区位置及其控制网的控制范围，了解该控制网将用于何种目的、其精度要求是多少、要求达到何种精度或等级，分析点位分布、点的数量及密度要求，根据项目使用需求，编写技术设计书。同时，收集整理测区及周边地区可利用的已知点相关资料和测区地形图，综合应用地形图、影像图和有关点之记，按照要求进行选点和网形设计工作。网形设计的出发点是在保证质量前提下，尽可能提高效率，努力降低成本，因此，在进行 GNSS 控制网设计和测设时，既不能脱离实际应用需求盲目追求高精度和高可靠性，也不能为追求高效率和低成本，而放弃对质量的要求。

在正式测设前，需检查 GNSS 接收机及相关设备、气象仪器等是否按照计量管理的要求送到仪器检定部门进行检定，并取得检定合格证书。另外一些辅助设备，如脚架、基座、天线高量测尺等，需在使用前进行检查，以确保能正常工作。

11.1.2　外业实施

在对点位情况、测区内经济发展状况、民风民俗、交通状况、测量人员生活安排深入了解后，根据卫星状况和测量作业的进展情况确定出具体的选点、埋石和布网观测作业方案。

选点应在符合相应观测环境条件下，确定 GNSS 点大概位置，同时，根据点位等级进行标石埋设，一般 B 级点应埋设观测墩，C、D、E 级 GPS 点在满足标石稳定、易于长期保存的前提下，根据具体情况选用。埋石结束后，应提交点之记、土地占用批准文件与测量标志委托保管书和标石建造拍摄的照片，以及埋石工作总结等资料。

GNSS 接收机在开始观测前应进行预热和静置，按时到站，严格对中整平，认真在 GNSS 测量前和测量后量取天线高并记录，定时检查接收机工作状态（电源情况、卫星状况、记录状况等）。接收机开始记录数据后，观测员可使用专用功能键和选择菜单，查看测站信息、接收卫星数、卫星号、卫星健康状况、各通道信噪比、相位测量残差、实时定位的结果及其变化、存储介质记录和电源情况等，如发现异常或未预料到的情况，则应记录在测量手簿的备注栏内，并及时报告作业调度者。

GNSS 测量作业所获得的成果记录主要包括观测数据、测量手簿和测站与接收机初始信息：测站名、测站号、时段号、近似坐标及高程、天线及接收机型号和编号、天线高与天线高量取位置及方式、观测日期、采样间隔、卫星截止高度角等。

11.1.3　数据处理

静态相对测量数据处理主要包含了数据整理、预处理、GNSS 网与地面网联合网平差处理、资料整理。

1. 数据整理

在进行基线解算之前，首先需要从接收机下载原始的 GNSS 观测数据有：观测文件、星历参数文件，某些接收机还有测站信息文件、电离层参数和 UTC 参数文件。在读入了 GNSS 观测值数据后，需要对测站点、点号、测站坐标和天线高等观测数据进行必要的检查。

2. 预处理

因各接收文件的记录格式、类型、项目、采集率、数据单位各不统一，应对观测值文件进行标准化。其目的是对原始数据进行编辑、加工整理、分流，并产生各种专用信息文件，为进一步平差计算做准备。

3. 基线向量解算

基线解算应根据外业施测的精度要求和实际情况、软件的功能和精度，可采用多基线解或单基线解，起算点的选取应根据测量已知点的情况确定坐标起算点，每个同步观测图形应至少选定一个起算点。

基线解算按同步观测时段为单位进行。按多基线解时，每个时段需提供一组独立基线向量及其完全的方差-协方差阵；按单基线解时，需提供每条基线分量及其方差-协方差阵。

4. GNSS 网平差

要进行 GNSS 网平差，首先必须提取基线向量，构建 GNSS 基线向量，待基线向量检核符合要求后，需要进行 GNSS 网的三维无约束平差。无约束平差应符合下列规定：

（1）应提供各点在地心系下的三维坐标、各基线向量、改正数和精度信息。

（2）无约束平差中，基线分量的改正数绝对值应满足下列要求：

$$V_{\Delta X} \leqslant 3\sigma$$
$$V_{\Delta Y} \leqslant 3\sigma$$
$$V_{\Delta Z} \leqslant 3\sigma$$

其中，$V_{\Delta X}$、$V_{\Delta Y}$、$V_{\Delta Z}$ 为基线分量的改正数绝对值。

此外，约束平差应符合下列规定：

（3）对通过无约束平差后的观测值进行三维约束平差或二维约束平差，平差中，对已知点坐标、已知距离和已知方位进行强制约束或加权约束。

（4）基线分量的改正数与经过剔除粗差后的无约束平差结果的同一基线相应改正数较差应满足下列要求：

$$dV_{\Delta X} \leqslant 2\sigma$$
$$dV_{\Delta Y} \leqslant 2\sigma$$
$$dV_{\Delta Z} \leqslant 2\sigma$$

其中，$dV_{\Delta X}$、$dV_{\Delta Y}$、$dV_{\Delta Z}$ 同一基线约束平差基线分量的改正数与无约束平差基线分量的改正数的较差。

11.1.4 资料整理

在验收前，需对资料进行整理，保证成果内容与数量齐全、完整，各项注记、整饰符合要求。具体需要整理材料如下：

（1）测量任务书或合同书、技术设计书；

（2）点之记、环视图、测量标志委托保管书、选点和埋石资料；

（3）接收设备、气象及其他仪器的检验资料；

（4）外业观测记录、测量手簿及其他记录；

（5）数据处理中生成的文件、资料和成果表；

（6）GNSS 网展点图；

（7）技术总结和成果验收报告。

11.2　质量检验重点内容

由 GNSS 控制网的获取工作流程可知，影响其成果质量的主要因素有外业观测的数据质量情况（观测质量），内业基线解算情况及网的内部精度（计算质量），网平差成果的精度情况（数学精度），因此，GNSS 控制网质量检验内容主要包括以下三个方面：

11.2.1　观测质量

GNSS 原始观测数据质量直接关系到后续基线解算和平差后处理的成果精度，因此，对于 GNSS 测量成果检验而言，首先要对 GNSS 原始观测数据进行质量控制。根据 GB/T 24356《测绘成果质量检查与验收》和 CH/T 1022—2010《平面控制测量成果质量检验技术规程》，确定了 GNSS 测量成果观测质量检验的内容项如下：

1. 原始观测数据质量检查项

（1）观测时段数及长度；

（2）观测数据可利用率；

（3）有效观测卫星总数；

（4）数据采样间隔；

（5）卫星高度角；

（6）MP1、MP2 多路径观测值；

（7）接收机钟漂；

（8）水平方向定位是否稳定；

（9）高程方向定位是否稳定。

上述各质量检查项中，观测时段数对提高 GNSS 控制网的可靠性非常有效，增加观测时段数即增加独立基线数，对控制网的可靠性提高非常有益，同时，根据不同等级的控制网来设置不同观测时间长度，也是保证观测数据可利用率的一项重要手段，在观测数据质量检验中必不可少。卫星高度角是为了在数据采集时能更快更好得到有效数据，提高卫星高度截止角会"筛掉"部分噪声数据，随着目前卫星数量越来越多（北斗、GPS、GLONASS），观测时间较长，适当提高卫星高度截止角进行基线解算，亦可得到较好的效果，因此对卫星高度截止角的要求可适当放宽。

目前用来检验观测卫星总数、数据可利用率和多路径效应误差等核软件中，TE-QC 软件已被普遍应用，TEQC 是一个对卫星导航数据进行预处理和质量检查的软件，它的功能非常强大，对 RINEX 格式的 GPS、GLONASS 及部分其他数据都能处理，其检查后生成的 S 文件是质量检查统计的结果文件，是 TEQC 软件的核心部分，主要用于对观测数据的质量评定。但因为其界面不友好、操作不方便，提取的指标均归于一个文件导致查找不便等缺陷，需要运用新质检程序对其生成的 S 文件进行有效读取，提取上述中确定的精度指标项的检查结果。

2. 原始观测数据标准化检查项

（1）数据文件命名的规范性、一致性；

（2）采样间隔的符合性和一致性；

（3）文件头内容编辑的齐全性，如观测日期、测站名、测站号、天线及接收机型号、编号等编辑是否规范完整。

上述检查内容对于较大的控制网而言，人工检查费时费力，可通过设计相应检查算法，采用程序自动化检查，既实现对文件头编辑情况、观测起止时间等的检查，又可以调用 TEQC 检验成果，对上述部分检查项进行规范符合性对比，并做出符合与否的自动化判定。

11.2.2　计算质量

GNSS 控制网计算质量主要是指 GNSS 网的基线解算精度及整网的内部精度情况。因此，评价 GNSS 控制网计算质量应包括基线自身解算精度和基线组网精度两个方面。具体检验指标项如下：

（1）起算数据正确性；

（2）坐标系统符合性；

（3）同一时段观测值的数据剔除率或数据采用率；

（4）重复基线的较差；

（5）基线分量和边长重复性；

（6）GNSS 基线分量的闭合环闭合差；

（7）GNSS 网无约束平差后基线向量改正数大小；

（8）约束平差基线分量的改正数与无约束平差基线分量的改正数的较差。

由于高精度 GPS 基线解算涉及的各种参数设置复杂，而高精度控制网基线解算质量又对最终的 GNSS 控制网坐标成果质量起到至关重要的作用，为此，需要通过基线自身解算精度、基线分量与边长重复性以及基线组网精度等系列指标来控制基线解算质量。其中，基线自身检查内容有主要参数设置、模型选取、基线解算信息文件的内容完整性、基线解算后的 nrms 值等。基线重复性反映了定位的内部精度，通过重复性检验可以发现异常的观测时段，达到判定粗差的目的。每条基线的重复性计算后，还应对各基线边长分量的重复性进行固定误差与比例误差的直线拟合，以作为衡量基线精度的参考指标。基线分量的闭合环闭合差的大小，直接反映出基线观测量的实际精度。通过组成闭合环，计算环的闭合差，并与规范要求的限差进行计算比对，判断 GPS 网中是否有大的粗差观测值。

在实际检验工作中，常规基线解算商业软件种类繁多，如天宝的 TGO、莱卡的 LGO、华测的 CGO、瑞士伯尔尼大学的 Bernese、美国麻省理工学院的 GAMIT 等，对自身采集装备的依赖性较强，转成 Rinex 通用文件后格式不统一，因此需要一个兼容性强的第三方检验软件对不同格式的基线文件进行自查和解算。

11. 2. 3　数学精度

数学精度是最直观反映测量成果质量的一项指标，是判断测量成果是否合格的重要依据。数学精度的检测一般采用比对分析或者核查分析的方式，必要时，可采用实地检测的方法。采用后者检测方式，需将样本点与项目使用起算点或认定可靠的其他相同基准的高等级点进行 GNSS 联测，通过基线网严密平差计算一套样本点坐标，将其与提交成果进行比较，分析是否存在粗差。无论是通过内业比对或实地检测，都要进行平差计算，这就需要选取合理的数学模型和基准模型，用平差软件来进行平差，将平差结果作为检验参考成果，对被检查成果的数学精度进行检验。

网平差过程中涉及以下关键技术问题：

（1）GNSS 控制网基线的读取；

（2）独立基线最优选择方案的确定；

（3）网平差中粗差分析和处理；

（4）平差模型的确认。

首先，基线文件因解算人员采用的处理方法、模型设置不同，基线 O 文件在输出格式上存在很大的差异，为了便于软件统一管理，需要读取基线文件四要素：点名信息、点位协因数、点位概略坐标和基线向量信息，并把基线文件信息划分为两类：一类是坐标信息；另一类是基线信息，并设置了统一的自定义格式文件（坐标文件、基线文件），实现了基线数据的统一管理。其次，根据误差传播定律的性质，测站中误差与基线距离的平方根成正比，因此，最优的独立基线网应是平均路径长度最短的基线网。考虑到不同基线的解算精度存在差异，引入基线长度的观测权，这种最优独立基线选择方案实际就是基线网加权平均路径最短。在一个同步环中，不但每个基线向量的 3 个分量之间统计相关，而且不同基线之间也是统计相关的。观测向量这种统计相关性，使得观测粗差对其他观测量的影响增大，粗差的隐蔽性更强，隐蔽性粗差的有效探测是提高控制网平差精度的关键。最后，控制网平差处理环节中，一般采用基线向量作为观测值，基线向量本身隐含尺度基准和方位基准。然而，不同时间和条件下测得的基线向量尺度和方位基准并不统一，这种不统一会给解算精度和平差结果带来较大的影响，甚至导致成果失真，而一般的商业处理软件都忽略了这种尺度方位不一致的影响。

目前，GPS 成果的数学精度的评价往往是文件认定式，即根据提交的平差报告进行符合性检查，然而，商用控制网平差软件使用的精度评价模型各有差异，且大多不能提供规范要求的各项精度指标信息，其文档式报告结果可人为修改等，给真实评价其成果精度带来一定难度。为此，需要采用独立的数据处理平台，严格按照规范要求计算和数据检查，并根据规范要求设立各等级控制网的自主选项，也可根据项目的实际情况选择检验参数，实现自动化检查、比对、判定和结果统计。

11.3 系统设计与实现

11.3.1 系统设计

1. 独立的数据处理平台

系统采用独立数据处理平台，严格按照规范要求进行观测数据质量、计算质量和网平差成果质量检查，实现对 GNSS 原始观测数据质量进行自动化检查及评价，实现对高精度 GNSS 基线解算成果的质量检查及评价，实现高精度 GNSS 网平差功能，能够出具相关规范要求的各项精度指标信息报告，总体设计思路如图 11.1 所示。

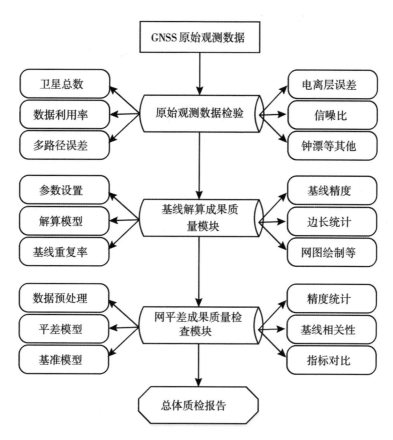

图 11.1 GNSS 控制网质检系统总体设计思路

2. 模块式检验流程

该系统的主要功能模块包括原始观测数据质量检验、基线数据质量检验和基线网平差质量检验。系统在实现这些功能时的简要步骤如下:

(1) 原始观测数据质量检验:编制系统子模块实现对 TEQC 软件的直接调用,并对其生成的 S 文件进行有效读取,提取上述中确定的精度指标项的检查结果,对标准的原始观测数据的文件头进行有效读取,实现对文件头编辑情况、观测时间、采样间隔等的检查,将以上两个检查结果通过程序汇入一个文件,并设置窗口,可从不同存储地址选取待检查的观测数据,实现对 GPS 观测数据的批量检查。流程图如图11.2 所示。

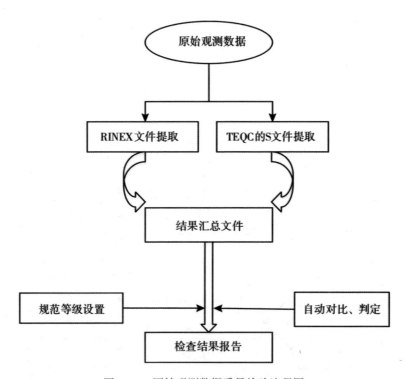

图 11.2　原始观测数据质量检验流程图

(2) 基线数据质量检验:该系统模块通过对基线文件的读取,提取关键信息,并对基线文件进行数据预处理,主要包括基线数据粗差检验等;然后选择基线向量以及相应协方差阵组成基线网,计算 GNSS 闭合环闭合差、重复基线较差、基线重复率以及基线精度统计信息等,并输出基线质量检查报告。流程图如图 11.3 所示。

(3) 控制网平差质量控制:对精度检查通过的基线,采用加权平均路径最短的方式选择独立基线向量进行无约束平差,平差过程中引入抗差估计以消除隐蔽粗差对平差结果的影响,对无约束平差后基线向量的改正数按照规范中相应 GNSS 网等级要求进行质量检查及判定。对通过无约束平差质量检验的 GNSS 向量网,根据已知约束

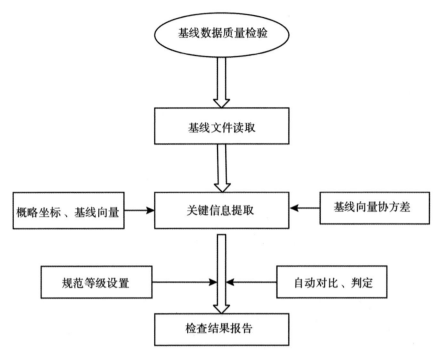

图 11.3　基线解算数据质量检验流程图

条件，确定正确的基准模型，根据 GNSS 网的性质考虑是否选择附加系统参数进行平差，从而确定合适的平差模型；然后对 GNSS 网进行约束平差计算，输出平差后的单位权中误差、点位中误差以及基线改正数、坐标改正数等信息。最后，与 GNSS 规范相应等级的精度指标进行比较，输出包括多项检验指标以及质量评价结果的平差报告。具体流程图如图 11.4 所示。

高精度 GNSS 控制网质检基于上述关键步骤，设计出的 GNSS 测量成果质量检验软件主界面如图 11.5 所示。

11.3.2　系统展示

1. 软件主菜单

本应用示范以杭州湾跨海大桥 GNSS 监测控制网项目数据为实例，介绍使用本系统进行 GNSS 测量成果质检的整个流程。软件的主菜单如图 11.6 所示，包括"项目工程"菜单、"导入基线"菜单、"数据质量检查"菜单、"数据处理"菜单、"平差处理"菜单、"工程报告"菜单、"规范参考"菜单、"常用工具"菜单、"帮助"菜单。另外，这些菜单项的工具栏图标排列在主菜单的下侧，点击工具栏也可实现上述主菜单项的各项功能。

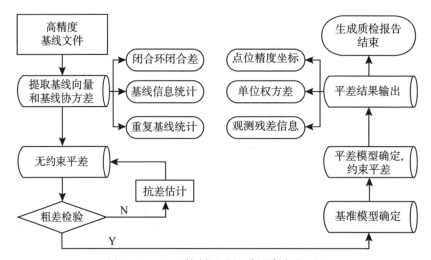

图 11.4　GNSS 控制网平差质量检验流程图

图 11.5　GNSS 测量成果质量检验软件主界面

2. 原始数据质量检核

点击"数据质量检查"中的"rinex 数据检核"，及会出现如下对话框，进行 rinex 数据导入界面，此项操作包括网形等级的设置。选择好零文件路径后点击"检查"即可对 TEQC 生成的 S 文件进行有效读取，生成原始文件检查结果如图 11.7 所示。

3. 基线导入与网图可视化

点击主菜单项"导入基线"中的"Gamit O 文件"或其他基线格式，（即工具栏图标"▧"），出现如下对话框，进行基线选入。此操作中包括基线选取方式设置等。点击"读入文件"按钮，弹出文件对话框，可选择多个基线文件（GAMIT O 文

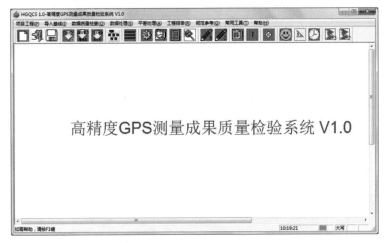

图 11.6　软件主菜单

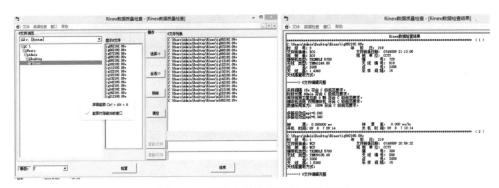

图 11.7　原始文件数据质量检核界面

件），点击确定后左边 list 框中会出现选取的基线路径，点击"确定"按钮，如果文件输入正确，会弹出"确定"，点击"确定"后，会自动绘制出网图，如图 11.8 所示，其中蓝色点代表已知点或稳定点，红色点代表未知点。

4. 数据质量检查

数据质量检查中有"GNSS 网等级设置"和"基线重复性检验"。

GNSS 设置：可选择或自定义所观测的 GNSS 网等级，此项设置决定了后续质检工作的检验指标，因此必须选取合理的等级设置。

基线重复性检验：选择"基线重复性检验"或直接点击工具栏中"▤"图标，弹出如图 11.9 所示对话框，点击"开始处理"后，可通过不同结果的"查看"按钮进行结果查看。该项操作可检验基线重复率的结果、基线互差和加权平均的检验。

5. 数据处理

数据处理中包含了"参数设置""闭合环搜索和闭合差计算""点位剔除""基

图 11.8　基线文件载入界面

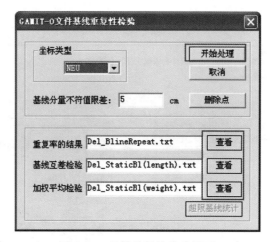

图 11.9　基线重复性检验界面

线剔除"等功能。具体界面如图 11.10 所示。

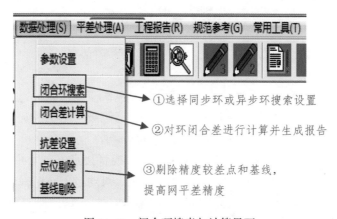

图 11.10　闭合环搜索与计算界面

（1）参数设置：三维平差设置参数选择"基准模型"，若是基准网平差，在"系统参数"中选择"系统 4 参数"，并在"基准模型"中选择"固定基准"或"拟稳基准"；若是常规网平差，在"系统参数"中选择"无系统参数"，并在"基准模型"中选择"固定基准"或"拟稳基准"。设置完毕后，点击"确定"按钮退出，如图 11.11 所示。

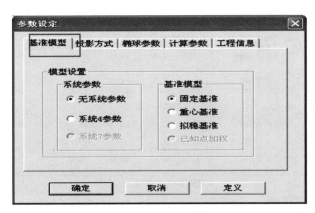

图 11.11　三维平差参数设置

其中，"投影方式""椭球参数""计算参数"功能均为二维平差设置参数，分别选择"投影方式"和"椭球参数"出现如图 11.12 所示选项卡，进行相关中央子午线、投影面高程以及坐标系的设置。

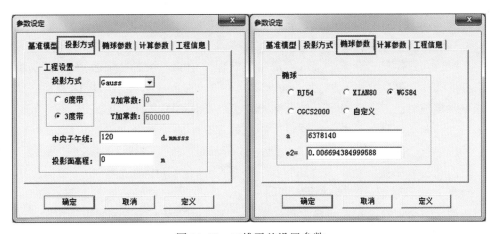

图 11.12　二维平差设置参数

（2）闭合环搜索：使用主菜单项"平差设置"中的"闭合环搜索"此功能时，基线输入环节中建议选择"全部基线"，因为若选择"独立基线"，网中的观测值大大减少，搜索出来的闭合环数目也会大大减少，无法客观评价整网的观测值质量。若网中闭合环数目较多，搜索时会弹出进度条，以实时显示搜索进度。搜索完成后，会弹出“闭合环搜索完毕”，同时选择平差设置中的“闭合差计算”，会自动弹出闭合差计算结果文件。如图 11. 13 所示。

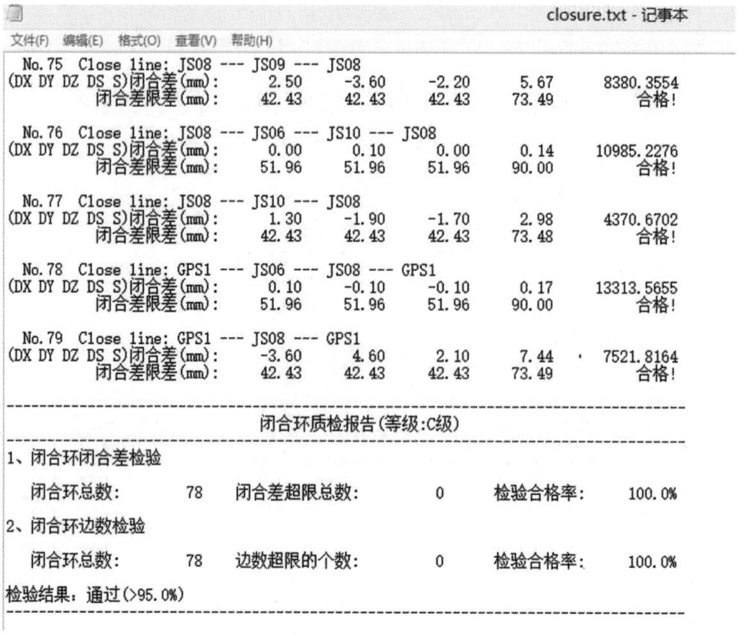
closure.txt - 记事本
文件(F) 编辑(E) 格式(O) 查看(V) 帮助(H)

```
 No.75  Close line: JS08 --- JS09 --- JS08
(DX DY DZ DS S)闭合差(mm):       2.50       -3.60       -2.20       5.67        8380.3554
             闭合差限差(mm):      42.43       42.43       42.43      73.49           合格!

 No.76  Close line: JS08 --- JS06 --- JS10 --- JS08
(DX DY DZ DS S)闭合差(mm):       0.00        0.10        0.00       0.14       10985.2276
             闭合差限差(mm):      51.96       51.96       51.96      90.00           合格!

 No.77  Close line: JS08 --- JS10 --- JS08
(DX DY DZ DS S)闭合差(mm):       1.30       -1.90       -1.70       2.98        4370.6702
             闭合差限差(mm):      42.43       42.43       42.43      73.48           合格!

 No.78  Close line: GPS1 --- JS06 --- JS08 --- GPS1
(DX DY DZ DS S)闭合差(mm):       0.10       -0.10       -0.10       0.17       13313.5655
             闭合差限差(mm):      51.96       51.96       51.96      90.00           合格!

 No.79  Close line: GPS1 --- JS08 --- GPS1
(DX DY DZ DS S)闭合差(mm):      -3.60        4.60        2.10       7.44        7521.8164
             闭合差限差(mm):      42.43       42.43       42.43      73.49           合格!

------------------------------------------------------------------------------------
                           闭合环质检报告(等级:C级)
------------------------------------------------------------------------------------
1、闭合环闭合差检验
   闭合环总数:        78    闭合差超限总数:        0     检验合格率:      100.0%
2、闭合环边数检验
   闭合环总数:        78    边数超限的个数:        0     检验合格率:      100.0%
检验结果：通过(>95.0%)
------------------------------------------------------------------------------------
```

图 11. 13　闭合环质检报告

6. 平差处理

1）三维/二维已知信息配置

三维已知点信息：点击主菜单项“平差处理”中的“设置三维已知坐标”，或点击工具栏图标“”，会自动打开一个坐标文件（coord. txt），如图 11. 14 所示，该项功能主要实现对已知点或稳定点的坐标输入，以及对不同点的约束情况。

二维已知点信息：点击主菜单项“平差处理”中的“设置二维已知坐标”，或点击工具栏图标“”，会自动弹出如图 11. 15 所示对话框，进行设置确认和修改。

点击“设置确认”后，会自动打开一个坐标文件（xyHcoord. txt），如图 11. 16 所示，“1”点后一定要输入固定点的平面坐标（x，y），且已知点数目必须大于 1 个。该项功能主要实现对已知点或稳定点的坐标输入，以及对不同点的约束情况。

2）网平差

先验参数设置：网平差前，点击主菜单项“平差处理”中的“先验参数设置”，弹出如下对话框。该功能仅对变形监测网平差时适用，此时若基准网平差时的系统参数值显著，将基准网计算得到的系统 4 参数输入到此项对话框，点击“确定”后退出。此项功能旨在消除变形监测网和基准网间存在的系统误差。若无先验参数，此项

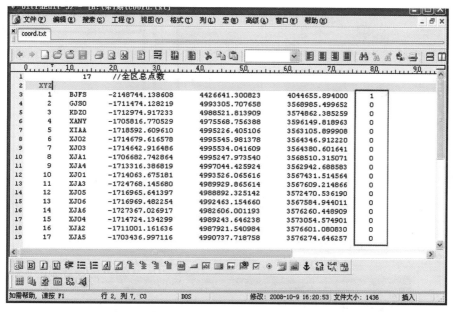

图 11.14 三维已知坐标配置

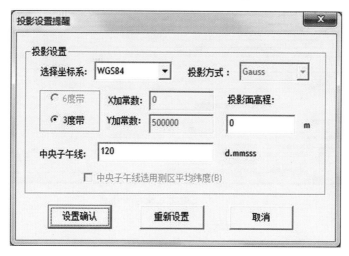

图 11.15 二维已知坐标配置

设置可忽略。

　　三维无约束平差：点击主菜单项"平差处理"中的"三维无约束平差"，或点击工具栏图标"▣"进行无约束平差计算，计算结束后弹出"计算成功"，点击"确定"后，可通过"工程报告"中"三维无约束平差坐标"查看解算坐标值和精度信息，格式如图 11.17 所示。

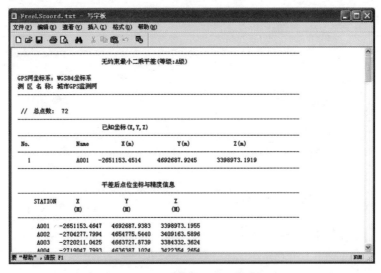

	36	//全区总点数					
xyH							
1	2008	4009194.831445	523312.787798	57.947457	1	4009194.831445	523312.787798
2	2010	4019836.662048	521583.488834	21.696224	0		
3	2012	4018232.251369	532263.614291	15.304743	0		
4	3010	4013542.330853	518101.707639	28.321977	0		
5	3011	4009159.469265	514397.569673	10.194422	0		
6	3012	4007127.975158	520296.833168	18.121783	0		
7	3013	4005922.557302	523788.157922	23.031181	0		
8	3019	4022942.940565	523471.068392	12.867644	0		
9	3022	4018091.867694	524711.803365	17.569134	0		
10	3025	4011861.938194	526155.272708	22.800163	0		
11	G103	4014088.809760	523199.801379	10.026667	0		
12	G106	4014540.625797	524629.143519	10.740911	0		
13	G119	4010413.042237	521760.125465	14.664303	0		
14	G126	4009517.497473	524863.849325	19.044855	0		
15	G130	4015717.669984	518335.171708	17.768276	0		
16	G631	4014070.810152	529146.124720	11.832625	0		
17	G641	4013215.371961	531727.279403	14.134555	0		
18	GE02	4022603.129955	526210.485064	15.101562	0		
19	GE05	4021884.778141	529363.864938	23.314643	0		
20	GE10	4018634.328665	522070.818505	21.610203	0		
21	GE12	4020312.572135	523928.498937	10.735793	0		
22	GE15	4016081.331726	529366.457677	9.746753	0		
23	GE16	4020271.080280	527084.186316	10.607906	0		
24	GE19	4018094.082469	526472.731674	10.997317	0		

图 11.16 　 已知点信息显示界面

图 11.17 　 三维无约束平差报告

三维约束平差：点击主菜单项"平差处理"中的"三维约束平差"，或点击工具栏图标"■"进行约束平差计算，计算结束后弹出"计算成功"，点击"确定"后会弹出三维约束平差的解算坐标值和精度信息，格式如图 11.18 所示。

二维约束平差：点击主菜单项"平差处理"中的"二维约束平差"，或点击工具栏图标"■"进行约束平差计算，计算结束后弹出"计算成功"对话框，点击"确定"后会弹出二维约束平差的解算坐标值和精度信息。

7. 工程报告

打开主菜单项"工程报告"，可以选择打开如"基线精度统计报告""重复基线

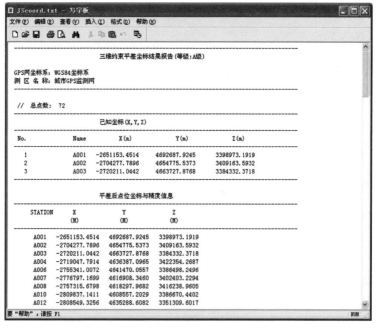

图 11.18 三维约束平差报告

质检报告""基线重复率计算报告""闭合环闭合差""闭合差统计报告""抗差降权报告""误差椭圆参数报告""三维无约束网平差报告""三维约束网平差报告""二维约束网平差报告""三维无约束平差坐标""三维约束平差坐标""二维约束平差坐标"等多个结果报告。其中，"三维无约束网平差报告"和"三维约束网平差报告"包括平差后各监测点的坐标改正数、基线观测值的改正数、系统参数的数值及显著性、网平差的单位权中误差等多种信息。

8. 网形导出

在工程报告中，选择导出网图，即可弹出"另存为"对话框，选择保存路径后，点击"确认"，便可将网图保存为图片格式，如图 11.19 所示。

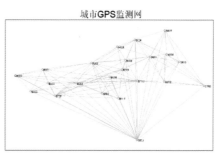

图 11.19 网图导出界面

第 12 章　大比例尺地形图质检系统

12.1　前　　言

12.1.1　大比例尺地形图的范围

地形图是以相对平衡的详细程度表示测量控制点、水系、居民地及附属设施、交通、管线、地貌、植被与土质等基本地理要素的普通地图。按比例尺分类是人们常用的一种地形图分类方法，能够区别地形图的内容详略、精度高低、使用特点等。由于比例尺不能直接决定地图的内容和特点，只能作为按地图主题或用途分类的辅助，所以比例尺的大小是相对的，在不同的服务领域范围划分不一致。

国家基本比例尺地形图有规定的比例尺系列、统一的测制编绘规范和图式，列入国家的战备计划，由国家组织生产，并由此产生保密性。进入数字化测绘时代后，一般认为比例尺大于 1 : 10000 的地形图为大比例尺地形图。在建设规划、工程建筑等领域并没有严格统一的地形图比例尺系列，主要从满足规划、设计、施工、验收等需要考虑，常用的比例尺有 1 : 500、1 : 1000、1 : 2000。随着国民经济的快速发展，国家对基础地理信息的需求在广度和深度上提出了新的要求，2012 年国家测绘地理信息局测绘标准化研究所组织修订了国家标准《国家基本比例尺地形图分幅和编号》，扩展了国家基本比例尺地形图的范围，从原有的 1 : 000 000~1 : 5 000 延伸为 1 : 000 000~1 : 500，即增加了 1 : 500、1 : 000 和 1 : 2 000 三个比例尺，通常认为这三个比例尺的地形图为国家基本比例尺地形图的大比例尺地形图。

传统测绘的比例尺与地形图内容的详细程度和精度有关，而我国现已实现传统测绘向数字化测绘的转变，地形图的成果形式也向数字地形图转变，即使不是标准定义的数字地形图，也是利用计算机制图方法制作的地形图数据。比例尺已经不能反映数字地形图内容的详细程度，仅能表示地图数据的精度。在我国测绘成果质检标准中，一般认为按符合国家标准规定的 1 : 500、1 : 000、1 : 2 000 地形图测绘方法测绘、内容详细程度、精度要求相当的地形测绘成果为大比例尺地形图成果，包括测绘方法符合，分幅方式不同的地形图成果。

12.1.2　大比例尺地形图质检的发展

1. 质检标准的发展历程

20 世纪 80 年代以前,测绘成果的质检体系建设还不完善,各生产单位依靠自身的技术能力和经验进行质量把控。随着测绘生产技术的不断规范化,原国家测绘局作为当时的测绘主管部门组织制定了国家专业标准 ZBA75002—89《测绘产品检查验收规定》和 ZBA75003—89《测绘产品质量评定标准》,以规范和指导测绘成果的质检工作。

到 20 世纪 90 年代,随着我国标准化制度的改革、完善,国家测绘局又组织将国家专业标准改版为测绘行业标准 CH1002—1995《测绘产品检查验收规定》、CH1003—1995《测绘产品质量评定标准》。鉴于当时测绘生产技术的发展,两个标准规定了航测原图和平板仪测图产品的质量特性划分和缺陷分类,最早将地形测量成果的质检规范化。

至 21 世纪,我国已进入全面数字化测绘的时期,测绘新技术、新方法层出不穷,新的成果形式也不断涌现,原国家测绘局组织编制了 GB/T 24356—2009《测绘成果质量检查与验收》,替代了两个行业标准,新的标准不再以生产方式区分检验对象,而是针对成果类型进行检验,不拘于生产方式,检验体系更加合理。同时,划分大比例尺地形图和中小比例尺地形图为两种成果种类,分别规定了质量元素和错漏分类,更有针对性。

为配合 GB/T 24356—2009《测绘成果质量检查与验收》实施,原国家测绘局从 2010 年开始组织制定一系列测绘成果质量检验规程,我国测绘质检标准体系逐渐成形。CH/T 1020—2010《1∶500、1∶1000、1∶2000 地形图质量检验技术规程》是第一批通过评审发布的技术规程之一,规程细化了大比例尺地形图成果的检验内容及检验方法。

2. 检验方法的发展

随着测绘生产技术的发展,测绘质检技术也不断进步。在模拟测图时代,质检利用地形测量技术实地采集检测数据,内业人工进行计算统计分析。进入数字化测绘时期,计算机制图软件如雨后春笋,为了满足质量控制的需要,很多软件中增加了质量检验的模块,同时一些具备研发能力的质检机构开始开发一些质检小程序,以提高内业统计的工作效率,这些程序或功能模块大多解决了数学精度的内业量测和统计问题。“十二五”期间,信息化质检平台逐步建立,在平台基础上建立了大比例尺地形图质检系统,将野外数据采集终端、内业分析统计功能等整合一体,实现了大比例尺地形图质检的内外业一体化。近年来,有部门又在研究利用无人机机载 LiDAR 设备采集检测点和检查区域影像数据,建立地形图低空巡检系统,这是测绘质检首次利用先进测绘技术解决野外检测数据自动化采集的问题,一旦实现,是质检技术发展又一标志性成果。

12.2　大比例尺地形图质量检验

检验大比例尺地形图主要有 6 道程序：检验前准备、抽样、质量检验、质量评定、编制报告、资料整理。检验前一定要充分了解项目情况，包括项目来源、生产作业依据、工作量、工艺流程、成果形式要求等，特别要注意成果的用途，分析其引用标准、工艺方法和成果用途间的适应性。根据成果的特点制定合理有效的检验方案，安排检验人员、仪器设备、软件等，制订检验工作计划，当检验项目重大或有特殊技术要求时，可组织培训。

12.2.1　检验内容

大比例尺地形图检验包括概查和详查。概查一般是总体符合性检查，主要的内容包括使用的仪器符合性、成图的区域范围符合性、基本等高距的符合性、图幅分幅编号的符合性以及测图基础控制的符合性等，一般对照项目合同技术设计书的要求进行总体性核查。详查主要针对样本资料，按照检验技术规范逐项进行检查，按照现行规范，检查的主要内容有如下几方面：

1. 数学精度

首先检查数学基础是否正确，包括坐标系统、高程系统是否正确，图廓尺寸是否正确，如果采用全野外测图，还需检查图根控制测量的精度是否正确，其中误差得分代表了数学基础的得分。

其次检查平面精度，平面精度分为绝对位置中误差和相对中误差以及接边精度，实际检查过程中，绝对中误差和相对中误差只选择一种，而终误差的得分往往代表平面精度的得分。

最后检查高程精度，高程精度分为注记点高程中误差和等高线高程中误差。

2. 数据及结构正确性

主要检查文件命名、数据组织格式的正确性。特别地，当成果中有要素分层等要求时，还需要检查数据分层、要素代码、属性内容等是否正确。

3. 地理精度

这是大比例尺地形图检查的重点，归纳地讲，主要检查各种地理要素，包括测量控制点、水系、居民地及设施、交通、管线、境界、地貌、植被与土质、注记九大类要素的完整性、规范性及协调性（综合取舍合理性）。

4. 整饰质量

检查符号、线划、色彩的正确性，以及注记字体、内外图廓整饰等是否符合规范要求。

5. 附件质量

主要检查成果资料是否齐全，特别是检查报告、技术总结内容是否全面，相关元数据是否填写完整、正确等。

12.2.2 质检手段

大比例尺地形图的检查手段主要是通过对比分析、核查分析及实地检查的方式进行，如数学精度检查主要是通过外业实地采集检查点，然后内业进行统计中误差的方式进行质量评定，而数据结构及正确性检查主要通过内业人工打开数据与技术要求进行对比分析，地理精度绝大部分需要到实体去调查，整式质量和附件质量主要是在内业进行核查分析。

在整个质量检查过程中，可利用常见的办公软件作为辅助工具进行数据处理，但是这样的效率极其低下。同时，还可利用一些辅助的检查工具，如精度统计工具、数据结构检查工具等，目前许多单位有这样的工具软件，在实际工作中起到了重要的作用。

基于内外业一体化的检查与评价系统在行业中并不多见，本书对此介绍基于平板电脑外业巡查和内业质量检查一体化的检查评价系统的设计理念以及系统实例的展示。以期通过这样一套系统既能提高检查工作效率，又能提升质检工作质量。

12.3 系统设计及功能实现

12.3.1 系统开发平台

外业系统开发环境见表 12.1。

表 12.1

平台技术	版本号	用途说明
JDK	1.7	构建 Java 语言编译运行环境
Eclipse	4.3.1	构建集成化 Java 开发环境
Android ADT	24	构建基于 Eclipse 的 android 开发环境
Mxdraw For Android	6.0	提供支持读写 dwg 文件的 CAD 绘图插件
Cocos2dx	3.0	基于游戏引擎的基础绘图环境

内业系统开发环境见表 12.2。

表 12.2

平台技术	版本号	用 途 说 明
. NET	4.0	构建 C#/VB 语言编译运行环境
Visual Studio	2010	构建集成化 C#/VB 开发环境
Mxdraw For PC	5.2	提供支持读写 dwg 文件的 CAD 绘图插件
DevComponents. DotNetBar	10.9.0.4	提供系统界面控件
Access	2013	提供数据存储

12.3.2　运行环境

外业系统运行环境见表 12.3。

表 12.3

要求项	最低配置	建 议 配 置
Android 系统	4.0	4.4 或以上
ROM 大小	1G	2G 或以上
内置存储空间	4G	8G 或以上
处理器版本	Arm	Arm v7 或 Intel x86

内业系统运行环境见表 12.4。

表 12.4

要求项	最低配置	建 议 配 置
Windows 系统	XP	W7 或以上
内存大小	2G	4G 或以上
内置存储空间	4G	8G 或以上

12.3.3　系统设计理念

目前行业中，大比例尺地形图产品仍以 DWG 数据格式居多，其成果应用十分广泛，由于 DWG 数据格式地形图重图形、轻属性的特点，通过程序自动检查要素质检的逻辑关系十分困难，但是在其他交互检查方面，如数学精度检查和外业图面巡查，开发具有交互检查的检查系统仍可以显著提高检验工作效率。此外，一些非属性相关的数据结构类检查仍可以采用程序自动检查实现。

1. 统一信息管理

采用项目工程管理的方式将检查任务通过数据库手段进行信息化管理。将检查数据成果、检查数据模板、检查方案、过程数据、检查记录、检查结果、检查报表等全流程产生的检查信息统一管理，一方面便于方案灵活定制适用不同技术要求，另一方面便于信息的溯源和查询。

2. 独立 CAD 图形交互环境

DWG 是 AutoCAD 创立的一种图纸保存格式，已经成为二维 CAD 的标准格式。在测绘领域，大比例尺地形图大量采用该格式存储，其图形交互大多采用 AutoCAD 图形平台，基于 AutoCAD 二次开发大比例尺地形图软件也比较广泛。基于 AutoCAD 二次开发的弊端也十分明显：

（1）对 AutoCAD 环境依赖程度高，尤其是版本问题带来的程序不兼容，直接导致程序无法运行，若要适应多个版本的应用程序，则开发成本过高。

（2）图形交互平台无法嵌入到应用程序中，程序的独立性、移植性弱，不利于应用程序安装部署。质检软件对与图形平台的编辑功能一般要求较弱，但对图形的显示与信息查询要求较高。因此，针对上述两个弊端，系统采用独立的 CAD 图形控件作为图形交互环境，交互环境支持 DWG 图形无损显示和图元读取，轻量级控件可嵌入到本地应用程序中，并可直接打包在安装部署文件中。

3. 内、外业一体化

实现内、外业一体化，一方面外业巡查系统可以实现外界检查结果的实时统计；另一方面，外业检查结果可以直接一键导入到内业检查系统，参与整体质量统计与评价。

4. 标准化输出

检查系统的最终成果是输出标准化的过程检查数据和最终质量评定，包括各种类型的精度统计表、检查意见记录表、检查数据质量统计等，最终质量评定可直接用于检查报告。

12.3.4 系统功能实现

1. 外业巡查系统

1）图件加载

因当前平板电脑存储空间的限制，外业巡查系统检查数据采用去工程化管理模式，即"用完就删"的模式，待查数据的目录为固定的路径，当文件拷贝到当前目录时，应用启动时自动加载该目录下的 DWG 文件。DWG 格式大比例尺地图往往需要多种线型符号的支持（SHX 型文件）才能正常显示要素符号，因此，外业系统实现了自动加载外部 SHX 型文件，将所需要的型文件拷贝到指定的 Font 目录中，打开图纸实现自动加载对应的型文件，型文件一般不删除，当其他项目有需要相同的型文件时，可以直接使用。利用图层控制实现每个图层的独立开关显示，并且根据设置的背景颜色进行切换背景色。

2）动态标绘

针对外业巡查过程中发现的图面问题，难以用文字描述，实现动态标绘功能，可以在 DWG 图上利用手写笔进行绘写，并写绘写结果直接保存在当前 DWG 文件夹中。在 DWG 上绘写，就如同在纸质地图标绘一样，可以实现无纸图巡查。

3）意见记录

意见记录除在 DWG 文件中标绘以外，还以独立的检查记录文件，并且采用国家检查标准进行分类且与内业系统一致，意见记录可以支持快捷的常用错误描述（常用错误描述允许使用者自定义），实现快捷编辑，并统计错漏类数量。检查意见记录文件与 DWG 文件一一对应并保存在同一目录中，便于检查意见与内业系统的传输。

检查记录是最重要的文件，因此采用实时保存和实时备份的机制，尽可能保证每次记录的修改都不会丢失和可恢复性。

4）实地拍照

调用平板电脑中相机功能，对实地进行拍照，照片包括标注的点位信息，在 DWG 图纸上，有照片的点用特殊的符号进行标绘，只要点击该点，就可以调出对应的照片进行查看。照片可以导入到内业系统中，在内业系统仍可以根据标绘点显示实地照片。

5）GPS 定位

调用平板电脑中的 GPS 定位功能，可以获取到当前位置的经纬度信息，但大比例尺地形图往往采用的是独立坐标系。因此，提供了投影计算和四参数转换功能，并支持现场四参数的计算（点校正）。在进行投影和坐标转换后，可将当前的 GPS 经纬度定位到图纸内。

6）结果导出

包括标绘的 DWG 文件、检查记录文件和照片文件都以文件的形式存在指定的目录中，检查文件为普通的文本文件，可以直接进行拷贝。

2. 内业检查系统

1）任务管理

实现工程式任务管理，一个检查项目即为一个任务工程，任务通过任务名称进行唯一标识。在任务中，检查数据即 DWG 数据文件，是面向检查的基本单位，一个任务可以包括多个检查数据，同时检查任务包含一个检查方案。在数据库存储中，检查数据存储的是 DWG 文件的路径地址，检查方案是指向检查方案的 ID。

任务管理支持任务的创建、删除、编辑与查询，一般地，检查任务的常规流程如图 12.1 所示。

2）模板管理

采用基于模板的 DWG 数据结构检查，实现基本的分层设色和要素代码的定义。模板采用通用的 XML 格式文件存储，实现可视化界面的创建与编辑。已经创建的模板存储在系统的数据库中，针对不同的检查项目可以定义不同的模板，同时也可以通

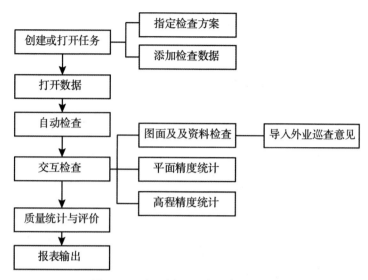

图 12.1 大比例尺地形图检查流程图

过已有的模板进行派生。

3）方案管理

与其他平台系统一致，采用"算子+参数"的形式形成规则，以规则的集合构成方案，但在大比例尺地图检查系统中，自动检查功能有限，参数的设置相对简单。系统中内置基本检查方案，在检查过程中只需要修改检查参数即可。

4）自动检查

采用单项自动检查或批量全自动检查两种检查方式，自动检查采用无界面后台自动运行模式，检查完成后，所有检查记录写入数据库中，打开任务工程时，自动加载对应数据的检查结果。错误记录包括规则名称、问题描述、错漏类型、是否确认等必要信息，根据这些信息，可以直接进行质量评价。

5）图形交互环境

采用商业 CAD 图形控件，通过系统集成，实现与 AutoCAD 软件操作习惯高度一致的图形交互环境。图形交互环境支持原生 DWG 地图文件打开，地形图符号、字体显示，地图自由缩放浏览，图层控制，查看实体属性等地图操作功能。特别的，在进行精度量测时支持对象捕捉功能。

6）数学精度检查工具

数学精度检查工具可以作为独立的程序运行，也可以在系统中直接调用，该工具有两个模块，分别为平面精度检查和高程精度检查，其工作流程一致，如图 12.2 所示。

7）意见导出

检查意见记录可以导出标准表格格式的记录表文件，采用 .xls 格式导出。该文件可直接打印输出用于归档存储。意见导出实现了单检查数据导出和任务工程内所有

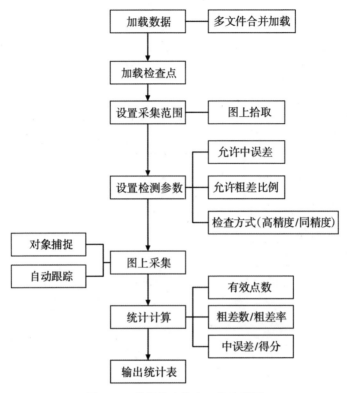

图 12.2　数学精度检查工作流程图

数据批量导出功能。

12.4　关键算子设计

12.4.1　平面精度最近点识别

利用检查点识别最近点，在理论上是不严密的，有可能与实际情况不相符，但是，实际结果表明，与实际点不相符的点数占总点数的比例不会太高。因此，采用最近点预检测比人工每个点进行采集的工作效率仍然可以大幅提高。DWG 文件中获取最近点简单算法流程如图 12.3 所示。

12.4.2　基于特征的高程点自动识别

高程精度检查中高程点的高程值获取是一个关键点。在当前行业的 DWG 格式大比例尺地形图中，高程点对象的类型多种多样，比如直接用文本加一个高程点符号，

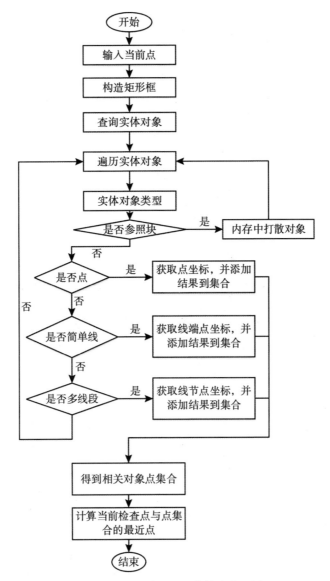

图 12.3　获取检测最近点算法流程图

又或者一个参考块对象，对象为一个高程点对象和文本对象。有的高程值存储在快的属性中，有的在 Z 坐标中，有的则没有。针对这些复杂的情况，采用基于特征的高程点识别，按照图示要求，高程点必须是一个点符号和一个高程数字构成，因此，首先获取当前点符号，再查找点符号中心附近的文本对象，且文本对象能够完全转换为数字时，可判断为高程点。因为高程点符号是个黑色小圆点，直接用点对象无法直接表示，最终成果基本都是用块对象表示。

此简单算法流程如图 12.4 所示。

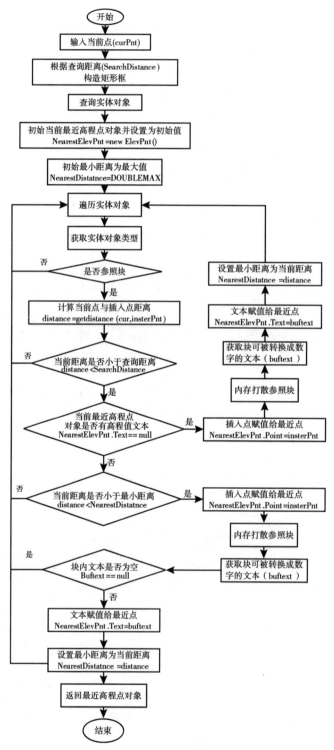

图 12.4　基于特征的高程点自动识别算法流程图

12.5 系统展示及应用

12.5.1 外业巡查系统

1. 待查数据浏览与设置

外业巡查系统 App 安装成功后，会在内置存储器上创建系统工作目录（Easy-See），该目录内包括授权文件（license. lic）、常用错误描述文件（usually. txt）、地图符号型文件目录（Font）、待查数据目录（CheckDataSource）等工作空间。当检查数据拷贝到 CheckDataSource 目录时，运行应用程序，将直接看到已经加载的检查数据列表，如图 12.5 所示。

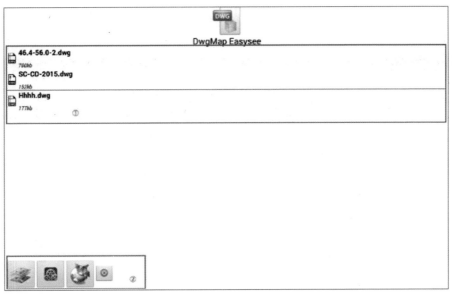

①检查数据列表；②功能设置菜单（颜色、大小与定位）

图 12.5 外业巡查系统数据浏览界面

图纸打开默认背景颜色为黑色，标准符号默认适配 1∶500 比例尺大小，在设置中可以更改默认样式，如图 12.6 所示。

2. DWG 数据打开

打开 DWG 数据时，直接进入外业巡查工作界面，如图 12.7 所示。

使用图层控制器，可以控制图层是否显示，如图 12.8 所示。

3. GPS 设置及四参数计算

当 GPS 长时间开启时将加速电量消耗，在定位设置中可以设置是否开启，同时

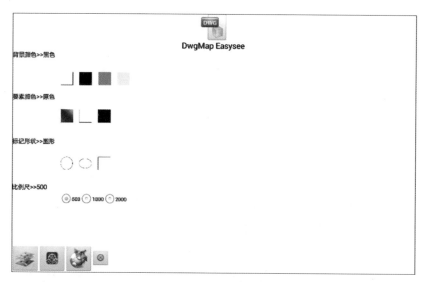

图 12.6　外业巡查系统显示设置界面

①当前文件名称及返回按钮；②功能菜单，包括图层控制器，错误记录管理，缩放全图，自由绘写，插入或查看照片，质量元素，四参数计算，坐标展点等功能按钮；③GPS 定位及坐标显示；④撤销编辑，编辑颜色设置及重绘操作；⑤错误记录快捷标注工具

图 12.7　外业巡查系统主工作界面

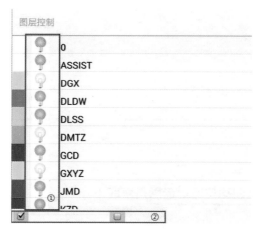

①图层是否显示指示与控制；②全显示、全隐藏快捷控制

图 12.8　外业巡查系统图层控制器

设置 GPS 坐标向地图坐标系的转换参数，如图 12.9 所示。

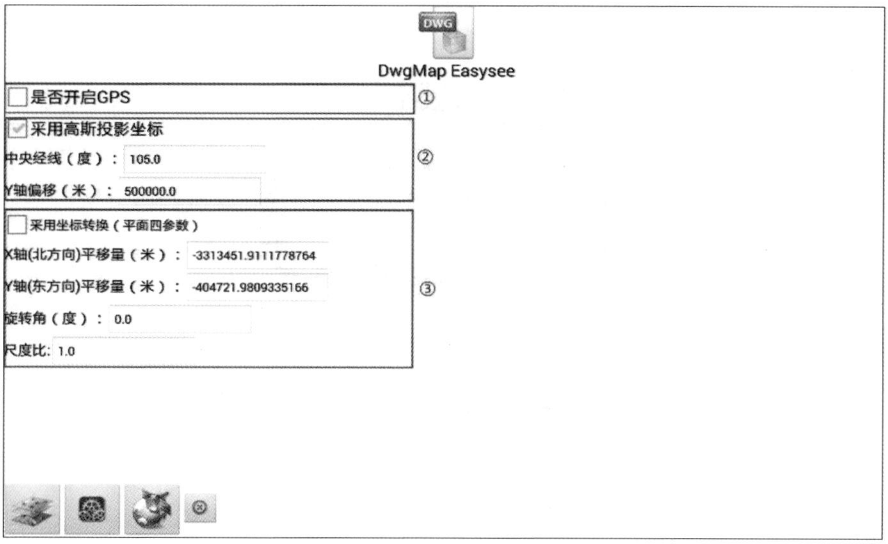

①是否启用 GPS 开关；②是否采用投影坐标开关；③是否采用平面四参数向地图坐标转换开关

图 12.9　外业巡查系统 GPS 定位设置开关

一般的，在使用四参数转换时，需要计算四参数，应用程序提供了在地图上采集同名点对进行四参数计算的功能，如图 12.10 所示。

4. 错误添加及记录

添加错误记录前，先确定当前错误记录属于哪个质量元素，如图 12.11 所示。

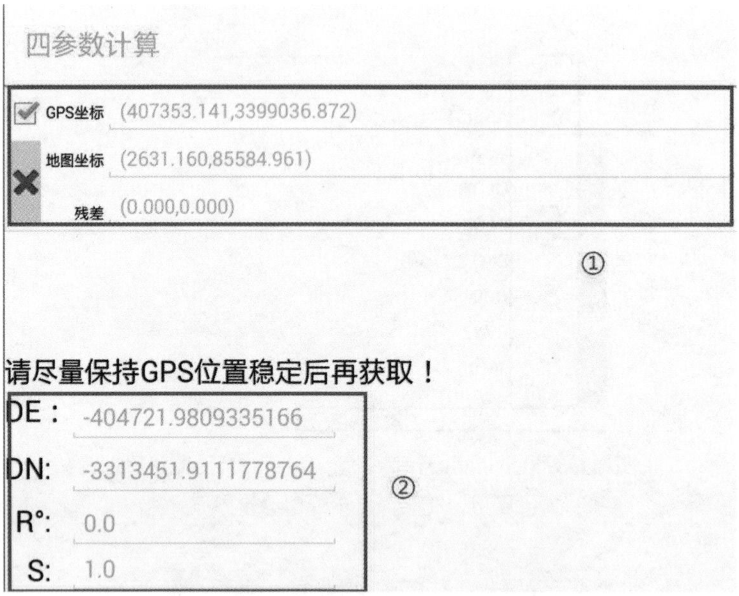

四参数计算

☑ GPS坐标　(407353.141,3399036.872)

地图坐标　(2631.160,85584.961)

残差　(0.000,0.000)

①

请尽量保持GPS位置稳定后再获取！

DE：　-404721.9809335166

DN:　-3313451.9111778764

R°:　0.0

S:　1.0

②

①同名点对（支持添加多个）；②实时计算结果

图 12.10　外业巡查系统 GPS 参数转换界面

地理精度　①

数学精度

数据及结构正确性

地理精度

整饰质量

附件质量　②

①显示当前质量元素；②候选质量元素列表

图 12.11　外业巡查系统质量元素选择

　　使用快捷工具菜单在标注命令后，在图上指定位置后，可以添加错误描述，如图 12.12 所示。

　　添加成功后，可在图形窗口查看已经添加在错误记录描述和标注点，如图 12.13 所示。

①错误描述输入框；②常用描述候选框；③添加、取消和添加照片操作按钮

图 12.12 外业巡查系统错误描述添加界面

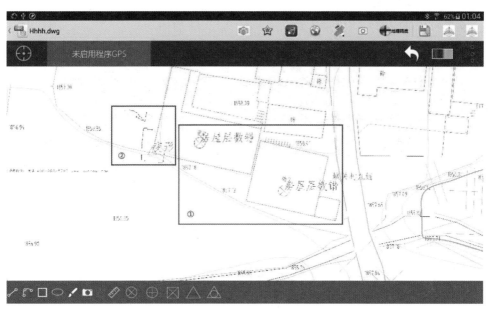

①以符号和文字的形式标注错误记录；②以手写的方式自由绘写

图 12.13 外业巡查系统错误描述图形标注

在错误记录管理器中对添加的记录进行编辑处理，如图 12.14 所示。

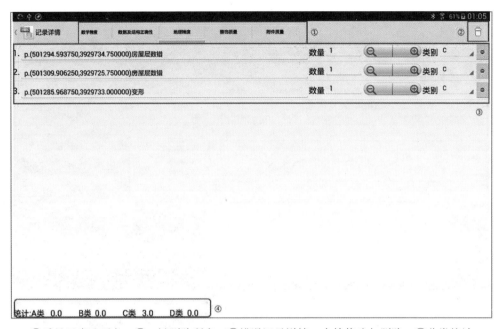

①质量元素选项卡；②一键删除所有；③错误记录详情，支持修改与删除；④分类统计

图 12.14 外业巡查系统错误记录管理界面

5. 距离量测

支持对象捕捉的方式进行精确量测，如图 12.15 所示。

①对象捕捉方式精确量测（触摸点与量测点适当偏移）；②完成后距离显示

图 12.15 外业巡查系统简单距离量测

如果当前质量元素为数学精度，则弹出对话框并提示输入检测距离，并以错误记录的形式添加到检查记录中，如图 12.16 所示。

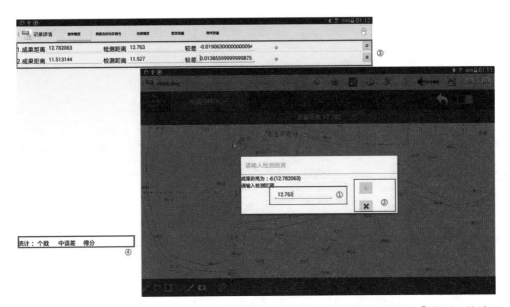

①输入检查距离；②添加或取消按钮；③检测记录详情，支持修改与删除；④中误差统计与得分计算

图 12.16　外业巡查系统间距精度检测

6. 坐标展点

利用坐标展点功能，可以将输入的坐标展绘到地图上，在野外数学精度检查点采集时可以实地了解精度情况，如图 12.17 所示。

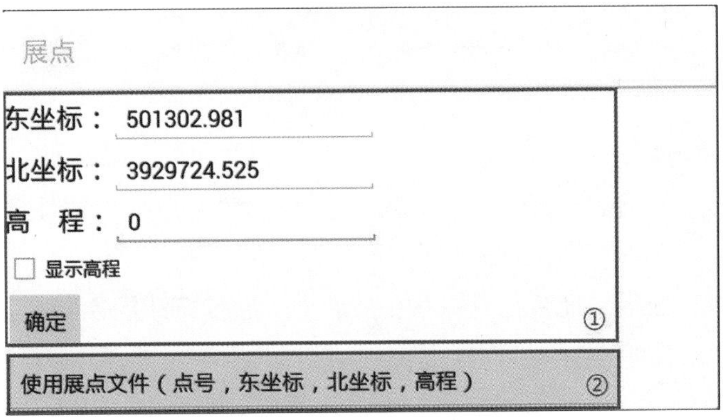

展点

东坐标：501302.981

北坐标：3929724.525

高　程：0

☐ 显示高程

确定　　　　　　　　　　　　　①

使用展点文件（点号，东坐标，北坐标，高程）　②

①单点输入展绘；②使用文件批量展绘

图 12.17　外业巡查系统坐标展点

在地图上，以十字符号的形式进行坐标展绘，当采用单点展绘时，自动缩放到坐标点。

12.5.2　内业检查系统

1. 概览

系统采用典型的窗口式布局，如图 12.18 所示。

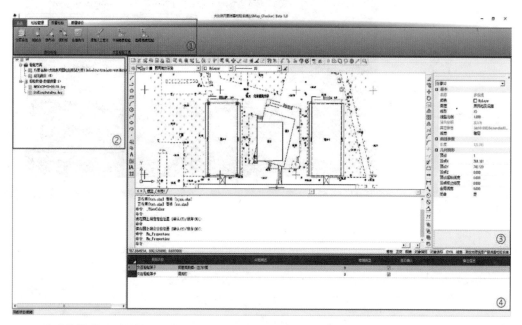

①功能菜单，包括任务、模板、方案、检查等功能；②任务信息窗口；③类似 AutoCad 图形交互环境；④检查意见记录显示编辑区

图 12.18　内业检查系统主工作界面

2. 任务创建与打开

采用工程任务式进行管理，任务信息直接写入数据库，新建任务如图 12.19 所示。

当数据创建完成后，任务信息保存在系统中，通过打开任务可以选择已经存在的任务，如图 12.20 所示。

3. 模板定义

系统采用基于模板的数据分层设色进行检查，并且基于该模板进行要素的定义，如图 12.21 所示。

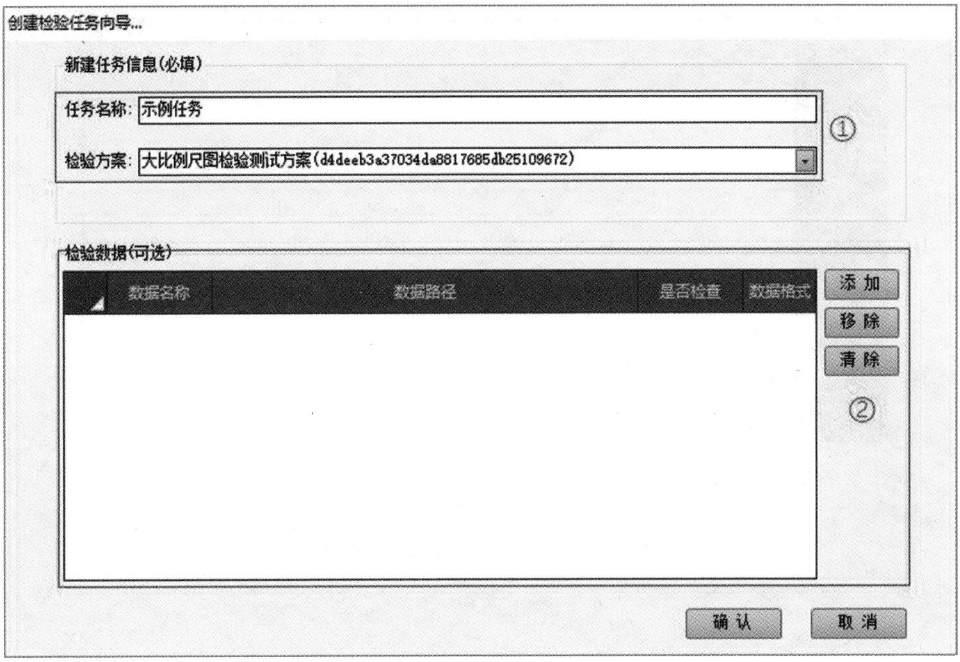

①任务名称及制定检验方案；②数据管理操作

图 12.19 内业检查系统任务创建界面

①任务名称列表

图 12.20 内业检查系统任务管理界面

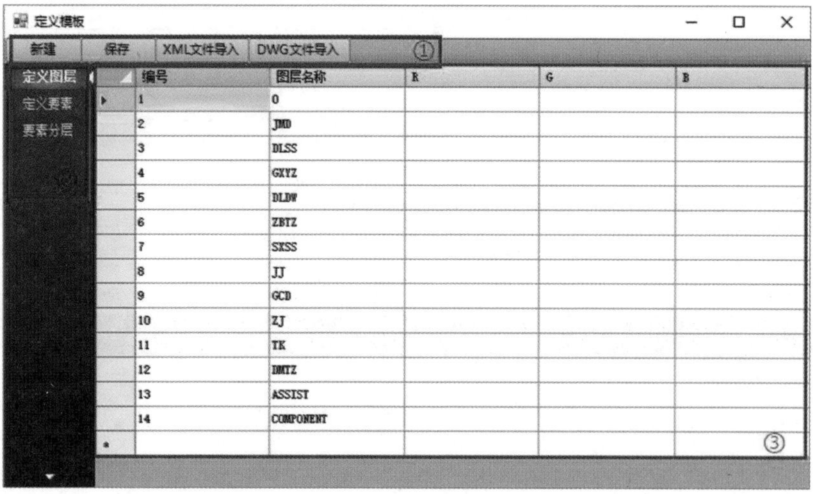

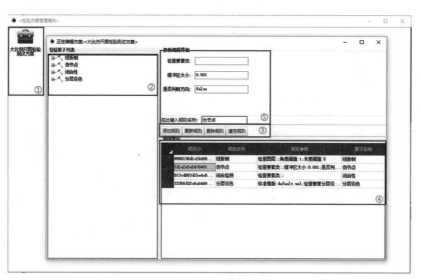

①常用功能按钮，支持从 DWG 文件中导入图层定义；②模板内容分类，包括图层的定义，要素代码的定义，要素所在图层的定义；③详细内容浏览及编辑区域

图 12.21　内业检查系统模板定义界面

4. 方案管理

自动检查项通过方案进行配置，主要确定检查内容和指标参数，如图 12.22 所示。

①已有方案列表，右键进行编辑；②所支持的自动检查算法工具集；③规则操作按钮；④基础的增删改功能规则列表视图区域；⑤规则参数详情编辑修改

图 12.22　内业检查系统方案管理界面

5. 自动检查

采用全后台的方式进行自动检查，支持单项或批量进行检查，如图 12.23 所示。

①单项检查；②批量检查

图 12.23　内业检查系统自动检查操作面板

6. 平面精度采集

平面精度检查采用独立模块设计，通过流程化引导用户如何采集，如图 12.24 所示。

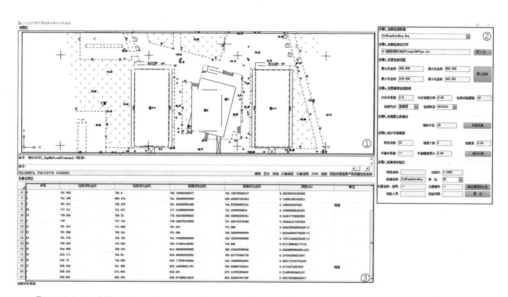

①图形交互采集环境，简化了工具菜单；②流程引导式操作按钮及功能；③采集对比结果详情预览及编辑

图 12.24　内业检查系统平面精度检测界面

7. 高程精度采集

与平面精度一样采用独立模块设计，且整体界面环境与平面精度一致，仍然包括三个部分，但是在细节上有所不同，如高程值的获取主要可通过拾取块的方式进行得到，如图 12.25 所示。

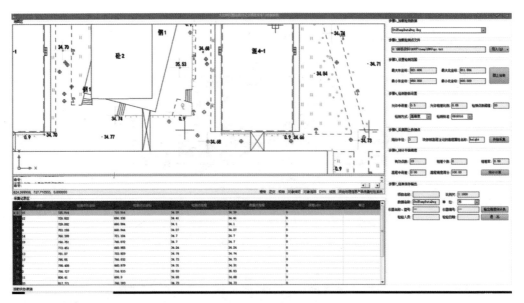

图 12.25　内业检查系统高程精度检测界面

8. 外业意见导入

可直接导入外业巡查系统的检查意见记录，进行统一管理，如图 12.26 所示。

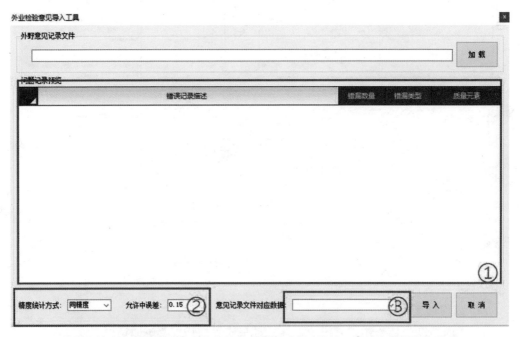

①外业检查意见详情；②当外业是精度检测时自动统计；③检查数据对应关系

图 12.26　内业检查系统外业巡查意见导入界面

12.5.3　系统应用

在系统实际应用中，数学精度统计占据内业检查主要工作量，本节结合示例数据，简要介绍如何进行任务创建及平面精度统计，高程精度统计可以参照操作。

第一步，创建任务。

在功能菜单中点击【新建任务】，在弹出的对话框中，输入任务名称，建议方案选择内置的检查方案，点击【添加】按钮，可以从本地目录中选择需要的待查数据，添加完数据后点击【确认】完成任务的创建。

第二步，运行平面精度检查工具。

在功能菜单质量检验中点击【平面精度检验】，打开精度采集模块。

第三步，采集。

在弹出的工具界面中，按下列步骤顺序进行操作：

步骤1：数据选择。在数据选择对话框中，勾选需要打开的图形数据，当有多个选择时，会自动合并后并打散加载到图形交互环境中，主要适应多幅图合并统计的情况，如图12.27所示。

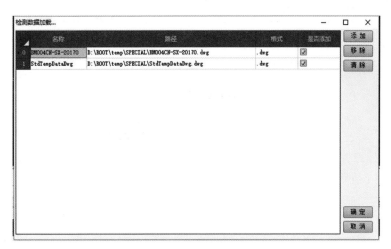

图 12.27　精度检测数据加载

采集工具采用简化工具栏的交互界面，使用【ViewColor】命令可以设置背景颜色，且在主界面的绝大部分工具都可以通过命令的形式使用。

步骤2：检查点文件导入。支持的格式为文本格式，选择从文本导入，当选择好文本后，会弹出格式定义窗口，如图12.28所示。

确定好格式后，点击【确认】，若勾选展点选项，在地图中将会用十字丝的形式展绘所有检查点。此时，采集结果详情区域中并没有任何信息，需要进行步骤3设置后才会显示。

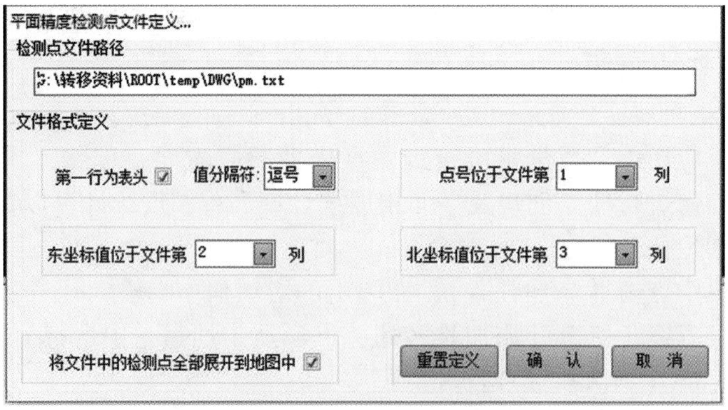

图 12.28 精度检测点格式定义设置面板

步骤 3：设置检查的统计的过滤区域。只有设置过滤区域后，待采集的点才会显示在采集结果区域中。一个采集区域对应一份精度采集统计结果文件，主要适应多幅图对应一个检查点文件但又要分幅统计的情况。设置区域通过拾取的方式获取两个坐标，如图 12.29 所示。

图 12.29 精度检测范围设置面板

步骤 4：设置精度采集中误差及粗差指标、检查方式等。计算中误差时，提供了两种中误差计算方式，一种来自 GB/T 24356《测绘产品质量检查验收》；另一种来自 GB/T 18316《数字测绘产品质量检查验收》，如图 12.30 所示。

步骤4_设置精度检测参数

允许中误差：0.5　　允许粗差比例：0.05　　检测点数阈值：20

检测方式：高精度　　检测标准：GB18316

图 12.30 精度检测参数设置面板

步骤 5：开始采集切换开关。点击【开始采集】时，图形交互界面处于采集模式，鼠标单击一个坐标，即为当前坐标，程序采用自动跟踪模式采集，即采集完一个点自动跟踪缩放到下一个点。同时，也可以在采集结果详情中单击某一行，强制缩放到当前点进行采集，采集完成后，仍会自动跟踪到下一个未采集点。采集完成后，点击【结束采集】。如图 12.31 所示。

7	741.933	699.49	741.972215606275	699.450784313726	0.0554593553876925
8	741.943	742.4	741.909388854621	742.355182072829	0.0560224089639405
6	761.395	699.474	761.395024781114	699.5396396433334	0.0656395478961414
5	761.411	742.379	742.307615312809	742.307615312809	0.0713846871099122
10	777.311	731.077	777.323716639541	731.125692316268	0.0503254864310099
13	778.206	708.32	708.25682901103	708.30751815982	0.0517575143951711
9	779	737.743	779.054047670656	737.729308750394	0.0557548297528512
11	791.037	731.088	791.104226890756	731.08000000001	0.0672260907560405
12	791.056	708.341	791.10081792717	708.341	0.04481792711716072
14	791.979	704.793	791.979000000001	704.837617927174	0.04481792711738809
15	799.042	732.666	798.991579031932	732.666000000001	0.0504201680682054
22	814.909	768.333	814.864182072831	768.333	0.0448179271168765
19	833.171	754.98	833.23262464906	754.97999999982	0.06162464909597093
20	834.75	748.858	834.829431372551	748.858	0.0784313725513357
21	835.334	751.995	835.378917927171	751.995000000001	0.0504203488624596
2	838.691	674.898	838.741420327285	674.898046653546	0.0504203488624596

图 12.31 精度检测点检测结果预览

步骤 6：中误差计算。程序自动计算中误差，并根据中误差与限差的比例得出分数。"-"表示未采集点，在统计时不参与统计。

步骤 7：设置导出报表的信息。设置的信息会保存在系统中，下一次统计时有效。报表为 Excel 文件，样式如图 12.32 所示。

平面精度统计表

SCJL801/E0						第 1 页 共 1 页	

项目名称：示例
比 例 尺：1:1000　　　　　　　图幅号：StdTempDataDwg
检测方式：外野采点内业统计　　单 位：米
仪器名称、型号：一　　　　　　仪器编号：一

序号	检测坐标值		原成果坐标值		差值			备注
	X1	Y1	X2	Y2	dx	dy	ds	
1	710.525	757.889	710.598	757.889	0.073	0	0.073	
2	719.082	758.951	719.127	758.985	0.045	0.034	0.056	
3	733.841	763.895	733.886	763.929	0.045	0.034	0.056	
4	735.693	694.404	735.665	694.359	-0.028	-0.045	0.053	
5	735.715	674.903	735.749	674.948	0.034	0.045	0.056	
6	741.933	699.49	741.972	699.451	0.039	-0.039	0.055	
7	741.943	742.4	741.909	742.355	-0.034	-0.045	0.056	
8	761.395	699.474	761.395	699.54	0	0.066	0.066	
9	761.411	742.379	761.411	742.308	0	-0.071	0.071	
10	777.311	731.077	777.324	731.126	0.013	0.049	0.05	
11	778.206	708.32	778.256	708.308	0.05	-0.012	0.052	
12	779	737.743	779.054	737.729	0.054	-0.014	0.056	
13	791.037	731.088	791.104	731.088	0.067	0	0.067	
14	791.056	708.341	791.101	708.341	0.045	0	0.045	
15	791.979	704.793	791.979	704.838	0	0.045	0.045	
16	799.042	732.666	798.992	732.666	-0.05	0	0.05	
17	814.909	768.333	814.864	768.333	-0.045	0	0.045	
18	833.171	754.98	833.233	754.98	0.062	0	0.062	
19	834.75	748.858	834.828	748.858	0.078	0	0.078	
20	835.334	751.995	835.379	751.995	0.045	0	0.045	
21	838.691	674.898	838.741	674.898	0.05	0	0.05	
22								
23								
24								
25								
26								
27								
28								
29								
30								

备注：高精度检测　　粗差率 0.0%　　　　得分 100.00
检测点数量：21个　　　　　　　　粗差数量：0个
标 准 差：±0.50米　　　　　　　中 误 差：±0.06米
检 查 者：xxx　　　　　　　　　日 期：2018.1.25

图 12.32 精度检测报表样式

第13章　数学精度检测库管理系统

13.1　前　言

"差之毫厘，谬以千里"，数学精度一直都是测绘地理信息成果质量检验与评价的重要内容之一。数学精度的符合性判定既是决定成果是否可用的重要指标，也是影响质检工作效率的重要因素。

随着测绘地理信息事业的蓬勃发展，地理信息与社会管理、城市管理、应急管理、企业管理、居民消费等相关等领域不断融合，地理信息产品的应用空间更加广阔，测绘地理信息产品种类日益丰富，产品数量与日俱增，数学精度检测任务越来越繁重。然而，目前地形图、DOM、DEM、DSM、DLG、三维地理信息模型等数字地理信息产品的数学精度检测仍主要采用外业实地采集检测点的方式，劳动强度大、工作效率低，越来越难以满足大量、更新频繁的测绘地理信息产品质检需要。尤其是基础测绘、全国第三次土地调查等大型项目，检验工作量大、时间紧、测区涉及范围广，数学精度检测任务显得尤为艰巨，已成为制约检验效率的关键环节，一定程度上影响了测绘地理信息成果质量检验服务水平。

为提高数学精度检测工作效率、提升检测结果可靠性，测绘质检工作者和软件研发人员进行了各种有益尝试和研究工作。目前，四川省测绘产品质量监督检验站等质检机构研发了专门的数学精度统计软件，该软件可对外业实地采集的数学精度检测点进行快速的分类、匹配采集，统计，生成报表等，同时可利用保密点或多余控制点进行检测验证等。这种方式与传统的采用生产软件人工进行比对、统计相比，在一定程度上提高了检验效率，但就整个数学精度检测过程而言，最为耗时耗力、耗成本的实际上是外业精度检测点采集工作。四川、浙江等采用大比例尺基础数字地形图、城镇数字地籍调查图、数字航空摄影立体模型、各等级基础控制点等已有数据，与外业实地采集检测点相结合，建立了当地的地形特征点数据库，并用于国家、省级基础测绘的检验工作。这种方式充分利用了已有数据的价值，极大地减少了外业工作量，避免了重复劳动，缩短了检验周期，节省了检验费用，较为有效地解决了数学精度检测任务繁重、时间要求紧迫的问题。

由于数学精度检测涉及的测绘地理信息产品类型多、比例尺不一、坐标系统不统一，甚至同一数据中不同要素精度要求不同等，单纯的数学精度检测库并不能完全满足快速检测的需要，迫切需要一套能够根据检测点类型、坐标系统信息、数据来源、年代、可靠性等进行管理与维护的软件系统做支撑，以更好地满足质检业务实际需求，提高质检效能，更好地为社会提供测绘产品质检服务。本章在介绍数学精度检测内容、方法的基础上，详细介绍了数学精度检测库管理系统的设计与研发理念，以及数学精度检测库的构建方式等内容。

13.2 数学精度检测内容及方法

13.2.1 检测内容

数学精度检测是将成果中反映要素空间信息的量值与其采用外业或内业方式重新获取检测值进行比较，采用中误差的形式反映成果空间位置信息准确程度的过程。图类测绘地理信息产品数学精度检测分为高程精度、平面位置精度及相对位置精度检测，数字测绘地理信息产品学精度检测分为高程精度和平面位置精度检测。高程精度、平面位置精度和相对位置精度检测针对的空间信息分别为高程、平面位置和边长，通过统计高程精度中误差、平面位置中误差和边长中误差反映空间信息与真值的接近程度。伴随着测绘技术发展、生产模式的改变和测绘仪器设备的不断进步，采用相对位置精度反映数学精度状况的检测方式使用范围和实用性越来越弱化，数学精度检测主要以高程精度和平面位置精度检测为主。

常见的图类、数字地理信息产品高程精度和平面位置精度检测要求见表 13.1。

表 13.1　　　　　　　　　　　数学精度检测要求统计表

序号	成果类型	平面位置精度	高程位置精度
1	中小比例尺地形图	✓	✓
2	大比例地形图	✓	✓
3	线路测量	✓	✓
4	机载激光雷达数据	✓	✓
5	三维地理信息模型	✓	✓
6	矢量数据	✓	✓
7	数字正射影像	✓	
8	数字高程模型		✓
9	数字表面模型		✓
10	数字栅格地图	✓	✓

备注：✓表示须检查项。

13.2.2　检测方法

数学精度检测按照工作场所不同，可分为外业实地检测和内业比对分析两种方式，常用的检验方法包括：

（1）野外桩点法：采用 GPS RTK 测量法或全站仪极坐标法等外业方式采集检测点空间位置信息的检测方法。

（2）空三加密桩点法（适用于摄影测量方式生产的数字地理信息产品）：利用不低于加密点精度的已知点作为控制点，采用空三加密方法，按加密点的精度要求选取、观测、平差计算出检测点坐标或高程的检测方法。

（3）摄影测量桩点法（适用于摄影测量方式生产的数字地理信息产品）：利用被检项目加密成果，在摄影测量系统中恢复或重建立体模型，在立体模型上采集检测点坐标或高程的检测方法。

（4）高精度或同精度成果桩点法：利用正式发布或通过验收的高精度或同精度的地形图、影像地图（DOM）、数字高程模型（DEM）等成果获取检测点坐标或高程的检验方法。

13.2.3　检测点选取

检测点数量视地物复杂程度、比例尺等情况确定，每个单位成果一般有 20～50 个平面或高程检测点，检测点位置应分布均匀。

平面检测点应具有明显的点位特征，选择按以下原则执行：

（1）应选在明显地物点上。主要包括独立地物点、线状地物交叉点、地物明显的角点、拐点等。

（2）避免选择在图上经过综合取舍或影像上存在投影差的位置处。

（3）应确保检测点与图类或数字地理信息产品上的相同位置处未发生变化，二者为同一点。避免选择在易于导致检测点与图上或影像上地物点不一致的位置处，如施工变化区域或季节性变化区域等。

高程检测点选择按以下原则执行：

（1）尽量选取能准确判读的明显地物点和地貌特征点，避免选择高程急剧变化处。

（2）同名高程注记点采集位置应尽量准确，避免选择难以准确判读的高程注记点。应着重选取山顶、鞍部、山脊、山脚、谷底、谷口、沟底、凹地、台地、河川、湖池岸旁、水涯线上等重要地形特征点。

（3）城区内高程注记点应注重选取城区的街道中心线、街道交叉中心、建筑物墙基脚和相应的地面、管道检查井、桥面、广场、较大庭院内或空地上等特征点。

（4）避免选择在地貌变化区域。

13.2.4 数学精度得分统计

1. 中误差计算

数学精度检测时，超过 2 倍允许中误差的误差视为粗差。当检测点（边）的粗差率不大于 5% 时，使用在允许中误差 2 倍以内（含 2 倍）的误差值计算中误差，进行精度统计。

当检测点数量小于 20 时，以误差的算术平均值代替中误差；当数量大于等于 20 时，按下式计算中误差：

$$M = \pm \sqrt{\frac{\sum\limits_{i=1}^{n} \Delta_i^2}{n}}$$

式中，M 表示检测中误差；n 表示检测点数量；Δ_i 表示检测值较差。

2. 得分统计

单位成果粗差率大于 5%、中误差超过允许中误差时，单位成果质量判定为不合格。中误差不超过允许中误差时，计算数学精度得分。

图类产品数学精度得分计算按照《测绘成果质量检查与验收》（GB/T 24356—2009）要求执行。采用分段直线内插的方法计算质量分数。多项数学精度评分时，单项数学精度得分均大于 60 分时，取其算术平均值或加权平均。评分标准见表 13.2。

表 13.2 　　　　　　　　　　　　　**数学精度评分标准**

数学精度值	质量得分
$0 \leqslant M \leqslant 1/3 \times M_0$	$S = 100$ 分
$1/3 \times M_0 < M \leqslant 1/2 \times M_0$	90 分 $\leqslant S < 100$ 分
$1/2 \times M_0 < M \leqslant 3/4 \times M_0$	75 分 $\leqslant S < 90$ 分
$3/4 \times M_0 < M \leqslant M_0$	60 分 $\leqslant S < 75$ 分

$M_0 = \pm \sqrt{m_1^2 + m_2^2}$

M_0：允许中误差的绝对值

m_1：规范或相应技术文件要求的成果中误差

m_2：检验测量中误差

数字地理信息产品数学精度得分计算按照《数字测绘成果质量检查与验收》（GB/T18316—2008）要求执行。计算公式如下：

$$s = \begin{cases} 60 + \dfrac{40}{0.7 \times m_0}\ (m_0 - m), & m > 0.3 m_0 \\ 100, & m \leqslant 0.3 m_0 \end{cases}$$

式中，m 为检测中误差绝对值；m_0 为允许中误差绝对值。

13.3　系统设计

13.3.1　设计理念

1. 系统架构设计

系统分为数据存储层和数据管理层。数据存储层中存放了检测点的点位信息、坐标系统信息、类型、来源、截图和相关资料信息；数据管理层用于检测点数据的采集、展示、查询、管理、导入、导出、精度统计等。

两层之间相互独立，通过配置文件连接，便于功能的扩展和数据迁移。如图13.1 所示，为数学精度检测系统架构设计。

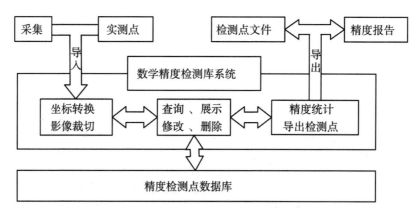

图 13.1　数学精度检测库管理系统架构设计图

2. 精度检测点数据库设计

检测点数据库是系统核心，用于存放所有的检测点信息。设计时，以"安全、高效、稳定"为核心理念。

安全：数据库的安全包括存储安全与访问安全。存储要求及时对数据进行备份；访问安全需要提供权限验证功能，防止非法侵入数据库修改删除检测点数据。

高效：检测点数据库中存储着全省的检测点数据，数据量巨大，伴随时间累积，数据量会不断攀升。实现海量数据的空间查询，要求数据库需具有良好的数据组织和高效的访问速度。

稳定：在不同的操作环境、操作人员和多并发的情况下，数据库需要具有足够的稳定性。

3. 检测点采集界面设计

通过采集界面在影像上采集检测点是精度检测点录入的主要方式之一，采集界面的设计遵循"简便、稳定、响应快"的理念。

简便：用户进行采集操作时不需要进行过多的复杂操作。迎合用户的采集习惯，设计出便于操作的采集界面和信息录入方式，简化操作流程，实现更加高效的采集。

稳定：防止用户误操作导致数据丢失。功能误操作时应有提示，系统设计时应考虑可能出现的误操作的兼容性，有防止系统崩溃的措施。

响应快：针对海量数据，缩减响应时间，提高系统使用的流畅度，提升数据采集、精度检测工作效率。

4. 空间参考系设计

测绘数据的主要特点是带有空间位置信息，不同的数据源通常具有不同的空间参考。为便于对检测点数据库进行各项操作、与被检成果完美套合，系统的设计应注意"统一空间参考"理念。

程序在存储时，需要将不同的数据源中的检测点统一到同一空间参考（CGCS2000地理坐标）下，在显示、查询和精度统计时，才能避免大量的坐标转换计算而降低工作效率。

13.3.2　功能设计

数学精度检测系统的主要模块包括检测点数据库建设、检测点管理、检测点应用三个方面，主要的功能流程如图 13.2 所示。

1. 检测点数据库建设

检测点数据库建设主要工作内容包括采集检测点数据、存储检测点数据、检测点截图以及其他检测点相关资料。

1）检测点数据组织结构

检测点数据需要存储的信息包括检测点描述信息和检测点空间位置信息。

描述信息包括：录入时间、录入人员、可靠性、可用性、采集方法、来源、区域以及最后修改时间，这些描述信息可以帮助用户更准确地选取有效的检测点。

空间信息包括参考基准，经纬度、最或然经纬度（可靠性最高的值）、三度带投影坐标、六度带投影坐标。其中，经纬度用于界面上的定位以及显示，最或然经纬度用于查询，投影坐标用于精度统计。

为了实现检测点数据的快速查询，需要为常用的查询字段建立查询索引，为空间字段建立空间索引。

2）截图及资料的保存

为了便于使用时判定检测点位置，检测点应带有相应位置的影像截图。影像的截

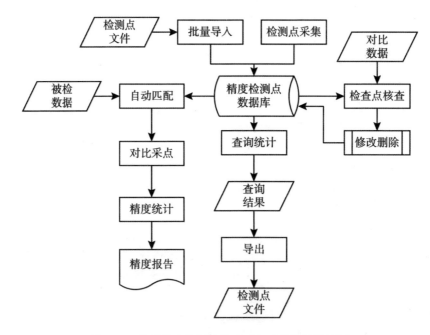

图 13.2　数学精度检测库管理系统功能模块设计图

图信息存储在影像截图表中，并在文件路径上为该点建立一个文件夹，用于存储该点的截图文件以及其他的点位资料。

2. 检测点管理

1）检测点导入、导出

检测点导入功能可以将已有的检测点文件批量导入到检测点库中。由于检测点文件格式具有多样性，因此程序需要兼容不同格式的检测点文件。检测点管理功能提供文本文件检测点导入和检测点表文件导入。

针对不同格式的文本检测点文件，程序提供自定义的导入方式，用户可以指定位置信息字段，系统自动进行文件识别、坐标转换和影像裁切，实现可定制的检测点导入。

导出功能实现将数据库中的检测点以文本或数据库的形式导出，便于精度统计及其他应用。

2）检测点采集

检测点的采集一般基于 GIS 软件的地图控件，让用户具有更加熟悉的地图操作习惯和方式。同时，检测点信息保留上一点采集信息，减少重复录入相同属性值带来的重复劳动。

3）检测点核查

由于检测点具有时效性，当精度库中的检测点数量越来越多时，可能存在大量失效的检测点，因此需要定期对检测点有效性进行核查。检测点库中的检测点都存有影像截图，界面上提供分屏的查看方式，可以准确地对比检测点与最新数据，快速判断检测点的有效性。对于无效的检测点，可以重新采集或者将其标志为废弃或删除。

3. 检测点应用

1）检测点查询

查询功能提供了多种检测点的检索方式，包括属性查询、空间查询以及综合查询。属性查询可以查询检测点的描述信息，空间查询用于查询空间位置信息，综合查询结合属性和空间查询的查询结果。

当检测点库中的数据量非常大时，查询并显示出所有的检测点将占用大量的电脑性能，因此可以设置查询页面大小。当查询结果超过页面大小时，将随机展示其中的部分检测点，这样既保证了查询结果的快速显示，又显示出了检测点的分布状态。

2）检测点统计

用户可根据应用的需要对检测点进行统计分析，可以按照指定的属性或者空间位置对检测点数量进行统计，生成统计图和统计表，为用户的精度检测工作决策提供依据。

3）精度统计

用户可直接在本系统上导入被检数据，进行精度统计，生成精度报告。

进行精度统计之前，需要先设置精度统计的相关参数，参数包括精度检测参数和导出统计表参数。各参数含义见表 13.3。

表 13.3 **精度检测参数表**

参数名称	含　义
允许中误差	允许的最大中误差
允许粗差率	允许的粗差的最大比例
结果小数位	结果保留的小数位数
检查点数	检测点个数阈值（默认为 20），当检测点数量小于该值时，以误差的算术平均值代替中误差，大于阈值时，按中误差统计
计分标准	计算数据精度得分时采用的标准，有按 GB/T 18316 和 GB/T 24356 进行统计两种方式
检验方法	分为高精度和同精度检查

设置完成后，系统可根据设置条件自动计算数学精度得分，导出精度报告。

13.4　系统实现

数学精度检测库管理系统主界面如图 13.3 所示，包括菜单栏、工具栏、视图主窗口、检查点信息栏、状态栏以及检查点列表栏。菜单栏包括检测点管理、查询、精度采集、系统设置及视图等子菜单项。工具栏放置了批量导入表、检查点导出、属性查询、综合查询、检测点统计和检测点设置等常用工具。视图主窗口用于显示导入的成果数据或参考数据。视检查点信息栏，用于编辑检测点信息和显示检测点小影像。状态栏用于显示、编辑检测点坐标系统和显示投影坐标。列表栏用于显示检测点属性信息。

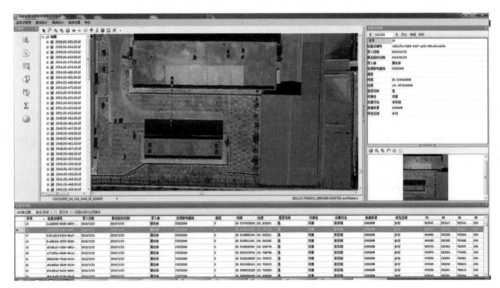

图 13.3　数学精度检测库管理系统主界面

13.4.1　建立检测点数据库

1. 在已有基础地理信息数据上采集检测点

在通过精度验证的大比例尺基础地理信息数据或高分辨率数字正射影像数据上采集检测点，是建立数学精度检测点库的主要方式之一。以在高分辨率 DOM 上采集检测点为例，采集工作开始前，需进行采集参数设置和坐标系统定义工作。采集参数设置窗口如图 13.4 所示。

采集功能主要在检测点信息栏中实现，包括添加检测点、编辑检测点属性、删除检测点记录等。为提高采集效率，采用鼠标左键采集检测点、右键结束本点采集的方式，同时自动保留上一采集点设置的属性信息，减少了重复劳动。检测点信息栏界面详见图 13.5。

2. 直接利用像片控制点作为检测点

采用"批量导入表"功能，实现利用像控点成果在数据库中自动添加检测点。按照检测点数据库结构要求，程序可自动从检查点文件、参数设置中自动提取相关属

图 13.4　数学精度检测点采集参数设置

图 13.5　数学精度检测点信息栏

性信息,将原始小影像重新命名,存储到检测点数据库截图文件夹内,建立检测点与截图小影像连接关系,从而高效、可靠地将像控点成果录入到检测点数据库当中。批量导入表界面如图 13.6 所示。

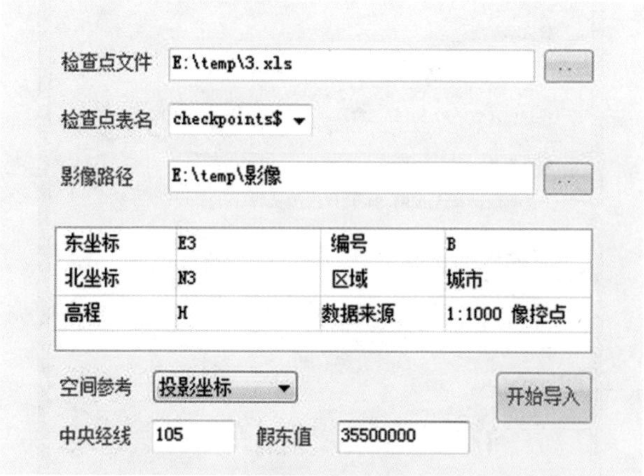

图 13.6　像控点批量导入表

3. 利用外业实地采集的位置信息作为检测点

使用"导入文本格式"数据功能，将外业实地采集的检测点数据导入到检测库，如果有相应的 DOM 影像成果，则自动裁切影像，作为检测点的附属信息一并入库，如图 13.7 所示。

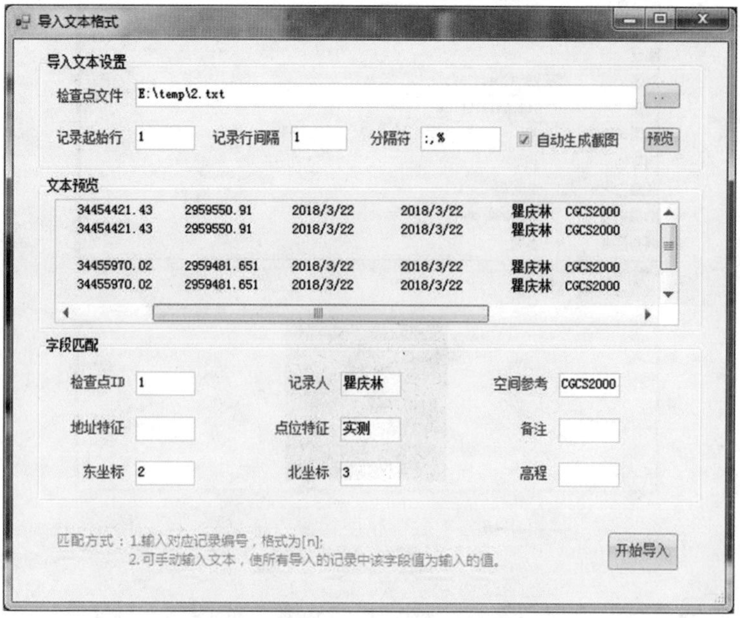

图 13.7　导入外业采集的检测数据

13.4.2 检测点管理

1. 查询

检测点查询功能包括属性查询、空间查询和综合查询三种方式。属性查询通过设定检测点数据属性值约束条件，在整个数据库中搜索符合条件的检测点。属性查询窗口中列举了检测点数据表中所有的字段和常用运算符号，并在字段值文本框中实时查询、显示选中字段的所有属性值，支持 sql 语言、多属性联合查询。属性查询界面如图 13.8 所示。

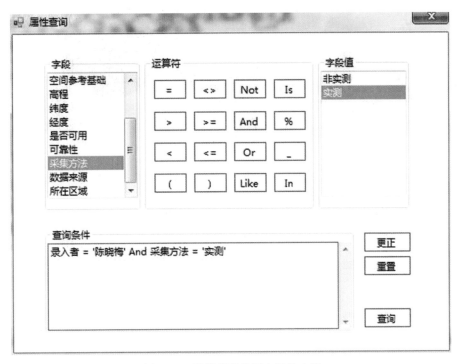

图 13.8 数学精度检测点属性查询

空间查询分为多边形查询、坐标查询和矩形查询三种方式。只需在视图主窗口中勾画多边形、选取矩形西南角和东北角位置或检测点坐标，便可将框选范围内或坐标处的检测点筛选出来，并在检查点信息栏中显示。

综合查询联合了属性查询和空间查询，实现了框选范围内进行属性查询的功能。

2. 统计

检查点统计功能类似于空间查询功能。通过空间和属性约束条件，查询出满足要求的检查点数量和比例。检测点统计界面如图 13.9 所示。

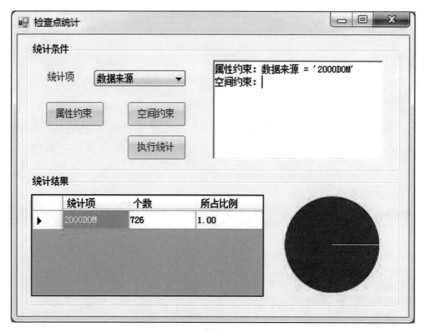

图 13.9　数学精度检测点统计

3. 输出

系统可以文本的形式输出检测点信息栏内的所用检测点属性信息。数据导出带有坐标转换功能，支持地理坐标、3 度带投影坐标、6 度带投影坐标和自定义投影坐标投影多种方式。

13.4.3　精度统计

精度统计包括平面精度统计和高程精度统计两个模块，实现了数学精度快速采集、自动进行精度统计、输出精度检测记录报告等功能。

平面精度统计模块可用于 DOM、DLG 等成果平面位置精度检测。界面中包括工具栏、数据目录树、视图主窗口、参数设置窗口、检测点信息窗口和裁切小影像显示窗口和状态栏等，如图 13.10 所示。

该模块具有范围拾取功能，能在主视图窗口中绘制多边形区域，筛选出区域内参与统计的检查点。采集成果坐标的过程中，只需点击一次鼠标，就能实现成果坐标记录、坐标差值计算、粗差判定和主视图窗口中自动显示下一待采点，大幅提高了工作效率。支持随时通过重新采集或禁用使用等操作对粗差点进行处理。裁切小影像显示窗口具有平移、缩放功能，有助于检测人员观察细部纹理、提高采集工作的可靠性。精度统计内容包括检测中误差计算、粗差率计算、得分计算和统计误差分布情况等，

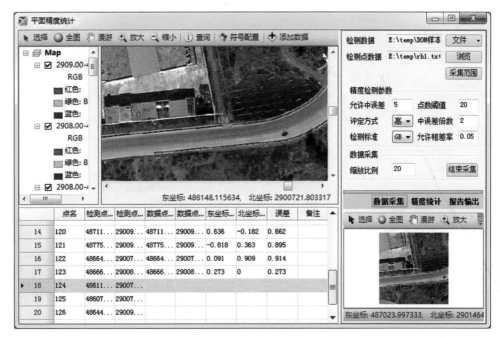

图 13.10 平面精度统计

减少了人工统计工作量、保障了统计结果的科学性与可靠性。

高程精度统计用于 DEM、DLG 等成果高程精度检测。界面与平面精度统计相同。只需点击"开始采集"按钮，就能通过检测点内插的方式获取成果中所有检测点处的高程值。

411

第14章 监督抽查管理系统

14.1 概　述

14.1.1 质量监督抽查的意义

产品质量涉及千家万户，涉及每一个消费者的切身利益，涉及行业健康发展，事关国计民生。我国的经济发展已与世界经济高度融合，中国制造遍布全球，产品质量是走向世界的根本保障。

我国历来重视产品质量的监管，质量监督抽查作为质量监管的一项重要手段和举措，从20世纪80年代中期就建立了机制，配套的法律法规和政策也在逐渐完善。进入21世纪以来，我国的监督抽查工作得到了长足发展。实施监督抽查的产品种类不断增加，针对各种产品的监督抽查实施细则也陆续出台。1993年颁布、2000年修订的《中华人民共和国产品质量法》明确规定："国家对产品质量实行以抽查为主要方式的监督检查制度。"2010年12月29日原国家质量监督检验检疫总局发布了《产品质量监督抽查管理办法》，对监督抽查的原则、组织、实施、异议复检、结果处理、法律责任等做了详细规定，是各行业开展监督抽查的重要依据。

测绘地理信息工作是国民经济建设和社会发展不可缺少的重要性、战略性资源，是准确掌握国力、提高管理决策水平的重要手段，并且还事关国家安全、国家主权和社会的安定团结，在生态文明建设中发挥着重要基础保障和重要监测评价作用。因此，测绘地理信息成果质量的重要性不言而喻，其关系到能否为各级政府科学决策提供准确可靠的依据，为社会公众提供优质高效的产品和服务，同时很多测绘地理信息成果质量还关系到民生工程，如不动产测绘、管线测量、变形测量等，很多测绘成果与老百姓的利益直接相关，因此从20世纪90年代开始，我国测绘地理信息管理部门便开展了专门的质量监督抽查活动。

14.1.2 质量监督抽查总体情况

1997年6月原国家测绘局、国家技术监督局发布了《测绘生产质量管理规定》

《测绘质量监督管理办法》，明确规定测绘单位必须接受测绘主管部门和技术监督管理部门的质量监督管理，按照监督检查的需要，向测绘产品质量监督检验机构无偿提供检验样品。2010 年，原国家测绘局又颁布了《测绘成果质量监督抽查管理办法》，明确了监督抽查的原则、组织计划、抽查内容、检验实施、异议处理、结果处理等具体内容，是国家、省、市各级监督抽查工作开展的主要依据。

原国家测绘地理信息局 2015 年对《测绘质量监督管理办法》进行了修订，于 6 月 26 日发布了《测绘地理信息质量管理办法》，进一步明确了测绘质量监督管理的组织单位、实施单位、检查频率、经费来源、结果公布等具体内容，强调了测绘单位、质检机构的质量责任与义务。

上述法律法规的不断完善，为有效开展测绘地理信息质量监督抽查活动提供了依据和支撑。原国家测绘局从 20 世纪 90 年代开始，组织开展全国性的监督抽查，20 余年来，检查力度、规模、范围、影响逐渐扩大，还不定期地开展针对性的专项监督抽查，如 2006 年的省级基础测绘 1∶1 万数字测绘产品监督抽查、2009 年的重大构建筑物变形测量监督抽查等。各省测绘主管部门也不同程度地开展了省级的监督抽查工作。四川、河北、江苏、浙江等省还制定了关于测绘地理信息质量监管的地方法规，设立了全省测绘地理信息质量监督抽查的专项，加大了质量监管的力度。

随着测绘地理信息行业的不断发展，从业人员、资质单位数量、产品类型、服务领域等不断增加。中国地理信息产业协会利用大数据分析预计，2017 年我国地理信息产业总产值达到 5180 亿元，同比增长 18.8%。截至 2017 年 8 月底，全国测绘资质单位数量为 18131 家，较 2016 年末增加 4.9%，其中，甲级单位数量为 1040 家；测绘资质单位从业人员数量为 46 万人，其中专业技术人员近 40 万人，专业技术人员占比由 2012 年的 66% 提升到 85%。面临新的形势，国家、省级测绘地理信息主管部门也在进一步加强质量监管的力度，扩大监督抽查的范围，规范监督抽查的程序，提升监督抽查的信息化水平。如四川省出台了《四川省测绘地理信息质量监督抽查实施细则》《四川省测绘单位质量管理规定》，2017 年，四川省 21 个市州中有 12 个市州开展了专项质量监督抽查，并采用了信息化的监督抽查系统进行管理与控制。

14.2 监督抽查工作的开展

14.2.1 监督抽查的概念

监督抽查是指国务院或地方测绘地理信息行政主管部门依照测绘地理信息成果质量监督抽查计划，在生产领域和流通领域抽取样品，组织监督检验，并限期发布测绘地理信息成果质量监督抽查公告，对抽查不合格的测绘单位采取相应措施的一种监督活动。

监督检验是指监督抽查中对测绘地理信息成果实施的质量检验活动，是监督抽查工作中的一项内容。监督复查是测绘地理信息行政主管部门对监督抽查不合格的测绘地理信息成果实施的再次监督抽查活动。

14.2.2　监督抽查的作用

1. 为政府决策提供依据

通过开展监督抽查活动，掌握本区域内测绘地理信息质量现状，为政府、民众提供权威的质量信息，为测绘地理信息市场和测绘地理信息行政主管部门制定相关的政策提供依据。

2. 促进测绘单位加强质量管理

监督抽查的结果要依法对社会公布，对抽查存在严重质量问题的单位除依法依规进行处罚外，还要督促其进行整改，并开展复查工作。因此，监督抽查有利于督促测绘单位提升质量意识，提高质量管理与技术管理水平。

3. 维护测绘地理信息市场秩序

开展监督抽查，可有效遏制不合格测绘地理信息成果的生产、流通，查处违反测绘法律、法规的行为，规范测绘单位的生产活动，处罚恶意、低价竞争，宣传了成果质量好的测绘单位，提高了其市场竞争力，维护了测绘地理信息市场秩序。

4. 维护国家、人民群众利益

测绘地理信息成果质量直接关系到建设工程安全和经济社会发展，事关人民群众的切身利益，通过监督抽查，对存在重大质量问题的成果限期进行整改，从而保障国家利益、公共利益和百姓的切身利益不受侵害。

14.2.3　监督抽查的特性

1. 强制性

《产品质量法》第十五条明确规定："国家对产品质量实行以抽查为主要方式的监督抽查制度。"《测绘地理信息质量管理办法》第六条规定："国家对测绘地理信息质量实行监督检查制度。"《测绘成果质量监督抽查管理办法》第十五条规定："对依法进行的测绘成果质量监督检验，受检单位不得拒绝。"以上说明监督抽查工作是具有强制性的，被抽查到的测绘单位不得以任何理由拒绝、逃避，否则，依据"拒绝接受监督检验的，受检的测绘项目成果质量按照'批不合格'处理"。

2. 权威性

监督抽查是由测绘地理信息行政主管部门组织，委托法定测绘地理信息产品质量监督检验机构承担具体抽查工作的，多年来，已形成了完善的监督抽查制度，有完善的检查技术标准，如《测绘成果质量监督抽查与数据认定规定》（CH/T1018）；有科学的检验方法，如各种类型成果质量检验技术规程；有能力过硬的检验队伍，每个省市均有测绘地理信息产品质量监督检验站，多年来国家级及省市级的抽查结果尽可能地保证了权威性。

3. 统一性

监督抽查均要制定实施方案，并统一培训检查人员，强调抽查计划、检验方法、判定标准、检验成果资料的一致性和统一性、规范性。

4. 计划性

测绘地理信息行政主管部门每年初制订工作计划，包括抽查内容、工作量、组织实施、时间计划、工作要求、工作经费等内容，然后依据计划开展工作。年底将抽查结果报上级测绘地理信息行政主管部门备案。

5. 随机性

2015 年 8 月 5 日，国务院办公厅发布了《国务院办公厅关于推广随机抽查规范事中事后监管的通知》，要求在政府管理方式和规范市场执法中，全面推行"双随机、一公开"的监管模式。所谓"双随机、一公开"，就是指在监管过程中随机抽取检查对象，随机选派执法检查人员，抽查情况及查处结果及时向社会公开。"双随机、一公开"的全面推开，将为科学高效监管提供新思路，为落实党中央、国务院简政放权、放管结合、优化服务改革的战略部署提供重要支撑。

2016 年 4 月 29 日，原国家测绘地理信息局印发了《国家测绘地理信息局推广随机抽查工作实施方案的通知》，要求在测绘地理信息行政主管部门大力推广随机抽查工作模式，进一步规范执法行为，提升监管效能，在测绘地理信息领域营造统一、公平、竞争有序的发展环境。

6. 针对性

监督抽查虽然强调"双随机、一公开"，但针对存在重大质量隐患、群众反映强烈、实名举报弄虚作假等情况，可随时针对某个项目开展监督抽查工作。也可根据需要，开展一种或几种成果类型的专项监督抽查。

7. 分级性

目前，测绘地理信息成果质量监督抽查分为国家级、省级、市级三级，县级目前几乎没有开展。根据《测绘地理信息质量管理办法》《测绘成果质量监督抽查管理办法》的要求，测绘行政主管部门不对同一测绘项目或者同一批次测绘成果重复抽查，上级检查的下级不得再检查。

8. 可比性

通过对不同年度、不同成果类型、不同测绘资质单位等监督抽查结果的对比，对结果进行分析，充分了解测绘地理信息成果质量状况，对行业监管、质量跟踪、动态监测有重要意义，从而改进工作，提高监督抽查的有效性。

9. 社会性

监督抽查结果限时向社会公布，反映的是整个行业的质量状态；监督抽查工作是为整个社会经济利益主体服务的，是各级行政主管部门、质检机构、生产单位、委托单位等多方面参与的工作，具有很强的社会性。

10. 免费性

监督抽查不向被抽查单位收取任何费用，工作所需费用由行政经费列支。《测绘地理信息质量管理办法》第六条规定："监督检查工作经费列入测绘地理信息行政主管部门本级行政经费预算或专项预算，专款专用。"《测绘成果质量监督抽查管理办法》第六条规定："测绘行政主管部门应当专项列支质量监督抽查工作经费，并专款专用。"

14.2.4　监督抽查的依据

监督抽查不但要检查测绘地理信息项目中存在的问题，而且需要对本抽查项目成果中发现的质量问题的性质进行评判、统计，最后对成果是否合格下达结论，因此，监督抽查的依据分为法律依据、技术依据、判定依据。

1. 法律依据

《中华人民共和国测绘法》；

《中华人民共和国产品质量法》；

《中华人民共和国测绘成果管理条例》；

《测绘生产质量管理规定》；

《测绘成果质量监督抽查管理办法》；

《测绘地理信息质量管理办法》。

2. 技术依据

《测绘成果质量监督抽查与数据认定规定》（CH/T 1018—2009）；

被抽检项目所依据的生产技术标准、规范；

各类测绘成果质量检验技术规程。

3. 判定依据

《测绘成果质量检查与验收》（GB/T 24356—2009）；

《数字测绘成果质量检查与验收》（GB/T 18316—2008）；

其他测绘地理信息成果的质量评定标准。

14.2.5　监督抽查实施

监督抽查工作一般包括准备阶段、实施阶段、总结阶段，如图 14.1 所示。

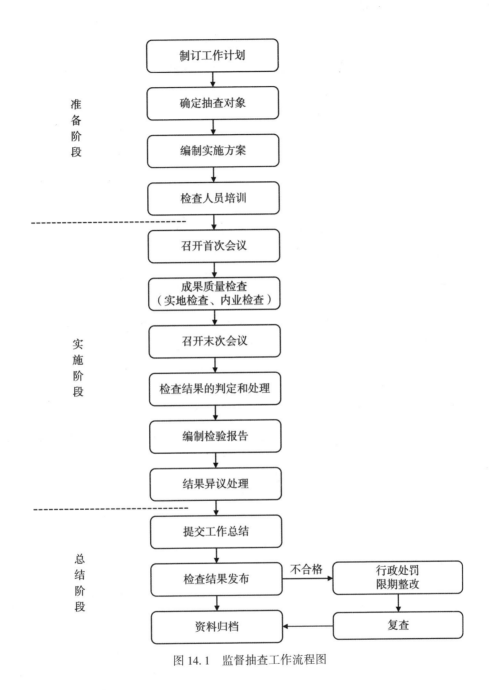

图 14.1 监督抽查工作流程图

1. 准备阶段

1) 制订工作计划

测绘地理信息行政主管部门在上一年度年底或当年年初制订监督抽查的工作计划，主要包括抽查工作量、进度安排、委托质检机构、工作经费、工作要求等内容。

2）随机抽取检查对象

测绘地理信息行政主管部门建立由本行政区域内测绘资质单位组成的抽查对象名录库和本行政区域内近两年完成的测绘地理信息项目库。被检单位采用随机的方式从库中抽取，对于上年度存在质量事故、不良信用记录、恶意扰乱市场或受到投诉举报的测绘资质单位或项目，可直接抽取。

随机抽取一般可使用随机数表、骰子、扑克牌等方法，或采用计算机编制程序产生。目前，各省、市测绘资质单位数量均较多，大多数采用人工选择的方式，未充分体现随机性、公平性，且不利于后期的统计分析。针对此问题，四川省测绘产品质量监督检验站研发了测绘地理信息监督抽查系统，具体将在 14.3 中详细介绍。

3）随机抽取检查人员

测绘地理信息行政主管部门建立由测绘地理信息行政执法人员、质检机构检查人员、测绘地理信息行业专家组成的检查人员名录库，检查人员名录库应定期更新。检查人员采用随机的方式从检查人员名录库中抽取，与抽取检查对象类似。

4）编制实施方案

测绘地理信息行政主管部门下发关于监督抽查的文件，明确抽查的目的、内容、时间、准备事项、被查单位等内容。受委托开展监督抽查的质检机构根据文件要求编制实施方案。

5）检查人员培训

为保证监督抽查工作程序、评判标准、检验成果资料的一致性和检验工作质量，对参加监督抽查的人员进行集中培训，培训内容一般包括检验程序、检验方法、质量评定标准、质量记录、检查软件、检查资料归档要求、工作纪律等。

2. 实施阶段

监督抽查工作实施的流程如图 14.2 所示。

1）首次会议

监督抽查组到达被检查单位所在地后，组织召开首次会议，参加会议人员一般包括测绘地理信息行政主管部门人员、监督抽查组、被检单位管理及技术人员。会议内容主要包括：监督抽查组介绍检查的依据、目的、内容、方法、相关标准、工作程序等；被检查单位介绍本单位的基本情况，如组织机构、测绘生产管理、技术管理和质量管理等。

2）被检项目确定及样本抽取

若被检项目在准备阶段已经确定，则直接进入样本抽取环节；否则，根据掌握的被检单位近两年完成的测绘地理信息项目情况，现场随机抽取被检项目。

根据被检项目的类型、成果数量等情况，确定检验批，监督抽查批次划分中的单位成果数量一般不大于 80，当被检项目成果总数不大于 80 个单位成果时，作为一个检验批，否则按各批次的批量尽量均匀的原则划分批次，然后按简单随机抽样的方式抽取一个批次作为检验批。

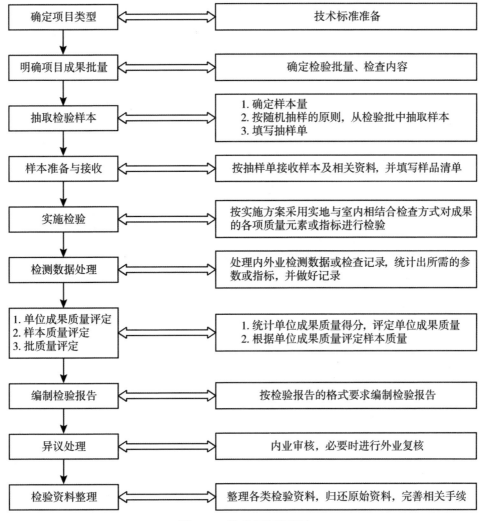

图 14.2　检查实施流程图

　　检验批确定后，按照测绘成果质量检验相关标准的要求，确定样本，采用简单随机抽样的方式从检验批中逐一抽取单位成果，查看样本状态，填写抽样单，收集检查工作需要的其他资料，填写样品清单。

　　3）实施检查

　　成果质量检查一般采用实地与室内相结合的方式进行检查。根据被检的成果类型，结合抽查项目生产依据的技术标准、合同、技术设计书等，依据 GB/T24356《测绘成果质量检查与验收》、GB/T18316《数字测绘成果质量检查与验收》等质量检验标准，确定质量元素及检查内容，并按照相应的检验技术规程开展检查。

检验过程中应做好各类质量问题记录及检测数据记录，必要时由被检单位签字确认。

4）末次会议

检验工作结束后，监督抽查组组织召开末次会，通报检查过程中发现的主要质量问题，提出改进意见和建议，必要时与被检单位交流确认。归还相关资料，完善相关手续。

5）结果评定及异议处理

监督抽查结束后，应及时进行质量评定，编制检验报告，并经被检查单位确认，一般将检验报告及"测绘成果质量监督（抽查/复查）结果通知单"（格式参见 CH/T1018—2009《测绘成果质量监督抽查与数据认定规定》）一并寄（送）到被检单位，在规定的确认时间内，如果被检查单位提出书面异议，质检机构应在规定时间内组织人员对检验工作进行核查、复检，异议处理完成后，及时向被检查单位发出"异议处理结果通知单"（格式参见 CH/T1018—2009《测绘成果质量监督抽查与数据认定规定》）。

3. 总结阶段

监督抽查工作结束后，应做好监督抽查工作总结，主要包括以下内容：

（1）概况。包括任务来源、抽查数量、抽查范围等；

（2）组织实施。包括组织安排、各阶段工作情况、特殊问题处理等；

（3）抽查结果。包括抽查单位、项目名称数量、合格率、抽查覆盖率等；

（4）分析与评价。包括总体评价与分析、同比（环比）合格率、取得成绩及分析、主要问题及分析等；

（5）合理建议。

4. 整改及复查

对于监督抽查结果为不合格的项目，由测绘地理信息行政主管部门向被检查单位发出整改通知，要求限期整改，并根据相关规定做出行政处罚。被检查单位整改完成后，向测绘地理信息行政主管部门申请复查，对抽查不合格的测绘地理信息成果实施再次监督抽查，直至复查合格。

14.3　系统设计与实现

14.3.1　系统开发平台

（1）开发环境见表 14.1。

表 14.1   系统开发环境

平台技术	版本号	用 途 说 明
. NET Framework	4.0	构建 C#/C++语言编译运行环境
Visual Studio	2010	构建集成化 C#/C++开发环境
DevComponents. DotNetBar	10.9.0.4	提供系统界面控件
MySQL Server	5.0	提供数据存储
SQLyog	6.0	提供数据库管理的可视化界面

（2）运行环境见表 14.2。

表 14.2   系统运行环境

要求项	最低配置	建 议 配 置
Windows 系统	Win7	Win7 及以上
内存大小	2G	4G 或以上
存储空间	100G	100G 或以上
. Net Framework	4.0	4.0 及以上
MySQL Server	5.0	5.0 及以上
SQLyog	6.0	6.0 及以上

14.3.2 系统设计理念

为全面落实国务院办公厅和国家测绘地理信息局推广的"双随机、一公开"监管模式，进一步完善测绘地理信息监督抽查工作制度，按照随机确定被检查对象、随机选派执法检查人员的抽检原则，研发测绘地理信息监督抽查双随机抽取系统，用以提升监督抽查工作的规范性、科学性和公正性。

1. 系统界面设计

监督抽查系统通过界面与用户进行信息交互，界面设计的优劣直接影响用户的体验，为满足随机抽检工作的需要，提升用户操作的便捷性，系统的设计力求做到页面友好、布局合理、美观大方、易于使用，界面的风格能够体现测绘地理信息行业的特色，双随机抽取的过程能够以图形化的形式显示，被检查对象和检查人员的信息能够以统计图表的样式表达。系统以矢量地图作为载体展示监督抽查的各类信息，通过加载不同地区的行政区划地图及其对应的被检查对象、检查人员数据，实现国家级、省级、市级的监督抽查系统的灵活定制。

2. 名录库建立

随机抽查的对象以测绘地理信息行政主管部门审批的各等级测绘资质单位为主体，将全部测绘资质单位纳入系统数据库建成检查对象名录库，名录库的信息包括单位名称、资质等级、行政区域、办公地址、法人、联系方式、业务范围等。同时，对历年来国家、省、市三级监督抽查过的测绘单位做出标记，避免重复抽检。检查对象名录库做到定期更新每一个体的变化情况，如抽查对象更名、资质升级、被吊销等，确保检查对象真实有效。

参与监督抽查的执法人员以测绘地理信息行政主管部门的行政执法人员、质检机构检查人员、质量检验专家库成员为主体，建立执法检查人员名录库，名录库主要包括姓名、性别、职称、单位名称、专业范围等信息。检查人员名录库随着人员信息变动而维护更新，从而保证检查人员合格可靠。

3. 抽取规则设计

系统实现自主定义监督抽查的行政区域、抽查的比例和频次、抽查对象的资质等级、执法人员的数量和专业范围等筛选条件，方便测绘地理信息行政主管部门制定不同的监督抽查方案。系统具备智能过滤功能，根据设定的条件，被抽检过的测绘单位不会被重复抽取。同时，系统运用权重管理测绘资质单位的信用等级，对存在重大质量隐患、严重不良信用、受到投诉举报等的测绘单位赋予较大的权值，提高了其被抽检的概率。

14.3.3 系统功能实现

通过对测绘地理信息监督抽查"双随机、一公开"监管机制的分析和调研，结合软件模块化设计的思想，监督抽查管理系统的功能归纳为三个部分，分别为数据可视化、双随机抽取、数据管理，如图 14.3 所示。

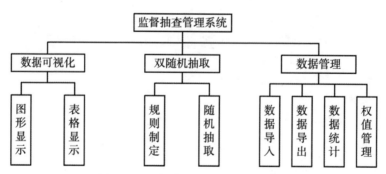

图 14.3　监督抽查管理系统功能模块

1. 数据可视化

数据可视化既包括测绘资质单位和检查人员的详细信息和统计信息可视化，也包括双随机抽取过程的可视化。以图形、表格相结合的方式表达监督抽查的各种类型的数据，使用户能够更加直观地获取有效信息。

2. 双随机抽取

双随机抽取包括两个部分：一个是制定抽取规则，另一个是执行随机抽取。测绘地理信息监督抽查的对象是资质等级分别为甲、乙、丙、丁的测绘单位，制定的抽取规则包括各等级单位抽查的数量，重点抽查的单位和行政区域，已经抽查过的单位在多少年内不再重复抽查。参与监督抽查的执法人员需要设定抽取数量。

3. 数据管理

系统的数据管理包括全部测绘单位、已抽检测绘单位以及执法检查人员的数据导入、导出、查看、筛选、统计等功能。系统的数据管理以测绘单位的名称为主导，通过对单位名称的控制，不仅管理单位的基础信息，如单位性质、单位地址、法人、业务范围等，还管理具有统计、定位功能的信息，如资质等级、行政区域、检查结果、权重等。通过资质等级，可以将测绘单位划分为甲、乙、丙、丁四个资质级别，可以统计每个级别拥有测绘单位的数量。利用行政区域除了将测绘单位与矢量底图的空间位置相互关联，还可以统计每个行政区域拥有测绘单位的数量。根据检查结果不仅可以掌握测绘单位历年抽检的情况，还可以统计测绘单位抽检的合格率。此外，系统为每个测绘单位提供一个权值，当某地区、某资质等级的测绘单位需要重点关注时，可更改对应单位的权值，以实现重点抽检。

14.4 系统展示及应用

14.4.1 功能展示

1. 系统主界面

以四川省测绘地理信息监督抽查管理系统为例，其主界面如图 14.4（a）所示，主界面上包括工具栏、测绘单位分布地图以及测绘单位统计图。

工具栏包括 5 个按钮，分别是单位分布、单位抽取、专家抽取、详情查看以及系统设置，如图 14.4（b）所示。

测绘资质单位分布图以四川省的行政区划图为底图，采用饼状图显示市（州）里面各等级测绘单位数量的百分比，当鼠标放置在某个市（州）上时，将显示当前市（州）拥有的甲、乙、丙、丁测绘资质单位的数量及总和。

测绘单位统计图采用柱状图显示全省甲、乙、丙、丁各等级测绘资质单位的比例和具体数值。

2. 单位抽取

单位抽取功能用于随机抽取被检查的测绘单位，根据监督抽查的工作计划，设定甲、乙、丙、丁各等级测绘资质单位的抽取数量，并确定是否检查近几年内已经检查

（a）　　　　　　　　　　　　　　（b）

图 14.4　四川省测绘地理信息监督抽查管理系统主界面

过的测绘单位。在单位抽取过程中，代表资质单位的浅色圆点在地图上不断闪烁，被抽取的单位将以深色的圆点显示在地图上，并且按照甲、乙、丙、丁的资质顺序显示在界面左侧的文本框内，如图 14.5 所示。

图 14.5　单位抽取界面

3. 专家抽取

专家抽取功能用于随机抽取参与监督检查的执法人员，依据监督抽查的工作计划确定抽取专家的数量。在专家抽取过程中，所有专家的名字呈圆形展示在界面上，被抽取的专家名字显示在界面左侧的文本框内，如图 14.6 所示。

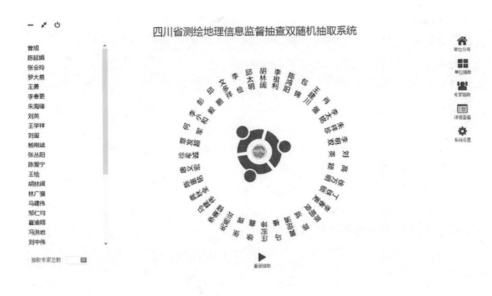

图 14.6　专家抽取界面

4. 详情查看

详情查看功能可以查看全部单位、被抽检单位以及参与检查专家的详细信息，其中单位信息包括单位名称、资质等级、行政区域、单位地址、联系人等，专家信息包括专家姓名、职称、所属单位、专业范围、联系电话等，结合年份和行政区域筛选工具可以查看具体年度和地区的单位的详细信息，如图 14.7 所示。

图 14.7　抽查情况查看界面

5. 系统设置

系统设置是监督抽查系统数据管理的重要功能，包括被检对象和执法人员注册、抽取结果导出、监督抽查结果导入以及权重设置。

系统注册功能可将测绘单位和检查人员名录导入数据库，作为监督抽查双随机抽取的基础数据，名称相近的测绘单位，将被列出，供用户识别解决，如图 14.8（a）所示。

系统导出功能可将全部测绘单位、抽取的测绘单位以及参与监督检查人员的信息导出，方便信息的沟通交流，如图 14.8（b）所示。

监督抽查结果导入功能可将历年测绘单位的监督检查结果导入数据库，方便监督抽查结果的更新和管理，如图 14.8（c）所示。

权重设置功能用于管理测绘单位抽取的权值，存在重大质量问题、群众反映强烈的测绘单位，将被赋予较大的权值，在监督抽查中作为重点关注对象，如图 14.8（d）所示。

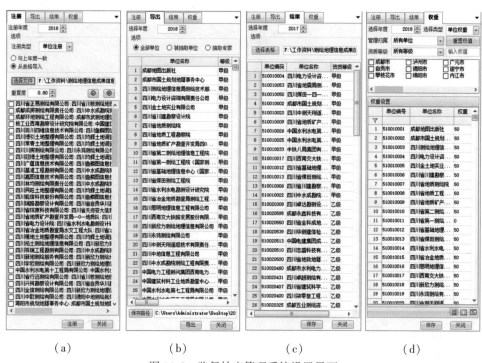

（a）　　　　　　（b）　　　　　　（c）　　　　　　（d）

图 14.8　监督抽查管理系统设置界面

14.4.2　应用实例

本小节以 2018 年四川省测绘地理信息局组织的省级监督抽查工作为应用案例，

阐述监督抽查系统进行测绘资质单位和执法检查人员的随机抽取的整个操作流程。

第一步，数据导入。利用系统提供的注册功能将测绘资质单位的信息导入名录库，如果全省测绘单位的信息没有发生改变，则选择"与上年度一致"进行注册，否则选择"从表格导入"，将新的测绘单位信息导入数据库。检查人员的信息导入也采用相同的方法。同时，将最近几年内已监督抽查过的单位信息导入数据库，作为随机抽查的标记数据。

图 14.9   数据导入

第二步，双随机抽取。根据 2018 年四川省测绘地理信息局监督抽查工作的安排，甲、乙级测绘单位在全省范围内抽检，丙级测绘单位在省直管的单位中抽检，抽检单位的数量分别为甲级 15 家、乙级 37 家、丙级 8 家，并且甲、乙级单位近三年内抽检过的不再重复抽检，丙级单位近五年内抽检过的不再重复抽检。参与监督抽查的检查人员数量为 45 人。双随机抽取完成后，被抽取的测绘单位和检查人员的信息将显示在系统界面上，也可在详情查看功能下浏览抽取结果的详细信息。如图 14.10 所示。

图 14.10   单位抽检参数设置

第三步，抽取结果导出。运用系统的导出功能将随机抽取的测绘单位和检查人员信息导出，以便将抽取结果公开发布。

第15章　质检报告管理系统

15.1　开 发 背 景

质检报告是测绘地理信息数据的重要附属文档，也是测绘地理信息质检机构对被检成果质量状况的重要描述性文档，其内容涵盖了被检成果生产信息、检验单位信息、抽样信息、成果质量统计信息等各方面，是测绘地理信息产品质量状态的集中体现，也是测绘地理信息项目竣工验收的重要支撑。现阶段，质检报告编写主要是利用办公软件在已有模板上修改，报告管理以纸质报告为主，未能实现信息化管理。总结起来，目前整个报告编写管理过程存在以下几方面问题：

（1）检验报告模板种类多，管理困难。测绘地理信息的种类繁多，检验报告模板样式因检验标准的变化而不同，另外，对于不同类型的检查，如委托检验、仲裁检验、监督检查、第一方检验、第二方检验、第三方检验等，形式不同，检验报告的样式也有差异，这样就造成标准化的检验报告管理困难。

模板是质检报告的基础，GB/T 18316—2008、CH/T1018—2009 等规范对质检报告模板均有相应规定；加之各质检单位、质检员在使用过程中对模板可能又有细微调整，模板更加千差万别。毋庸置疑，质检报告模板的不统一将使质检报告的权威性大打折扣；另一方面，测绘事业发展日新月异，质检报告模板也不断发生着变化，分散在各个质检员手上的模板将会影响模板更新的实时性，造成新老模板同时使用的状况。因此，质检报告模板的统一管理问题亟待解决，统一模板库的建立势在必行。

（2）检验报告的编写繁琐，易出现不统一。质检报告编写过程中存在一定量的繁琐、重复性工作，影响生产效率。首先是上文提到的统一化模板，模板库的存在将减少模板寻找修改的时间；其次，文字格式调整、页码修改等工作较为繁琐；最后，质检报告中某些内容填写较为复杂，如检验依据、检验参数、检验工作概况等，存在一定的重复性，不同人员对于同类成果的检验情况在文字描述上也极容易出现不统一的现象，影响检验报告的权威性。

（3）检验报告的统计分析较困难。

检验报告以纸质文档为基础，对报告中的质量信息进行统计分析工作量大。比如要按成果类型或检验类别统计报告数量、统计某类成果的优良品率、统计某部门、某单位甚至全省报验成果的整体质量水平均比较麻烦，而这些却是质检机构或生产单位质量管理部门必须面对的工作。

针对上述问题，本书对质检报告的形式、内容进行分类分析及归纳。按照检验类别，质检报告主要有基础测绘检验报告、监督抽查检验报告、市场委托检验报告三类；按照成果类型，主要有数字测绘地理信息成果、航空摄影成果、传统测绘地理信息成果等几类，质检报告模板库可统一建立、管理。不同模板检验报告中，检验依据、抽样情况、检验参数等共有内容可存储于数据库中供报告编制人员选择，检验工作概况等段落可根据已有信息程序化生成，避免繁琐、重复性工作，减少人为填写错误，提高效率。出具的质检报告按照一定的编号原则存入数据库，可供随时查询分析之用。按照上述思路，可构建以报告模板管理、报告辅助编写、报告管理分析为核心功能的质检报告管理系统。

15.2 系 统 设 计

15.2.1 需求分析

开发一款质检报告管理系统，系统以报告模板管理、报告辅助编写、报告管理分析为核心功能。其中，模板管理模块负责管理各类报告的模板，模板的维护由专人负责；报告辅助编写模块中，用户填入质检相关信息，可按指定模板生成内容完整、格式正确的质检报告；报告管理分析模块负责管理系统生成的所有质检报告，并且可根据需要，按照各类条件对报告进行统计分析，生成相应的质检报告统计报表或测绘地理信息成果质量分析报告。要求整个系统具有交互性好、易访问、升级维护简便、扩展性好、兼容性不同版本 Office 的特点，后期视需求，可扩展质检报告生产流程管理等功能。

15.2.2 架构设计

C/S 结构与 B/S 结构是常见的两种软件架构模式。

C/S 结构，即 Client/Server（客户机/服务器）结构，是大家熟知的软件系统体系结构，通过将任务合理分配到 Client 端和 Server 端，降低了系统的通信开销，可以充分利用两端硬件环境的优势，早期的软件系统多以此作为首选设计标准。

该结构优点是能充分发挥客户端 PC 的处理能力，很多工作可以在客户端处理后再提交给服务器，客户端响应速度快、用户体验较好。其缺点在于，客户端需要安装专用的客户端软件，安装工作量大，而且任何一台电脑出问题，如病毒、硬件损坏等，都需要进行安装或维护；系统软件升级时，每一台客户机需要重新安装，维护和升级成本非常高。另外，C/S 模式对客户端的操作系统一般也会有限制，操作系统的类型甚至版本都可能影响系统的使用。

B/S 结构（Browser/Server，浏览器/服务器模式），是 WEB 兴起后的一种网络结构模式，WEB 浏览器是客户端最主要的应用软件。这种模式统一了客户端，将系统功能实现的核心部分集中到服务器上，简化了系统的开发、维护和使用。客户机上只要安装一个浏览器，如 Netscape Navigator 或 Internet Explorer，服务器安装 SQL Server、Oracle、MySQL 等数据库。浏览器通过 Web Server 同数据库进行数据交互。

该结构有以下特点：维护和升级方式简单，系统管理员仅需管理服务器，所有的客户端是浏览器，无需做任何维护；具有跨平台的特点，用户可使用手机、平板、笔记本等终端访问系统；用户界面主要事务逻辑在服务器端（Server）实现，极少部分事务逻辑在前端（Browser）实现，"瘦"客户机，"胖"服务器的模式，一方面对客户端性能要求较低，另一方面也加大了服务器的压力。

质检报告管理系统具有以下三个特点：

（1）系统的初衷在于提供易访问的报告编写管理工具，系统规模较小，使用 B/S 模式，用户无需安装软件，可在多种平台上使用浏览器直接访问系统；

（2）系统事物逻辑较简单，如果采用 B/S 模式，不会对服务器造成较大压力；

（3）随着测绘事业发展，质检报告种类随时可能增加，模板亦可能频繁变化，B/S 模式下，系统只需更新服务器，避免大量更新客户端。

基于以上三点考虑，质检报告管理系统采用 B/S 架构模式，系统具体架构设计如图 15.1 所示。

系统整体布设在 Windows 系统下，数据层包含数据库、模板文件、报告文件；服务层包括数据服务器和业务服务器，数据服务器负责对数据库的访问，业务服务器完成生成报告到客户端、出具质检报告统计分析报表等事物逻辑；应用层提供模板管理、报告编写、报告管理三大核心功能。用户可通过手机、电脑等终端访问系统。

15.2.3　功能设计

根据需求分析，系统主要有报告模板管理、报告辅助编写、报告管理分析三大功能。

1. 报告模板管理

不同于人工编写质检报告时使用的模板，系统使用的模板需要再进行一系列处理，包括标记模板中需要填写的内容，模板化、程序化某些文字段落，规范模板格式，自动编排页码等，经过统一处理的模板文件存入服务器中供系统调用。

同时，在数据库中创建模板信息表和模板内容表。模板信息表用于存储服务器中所有模板的信息，维护模板的编号、名称、对应文件、创建时间、版本等信息；模板内容表和服务器中的模板一一对应，每一个模板必须有一个对应的数据库表对其进行描述，且内容保持严格一致，描述内容为质检报告中各条需填入质检信息的名称、Word 标签、填写类型、分组名称、默认值、关联控件、控件长度、数据源等，用于动态生成报告辅助编写网页，以及质检报告的自动生成。

系统所用模板由于其特殊性，一般由熟悉系统工作原理的人员负责管理。

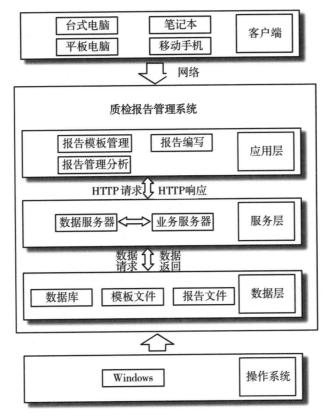

图 15.1 系统架构设计

2. 简化质检信息填写过程

根据需填写质检信息的特点，在网页上提供多种控件简化质检信息填写过程，如：提供日期选择控件供填入日期信息使用；填写单位信息时，在文本框中输入关键字，系统会查询数据库中包含关键字的单位，以下拉列表方式列出其名称，点击单位名称，可自动填写单位名称、单位地址等信息；检验依据、判定依据填写样式有特定要求，较繁琐、易出错，系统提供依据选择器，可根据产品类别列出数据库中所有依据，用户通过点选、双击等方式选择所需依据，系统再按标准格式将其写入质检报告中。

3. 自动生成报告某些语句

质检报告中某些段落写法比较固定，如检验工作概况一段（图 15.2），在获取委托单位、检验日期、生产单位、项目名称等信息之后，可程序化生成该段落，避免人为重复劳动，提高效率。

4. 省略格式调整步骤

在模板中提前设置质检报告的字体、大小、行距、对中、分页符、分节符等格

1. 检验工作概况

受四川省测绘地理信息局委托，四川省测绘产品质量监督检验站于 2014 年 5 月在阿坝州、甘孜州对四川省第三测绘工程院生产的四川省地理信息公共平台建设项目 1:1 万基础地理信息数据新测 2013 年三期金川测区像片控制成果进行了检验。

检查人员为李功文、马驰。此次检验工作采用外业实地检查结合室内核查分析的方式进行检验，使用软件 TBC、pinnacle 等。

图 15.2　质检报告检验工作概况

式，保证生成质检报告格式的统一，省略人工编写方法格式调整的步骤，提高工作效率。对于各报告中变化部分，如页码等，寻找方法实现其自动编码。

5. 质检报告管理分析

在数据库中存入系统生成的所有质检报告相关信息，提供多种方式，如成果类型、检验类别、生产单位等，对质检报告进行分析统计，可输出规定样式的统计报表。

15.2.4　模块设计

结合上文描述的功能，为系统设计了如图 15.3 所示的模块。

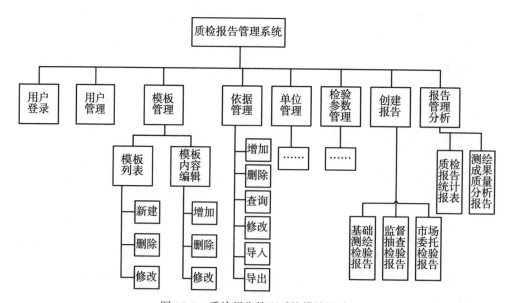

图 15.3　质检报告管理系统模块设计

1. 用户登录

用户登录模块用于验证用户身份，以便确认该用户具备的权限。本系统仅维护两类用户：管理员和普通用户。与普通用户相比，管理员具备用户管理、模板管理的权限，专人管理模板库以确保模板库的统一性、正确性。

2. 用户管理

管理员可通过此模块管理系统所有用户，包括增加用户、删除用户、修改权限等功能。

3. 模板管理

模板管理主要包含两个功能：模板列表和模板内容编辑。

模板列表用于维护数据库中的模板信息表，列出数据库中所有模板的名称、对应文件、创建时间、版本号等信息，同时提供模板增加、删除、修改等功能。

模板内容编辑提供编辑某个具体模板内容的接口，与数据库中的模板内容表相关联。针对某个具体模板，可添加、删除或修改质检信息。

4. 依据管理

管理质检过程中用到的检验依据、判定依据，如标准规范、项目设计书等，在数据库中存储依据的编号、名称、发布时间、发布机构等。质检员在填写检验依据时，可直接在数据库中选取相关依据，并按照指定格式将依据写入报告中，达到统一填写格式、减少人为输入工作量、降低出错几率的目的。

5. 单位管理

存储管理生产单位、委托单位、检验单位等的单位名称、地址、联系方式、资质等信息，便于报告编写时单位信息的自动写入。

6. 检验参数管理

参照国家现行的测绘地理信息质量检验检测类规范，在数据库中存储常用的测绘地理信息成果检验检验参数，便于质检员在编写质检报告时直接勾选被检成果相关检验参数，提高效率。

7. 创建报告

用户在系统中选择需要的报告模板，填写必需信息，系统将按模板自动生成封面统一、内容完整、格式标准的质检报告到本地。格式包括报告的自动分页，页眉页脚自动处理、报告标题，以及正文字体大小、类型、行间距等。

8. 报告管理分析

存储管理系统生成的所有质检报告，支持报告导入导出功能。用户可按照各类条件，如成果类型、生产单位、委托单位、检验时间等进行查询统计，并可对成果的合格率、优良率进行统计，生成质量分析报告。

15.2.5 数据库设计

数据是系统的核心，系统前端设计多种多样，但落脚点都在于对数据的操控。按照质检报告管理系统的功能设计，该系统需有数据库支撑。

设计数据库时，应充分考虑各数据表的作用，分析表与表之间的关系，设置好各种约束条件，如字段类型、非空字段、重复性、外键等，整个数据库逻辑关系的清晰有利于代码逻辑结构清晰，降低出错几率。

在进行某些操作或判断时，要充分利用数据库特性。比如，大部分数据库提供了重复性判断功能，判断某字段是否有重复值出现时，开发者可查询数据库所有记录，编写代码判断；也可利用数据库特性，添加约束，让数据库判断是否重复，并抛出异常，显然，后者效率更高。再比如，在删除被作为外键的记录时，注意利用数据库特性进行级联删除或设置默认值等，避免在程序中使用已删除记录而出现错误。

根据上文，为质检报告管理系统设计以下数据表格：用户信息表、质检模板信息表、质检模板内容表、单位信息表、依据信息表、检验参数信息表、测绘地理信息成果种类表、报告信息表。整个系统数据量较小，数据逻辑简单，为了安装及使用的方便，采用轻量级数据库 MySQL 作为系统的数据存储工具。

1. 用户信息表

用户信息表用于用户登录时用户名、密码的验证，同时控制登录用户的权限。系统采用 B/S 架构，可在外部网络环境中访问，为了信息保密以及报告安全，需对用户身份进行验证；再者，系统中的报告模板由于其独特性，应由专人维护，避免任何人都可创建模板导致系统运行出错；同时，报告模板应格式统一、版本一致，专人维护可避免重复上传、格式错误、版本不一等情况发生，保证模板库正常运行。如表15.1 所示。

表 15.1　　　　　　　　　　　　　　　　用户信息表

字段名	主键	类型	长度	小数位数	允许空	描　　述
UserID	✓	Int	11	0	否	用户 ID，自动递增
UserName		varchar	100	0	否	用户名，不允许重复
Password		varchar	100	0	是	用户密码
Authority		Varchar	15	0	是	用户权限，分为"管理员"和"普通用户"两种

2. 模板信息表

模板信息表用于存储服务器中所有模板的信息，如模板的编号、名称、在服务器上对应的文件路径、版本等，主要作用在于为用户呈现模板库中所有模板，便于用户对其进行删除、编辑、新建。模板信息表中的每一条记录必须在模板库中有文件与之对应。如表15.2 所示。

表 15.2 模板信息表

字段名	主键	类型	长度	小数位数	允许空	描　述
TemplateID	✓	Int	11	0	否	模板 ID，自动递增
TemplateName		varchar	100	0	否	模板名，不允许重复
TemplateFilePath		varchar	100	0	否	模板在服务器上对应的文件路径
TemplateCreateTime		date		0	是	模板创建时间
TemplateVersion		Varchar	15	0	是	模板版本号

3. 模板内容表

模板内容表是一类表，模板库中的每个模板文件、模板信息表中的每条记录、每个模板内容表三者是一一对应的关系，模板内容表用于描述某模板包含的各类质检信息，如生产单位、质检单位、质检日期、检验员等。每一条质检信息包含名称、Word 标签、填写类型、分组名称、默认值、关联控件、控件长度、数据源等属性，其中 Word 标签是模板库中对应模板文件相应质检信息填写处的替换标识。如图 15.4 所示。

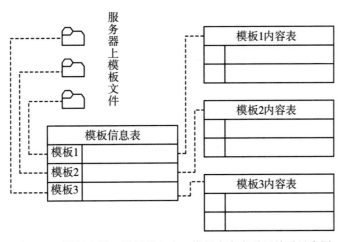

图 15.4　模板文件、模板信息表、模板内容表对照关系示意图

针对每一种模板，系统读取该模板对应的模板内容表，并且按照表中各条质检信息的属性创建使用相应控件连接相应数据源的网页前端代码。比如，用户使用"监督抽查质检报告模板"，在该模板对应的在模板内容表中，"检验依据"应该使用依据选择器控件，数据源为依据信息表，则在网页上生成相应代码，提供相应控件供用户使用。

模板信息表意义在于，让系统添加新模板变得容易。如果系统无此表，则每添加一个模板，因为每个模板包含的质检信息不同，使用的控件也不一样，因此，网页代码也有差异，要修改系统代码，才能够让"创建报告"的页面可以继续使用。但显而易见，这并不是用户和开发者期望的系统运行模式。

表 15.3 中"字段"代表报告模板中的每一条质检信息。

表 15.3 模板内容表

字段名	主键	类型	长度	小数位数	允许空	描 述
FieldName	✓	varchar	100	0	否	字段名，也是显示在网页上的名称，不允许重复，
FieldTag		varchar	100	0	否	字段对应的 Word 替换标识
FieldFillInType		Enum		0	是	填写类型，"必填项""选填项"
FieldGroup		Varchar	15	0	是	分组信息，如"单位信息""检验信息"等
FieldDefaultValue		Varchar	100	0	是	该字段默认值
FieldWidget		Enum			否	字段使用的控件，如普通文本框、下拉列表、依据选择器等
FieldWidgetLength		Enum			否	字段 dd 控件的长度，包含"长""中""短"三种
FiledDataSource		Varchar	100	0	是	字段的使用的数据源，如填写依据时，数据源为数据库中的依据信息表

4. 单位信息表

用于记录质检过程中涉及的生产单位、委托单位、检验机构的单位名称、地址、资质、联系方式等。

编写质检报告过程中，在填写单位时，一般还需填写单位地址、联系方式。有的单位名称较长，如果有数据表记录各个单位的名称、地址、联系方式，在用户输入关键字后，自动搜索表中包含此关键字的单位，列出单位名称，用户通过点选的方式填入该单位的名称、地址、联系方式，会在一定程度上提高报告编写的效率，降低出错几率，单位信息表由此而来。该表详细设计如表 15.4 所示。

表 15.4 单位信息表

字段名	主键	类型	长度	小数位数	允许空	描 述
UnitID	✓	Int	11	0	否	单位 ID，自动递增
UnitName		varchar	100	0	否	单位名称，不允许重复
UnitAddress		varchar	100	0	是	单位地址

字段名	主键	类型	长度	小数位数	允许空	描述
UnitTel		Varchar	15	0	是	单位联系方式
UnitQualification		Enum			是	单位测绘资质

5. 依据信息表

依据信息表用于记录质检过程中用到的检验依据、判定依据的名称、编号、发布单位、发布时间等。设计思路与单位信息表类似，按照成果分类列出数据库中的依据，用户通过双击、点选等方式选择此次质检用到的依据，并按照统一的格式将依据写入质检报告中。该表详细设计如表 15.5 所示。

表 15.5　　　　　　　　　　　　　依据信息表

字段名	主键	类型	长度	小数位数	允许空	描述
AccordingID	✓	Int	11	0	否	依据 ID，自动递增
AccordingNum		varchar	20	0	是	依据编号，不允许重复
AccordingName		varchar	100	0	否	依据名称
AccordingOrganization		varchar	100	0	是	依据发布单位
AccordingDate		Date	0	0	是	依据发布日期
AccordingState		enum	0	0	是	依据状态，作废或现行
AccordingProductID		Varcahr	50	0	是	外键，该依据相关的测绘地理信息成果种类 ID，为测绘地理信息成果种类表的主键，多个 ID 用逗号分隔

6. 检验参数信息表

检验参数信息表管理质检过程中用到的各个检验参数，设计思路类似于单位信息表、依据信息表，用户可选择本次质检中用到的检验参数写入报告中。详细设计如表 15.6 所示。

表 15.6　　　　　　　　　　　　表检验参数信息表

字段名	主键	类型	长度	小数位数	允许空	描述
TestParameterID	✓	Int	11	0	否	检验参数 ID，自动递增
TestParameterName		varchar	50	0	否	检验参数名称，不允许重复
TestParameterNote		varchar	200	0		检验参数备注

7. 测绘地理信息成果种类表

测绘地理信息成果种类表存储《测绘成果质量检查与验收》（GB/T 24356—2009）中定义的测绘地理信息成果种类。

本表作用有两点：第一，测绘地理信息成果检验依据数量较大，如果每次列出数据库中所有依据，不仅占用内存，而且不便于用户选择所需依据，如果按照成果类别列出依据，用户可快速找到所需依据；第二，因为该表的存在，质检报告管理分析模块可实现将报告按照成果分类统计的功能，有利于分析该类成果总体质量状况。

测绘地理信息成果种类表具体设计如表 15.7 所示。

表 15.7　　　　　　　　　　　测绘地理信息成果种类表

字段名	主键	类型	长度	小数位数	允许空	描　　　述
ResultCateID	✓	Int	11	0	否	测绘地理信息成果种类 ID
ResultBasicCate		Varchar	50	0	否	测绘地理信息成果种类基本类型
ResultSubCate		Varchar	50	0	是	成果种类名称
ResultUnits		varchar	50	0	是	测绘地理信息成果单位，如"幅"

8. 报告信息表

报告信息表记录系统生成或导入的所有质检报告信息，如报告对应项目名称、检验类别、成果类别等，由于各个报告使用模板可能不同，因此，报告中包含的内容信息不再一一列出，而是使用 XML 格式统一存储在本表"报告内容"字段中。该表主要用于报告统计和分析，用户可按照各类条件对质检报告进行查询统计，并可对成果的合格率、优良率进行分析，生成质量分析报告。如图 15.5 所示。

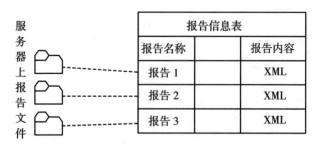

图 15.5　报告文件、报告信息表对照关系示意图

报告信息表详细设计如表 15.8 所示。

表 15.8 报告信息表

字段名	主键	类型	长度	小数位数	允许空	描　　述
ReportID	✓	Int	11	0	否	质检报告 ID
ReportProjectNum		Varchar	50	0	是	项目编号，不允许重复
ReportProjectName		Varchar	100	0	否	项目名称
ReportTestType		Varchar	20	0	否	检验类别
ReportProjectType		Int	11	0	否	外键，测绘地理信息成果种类 ID
ReportDepartment		Varchar	20	0	否	编制部门
ReportWriter		Varchar	20	0	否	编制人
ReportNum		Varchar	50	0	否	报告编号，不允许重复
ReportLotResult		Enum	20	0	否	批成果，"批合格"或"批不合格"
ReportSampleSize		Int	10	0	否	样本数量
ReportGoodSampleSize		Int	10	0	否	优良样本数量
ReportGoodSampleRatio		Float	10	1	否	优良品率
ReportDate		Date	0	0	否	报告出具时间
ReportFilePath		Varchar	100	0	否	服务器上报告文件路径
ReportContent		Varchar	1000	0	否	Xml 格式，存储报告内容

15.3　系统开发要点

15.3.1　开发技术

典型的 B/S 开发主要分为前端和后台两部分：后台主要对用户的操作如数据查询、数据提交等进行响应；前端为显示在浏览器上，与用户交互的界面。

B/S 开发通常有以下两种模式可供选择：

（1）前端采用 HTML+CSS+JavaScript 网页开发语言编写，利用 AJAX 技术向后台发送请求，后台使用 C#编写服务对前端进行响应；

（2）在 HTML 标签中添加 ASP. NET 中特有的"runat = server"属性，在网页对应 CS 文件中添加处理代码作为服务器响应函数，前、后台不再分离，开发模式类似于桌面应用程序。本系统采用第一种模式开发，本模式开发技术成熟，资源丰富，有 JQuery、Bootstrap 等类库可供使用。

图 15.6 简要示意了开发中使用的语言和技术。

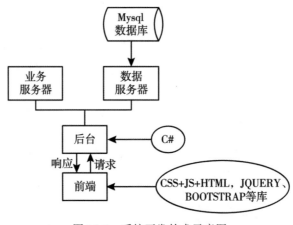

图 15.6　系统开发技术示意图

15.3.2　模板制作

一般来说，生成报告类工具有两种实现方法：第一，从零开始创建 Word 文件，完全在代码中对报告的格式、内容进行控制；第二，如果报告格式比较固定，可使用模板，调整好模板的格式，将待写入区域用特殊字符标识出来，在代码中直接对标识符进行替换。相比之下，第一种方式编码难度高、代码量大，出错几率较高；第二种方式关键在于模板的制作，好的模板仅需少量代码即可输出内容正确、格式统一的报告。质检报告管理系统中，报告格式较固定，且包含信息多、格式复杂，采用第二种方式开发较好。因此，质检报告模板的制作便是整个系统开发中关键的一步。

质检报告模板制作要解决以下几个问题：第一，模板种类的收集，多个行业标准对质检报告样式都有相应规定，加之各单位在参照标准过程中又有各自独特的理解，质检报告种类可谓纷繁复杂，甚至不同的测绘成果也会使用不同的质检报告模板，模板收集有一定的难度；第二，针对某种具体质检报告模板，如何将其制作成可供计算机使用的模板，是另一个需要解决的问题；第三，质检报告文字的字体、大小，段落行距等都有相应要求，需要考虑如何保证由模板生成的报告也具有同样的格式；第四，模板并不是填入内容就成为了正确的报告，其中也存在一些变化因素，例如，某段文字过长导致本页内容进入下一页，格式发生混乱，内容的添加导致页码变化，报告页码编号不正确，等等。

针对第一个问题，模板种类虽繁多，但常用的模板数量较少，且其格式较固定，本系统模板库中仅收录质检报告编写中常用的数种模板，对使用较少的模板暂未录入。而且本系统提供了模板添加功能，用户在使用的过程中可随时添加新模板到模板库。

将人工模板制作成计算机模板的问题，通过添加标识符解决。开发中，使用 docx. dll 库作为 Word 文件操作库，库内提供函数实现 Word 文件中的内容替换功能。因此，将报告中需填写区域用特定字符串占位，系统首先获取用户在网页前端输入的内容，然后将该内容与占位的标识符进行替换，达到填写报告内容的目的。而且，该函数仅替换内容，不会改变原格式，因此，只要在模板中设置标识符的同时也设置好格式，便可解决上述第三个问题。报告模板内容及其格式制作效果如图 15.7 所示。

抽样日期	<%sampleDate%>		抽样地点	<%sampleAddress%>
检验依据	<%testAccording%>			
检验参数	<%testParameter%>			
检验结论	<%testConclusion%> （盖章） 日期：　年　月　日			
备　注	<%remark%>			
编　制：			审　核：	
批　准：	批准日期：　年　月　日		批准人职务：	

图 15.7　质检报告模板内容及格式制作

另外，质检报告中某些段落写法较固定，也可进行模板化，之后由计算机自动填写。如图 15.8 所示"检验工作概况"一段。

1. 检验工作概况

受四川省测绘地理信息局委托，四川省测绘产品质量监督检验站于（请填写检验日期）在成都对（请填写生产单位）生产的（请填写成果名称）成果进行了检验。

检查人员为（请填写检验人员）。此次检验工作采用（请填写检验方法）的方式进行，使用软件（请填写检查软件）等。

图 15.8　特定段落模板化

针对上述第四个问题，换页问题需视情况插入换页符，然后将上一页内容调整到最少，即删除多余空格或换行符，保证有足够的空间填入报告内容，避免进入下一页造成格式的混乱。页码自动编号使用 Word 中的"域"功能，"域"相当于一段代码，添加方法为"插入>>文档部件>>域"，选择类别"编号"，其中"page"代表当前页码，"sectionpages"代表本节总页码。如图 15.9 所示，页眉中红框里的代码代表文档页码编号，其值会随本页页码改变而改变。

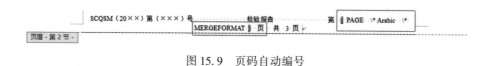

图 15.9　页码自动编号

15.3.3　核心代码及调试

本系统使用 Visual Studio 2015 作为集成化开发环境，主要代码可分为三部分：数据服务器、业务服务器及前台。

数据服务器使用 C#语言编写，与 MySQL 数据库直接交互，提供数据库中各个数据表增删查改的功能，并且定义了访问数据库过程中发生错误的类型，便于系统判断错误，进行前端提示。

业务服务器也使用 C#语言编写，用于完成系统中的某些业务逻辑。比如，将用户在网页前端填写的质检报告信息填入质检报告模板中，并输出质检报告到前端供用户下载查看；再比如，按照用户给定的查询条件，将数据库中所有的质检报告进行分析统计，将分析结果写入报表，并输出给用户。

前台则是用户在浏览器中所见网页，主要包括各个数据表的管理页面、创建质检报告页面、质检报告管理分析页面。每个页面由三个文件组成：ASPX 文件用 HTML 语言编写，代表网页中的内容、浏览器标签；CSS 文件用 CSS 语言编写，控制各个浏览器标签的颜色、大小、对齐方式、边框等样式；JS 文件用 JavaScript 语言编写，定义各个浏览器标签的事件，监听标签的单击、双击、悬浮等操作，触发相应事件。

B/S 开发与桌面应用程序调试存在差异。桌面应用程序调试完全可在 Visual Studio 集成开发环境下进行，设置断点，逐步运行，找出并修正错误代码。在本系统采用的开发模式下，后台调试与桌面应用程序调试方法一致，前端 CSS、JavaScript 代码的调试则需在浏览器中进行。以谷歌浏览器为例，在浏览器中打开开发者工具，可进入前端调试界面。下面分别介绍 CSS 代码、JavaScript 代码、网络传输三类代码的调试。

1. CSS 代码调试

CSS 代码十分灵活，可在浏览器标签内部、HTML 文件中或 CSS 文件中通过标签名、类名、ID 号、父元素甚至伪元素等方式控制浏览器标签的外观，且各浏览器标签样式种类繁多，某些样式之间甚至存在冲突。这种灵活性造成 CSS 代码的调试盲目性较大，存在一定难度。

在浏览器提供的开发者工具下，选中页面中某一元素，右侧可显示该元素盒子模型的 padding、border、margin 参数，同时可查看 CSS 代码中控制该元素样式的具体语句，便于开发者找出异常样式、重复样式，大大提高了 CSS 代码的调试效率。CSS 代码调试界面如图 15.10 所示。

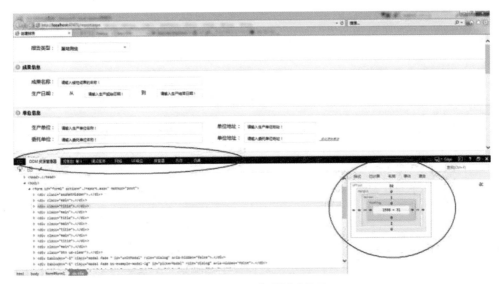

图 15.10　CSS 代码调试界面

2. JavaScript 代码调试

JavaScript 代码调试与桌面开发程序调试类似，打开浏览器开发者模式，在资源中找到需调试的 JS 文件，设置断点，在浏览器界面中触发事件，逐步运行，查找修正 BUG。如图 15.11 所示。JavaScript 代码编写的灵活性非常大，每个浏览器标签的事件监听可通过元素的标签名、类名、ID 号等实现。在调用他人代码时，找到该元素所有的事件监听代码是进行 JavaScript 调试的第一步。充分利用 Visual Studio 开发环境下的全局查找功能，以浏览器标签的类名、ID 名或标签名查找整个项目，准确找到待调试代码位置。

3. 网络传输调试

B/S 架构下，前后台数据通信通过网络实现，网络传输并不支持 C#或 JavaScript 中的对象，只支持字符串。因此，B/S 开发中，一般先将对象转换为字符串，再在网络上传输，最后将接收到的字符串还原为各种对象。字符串必须具备一定的格式才能表示对象，json 和 xml 数据交换格式是其中常见的两种。

以前端向后台发送请求为例，格式正确的字符串经过网络传输到达后台，序列化

图 15.11　JavaScript 代码调试界面

得到对象，此后便可按照常规代码调试方法在 Visual Studio 中调试；如果传输的字符串格式错误，序列化过程会抛出异常，直接向前端返回错误消息，无法进入 Visual Studio 调试步骤。

浏览器开发者模式提供了工具供开发者查看浏览器与后台交互的每条消息，包括各条消息请求过程的请求行、消息报头、请求正文和响应过程的状态行、消息报头、响应正文。开发者可根据消息的具体内容检查传输的字符串格式是否正确，并对错误的消息发送代码进行修正。如图 15.12 所示。

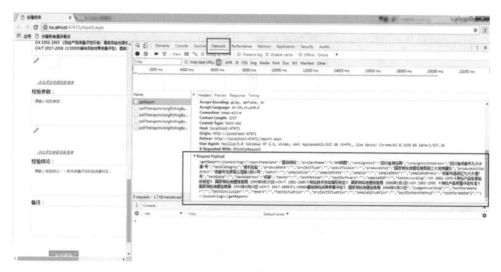

图 15.12　网络传输调试

15.4 系统展示

根据上文所述，系统主要包含以下页面：用户登录、用户管理、模板管理、模板编辑、依据管理、单位管理、检验参数管理、创建报告、报告管理分析。限于篇幅，本节仅简要介绍单位管理、检验参数管理、创建报告三个页面。

用户管理、模板管理、依据管理、报告管理分析页面都与单位管理页面类似。单位管理页面支持批量导入、导出单位信息，也可单个编辑、增加、删除单位信息，可按照指定条件查询检索单位，检索结果以列表方式显示单位名称、地址、联系方式等主要信息，当需要了解某个单位的详细信息时，可点击列表后的"详情"按钮查看该单位所有信息。具体如图 15.13、图 15.14 所示。

图 15.13 单位管理页面

检验参数管理页面，同样支持检验参数的增加、删除、修改等功能。由于检验参数信息表中字段较少，仅有"检验参数名"和"备注"两个字段，如与单位管理页面类似，采用列表方式列出检验参数，页面留白较多，有碍美观。因此，直接列出检验参数名，点击检验参数名称，会出现"编辑""删除"按钮，实现检验参数的编辑与删除功能。点击列表末尾的"添加"按钮，可添加新的检验参数到数据库。页面详情如图 15.15 所示。

创建报告页面作为系统的核心业务页面，主要完成质检信息交互录入、质检报告生成下载的功能。在页面顶端，"报告类型"下拉列表会列出数据库中所有的报告模板，用户选择需要模板，系统会读取该模板的模板内容表，按照表中记录的各条质检信息的名称、分组、使用控件、控件长度、数据源动态生成页面代码，保持页面内容

图 15.14　添加单位模态框

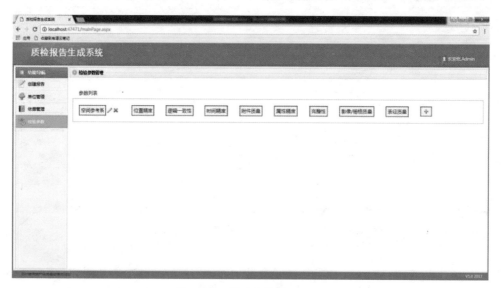

图 15.15　检验参数管理页面

和模板库中的模板内容一致。

图 15.16 展示的为"基础测绘报告模板"页面，用户在该页面中按照实际情况交互录入各条质检信息，之后点击"生成报告"按钮，即可生成标准格式质检报告到本地。

除了上述主要页面，系统还提供了一些控件方便用户填写质检信息。图 15.17 展示的为依据选取器。

质检报告生成系统

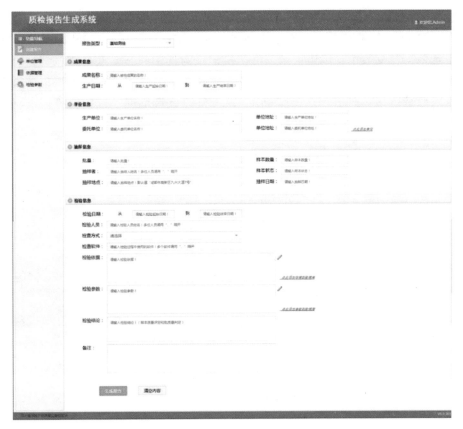

图 15.16　创建报告页面

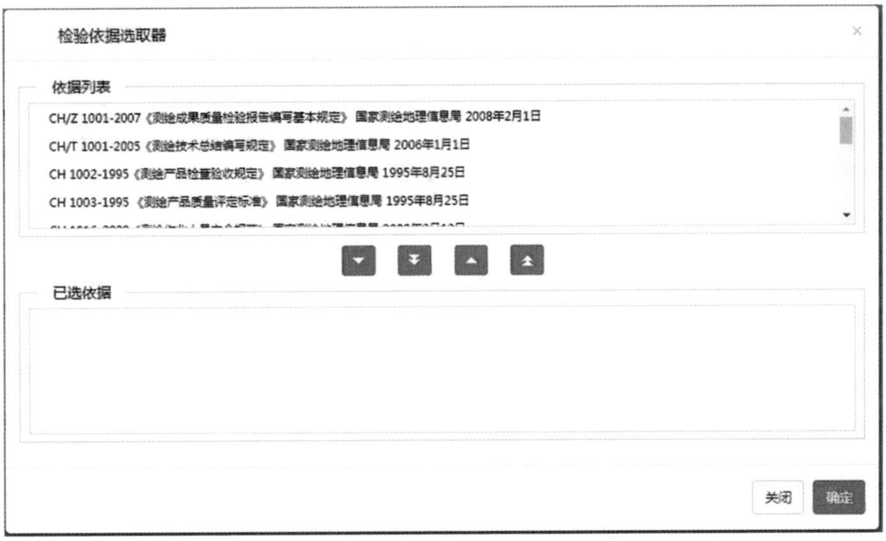
检验依据选取器
依据列表
CH/Z 1001-2007《测绘成果质量检验报告编写基本规定》 国家测绘地理信息局 2008年2月1日
CH/T 1001-2005《测绘技术总结编写规定》 国家测绘地理信息局 2006年1月1日
CH 1002-1995《测绘产品检查验收规定》 国家测绘地理信息局 1995年8月25日
CH 1003-1995《测绘产品质量评定标准》 国家测绘地理信息局 1995年8月25日
已选依据
关闭
确定

图 15.17　检验依据选取器

　　检验依据、判定依据、检验参数等的选择皆可通过该控件实现。以检验依据选取为例，"依据列表"框中列出数据库中所有依据，用户双击某条记录，可直接将其加入"已选依据"列表中；单击记录，可切换记录为选中状态，点击█按钮，可将所有选中记录加入"已选依据"列表中；点击█按钮，可将"依据列表"框中所有记录加入"已选依据"列表。点击"确定"，可将"已选依据"框中所有记录将按标准格式写入质检报告。

第16章 展 望

随着信息社会的发展和大数据时代的到来，测绘地理信息数据在经济社会发展以及生态文明建设中发挥着越来越重要的保障和监测评价作用。本书中提出的测绘地理信息成果信息化质检平台，基本实现了多种类型测绘地理信息成果质量检验的分类管理、快速检查与评价，提升了成果质量检验自动化水平，对于质量检验工作的信息化、流程化、规范化管理有借鉴意义。

但是，随着地理信息产业化进程的日益推进，以及高新技术在测绘地理信息领域广泛应用，地理信息数据包含的内容早已超出传统基础测绘的范畴，地理信息新产品不断涌现，成果形式正朝多样化发展，数据的体量成几何倍数增长，数据的现势性要求越来越高，因此，未来还需要将质检平台与计算机领域的新技术相结合，以提高其对海量、复杂、异构地理信息数据的快速检查与质量分析能力。另外，低空遥感已经广泛应用于测绘地理信息领域，目前已是地理信息数据获取与处理的主要技术手段，如何利用该技术实现测绘地理信息成果的外业快速巡查，也是未来值得研究的重要课题。

16.1 基于云计算的质检平台

对云计算的定义，有多种说法。通常我们理解的云计算是基于互联网的相关服务的增加、使用和交付模式，涉及通过互联网来提供动态易扩展且经常是虚拟化的资源，通过使计算分布在大量的分布式计算机上，而非本地计算机或远程服务器中，可以让用户体验每秒10万亿次的运算能力。本书中提到的信息化质检平台，其前提首先是网络化，通过网络实现质量评价模型、质检方案、质检系统、质检进度等的信息共享和任务的合理化分配。但这里所说的网络是基于单位内部的局域网，因为基础地理信息数据一般都是涉密的，未经脱密处理，不能通过互联网进行传输和管理。

云计算与测绘地理信息数据虽然在应用层级上还有一些关于地理信息国家安全、数据保密、基础设施建设等问题需要解决，但两者融合发展是必然趋势。未来的地理信息更加注重产品的三维表达以及属性信息的精细化，产品内容和产品形式向社会化、三维化、动态化、泛在化和智能化发展。地理信息的现势性也是决定其应用程度的关键，基于云架构的地理信息数据网络化采集、自动化成图、智能化分析与泛在化服务正在成为热点。我国《测绘地理信息科技发展"十三五"规划》已明确将突破互联网地理信息获取技术，实现区域聚焦和主题聚焦的互联网地理大数据快速获取、自动分类和自适应定位；研究敏感内容识别技术，分布式计算、网络协作的地理信息安全保密和安全监管技术，攻克从海量异构网络信息中快速发现敏感地理目标和评估安全威胁的技术难关，实现云计算条件下的地理信息安全服务；研发支持分布式爬行与并行化计算的互联网地理大数据获取与空间安全态势服务系统，形成境内境外网络地理信息持续汇集、涉密信息与地理空间情报自动发现及可视化模拟分析能力等定为未来五年的重点研究内容。

对于质检而言，一旦测绘地理信息数据的获取、处理、存储、管理、分发服务等与云计算实现了有机结合，其数据体量将更大、结构更复杂，实现其数据质量的快速检查与评价势必要与云计算相结合，甚至要与生产及应用服务融为一体。对于基础地理信息数据，出于保密要求，其生产目前还处于一个局域网环境下，随着国家关于打破信息孤岛，破除行业壁垒政策的推进，基础地理信息数据将更多地融入各行各业的专题信息，其数据体量和复杂性也将不可同日而语，如何充分利用局域网环境中的硬件资源和计算能力，通过构建私有云的方式提高质检平台的运算速度和服务效率，将是下一步值得深入研究的命题，这将可能完全改变这里提到的平台内部架构。

16.2　智能化质检平台

2016 年 3 月，谷歌的智能机器人阿尔法狗（AlphaGo）击败了世界围棋冠军李世石，这是人工智能进步的一次公众意义上的引爆事件。在过去十多年里，人工智能的发展速度超出所有科学家的预计，它对人类工作的替代效应也开始清晰地呈现出来。智能化是现代人类文明发展的趋势，其可以在网络、大数据、物联网和人工智能等技术的支持下，自适应的满足各种定向需求。

李德仁院士指出：长期以来，测绘地理信息具有较强的测量、定位、目标感知能力，而往往缺乏认知能力。在大数据时代，通过对时空大数据的数据处理、分析、融合和挖掘，可以大大地提高空间认知能力。把空间大数据和人工智能的各种方法集成在一起，提高空间认知的能力，是测绘地理信息科技创新的努力方向。

无论自动化水平多高，测绘地理信息的质量检验工作始终受到检验人员个人专业能力、职业素养，甚至工作情绪的影响，而解决这一问题的切入点，无疑是实现质检的智能化。智能化的质检平台的打造涉及诸多领域的技术集成，是一个漫长的研究过程。但实现智能化的一个关键是深度学习，深度学习的前提是需要质检大数据，包括数学精度检测数据库、质检所用的高分辨率影像数据库、现势性高的权威资料库、典型质量问题案例库、专家知识库等。这些库之间需要构建严密的逻辑关系，各种质量问题的描述、轻重级别的判定还需要有统一的标准进行约束。这将是测绘地理信息质检与专题大数据、人工智能、云计算等新技术结合的一次历史性跨越。

16.3 基于多传感器低空无人机的外业巡检平台

当前测绘地理信息数据的获取与处理借助无人机、雷达、SAR、高分影像等新型装备和技术，大范围获取地理信息数据的能力越来越强，生产周期大幅缩短，其质量检验评估不仅要科学、客观、准确，高效对于其更快速、更有效的服务应用来说，也非常重要。

外业巡检作为测绘地理信息成果质量检验评估一项必不可少的重要工作，关系到成果质量检验评估的科学性与完整性，其效率将直接影响整个检验评估工作的效率，乃至测绘地理信息数据分发服务的时效性。然而，目前外业巡检工作仍采用人工方式，巡检质量不仅受到巡查人员的专业素养、责任心的差异影响，而且受到所巡查的地域影响，如车辆难以通行的环境恶劣区域或有人身安全隐患的区域，人工巡查所受到的局限很大，且该方式效率低、成本高、风险大，已不能满足当前新型基础测绘、地理国情监测等成果质量把关的需要。

无人机由于具有速度快、视角广阔、不受地形条件制约、成本低等特点，近年来在军用、民用领域得到了快速发展，已成为人类获取地理环境及变化信息必备高科技手段，充分利用其速度快、获取数据范围大等特殊优势，研究基于搭载多传感器的无人机外业巡检关键技术，研制配套的软件系统，将大幅提高外业巡检的工作效率，为成果质量把关提供更先进、更可靠的技术保障。无人机搭载多传感器进行数据获取与处理已经不是难题，问题的关键在于研究面向质检需求的机载多传感器数据快速融合和特征要素快速提取，以及与被检成果的快速比对评估技术。这将是未来测绘地理信息质检领域的重点研究方向之一。

参 考 文 献

［1］ Pillirone G, Visintini D. A Package for the Management of Data Quality in Geographic Information Systems ［J］. International Centre for Mechanical Sciences, 1996.

［2］ Hayati TASTAN, M Orhan ALTAN. Automatic Checking of Feature and Attribute Consistency of a Spatial Database ［C］. ISPRS, 2000, 57.

［3］ Bishnu P Phuyal, Robert W Schmidley, J Raul Rami. Automatic Quality Control for GIS Data Conversion ［J］. Surveying and Land Information Systems, 1997, 57 (1).

［4］ Busch A, Willrich F. System Design for Automated Quality Control of GIS and Imagery. ISPRS, 2002.

［5］ Dong-Gyu Park, Hwan-Gue Cho. A Verification System for the Accuracy of the Digital Map. ADVANCES IN GIS RESEARCH Ⅱ. Proceedings of the 7th International Symposium on Spatial Data Handling, 1996.

［6］ Su Y, Yang L, Jin Z. Evaluating Spatial Data Quality in GIS Database ［C］//International Conference on Wireless Communications, NETWORKING and Mobile Computing. IEEE, 2007.

［7］ Joshua Greenfeld. Evaluating the Accuracy of Digital Orthophoto Quadrangles (DOQ) in the Context of Parcel-Based GIS ［J］. Photogrammetric Engineering & Remote Sensing, 2001, 67 (2).

［8］ Angwin G T. Quality Control of Digital Map Generation ［J］. Proceedings GIS/LIS, 1991, (2).

［9］ Simley, Jeff. Improving the Quality of Mass Produced Maps ［J］. Cartography and Geographic Information Science, 2001, 28 (2).

［10］ Wu C V, Buttenfield B P. Spatial Data Quality and Its Evaluation ［J］. Computers Environment and Urban Systems, 1994, 18 (3).

［11］ Guptill S C, Morrison J L. Elements of Spatial Data Quality ［M］. New York: Elsevier, 1995.

［12］ Goodchild M F, Hunter G J. A Simple PositioningAccuracy Measure for Linear Features ［J］. International Journal of Geographical Information Systems, 1997, (11).

［13］ Goodchild M F, Gopal S. Accuracy of Spatial Databases ［M］. Basingstoke: Taylor andFrancis, 1989.

［14］ Goodchild M. Data Models and Data Quality: Problems and Prospects ［M］//Environmental Modeling with GIS, 1993.

［15］ MacDougall E B. The Accuracy of Map Overlays ［J］. Landscape Planning, 1975, 2 (75).

［16］ Campbell W G, Mortenson D C. Ensuring the Quality of Geographic Information System Data. A Practical Application of Quality Control ［J］. Photogrammetric Engineering & Remote Sensing, 1989, 55 (11).

［17］ Caspary W and Scheuring R. Error-Bands as A Measure of Geometrical Accuracy ［J］. Proceedings of EGIS, 1992.

［18］ Mills J P, Newton I. A New Approach to the Verification and Revision of Large-scale Mapping ［J］. ISPRS Journal of Photogrammetry and Remote Sensing, 1996, 51 (1).

［19］ Caspary W, Joos G. Quality Criteria and Control for GIS Databases ［J］. The IAG-SC4 SymPosiurn, Eisentadt, 1998.

［20］ Smith J W F, Campbell I A. Error in Polygon Overlay Processing of Geomorphic Data ［J］. Earth Surface Processes and Landforms, 2010, 14 (8).

［21］ Delavar M R, Devillers R. Spatial Data Quality: From Process to Decisions ［J］. Transactions in GIS, 2010, 14 (4).

［22］ Gold C, Dakowicz M. Digital Elevation Models from Contour Lines ［J］. GIM International Journal, 2003, 17.

［23］ Lloyd C D, Mcdonnell R A, Burrough P A. Principles of Geographical Information Systems ［J］. Landscape & Urban Planning, 2000, 15 (3).

［24］ Madnick S, Zhu H. Improving Data Quality Through Effective Use Of Data Semantics ［J］. Data & Knowledge Engineering, 2006, 59 (2).

［25］ Marketa P. Image Matching and Its Applications in Photogrammetry ［D］. Aalborg University, 2004.

［26］ Bay H, Ess A, Tuytelaars T, et al. Speeded-Up Robust Features (SURF) ［J］. Computer Vision & Image Understanding, 2008, 110 (3).

［27］ Lowe D G. Distinctive Image Features from Scale-invariant Keypoints ［J］. International Journal of Computer Vision, 2004, 60 (2).

［28］ Rublee E, Rabaud V, Konolige K, et al. ORB: An Efficient Alternative to SIFT or SURF ［C］ //Computer Vision (ICCV), 2011 IEEE International Conference on. IEEE, 2011.

［29］ Calonder M, Lepetit V, Strecha C, et al. BRIEF: Binary Robust Independent Elementary Features ［M］ //Computer Vision-ECCV 2010. Springer Berlin Heidelberg, 2010.

［30］ Rosten E, Drummond T. Machine Learning for High-speed Corner Detection ［M］ //Computer Vision-ECCV 2006. Springer Berlin Heidelberg, 2006.

［31］ Rosin P L. Measuring Corner Properties ［J］. Computer Vision and Image Under-standing, 1999, 73 (2).

［32］ Fischler M A, Bolles R C. Random Sample Consensus: A Paradigm for Model Fitting with Applications to Image Analysis and Automated Cartography ［J］. Communications of the ACM, 1981, 24 (6).

［33］ Szeliski R. Computer Vision: Algorithms and Applications ［M］. Springer, 2011.

［34］ Teng G E, Zhou M, Li C R, et al. Mini-Uav LIDAR for Power Line Inspection ［J］. ISPRS-International Archives of the Photogrammetry, Remote Sensing and Spatial Information Sciences, 2017, XLII-2/W7.

［35］ Li Z, Liu Y, Hayward R, et al. Knowledge-based Power Line Detection for UAV Surveillance and Inspection Systems ［C］ //Image and Vision Computing New Zealand, 2008. Ivcnz 2008. International Conference. IEEE, 2009.

［36］ 国家质量监督检验检疫总局. GB/T 14911—2008, 测绘基本术语 ［S］. 北京: 中国标准出版社, 2008.

［37］ 国家质量监督检验检疫总局. GB/T18316—2008, 数字测绘成果质量检查与验收 ［S］. 北京: 中国标准出版社, 2008.

［38］ 国家质量监督检验检疫总局. GB/T24356—2009, 测绘成果质量检查与验收 ［S］. 北京: 中国标准出版社, 2009.

［39］ 国家测绘地理信息局. CH/T1025—2011, 数字线划图 (DLG) 质量检验技术规程 ［S］. 北京: 测绘出版社, 2012.

［40］ 国家测绘地理信息局. CH/T1026—2012, 数字高程模型质量检验技术规程 ［S］. 北京: 测绘出版社, 2013.

［41］ 国家测绘地理信息局. CH/T 1027—2012, 数字正射影像图质量检验技术规程 ［S］. 北京: 测绘出版社, 2013.

［42］ 国家测绘局. CH/T1020—2010, 1∶500 1∶1000 1∶2000 地形图质量检验技术规程 ［S］. 北京: 测绘出版社, 2011.

［43］ 国家测绘地理信息局. CH/T1023—2011, 1∶5000 1∶10000 1∶25000 1∶50000 1∶100000 地形图质量检验技术规程 ［S］. 北京: 测绘出版社, 2012.

［44］ 国家测绘局. CH/T 1017—2008, 1∶50000 基础测绘成果质量评定 ［S］. 北京: 测绘出版社, 2008.

［45］ 国家测绘地理信息局. CH/T 1033—2014, 管线测量成果质量检验技术规程 ［S］. 北京: 测绘出版社, 2015.

［46］ 国家测绘地理信息局. CH/T 6002—2015, 管线测绘技术规程 ［S］. 北京: 测绘出版社, 2015.

［47］ 国家质量监督检验检疫总局. GB/T 27919—2011, IMU/GPS 辅助航空摄影技术规范 ［S］. 北京: 测绘出版社, 2012.

［48］国家质量监督检验检疫总局．GB/T 27920.1—2011，数字航空摄影规范：第 1 部分：框幅式数字航空摄影［S］．北京：中国标准出版社，2011．

［49］国家质量监督检验检疫总局．GB/T 27920.2—2012，数字航空摄影规范：第 2 部分：推扫式数字航空摄影［S］．北京：中国标准出版社，2012．

［50］国家测绘地理信息局．CH/T 1029.1—2012，航空摄影成果质量检验技术规程：第 1 部分：常规光学航空摄影［S］．北京：中国测绘出版社，2012．

［51］国家测绘地理信息局．CH/T 1029.2—2013，航空摄影成果质量检验技术规程：第 2 部分：框幅式数字航空摄影［S］．北京：中国测绘出版社，2014．

［52］国家测绘地理信息局．CH/T 1029.3—2013，航空摄影成果质量检验技术规程：第 3 部分：推扫式数字航空摄影［S］．北京：中国测绘出版社，2014．

［53］国家测绘局．CH/T 1021—2010，高程控制测量成果质量检验技术规程［S］．北京：测绘出版社，2011．

［54］国家测绘局．CH/T 1022—2010，平面控制测量成果质量检验技术规程［S］．北京：测绘出版社，2011．

［55］国家测绘局．CH/T 1018—2009，测绘成果质量监督抽查与数据认定规定［S］．北京：测绘出版社，2009．

［56］国家测绘局．测绘成果质量监督抽查管理办法．2010．

［57］国家测绘地理信息局．测绘地理信息质量管理办法．2015．

［58］国家测绘地理信息局．信息化测绘体系建设技术大纲．2015．

［59］国家基础地理信息中心．国家 1∶50000 数据库更新工程 1∶50000 地形图制图数据生产技术设计方案［Z］．2010．

［60］国务院第一次全国地理国情普查领导小组办公室．地理国情普查基础知识［M］．北京：测绘出版社，2013．

［61］国务院第一次全国地理国情普查领导小组办公室．地理国情普查内容与指标［M］．北京：测绘出版社，2013．

［62］国务院第一次全国地理国情普查领导小组办公室．GDPJ09—2013，地理国情普查检查验收与质量评定规定．2013．

［63］国家测绘地理信息局．GQJC01—2017，基础性地理国情监测数据技术规定．2017．

［64］国家测绘地理信息局．GQJC02—2017，基础性地理国情监测生产元数据技术规定．2017．

［65］国家测绘地理信息局．GQJC03—2017，基础性地理国情监测内容与指标．2017．

［66］国家测绘地理信息局．GQJC06—2017，遥感影像解译样本数据技术规定．2017．

［67］国家测绘地理信息局．GQJC11—2017，基础性地理国情监测检查验收与质量评定规定．2017．

［68］四川测绘地理信息局．2017 年基础性地理国情监测数据生产专业技术设计书．2017，6．

[69] 李志刚. 依托自主资源与技术加快全球地理信息资源开发 [S] //库热西·买合苏提. 测绘地理信息蓝皮书：测绘地理信息供给侧结构性改革研究报告 (2016) [R]. 北京：社会科学文献出版社, 2017.

[70] 李冲, 阳建逸, 邓智文. 距离与角度控制的矢量面数据接边检查方法 [J]. 测绘科学. 2017, 42 (11).

[71] 李冲, 邓智文, 何鑫星, 等. 信息化地理信息产品检查与评价系统构建技术 [J]. 地理空间信息, 2017, 15 (2).

[72] 邓智文, 何鑫星, 李冲, 等. 信息化质检系统数据库设计 [J]. 测绘科学, 2017, 42 (09).

[73] 李倩, 齐华, 陈华, 等. 地理国情要素数据接边质量的自动检查方法研究 [J]. 测绘, 2016, 39 (06).

[74] 何鑫星, 邓智文, 李冲, 等. 地理国情普查成果质量自动化评价模型的设计与实现 [J]. 测绘, 2015, 38 (06).

[75] 李倩, 曾衍伟, 王珊, 等. 1∶50000 制图数据成果质量检查技术研究 [J]. 测绘, 2012, 35 (06).

[76] 陈琰如, 李冲, 王珊. 1∶50000 地形图制图数据质量控制及常见问题分析 [J]. 测绘, 2012, 35 (05).

[77] 陈琰如, 李冲, 王珊. 基于要素属性约束机制的不合理面面关系检查方法研究 [J]. 测绘. 2017 (2).

[78] 陈琰如, 李冲, 王珊. 基于过滤条件的不合理悬挂点检查方法研究 [J]. 测绘, 2017, 40 (04).

[79] 佘毅, 李冲, 黄瑞金. 利用薄板样条函数的无人机飞行质量检查 [J]. 遥感信息, 2016 (02).

[80] 李昊霖, 李冲, 黄瑞金, 等. A3 数码航摄仪飞行重叠度检查 [J]. 遥感信息, 2015 (6).

[81] 佘东静, 邓智文, 阳建逸. 一种基于数据库的地理国情普查成果生产与质检快速交互方法 [J]. 测绘, 2016, 39 (02).

[82] 阳建逸, 李冲, 邓智文, 等. 基于境界的地理国情普查数据接边检查算法设计与实现 [J]. 测绘, 2015, 38 (06).

[83] 彭华沙, 李倩, 李冲. 关于低空数字航空摄影质量检验的研究 [J]. 测绘, 2014, (05).

[84] 陈国海. 数字测绘产品的质量检查与质量控制 [J]. 科技资讯, 2013 (14).

[85] 秦丽. 浅谈数字测绘产品的质量控制 [J]. 经纬天地, 2014 (02).

[86] 钱俊. GIS 空间数据处理与质量控制系统 [D]. 同济大学, 2007.

[87] 郑俊涛. 数字地形图质量检查系统的研究与实现 [D]. 江西理工大学, 2011.

[88] 秦霞, 顾政华, 李旭华, 等. 区域公路网布局规划方案的连通度评价指标研究 [J]. 土木工程学报, 2006, 39 (1).

[89] 蒋怀德，喻良，常李东．城市供水管网连通性分析研究［J］．河南科学，2007，25（2）．

[90] 丁丽娟，程杞元．数值计算方法［M］．北京：北京理工大学出版社，2004．

[91] 徐道柱．基于 TIN 和 RGD 的地貌综合研究［D］．郑州：解放军信息工程大学，2007．

[92] 张宏，温永宁，刘爱利，等．地理信息系统算法基础［M］．北京：科学出版社，2006．

[93] 戴鸿远，叶士召．公路网连通度评价方法研究［J］．公路与汽运，2007（04）．

[94] 余章蓉．数字地形图质量检查系统研究［D］．昆明理工大学，2008．

[95] 玛依拉．基于规则的空间拓扑关系检查［D］．长安大学，2009．

[96] 曾衍伟．空间数据质量控制与评价技术体系研究［D］．武汉大学，2004．

[97] 张彦彦．基于规则的 DLG 数据质量检查方法研究［D］．南京师范大学，2007．

[98] 倪屾．基于规则的基础测绘成果质检研究［J］．科技创新与应用，2015（16）．

[99] 李兆雄，杨小琴．地理信息数据质量检查及优化［J］．地理空间信息，2014，12（06）．

[100] 李寿清，施冬．测绘数据质检自动化系统设计与实现［J］．科技传播，2018，10（02）．

[101] 何艳飞．1：5 万 DLG 质量检查系统及其关键问题的研究［D］．西南交通大学，2008．

[102] 姜淼．数字线划图的生产方法与质量控制［J］．测绘与空间地理信息，2012，35（12）．

[103] 杨华浦．.NET 平台下参数化设计的实现［J］．现代计算机，2005（8）．

[104] 戴相喜，周卫，高磊．DLG 数据任意范围接边算法及实现［J］．测绘通报，2008（07）．

[105] 廖振环，左志进，魏德照．DLG 数据接边检查的设计与实现［J］．地理空间信息，2009，7（04）．

[106] 欧美极，周江刚，周艳．基于 ArcGIS 的图幅自动接边方法的实现［J］．地矿测绘，2014，30（04）．

[107] 张潘，余代俊，许馨．1：10000DLG 质量检查及质量评定方法［J］．地理空间信息，2016，14（07）．

[108] 夏荣．1：10000 基础测绘数字产品的质量控制［J］．测绘与空间地理信息，2007（02）．

[109] 闻彩焕．DLG 数据自动化质量检查方案定制与实现［J］．矿山测量，2018，46（01）．

[110] 黄海英，钟生伟，胡景海．DLG 质量检查探究［J］．地理空间信息，2009，7（06）．

[111] 钟北辰，宋伟东．基于多源数据叠加的 DLG 数据质量检查［J］．测绘科学，

2009，34（S1）.

[112] 曹阳. 空间数据质量检查与评价技术研究［D］. 辽宁工程技术大学，2008.

[113] 许业辉. 空间数据质量检查系统设计与实现［D］. 福建师范大学，2010.

[114] 王明亮，刘秀峰. 基于 ArcGIS Engine 的 DEM 与 DOM 质量检查［J］. 测绘与空间地理信息，2012，35（12）.

[115] 杨海关，杨忠祥，陈平，等. 基于 ArcEngine 影像质量检查软件的设计与实现［J］. 测绘与空间地理信息，2016，39（02）.

[116] 贺超，施昆. 基于 ArcEngine 的 DOM 质量检查平台设计与实现［J］. 安徽农业科学，2015，43（18）.

[117] 白丹. 数字正射影像的制作及质量检查方法的探讨［J］. 测绘与空间地理信息，2013，36（07）.

[118] 徐娜，张涛，姜阳. 基于影像相关的 DOM 色彩和纹理接边状况自动判断与评价［J］. 科技资讯，2009（33）.

[119] 陆玉祥，江才良. DOM 的质量检查［J］. 现代测绘，2009，32（04）.

[120] 张新利. 一种 DEM 套合自动检查算法的设计与实现［J］. 测绘与空间地理信息，2012，35（10）.

[121] 王晔. DEM 检查方法应用探讨［J］. 测绘与空间地理信息，2017，40（03）.

[122] 张蕊，高飞，张忠民. DEM 数字产品质检系统设计与研制［J］. 信息通信，2016（04）.

[123] 张蕊. 数字测绘产品 DEM 质量研究与应用［D］. 合肥工业大学，2016.

[124] 罗伏军，李程，严英华. 关于 DEM 数据质量检查内容和方法的探讨［J］. 测绘与空间地理信息，2016，39（03）.

[125] 罗茜. 规则格网 DEM 质量检查与评价系统设计与实现［J］. 江西测绘，2015（03）.

[126] 王佩，吕志勇. DEM 产品质量检查标准研究与实现［J］. 测绘与空间地理信息，2011，34（05）.

[127] 祝明然，孟先，张明涛，等. 数字高程模型产品质量检查及 ArcGIS 软件的实现［J］. 现代制造技术与装备，2008（03）.

[128] 肖雁峰. DEM 质量检查与精度评定研究［D］. 西南交通大学，2008.

[129] 李宗礼，李原园，王中根，等. 河湖水系连通研究：概念框架［J］. 自然资源学报，2011，26（3）.

[130] 左其亭，崔国韬. 河湖水系连通理论体系框架研究［J］. 水电能源科学，2012，30（1）.

[131] 袁雯，杨凯，吴建平. 城市化进程中平原河网地区河流结构特征及其分类方法探讨［J］. 地理科学，2007，27（3）.

[132] 高洁. 交通运输网络连通性评价指标分析［J］. 交通运输工程与信息学报，2010，8（1）.

[133] 傅惠，许伦辉，郭秋亮．路网最大流问题的断路算法程序设计及应用［J］．广西交通科技，2003，（4）．

[134] 范海雁，吴志周，杨晓光．基于道路交通网络拓扑结构的可靠性研究［J］．中国矿业大学学报，2005，34（4）．

[135] 陆鸣盛，沈成康．图的连通性快速算法［J］．同济大学学报，2001，29（4）．

[136] 李杰，刘威，钱摇琨．网络可靠度分析的最小割递推分解算法［J］．地震工程与工程振动，2007，27（5）．

[137] 王英杰，陶世宁，程琳．交通网络连通可靠性评价方法研究［J］．交通运输工程与信息学报，2008，6（2）．

[138] 朱欣焰，张建超，李德仁，等．无缝空间数据库的概念、实现与问题研究［J］．武汉大学学报（信息科学版）．2002（04）．

[139] 付建德，富莉，张海印．城市基础地理空间数据建库中的质量控制研究［J］．测绘科学．2005（06）．

[140] 宗刚军．GIS数据质量控制的分析研究［J］．西安科技大学学报．2009（05）．

[141] 刘兴权，尹长林，牛续苗．AutoCADMap2000与图形接边［J］．大地纵横，2002（3）．

[142] 刘鸿剑，阮见，周万春．基于ArcGIS的矢量图形接边方法的探讨［J］．科技广场．2007（11）．

[143] 张赢，汪荣峰，廖学军．数字地图图幅接边的虚拼接算法［J］．计算机工程与设计．2010（16）．

[144] 周丽珠，刘富东，周义军，等．基于关系探测聚类的图形自动接边算法［J］．城市勘测．2011（06）．

[145] 闫会杰，吕志勇，张建平．矢量数据入库后的接边处理［J］．测绘技术装备，2011（03）．

[146] 张剑清，潘励，王树根．摄影测量学［M］．武汉：武汉大学出版社，2010．

[147] 林君建，苍桂华．摄影测量学［M］．北京：国防工业出版社，2006．

[148] 钟生伟，王博，熊涛，等．湖北省1∶2000 DOM验收方法创新与实践［J］．地理空间信息，2017，15（3）．

[149] 雷德容．地理国情监测与基础测绘相关关系研究［J］．遥感信息，2015，30（02）．

[150] 王秀琴，傅蓉．浅析地理国情要素数据的质量检查［J］．地理空间信息，2015，13（02）．

[151] 侯家槐，张涛，孟庆辉．关于提高国情监测质量检查技术的研究［J］．测绘与空间地理信息，2014，37（06）．

[152] 张璐．基于ArcEngine的地理国情监测矢量数据质量检查系统开发研究［D］．长安大学，2017．

[153] 宋晓红，张立朝，禄丰年，等．地理国情普查中多源异构数据整合研究［J］．

测绘通报.2014（09）.

［154］孟德舒.地理国情普查成果的三重保障［J］.测绘与空间地理信息.2014（06）.

［155］罗鹏.地理国情普查成果质量控制及检查方法探讨［J］.测绘与空间地理信息，2014（06）.

［156］高天虹，张金刚，刘敏.地理国情普查成果内业的质量控制［J］.测绘与空间地理信息，2014（06）.

［157］贾佳.地理国情普查质量监督检查验收方法［J］.测绘与空间地理信息.2014（06）.

［158］王明亮，罗晓飞，张明丽.地理国情普查内业编辑与整理的若干问题与探讨［J］.测绘与空间地理信息，2014（06）.

［159］宋尚萍，陈世培，李井春，等.地理国情普查内容与指标体系构建方法研究［J］.测绘与空间地理信息，2014（06）.

［160］沈向前，余洋.复杂环境下地理国情普查内业质量检查［J］.地理空间信息，2015，13（06）.

［161］唐享，朱勤东.地理国情普查成果验收质量检查与控制［J］.地理空间信息，2015，13（06）.

［162］程滔.地理国情普查样本数据入库质量检查方法研究［J］.测绘通报，2015（10）.

［163］赵彦刚，徐喜旺.浅谈地理国情监测外业调绘与核查的方法［J］.测绘标准化，2015，31（01）.

［164］刘建军.国家基础地理信息数据库建设与更新［J］.测绘通报，2015（10）.

［165］刘会安.数字地形图更新和质量检查方法研究［D］.解放军信息工程大学，2001.

［166］曾衍伟，王珊，1∶50000 DLG更新数据质量检查方法及实现技术［J］.测绘科学，2008（S2）.

［167］刘建军，赵仁亮，张元杰，等.国家1∶50000地形数据库重点要素动态更新［J］.地理信息世界，2014（1）.

［168］王东华，刘建军，商瑶玲，等.国家1∶50000基础地理信息数据库动态更新［J］.测绘通报，2013（7）.

［169］王东华，刘建军.国家基础地理信息数据库动态更新总体技术［J］.测绘学报，2015，44（7）.

［170］房龙，张俊，黄伟佳.浅谈1∶50000地形数据库动态更新质量控制［J］.测绘与空间地理信息，2013，36（4）.

［171］商瑶玲，王东华，刘建军，等.国家基础地理信息数据库质量控制技术体系建立与应用［J］.地理信息世界，2012（1）.

［172］张元杰，刘建军，刘剑炜.国家1∶50000地形数据库增量式更新技术方法

[J]. 地理信息世界，2015，22（6）.

[173] 肖靖峰，王晓东，姚宇. 基于 ArcGIS 平台的厂区地下管网空间分析 [J]. 计算机应用，2012，32（9）.

[174] 于国清，汤广发，郭骏，等. 一种基于几何的空间管道碰撞检测算法 [J]. 哈尔滨工业大学学报，2003，35（11）.

[175] 方黎，于海波. 基于 GeoDatabase 的管线数据库建库若干问题研究 [J]. 城市勘测，2005（6）.

[176] 朱明，薛重生，李丹，等. 城市管网数据模型与网络逻辑拓扑关系 [J]. 地球科学，2005，30（2）.

[177] 董改香，冯志祥. 基于 ArcSDE 的空间数据库技术研究 [J]. 科技咨询导报，2007（11）.

[178] 杨斌，顾秀梅，武锋强，等. 基于 GIS 的城市地下管线综合信息系统 [J]. 科学导报，2011，29（12）.

[179] 吕露. 综合管网信息系统空间分析功能的设计与实现 [D]. 北京：中国地质大学，2010.

[180] 李黎，李剑. ArcGIS 在武汉市地下管线信息系统中的应用 [J]. 铁道勘察，2006，25（6）.

[181] 赵俊兰，邬伦. 校园地下管线综合信息管理系统的研究与开发 [J]. 测绘科学，2007，32（5）.

[182] 余慧明. 城市地下管网综合地理信息系统的设计与实现 [D]. 郑州：信息工程大学，2007.

[183] 余其阳. 油田管网三维信息管理系统的研究与实现 [D]. 陕西：西北工业大学，2009.

[184] 傅晓婷. 城市地下管网空间分析与应急可视化处理 [D]. 北京：北京邮电学院，2010.

[185] 段琪庆，刘寒芳，薛冰. 数字管网连通分析的淘汰算法与实现 [J]. 测绘科学，2008，33（S1）.

[186] 吴建华，付仲良. 城市排水管网连通追踪分析算法研究与功能实现 [J]. 地理空间信息：2007，5（1）.

[187] 杨军. 浅谈地下管线普查成果的质量检验 [J]. 江西测绘，2016（03）.

[188] 辛全波，毕金强，尚东方，等. 地下管线数据质量检查方法的研究与实现 [J]. 中国新通信，2016，18（06）.

[189] 陈鼎，黄韬勇，孙健，等. 地下管线测量成果内业质量检查程序开发 [J]. 江西测绘，2012（02）.

[190] 解智强，李俊娟，郭贵洲，等. 地下管线探测成果的质量检验方法 [J]. 地理空间信息，2012，10（01）.

[191] 王志勇，张继贤，黄国满. 数字摄影测量新技术 [M]. 北京：测绘出版社，2012.

[192] 刘扬. 影响航空摄影质量的几个关键因素 [J]. 影像技术, 2001 (01).

[193] 黄文彬, 高连义. 航空摄影的未来走向和发展趋势 [J]. 影像技术, 2000, (04).

[194] 李学友. IMU/DGPS 辅助航空摄影测量原理、方法及实践 [D]. 解放军信息工程大学, 2005.

[195] 曾衍伟, 易尧华, 李倩, 等. 框幅式数字航空摄影成果质量检查方法研究 [J]. 测绘, 2011, 34 (05).

[196] 巢宁佳. 航空影像质量检查验收方法研究 [J]. 江西测绘, 2015, (04).

[197] 勾志阳, 赵红颖, 晏磊. 无人机航空摄影质量评价 [J]. 影像技术, 2007 (2).

[198] 段福洲, 赵文吉. 基于图像匹配的机载遥感影像质量自动检查方法研究 [J]. 测绘科学, 2010, 35 (6).

[199] 陈洁, 杨达昌, 杜磊, 等. 框幅式数字航空摄影飞行质量检查方法 [J]. 国土资源遥感, 2014, 26 (04).

[200] 陈秀萍, 黄彦锋, 吕翠华. 低空数字航空摄影测量影像快速分析方法 [J]. 科学技术与工程, 2012, 12 (07).

[201] 田超, 陈杰, 刘小强. 浅析提高轻型无人机航摄质量的方法 [J]. 测绘标准化, 2015, 31 (03).

[202] 洪亮, 王海涛, 曹金山, 等. 数字航空摄影成果质量检验方案 [J]. 武汉大学学报 (信息科学版), 2013, 38 (10).

[203] 王海涛, 刘楠, 谢谦. 推扫式数码航空影像旁向重叠度的自动检查 [J]. 测绘通报, 2016, (05).

[204] 王晔. 利用 ADS100 影像进行航空摄影测量的实践 [J]. 测绘与空间地理信息, 2017, 40 (01).

[205] 刘元志, 杨阳. 基于 ADS100 数字航空摄影测量系统的航线设计研究 [J]. 国土资源导刊, 2014, 11 (10).

[206] 周晓敏, 杨爱玲, 孙丽梅, 等. 浅议基于像素工厂的 ADS80 影像处理技术 [J]. 测绘与空间地理信息, 2012, 35 (05).

[207] 毕凯, 赵俊霞, 丁晓波, 等. 倾斜航空摄影技术设计与成果质量检验 [J]. 测绘通报, 2017 (04).

[208] 杨久勇. 倾斜航空摄影的原理与特点 [A]. 中国测绘学会. 中国测绘学会 2010 年学术年会论文集 [C]. 中国测绘学会, 2010: 4.

[209] 李英杰. 航空倾斜多视影像匹配方法研究 [D]. 中国测绘科学研究院, 2014.

[210] 王庆栋. 新型倾斜航空摄影技术在城市建模中的应用研究 [D]. 兰州交通大学, 2013.

[211] 骆光飞, 许飞. 浙江省地形特征点数据库研建 [J]. 测绘通报, 2008, 2008 (12).

[212] 骆光飞. 省级基础测绘成果数学精度检验的新方法——谈浙江省地形特征点数据库研建 [J]. 浙江测绘, 2008 (3).

[213] 赵江洪. 地理信息系统中多图幅接边的设计与实现 [J]. 测绘科学. 2004 (01).

[214] 赵江洪. GIS 中多图幅自动接边的实现方法探讨 [J]. 测绘通报, 2006 (02).

[215] 周顺平, 张江东, 左泽均. 线要素任意范围接边算法的设计与实现 [J]. 测绘科学. 2012 (05).

[216] 李建洁, 高保禄, 徐成武. 基于本体规则的接边数据一致性维护 [J]. 科学技术与工程, 2015 (4).

[217] 穆凯. 基于 ArcGIS Engine 的自动智能图幅接边算法与实现 [J]. 地理空间信息, 2014 (6).

[218] 张宁宁, 高保禄, 徐成武, 等. 基于圆形区域拟合匹配的多图幅接边算法研究 [J]. 计算机应用研究, 2015, 32 (9).

[219] 杜晓, 刘建军, 杨眉, 等. 基础地理信息跨尺度联动更新规则体系研究 [J]. 测绘通报, 2017 (3).

[220] 殷丽丽, 施苗苗, 张书亮. GIS 时空数据模型在城市地下管线数据库中的应用 [J]. 测绘科学, 2006, 31 (5).

[221] 李黎, 李剑. 基于空间数据引擎的综合地下管线数据组织 [J]. 测绘科学, 2007, 32 (2).

[222] 王乾, 李刚, 赵海民. ObjectARX 自定义实体的地下管线前端数据采集系统开发 [J]. 测绘科学, 2010, 35 (5).

[223] 张继贤, 张莉, 张鹤. 面向新型基础测绘的新时代质检任务 [J]. 中国测绘, 2018 (01).

[224] 侯利云. 测绘质检能力建设研究 [J]. 经纬天地, 2014 (02).

[225] 车秋锋. 4D Checker 数字测绘产品质量检验系统的研制与开发 [J]. 测绘通报, 2004 (09).

[226] 聂小波. 基础地理信息数据质量检查系统设计与实现 [D]. 中国地质大学, 2006.

[227] 费昀, 杜迎春, 刘俊杰, 等. LIDAR 数据与多源数据融合的方法 [J]. 地理空间信息, 2012, 10 (01).

[228] 方军. 融合 LiDAR 数据和高分辨率遥感影像的地物分类方法研究 [D]. 武汉大学, 2014.

[229] 马洪超, 姚春静, 邬建伟. 利用线特征进行高分辨率影像与 LiDAR 点云的配准 [J]. 武汉大学学报 (信息科学版), 2012, 37 (02).

[230] 张永军, 熊小东, 沈翔. 城区机载 LiDAR 数据与航空影像的自动配准 [J]. 遥感学报, 2012, 16 (03).

[231] 袁存忠, 邓淑丹. 地理信息大数据探讨 [J]. 测绘通报, 2016 (12).

［232］赵传，张保明，陈小卫，等．一种基于 LiDAR 点云的建筑物提取方法［J］．测绘通报，2017（2）．

［233］姚春静．机载 LiDAR 点云数据与遥感影像配准的方法研究［D］．武汉大学，2010．

［234］杨浩．基于机载 LiDAR 点云的真正射影像生成方法研究［D］．中国工程物理研究院，2015．

［235］谢潇，朱庆，张叶廷，等．多层次地理视频语义模型［J］．测绘学报，2015，44（5）．

［236］李峰，刘文龙．机载 LiDAR 系统原理与点云处理方法［M］．北京：煤炭工业出版社，2017．

［237］闫利，蒋宇雯．激光点云与航空影像融合分类［J］．测绘通报，2015（10）．

［238］尚大帅．机载 LiDAR 点云数据滤波与分类技术研究［D］．解放军信息工程大学，2012．

［239］罗名海．深化地理信息技术在政府管理信息化建设中的应用［C］//全国测绘科技信息网中南分网第二十二次学术信息交流会．2008．

［240］覃松，冯庆东．地理信息技术在电力信息化过程中的应用［J］．电力信息与通信技术，2004，2（3）．

［241］韩海青．深化信息技术应用推动国土资源信息化发展［J］．地理信息世界，2014（1）．

［242］次平，邓忠坚，李旭．地理信息技术在自然保护区管理中的应用方法研究［J］．林业勘查设计，2015（3）．

［243］詹陈胜，武芳，翟仁健，等．基于拓扑一致性的线目标空间冲突检测方法［J］．测绘科学技术学报，2011，28（05）．

［244］陈明辉，张新长．空间数据动态更新的冲突自动检测处理方法［J］．地理空间信息，2013，11（03）．

［245］赵力彬，谢露蓉，吕志勇，等．空间数据质量检查与评价系统的设计与实现［J］．测绘通报，2010（09）．

［246］刘建军．基础地理信息数据质量检查软件的设计探讨［J］．测绘通报，2010（11）．

［247］张晶，王军，邵堃．基于智能规则的 1：10000 省级基础测绘成果质检模型设计研究［J］．测绘与空间地理信息，2013，36（12）．

［248］冯杭建，谢炯，潘雅辉，等．面向规则的智能空间数据质检模型及实现［J］．浙江大学学报（理学版），2008（01）．

［249］沈涛，李成名，赵园春．城市基础空间数据质量检查技术研究［J］．测绘科学，2005（05）．

［250］杜道生，王占宏，马聪丽．空间数据质量模型研究［J］．中国图象图形学报，2000（07）．

［251］韩文立，张莉，程鹏飞．地理信息质检数据库建设和应用的技术探讨［J］．测绘通报，2015（03）．

［252］李楠楠，李永胜，刘涛，等．基于框架语义的地理信息概念分析［J］．地理空间信息，2014，12（01）．

［253］赵宣容．计算机软件数据库设计的重要性以及原则探讨［J］．电子技术与软件工程，2015（17）．

［254］尹为民，李石君，金银秋，等．数据库原理与技术（Oracle版）［M］．第3版．北京：清华大学出版社，2014．

［255］周悌慧，李淼．浅谈大比例尺数字地形图质量检查验收［J］．科技资讯，2016，14（11）．

［256］杨宽军，陈福生．大比例尺地形图的质量检验方法探讨［J］．江西测绘，2014（04）．

［257］刘顺焰．大比例尺数字地形图质量检查方法探讨［J］．测绘与空间地理信息，2014，37（07）．

［258］黄斌，李雄超．大比例尺地形图质量控制与检查方法研究［J］．科技资讯，2008（28）．

［259］胡红艳．质检过程对数学精度认识的误区分析［J］．测绘标准化，2014，30（03）．

［260］王友昆，瞿华蓥．大比例尺地形图数学精度检测系统开发与设计［J］．测绘地理信息，2018，43（02）．

［261］李健，产品质量监督抽查有效性研究［D］．山东大学，2013．